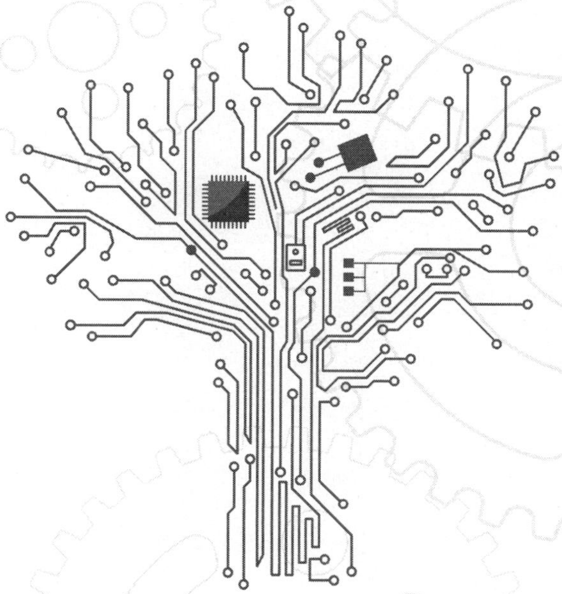

현대창의공학

MODERN CREATIVE ENGINEERING

김관형 · 김진현 · 김태수 · 박남섭 · 박세환 · 허관도　공저

북스힐

머리말

앨빈 토플러의 제3의 물결 정보화 사회의 다음은 어떤 사회가 도래할까? 다니엘 핑크는 A whole new mind에서 제4의 물결은 개념화 시대(conceptual age), 즉 새로운 것을 생각해내는 사람의 시대라고 예측하고 있다. 개념화의 시대는 전문 능력이 아닌 종합력의 시대, 좌뇌가 아닌 우뇌가 지배하는 high concept, high touch 시대가 될 것이라고 예측했다. 이제 단지 지식을 갖고 있는 것만으로는 경쟁력이 없다. 구글이나 네이버, 다음 등으로 검색하면 누구나 필요한 정보를 얻을 수 있다. 따라서 이 시대에는 정보나 지식보다도 다른 이의 의견을 청취하여 자신의 생각을 도출해내는 능력이나 문제에 부딪쳤을 때 그것을 해결할 수 있는 아이디어를 가진 사람이 귀중한 존재가 되는 것이다.

그러기 위해서는 우뇌를 사용하는 전체적 사고능력(Whole new mind)으로 새로운 것을 생각해내는 능력이 필요하다. 이제 답이 있는 세계에서 답이 없는 세계, 하이 콘셉트, 하이 터치의 시대, 즉 창조와 감성의 시대로 들어갈 것이다. 기능보다는 디자인(design), 이론보다는 스토리(story), 개별보다는 전체와의 심포니(symphony), 논리보다는 공감(empathy), 성실보다는 노는 마음(play), 물적 측면보다는 의미(meaning)의 6가지 감성이 지배하는 시대가 도래할 것이다. 결국 미래를 지배하는 사람은 무언가 창조하는 사람, 타인과 공감하는 사람, 패턴의 인식이 앞서가는 사람, 사물의 의의를 잘 적출해내는 사람들이 성공할 것이다. 예술가, 발명가, 디자이너, 스토리텔러, 간병인, 카운슬러, 총괄적으로 사고하는 사람들이 주목받는 시대가 된 것이다. 한편, 미래학자 돌프 얀센은 Dream Society에서 다음 사회는 인간 중심의 감성 사회가 올 것이라고 언급했다. 인간 중심 사회에 대해 다니엘 핑크는 "감성을 감동으로 만들어주는 사람이 세상을 지배한다."라고 말했다. 이제는 기본이 감동이며, 모든 제품과 서비스를 고객이 감동해야 성공한다. 고객이 얼마나 내 제품에 감동하였는가가 확인되지 않으면 그 제품과 서비스는 사라진다. 또한, 감성의 시대가 다가오고 있음을 말해주는 것은 다음과 같은 새로운 산업의 등장이다.

- 창조산업: 문화, 예술, 엔터테인먼트, 게임, 스포츠
- 건강산업: 장수, 웰빙, 유기농, 자연산, 환경, 녹색
- 감성산업: 피부, 성형, 화장품, 디자인, 브랜드
- 통큰산업: 아울렛(50 % 할인)
- 인간산업: 페이스북, 트위터

과거의 지식 정보화 시대에서는 풍부한 지식을 지닌 사람이 앞서 갔다면, 이제는 풍부한 상상력과 창의력을 지니고 이를 인간적으로 동화시킬 수 있는 사람이 앞서는 시대가 도래한 것이다. 최근 창조경제라는 단어가 매우 빈번히 회자되고 있다. 광의의 창조경제는 기존의 추격, 모방형 경제에서 벗어나서 선도, 창의형 경제로 나아가기 위하여 경제 성장의 패러다임을 전환시키는 것을 말한다. 한편 협의의 창조경제는 첨단 과학기술과 ICT 등을 기반으로 산업이나 기술 간의 융합을 통하여 성장 잠재력을 확충하고 이를 통해 좋은 일자리를 만드는 것을 의미한다. 한국 경제가 추격, 모방형 경제의 끝자락이라 성장 동력을 잃고 있다는 의미일 것이다.

따라서 창의 혁신형의 선진적 패러다임으로 이행해가는 대개혁이 필요할 것이다. 최근 기업들은 이러한 도전과 도전이 만들어내는 기회에 효과적으로 대응하기 위해 창의적인 방법으로 문제를 해결하려고 노력하고 있다. 이제 모든 개인과 조직은 생존하기 위해서라도 창의적인 문제해결 능력과 그 결과의 혁신을 최대한 효율적으로 이끌어내도록 근로자 집단과 개인별의 창의성을 향상시키지 않으면 안 된다. 아울러 이러한 창의성을 혁신으로 전환할 수 있는 올바른 조직 문화를 만들어내지 않는 한 생존은 결코 기대할 수 없게 되었다. 어떻게 하면 억눌려 있는 개인과 조직의 창의성을 마음껏 살려낼 수 있을까? 첫 번째는 창의성을 이끌어내는 과정을 배우고, 타고난 직관력과 창의적 능력을 최대한 활용하는 기법을 배우는 것이다. 두 번째는 이러한 능력을 새롭고 성능이 향상된 제품과 서비스, 또는 더욱 효과적이고 효율적인 조직의 프로세스로 연결시키는 기법을 배우는 것이다. 이 책은 이러한 목적을 위해 기초적인 창의적 문제해결 절차를 설명하고 개인과 그룹의 창의성을 자유롭게 펼치는 데 필요한 여러 가지 기법을 소개하고 있다.

이 책은 총 9장으로 구성되어, 1장에서는 공학과 공학 문제를 고찰하고, 2장에서는 상황 분석과 문제 정의 방법을 소개하였다. 3장에서는 창의적 발상기법을 소개하고, 4장에서는 최근 많은 기업들이 활용하고 있는 TRIZ를 소개하였다. 5장에서는 TRIZ의 기법과 활

용을 다루고, 6장에서는 TRIZ의 핵심이라 할 수 있는 기술적 모순과 물리적 모순의 해결을 소개하였다. 7장에서는 40가지의 발명 원리를 도해식으로 소개하였다. 8장에서는 기술 시스템의 진화를 소개하고, 9장에서는 ARIZ와 USIT를 간략히 다루었다.

이 책은 대학생들의 창의력 개발과 문제해결 능력을 향상시키는 데 주안점을 두고 개발하였지만, 산업체에서 신제품 개발, 개선 활동, 분임조활동 등 여러 분야에서도 활용할 수 있도록 집필하였다. 집필 과정에서 부족한 부분이 많이 있을 것으로 생각되므로 이 점 강호제현의 넓은 아량으로 이해해주기 바란다.

마지막으로 이 책의 출판에 도움을 주신 북스힐 조승식 대표님과 편집에 수고하신 여러분께 감사의 말씀을 전한다.

2014년 2월

김 태 수

차 례

CHAPTER 01 공학과 공학문제

CHAPTER 02 상황분석과 문제정의

CHAPTER 03 창의적 발상기법

CHAPTER 04 발명문제 해결이론: TRIZ

CHAPTER 05 트리즈의 기법과 활용

CHAPTER 06 기술적 모순과 물리적 모순의 해결

CHAPTER 07 발명 원리의 이해

CHAPTER 08 기술시스템의 진화

CHAPTER 09 ARIZ와 USIT

CHAPTER 01

공학과 공학문제

1.1 공학의 정의

엔지니어는 인류의 안전, 건강, 복지 향상을 위해 문제를 설정하고, 과학과 기술을 적용하여 해결한다. 미국공학기술인증원(ABET, Accreditation Board for Engineering and Technology, Inc.)에서는 공학을 "인류의 이익을 위해 연구, 경험, 실무를 통해 습득한 수학과 과학의 지식을 적용하여 재료와 자연의 힘을 경제적으로 활용하는 방법을 개발하는 작업"으로 정의하고 있다. 또한 엔지니어의 실제 활동에 근거하여 "공학은 인간의 요구를 만족시키기 위해 과학적 지식과 기술을 혁신적이고 방법론적 접근법을 적용하여 장치, 시스템, 프로세스를 만드는 것"으로 정의하기도 한다.

두 정의 모두에서 강조하고 있는 점은 공학이 단순히 "발명하는 것"만을 의미하지 않는다는 것이다. 비록 공학과 발명은 모두 새로운 장치나 프로세스를 만드는 것으로 결과가 나타나지만 공학과 발명은 다소 미묘한 차이가 있다. 첫째, 발명가는 특허 출원이 가능한 새로운 아이디어를 개발하는 것을 목표로 하며, 엔지니어는 가능한 최적의 방법으로 특정의 기술적 문제를 해결하는 것을 목표로 한다. 문제 해결에 사용한 방법이 새롭거나, 특허 출원이 가능한가는 큰 관심이 없다. 다시 말하여 공학의 목적은 발명의 목적과 다르다. 둘째로, 엔지니어는 과학적 지식을 적용하고 방법론적 접근법에 따라 설계를 개발하지만 발명가는 이러한 과정을 따르지 않아도 된다.

엔지니어가 발명가이거나 발명가가 방법론적 접근법에 따르고 과학적 지식을 지니고 있는 경우가 많다. 그렇지만 엔지니어는 항상 방법론적 접근법에 따라 업무를 추진하고 필요한 경우 과학적 원리를 적용할 수 있어야 한다.

과학이 자연의 원리와 우주 운행의 참 모습을 밝히는 학문이라면 공학은 인간의 물질적 삶과 삶의 안전성 그리고 쾌적성 향상을 위한 학문이라 할 것이다. 질 높은 삶에 대한 인간의 욕구는 끝이 없고 현상은 언제나 완전하지 않으므로 우리의 생활 주변에는 개선을 필요로 하는 문제가 상존한다. 이러한 삶의 질을 개선하고자하는 욕구와 관련된 문제가 공학이 해결해야할 공학적 문제(engineering problems)이고, 공학인(engineer)이 수행해야 할 과제는 이러한 공학적 문제를 해결하는 것이다. 따라서 공학은 문제해결의 학문이다.

1.2 공학인의 창의적 능력과 소양

공학의 영역은 시대에 따라 변한다. 원시사회에서는 의식주의 기본적인 요구를 해결하는 데 공학의 범위가 한정되었지만, 문명의 발달과 함께 인간의 생활양식이 복잡해짐에 따라 공학의 영역도 넓어졌다. 산업혁명 이후 공학이 중요한 학문으로서 기틀을 잡았고 산업사회의 발달과 함께 공학은 다양한 전문분야로 분화되어 발전하였다. 과학문명이 고도로 발달되고 정보화 사회로 진입한 오늘날, 인류의 생활양식은 시공간적으로 제약을 받던 과거와는 전혀 다른 양상을 보이게 되었다. 더욱이 인류가 디지털 통신에 의한 정보화 사회로 진입하면서 공학의 영역과 공학인의 역할이 급격히 변화하게 되었다. 산업사회에서 공학인은 당연히 수학과 과학 지식 및 능력을 갖추어야 한다고 생각했다. 그러나 지식정보화 사회에서는 정보통신과 유통기술의 급속한 발달에 따라 세계 시장이 통합되고 기술 발전 주기가 빨라짐으로서 최첨단, 최고 수준의 제품이나 서비스가 아니면 경쟁에서 도태되는 무한경쟁시장이 형성되고 있다. 이러한 환경에서는 공학인에게 수학과 과학에 능숙한 분석적 사고능력만 요구되지는 않는다. 오히려 팀웍능력, 의사소통능력과 함께 창의력 등을 포함하는 총체적인 사고능력이 절실히 요구되고 있다. 이에 따라 미국공학기술인증원(ABET, Accreditation Board for Engineering and Technology)이 대학의 공학교육과정 인증기준으로 채택한 공학기준(engineering criteria)에서 대학의 공학교육을 이수한 학생들이 갖추어야 할 능력과 소양으로 공학전공 관련 지식과 아울러 종합적인 문제해결 능력을 포함하는 11가지 학습성과(student outcomes)를 제시하였다. 한국공학교육인증원(ABEEK, Accreditation Board for Engineering Education of Korea)에서도 아래와 같이 학습성과 12가지(ABEEK-2006-AB-020)를 공학교육인증기준으로 채택하여 적용하고 있다.

① 수학, 기초과학, 공학의 지식과 정보기술을 응용하는 능력
② 자료의 이해와 분석 능력 및 실험의 계획과 수행하는 능력
③ 현실적 제한조건을 반영하여 시스템, 요소, 공정을 설계하는 능력
④ 공학 문제들의 인식과 이를 공식화하고 해결하는 능력
⑤ 공학 실무에 필요한 기술, 방법, 도구들을 사용하는 능력
⑥ 복합 학제적 팀의 한 구성원 역할을 수행하는 능력
⑦ 효과적으로 의사를 전달하는 능력

⑧ 평생교육의 필요성에 대한 인식과 이에 능동적으로 참여하는 능력

⑨ 공학적 해결방안이 세계적, 경제적, 환경적, 사회적 상황에 미치는 영향을 이해하는 폭넓은 지식의 보유

⑩ 시사적 논점들에 대한 기본 지식

⑪ 직업적 책임과 윤리적 책임에 대한 인식

⑫ 세계문화에 대한 이해와 국제적으로 협동하는 능력

이처럼 공학교육인증기준들은 학생들이 어떤 학과목을 공부했는가보다는 교육과정을 이수한 학생이 무엇을 할 수 있는가를 평가기준으로 삼고 있다. 12가지 학습성과 중 ⑥번부터 ⑫번까지에 제시된 기준들은 산업사회의 전통적 엔지니어들에게는 요구되지 않았다. 이것은 지식정보화사회의 엔지니어에게 요구되는 새로운 소양들이다. 이러한 소양과 능력들은 공학문제의 창의적 해결을 위한 종합적 사고에 필요하다. 또한 공학전공 관련 능력에서도 단순한 이론적인 능력보다는 공학문제해결과 설계능력을 중시하고 있음을 알 수 있다. 이러한 문제해결과 설계능력은 창의성이 필수적으로 요구되는 분야이다. 따라서 21세기 지식정보화 시대에서 공학인이 반드시 지녀야 할 소양으로서 창의성의 중요성은 점점 더 커지고 있다.

1.3 공학설계프로세스

수학자, 물리학자, 생물학자, 화학자 등의 과학자는 연구하는 문제의 유일한 해를 찾기 위해 노력한다. 과학자들이 관심을 갖고 있는 문제는 대게 단 한 개의 해가 있다. 그러나 공학인이 다루는 문제는 실행 가능한 해결방안이 여러 개 존재할 수 있으며, 이들 중에서 최적의 해를 찾는다.

최적해를 찾기 위해서는 여러 개의 실행 가능한 해결방안들을 개발해야 한다. 이 작업을 효과적이며 능률적으로 수행하기 위해서는 '공학설계프로세스'로 알려져 있는 절차를 따르는 것이 좋다. 공학설계프로세스를 다섯 개의 주요 단계로 설명하면 아래와 같다.

(1) **고객요구평가**(Needs Assessment): 고객요구평가를 통해 문제해결방안 개발의 필요성을 명확하게 한다. 문제해결을 통해 달성해야 하는 목표를 명확하게 한다. 고객과의 인터뷰, 관심집단(focus group) 면담, 기존 제품에 대한 조사 등의 방법을 활용할 수 있다.

고객요구를 구체화하고 우선순위를 판단하기 위해서는 품질기능전개(QFD, Quality Function Deployment)나 카노모형(KANO model) 등의 기법을 활용할 수 있다.

(2) **문제 설정**(Problem Formulation): 문제를 구체적으로 설정한다. 고객요구기능을 중심으로 문제를 정의하고, 요구기능별로 설계목표를 정한다. 설계목표별로 설계규격을 정하고, 필요한 시간, 자금, 인력 등의 자원계획을 수립한다. 또한 설계목표의 우선순위를 정하고, 중요한 설계목표에 역량을 집중한다. 물론 최종의 설계안은 모든 설계목표를 만족시켜야 한다.

(3) **추상화와 합성**(Abstraction and Synthesis): 문제를 요구기능 중심으로 분할하고, 분할한 문제에 대해서 추상적인 콘셉트 또는 접근법을 개발한다(추상화). 그런 다음에 추상적인 콘셉트 또는 접근법들을 종합하여 설계대안들을 만든다(합성). 이 단계에서는 해당 문제와 관련이 있는 문제의 해결방안, 관련된 경험, 관련 있는 이론, 현 문제와 동일한 유형의 문제를 해결하는 기본적인 접근법들을 파악한다. 개개의 설계목표를 달성하기 위한 아이디어들을 조합하여 종합적인 해결안을 만든다.

(4) **분석**(Analysis): 설계대안들을 비교 평가한다. 설계대안들을 비교하기 위한 객관적인 평가기준을 설정한다. 이 단계에서는 설계를 객관적으로 보려고 노력하고 강점뿐만 아니라 결점과 단점을 파악해야 한다. 또한 각 설계 대안의 제작 및 실행과 관련된 요구사항도 고려해야 한다. 안전, 환경책임 등과 관련하여 윤리적 문제는 없는지도 확인하고 분석한다. 설계대안들 중에서 최적대안을 선택하고, 이 설계를 수정 개량한다.

(5) **실행**(Implementation): 최종의 대안을 개발하여 사용자에게 공급한다. 시제품(prototype)의 제작, 시험, 평가를 성공적으로 수행한 후에 완성품 생산(full production)으로 진행한다. 사용자 집단에게 제품을 공급하고, 차세대 설계를 위한 피드백을 받는다.

1.4 공학문제의 발생

엔지니어는 실제 문제－인류의 이익을 위해 해결할 필요성이 있는 문제－의 해결방안을 개발한다. 공학설계프로세스의 첫 단계는 해결방안이 만족시켜야 하는 구체적인 요구 사항을 확인하는 것이다. 신제품이나 기존 제품의 재설계는 고객의 요구를 충족시킨 결과물이다. 고객의 요구는 공공의 건강, 안전, 삶의 질에 대한 관심과 기존 제품의 재설계 필요성 인식 그리고 설계엔지니어가 특정 작업을 수행하는 과정에서 기존의 제품보다 더 쉽고, 더 정확하고, 더 효율적이고, 자원의 낭비가 적게 되도록 하는 등 성능을 개선할 수 있을 것으로 예상하는 새로운 해결방안이나 기술을 획득한 경우에서 발생한다.

새롭고 개선된 제품과 시스템을 개발하는 기회는 무궁무진하다. 공학인에게 필요한 것은 우리 이웃과 우리를 둘러싸고 있는 세계에서 고객들의 충족되지 않은 요구를 파악하고 이를 해결하는 것이다.

1.4.1 안전과 삶의 질 향상

공공의 건강과 안전, 삶의 질 향상을 위해 혁신적인 설계가 필요하다.

예 장애인, 노인, 어린이에게 도움을 주는 발명

많은 사람들이 사회에서 열심히 살아가는 약자(장애인, 노인, 어린이)들이 좀 더 편리한 삶을 살 수 있도록 평등한 우리 사회를 만드는 데 기여하고 있다. 평범한 사람들과는 다르게 일상생활에서 곤란을 느끼는 사람들을 위해 편리한 구조와 기능을 가진 제품을 발명함으로써 몸이 불편한 사람들이 일상생활에서 편리함을 느낄 수 있도록 하고자 하는 것이다. 특히 장애인들은 외출, 식사, 목욕, 운동 등 생활의 모든 부분에서 많은 불편함을 느낀다. 또한 장애의 종류에 따라 불편함의 형태와 정도도 다를 것이다. 우리 나라 인구의 5 % 정도나 차지하고 있는 장애인의 생활을 편리하게 해 줄 수 있는 발명품을 개발하는 지원과 노력을 보다 강화할 필요가 있다. 장애인용 전동침대, 수화번역장갑, 장애인을 위한 저상버스, 장애인골프 휠체어 등이 장애인에게 도움을 주는 발명의 한 예이다.

1.4.2 기존 제품이나 시스템의 개선

기존의 제품 또는 프로세스를 개량하여 더 효과적이고 상업적 경쟁력을 유지하도록 할 필요성이 있을 수 있다.

예 심실제세동기

심실제세동기는 심장이 리듬을 잃어버리는 심실세동(ventricular fibrillation)을 극복하는 데 사용된다. 심장의 동방결절(洞房結節, sinoatrial node)은 심방과 심실의 수축을 동

기화시킨다. 심실과 심방의 동기화에 문제가 발생하면 심장이 혈액을 온몸으로 공급할 수 없어 사망에 이르게 된다. 심실제세동기는 심장에 전기쇼크를 주어 이 시스템이 다시 동기화되도록 한다.

초창기의 교류 심실제세동기(1948년 실험용으로 처음 사용)는 병원에서 정전 사고가 발생하는 경우, 전력을 공급하지 못하는 위험요소를 갖고 있었다. 1959년 심장계통 외과의사인 에드마크(Dr, Karl William Edmark)는 교류심실제세동기의 위험요소를 제거하기 위해 직류심실제세동기의 개발에 착수했다. 1961년 에드마크가 개발한 직류심실제세동기를 사용하여 12살 여자아이의 심장수술에 성공하여 어린아이의 소중한 생명을 구했다.

1.4.3 상업적 동기

기업이나 개인의 상업적 요구에 따라 신제품을 개발할 수 있다. 이런 유형의 제품은 반드시 고객의 요구를 반영한 것이어야 한다. 그렇지 않은 경우에는 대부분 실패한다.

예 퀵락클로저

1952년 팩스톤(Floyd Paxton)은 나무 상자에 못을 박는 장비를 생산하는 기업을 운영하고 있었으나 골판지 상자가 나무 상자의 대용물로 사용됨에 따라 판매량의 감소를 예측하고 있었다. 팩스톤은 회사의 생존을 위해 향후 제조 판매할 새로운 제품 아이디어를 찾고 있었다. 지역의 농산물업체인 퍼시픽청과물사는 과일을 비닐봉지에 넣고 고무밴드로 묶는 방법으로 포장하여 저장하고 있었다. 퍼시픽청과물사의 소유주는 팩스톤에게 비닐봉지를 묶는 새로운 방법을 개발하면 상업적으로 성공할 수 있을 것이라고 제안하였다. 기존의 다른 도구인 꼬인 철사와 테이프는 쉽게 부러지거나 반복해서 사용할 수 없으며, 고무밴드는 사용에 불편한 면이 있었다. 팩스톤은 플렉시유리(plexiglass)를 사용하여 퀵락클로저의 모형을 만들었다. 그리고 퀵락클로저의 제조를 위한 기계를 설계, 제작하였다. 많은 식품 생산업체가 봉지를 묶는 데 이 제품을 사용하게 됨에 따라 어디에서나 쉽게 볼 수 있는 것이 되었다. 50년 이상이 지난 지금도 비닐봉지를 묶는 도구로 퀵락클로저가 매우 널리 사용되고 있다.

1.4.4 개인적 경험

기술의 새로운 응용에 대한 요구는 생활 속에서 발생한 사건을 통해 나타나기도 한다. 다음의 예를 살펴보자.

예 스키화

1937년 스키 챔피언 뱀(Hjalmar Hvam)은 크레바스(crevasse)를 뛰어넘은 다음에 스키에서 발을 빼지 못하여 다리가 골절되었다. 이를 계기로 그는 세계 최초의 신속 이탈 스키바인딩의 설계에 착수했다. 이 스키바인딩은 오른쪽이나 왼쪽 측면으로부터 힘이 가해지면 Y자 모양의 금속 앞닫이(toepiece)가 회전하여 부츠의 바인딩이 풀어지고, 그렇지 않으면 스프링이 부츠를 지탱하도록 설계했다. 또한 스키를 잃어버리지 않도록 가죽 끈이 스키화 뒤꿈치에 계속 붙어 있다. 뱀은 1939년 이 설계의 특허를 받았다. 한 사람의 스키어가 필요성을 인지하고 간단하지만 창의적인 해법을 개발함으로써 많은 스키어들을 부상으로부터 구했다.

1.4.5 과학적 진보로부터의 기회

기술의 진보와 과학적 발견이 새로운 공학 제품 설계의 기회를 제공한다.

예 에어컨

인간은 기온이 20~25 °C일 때 가장 안락함을 느낀다(습도는 35~70 % 사이의 값). 이와 같은 안락함을 제공하기 위해 여러 가지 방법으로 공기 냉각을 시도하였다. 고대에는 출입구나 창문 위에 젖은 매트를 걸어 두고 공기가 젖은 매트를 통과하면서 증발하도록 하여 공기를 냉각시켰다. 20세기 초반에 이르기까지 이와 같은 유형의 공기냉각시스템이 카네기홀과 뉴욕 증권거래소에 설치되어 있었다.

1902년 기계공학 엔지니어인 캐리어(Wills H Carrier)는 칼라인쇄에 유해한 작용을 하는 습기의 제거 방법을 찾고 있었다. 캐리어는 차가운 공기가 따뜻한 공기로부터 습기를 흡수한다는 것을 발견하고, 분사하는 물의 온도를 조절하여 방 내부의 상대 습도를 간단히 제어하는 냉각수분사시스템을 설계하였다.

캐리어는 건습구(psychrometry)과학−공기 중에 수증기의 측정−의 연구를 계속하여 1911년 완전한 에어컨시스템을 설계하였다. 그 후 에어컨은 많은 공공시설에 설치되었다.

극장과 백화점(1919년), 고층빌딩(1929년), 철도기관차(1931년), 자동차(1939년 팩커드(Packard)로부터 시작), 그레이하운드버스(1940년), 1930년대에 슐츠(H. H. Schultz)와 쉬먼(J. Q. Sherman)은 개별 룸 에어컨을 개발하였다.

초창기 에어컨시스템에서는 암모니아를 냉매로 사용했다. 그러나 암모니아는 부식성이 강하고 불쾌하며 프레온으로 대체되었다. 무독성이며 불연성인 불화탄소(fluorocarbon)는 1930년 미즐리(Thomas Midgley, Jr.)가 발견하였다. 그렇지만 불화탄소 상태의 프레온이 대기 중에 방출되면 오존층이 파괴되는 위험에 처할 수 있다. 에어컨시스템의 새로운 개선이 필요하게 되었다.

1.5 공학문제의 유형: 예측, 설명, 발명

문제의 유형에 따라 해결방안을 찾는 방법이 다르다. 패너스(Parnes, 1967)는 문제를 다음의 세 가지 유형으로 분류하고 있다.

- **예측**(prediction)**문제**: 수식, 물리법칙, 데이터분석도구 등을 이용하여 시스템의 움직임의 결과를 계산하거나 예측하는 문제(예, 인공위성의 낙하방향과 재진입 속도 결정 문제).
- **해석**(explanation)**문제**: 현상이나 관찰한 움직임의 원인을 찾는 문제(예, 인공위성 조기낙하의 원인탐색 문제).
- **발명**(invention)**문제**: 문제에 대한 새롭고 효과적인 솔루션을 개발하는 문제(예, 인공위성의 조기낙하를 예방하는 방법의 개발 문제).

엔지니어는 문제를 위의 세 가지 유형 중의 하나로 분류한 다음에 해결방안을 개발 하는 데 필요한 데이터, 물리법칙 등의 정보를 수집한다. 경우에 따라서는 예측, 해석, 발명 문제가 결합된 형태일 수도 있다. 예를 들어, 인공위성의 낙하를 예방하는 방법(발명문제)을 찾기 위해서는 먼저 비행고장의 원인(해석문제)을 결정해야 한다.

연습문제

1. 다음에 로마숫자 7이 있다.

로마숫자: Ⅰ, Ⅱ, Ⅲ, Ⅳ, Ⅴ, Ⅵ, Ⅶ, Ⅷ, Ⅸ, Ⅹ

여기에 선 하나를 그어 8이 되게 하라. Ⅶ: (   )

2. 다음은 로마숫자 9이다. 여기에 선 하나를 그어서 6이 되게 하라.

Ⅸ: (   ) (   )

3. 8의 반은 무엇인가? (   )

4. 아래에서 알파벳 여섯 개(Six letters)를 지워서 아는 단어를 만들어 보라. 단 순서를 바꾸어서는 안 된다. 여러 가지 방법으로 이 문제를 생각해 보라.

B A S I N X L E A T N T N E R S

5. 다음 그림에서 공의 배열을 최소한으로 움직여 우측그림으로 바꾸라.

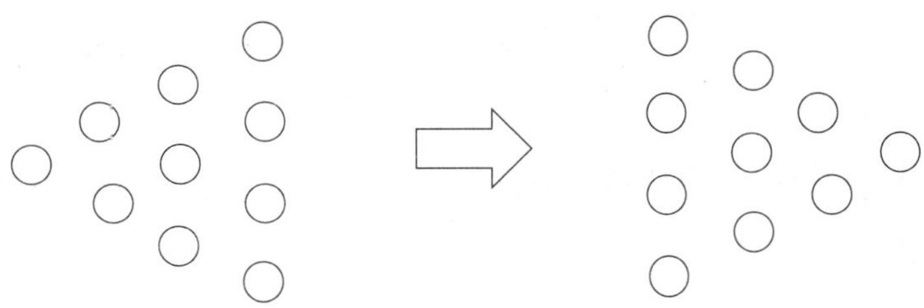

6. 다음 그림의 □에 어떤 숫자가 들어가야 하는가?

6 ———————— 1

12 ———————— 2

36 ———————— □

7. 직선 6개를 연결하여 점 16개를 모두 통과하게 해 보라.

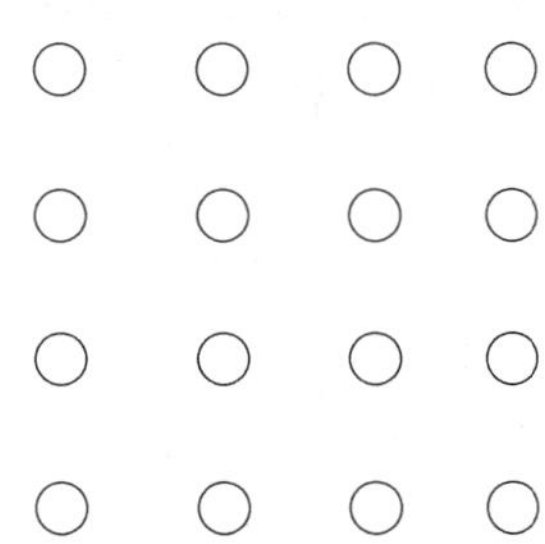

CHAPTER 02

상황분석과 문제정의

2.1 문제정의란?

창의적 문제 해결 과정 중의 첫 번째 단계인 '문제정의'에서 해야 할 일은 현재의 문제 '상태 A'와 향후 개선된 '상태 B'를 명확히 정의하는 일이다. 사람은 자신이 문제에 봉착해 있는 경우에도 그 문제를 인식하지 못하는 경우가 많다. 이는 개구리를 찬물이 담긴 냄비에 넣고 서서히 가열하면 개구리가 문제의 심각성을 인식 못한 채 결국 죽는 것과 유사하다. 문제를 인식하였을 경우에도 문제를 올바로 정의하는 것은 쉬운 일이 아니다. 겉으로 드러난 현상과 내면의 본질이 서로 다른 경우가 많기 때문이다.

문제정의문은 문제를 문법적 오류가 없고 의미가 정확하게 전달되는 간결하고 명쾌한 문장으로 기술한 것이다. 어떤 문제가 올바로 정의되었을 경우 그 문제는 해결될 가능성이 있지만, 문제정의가 잘못되어서 문제의 핵심을 찾아내지 못한다면 문제의 해결은 어렵다.

1) 문제정의에 따라 해결책의 품질이 달라진다.

당면한 문제를 어떻게 정의하느냐에 따라 문제해결방안이 완전히 달라질 수도 있다. 다음의 예 1을 통하여 문제정의가 해결책에 어떻게 영향을 미치는지 검토해보자.

예 1

큰 고래가 어떤 잠수부를 삼켰다고 가정해보자. 그 잠수부는 고래의 뱃속에서 자신에게 닥친 문제를 인식하고 문제를 여러 가지로 정의할 수 있을 것이다(상태 A: 고래의 뱃속에 있는 잠수부).

경우 1: 상태 B를 '고래 밖에 있는 잠수부'로 정의한 경우
→ 문제정의 1: 어떤 방법으로 여기서 빠져 나갈 수 있을까?

경우 2: 상태 B를 '고래 안에 살아남은 잠수부'로 정의한 경우
→ 문제정의 2: 이 안에서 살아남을 방안은?

경우 3: 상태 B를 '유언을 들은 가족'으로 정의한 경우
→ 문제정의 3: 어떻게 하면 마지막 유언을 가족들에게 보낼 수 있을까?

경우 4: 상태 B를 '멋있게 죽은 잠수부'로 정의한 경우
→ 문제정의 4: 기왕이면 멋있게 죽는 방법은 무엇일까?

문제를 "멋있게 죽는 방법은 무엇인가?"로 정하고 굉장히 멋있게 죽는 방법을 찾아내는 것보다 "어떤 방법으로 여기서 빠져나갈 수 있을까"로 문제를 정의해야 살아 나갈 수 있는 방법을 찾을 수 있다. 즉, 문제를 어떻게 정의하는가에 따라 해결책의 가치가 결정되는 것이다.

2) 문제정의문이 진짜 문제를 정의하는 데 실패한 경우

사람들은 일반적으로 문제를 인지하는 순간, 우선 해결책을 머리에 떠올린 후 문제를 정의하는 경우가 많다. 여러분이 산길에서 호랑이를 만난다면 어떻게 하겠는가? 본능적으로 즉각 몸을 피할 해결책을 떠올려 목숨을 구하려 할 것이다. 논리적으로 문제를 정의하고 해결책을 찾으려는 사람은 아마 호랑이에게 잡아먹혔을 것이다. 따라서 살아남은 우리 인간은 천성적으로 본능에 충실하게 된 것이 아닐까? 그런데 이러한 생존에 필요한 성급한 사고가 습관화되어 공학적 문제에서도 다른 대안을 충분히 고려하지 않고 먼저 떠오른 해결책으로 문제를 해결하려는 경향이 있는 것이다. 이렇게 문제를 인식하자마자 떠오른 성급한 해결방안은 문제의 핵심을 제대로 파악하지 못한 경우가 많다. 즉, 문제의 정의가 제대로 안 된 것이다. '문제정의'는 진짜 문제가 무엇인가를 찾는 과정이다. 우리들은 문제에 직면하면 그 문제의 겉모습만 바라봄으로써 진정한 문제해결에 실패하는 경우가 종종 있다. 따라서 우리는 좌뇌를 이용한 논리적, 순차적인 사고방식과 우뇌를 이용한 감성적, 창의적 사고방식을 충분히 사용하여 진짜 문제 즉, 근본 원인을 찾아내어야 한다. 다음의 두 가지 예를 살펴보자.

예 2

월요일 아침에 초등학생인 동수가 침대에서 일어나지 않으려고 한다. 동수는 신음소리를 내며 배가 아프다고 한 후 학교에 갈 수 없을 것 같다고 말한다. 동수의 배가 아픈 것도 문제이고, 동수가 학교를 갈 수 없는 것도 문제이다. 여러분은 이 문제들을 해결하기 위하여 다음과 같이 문제를 정의할 수 있을 것이다.

- **일반적인 문제정의:** 동수가 학교에 못 갈 정도로 배가 아프다.
- **안 좋은 문제정의:** 위장장애 때문에 배가 아프다(문제를 정의하는 순간 벌써 복통이 위장장애로 인한 것이라고 단정하고 해결책까지 결정한 상태에서 문제를 정의한다. 앞의 일반적인 문제정의문에서도 많은 사람들은 위장장애 때문에 배가 아프다고 생각한다).

• 정의된 문제의 해결책: 병원에 가서 위장장애에 대한 치료를 한다.

그러나 동수가 학교에서 아이들에게 집단 따돌림이나 괴롭힘을 당하고 있기 때문에 학교에 가기 싫어서 꾀병을 부리거나, 또는 심리적인 스트레스에 의해서 실제로 배가 아픈 것이라면 앞의 해결책으로는 현재의 문제를 해결할 수 없다.

• 진짜 문제정의: 동수가 학교에서 집단 따돌림을 당한다.
• 진짜 문제의 해결책: 학교에서의 집단 따돌림 문제를 해결한다.
  → 배 아픈 것이 해결된다.

예 3

영수는 잠을 편히 자려고 물침대를 사용하게 되었다. 어느 날 아침에 일어난 영수는 침대 중앙 부분에 물이 축축하게 젖어 있는 것을 발견했다. 그는 물이 새는 구멍을 더 쉽게 찾기 위해 물침대를 마당에 끄집어낸 후 물을 더 주입했다. 그러나 물 때문에 더 불룩해지고 부피가 커진 매트리스는 마당에 있는 못에 찔려 터져 버렸다. 물침대 때문에 고생하고 질려버린 영수 물침대 매트리스와 프레임을 모두 버리고 일반 침대를 새로 샀다. 다음 날 아침, 영수가 일어났을 때 침대 한가운데가 물에 축축하게 젖어 있었다. 이층 화장실에서 물이 샜던 것이다. 문제의 원인을 속단하고, 문제 정의를 제대로 하지 못한 것이 문제였었다. 이런 일은 자주 일어난다.

앞의 예 3에서 영수는 문제를 "어떻게 매트리스에서 물이 새는 것을 고칠 수 있을까?"라고 정의를 하고 문제 해결에 착수하였다. 그러나 이 문제정의문은 틀린 것이었다. "침대 위의 물은 어디서 온 것일까?"라는 문제정의문이 올바른 것이다. 이렇게 정의를 했다면 물이 생길 수 있는 여러 가지 다른 대안들을 생각해 볼 수 있었을 것이고 이층 화장실이 고장 난 것을 찾아냈을 것이다. 즉, 표면에 드러난 문제의 진짜 문제를 정확하게 정의해야 한다. 이것이 문제 해결의 첫걸음이며 진짜 문제를 찾아내지 못하면 문제는 결코 해결될 수 없다.

2.2 문제를 올바르게 정의하는 법

문제를 올바르게 정의하고자 할 때 단 한 번의 시도로 잘 정의된 문제정의문을 만드는 것은 힘들기 때문에 최초의 문제정의문이 만들어진 후 여러 번의 수정을 거쳐서 문제정의문을 다듬어 나가야 한다. 먼저 문제의 현재 상태 A와 개선될 상태 B를 잘 정의해야 한다. 이를 이용하여 최초의 문제정의문을 작성한 후, 여러 가지 방법으로 문제정의문을 다듬고 최종의 문제정의문을 만든다.

1) 문제의 현재 상태 A와 개선된 상태 B를 정의한다.

문제를 정의하는 사람은 문제와 관련된 자료를 수집하여 자기가 미처 알지 못하는 진짜 문제가 숨어 있는지 살펴보아야 한다. 이때 설문조사나 인터뷰 등 여러 가지 설문조사 방법들이 사용될 수 있다. 앞의 '배 아픈 동수' 문제에서 당신이 동수의 친구들을 인터뷰했다면 진짜 문제를 찾아내기 쉬웠을 것이다. 또한 판매되고 있는 제품의 소비자 설문조사를 통하여 기존 제품의 문제점들을 파악할 수 있을 것이다. 이렇게 찾아낸 문제의 상태 A와 상태 B를 명확히 정의함으로써 문제정의를 제대로 할 수 있다.

2) 최초의 문제정의문을 아래의 "문제정의문 작성요령"에 맞게 작성한다.

[문제정의문 작성요령]

㉠ 문법에 맞는 문장을 작성하라.

- 문장이 문법에 맞지 않으면 문장의 의미가 정확히 전달되지 않는다.
- 문장이 길어지면 주어와 술어가 서로 일치하지 않는 경우가 있으므로 주어와 술어가 일치하는지 확인해본다.

㉡ 문장을 간결하게 작성하라.

- 문제를 자세히 구술하다보면 문제정의문이 길어질 수 있다. 너무 긴 문장은 도리어 문제의 핵심을 정확히 전달하는 데 방해가 된다. 문제정의문은 간결하고 명확하게 작성하고, 부차적인 제한조건이나 설명들은 따로 문장으로 작성하는 것이 바람직하다.

㉢ 부정문보다는 긍정문으로 작성하라.

㉣ 수동형보다는 능동형 문장이 더 좋다.

3) 최초에 작성된 문제정의문을 다시 작성해본다.

최초에 만들어진 문제정의문에는 잘못된 점이 있을 가능성이 많다. 어떻게 하면 오류가 있는 문제정의문을 올바른 문제정의문으로 다시 작성할 수 있을까? 다음의 방법으로 문제정의문을 다시 작성해보자.

(1) 바꾸어 말하기

문제가 발생한 상황들을 고려하여 유사한 의미를 갖는 다른 문장으로 바꾸어 말해본다. 문제의 원래 의미를 잃지 않도록 주의하면서 다른 단어를 이용하여 문제를 여러 번 다시 말해본다. 이 과정에서 처음에 미처 생각하지 못했던 문제의 다른 면을 볼 수 있다.

예 1 "무중력 상태에서 우주인들이 볼펜을 사용할 수가 없다."
→ 무중력 상태에서 우주인들이 사용할 수 있는 필기구를 개발한다.

예 2 "어떻게 하면 자동차 생산직 근로자들의 생산성을 높일 수 있을까?"
→ 어떻게 하면 자동차 생산직 근로자들의 작업 효율성을 향상시킬 수 있을까?

(2) 정반대로 정의하기(예)

- 문제정의문: 종업원들이 야유회에 많이 참석하도록 하는 방법이 무엇인가?
- 정반대로 정의하기: 종업원들이 야유회에 참석을 많이 하지 못하도록 하는 방법이 무엇인가?

정반대의 정의를 해봄으로써 무엇이 문제를 일으키는지 쉽게 알아볼 수 있다. 즉 종업원들이 어떤 경우에 야유회에 참석하기 싫어하는지를 알아낸 다음 그런 경우를 제거하는 방법이다. 예를 들어서 교회에 열심히 나가는 사람들은 일요일에 야유회를 하면 참석하기 어려울 것이다. 따라서 일요일 이외의 날에 야유회를 함으로써 참석을 유도할 수 있다.

(3) 초점을 넓혀라: 좀 더 넓은 문맥에서 문제를 재정의하라.

- 초기 문제정의문: 직업을 바꾸어야 하나?
- 넓은 초점: 어떻게 직업의 안정성(job security)을 얻을 수 있나?

  초기의 문제 정의문은 '예', '아니오'의 대답밖에 얻을 수 없으므로 다른 대안을 생각하는 것을 봉쇄해버린다.

(4) 초점의 방향 전환: 대담하게 의식적으로 초점을 변경하라.

- 초기 문제정의문: 어떻게 판매를 촉진할 수 있는가?
- 방향전환: 어떻게 비용을 줄일 수 있는가?

  이 방법은 창의성을 많이 요구한다. 따라서 가장 어렵지만 매우 생산적인 결과를 가져오곤 한다.

(5) '왜'라고 질문하라.

'왜'라고 질문하고 그 대답에 기초하여 문제정의문을 새롭게 만들어라. 그리고 '왜'라고 다시 질문하고 그 대답에 기초하여 다시 새로운 정의문을 만들어라. 진짜 문제의 핵심이 드러날 때까지 이런 과정을 몇 번 반복하라.

예

어느 도로 감독관 하나가 고속도로상의 한 지점에서 날마다 심한 교통체증이 발생하는 것을 목격하고 그것을 해결하고자 했다. 먼저 문제에 대한 가능한 정의를 내린 다음 관련된 해결책을 찾아보아야 한다. '왜'를 사용하여 문제를 더욱 넓게 서술해야 한다.

최초의 문제정의문이 "어떻게 하면 차량 소통을 원활하게 하기 위해 고속도로를 넓힐 수 있을까?"라고 정의되었을 때 '왜'라고 질문하여 다른 해결책을 찾아내는 과정을 표 2.1에서 볼 수 있다.

▶**표 2.1** "왜?"를 사용하여 문제를 더욱 넓게 서술하는 과정

최초의 문제정의문
차량소통을 원활하게 하기 위해 어떻게 고속도로를 넓힐 수 있을까?

문제정의문	수정된 문제정의문의 가능한 해결책
〈질문〉 왜 고속도로를 넓히려 하는가? **〈답〉** 차량소통을 원활하게 하기 위하여 **〈수정된 문제정의문 1〉** 어떻게 하면 차량소통을 원활하게 할 수 있을까?	• 새로운 차선을 건설하여 도로 폭을 넓힌다. • 노면을 넓힌다. • 또 다른 도로를 만든다. • 일반도로를 사용한다. • 현재의 고속도로 갓길을 길로 이용한다.
〈질문〉 왜 차량소통을 원활하게 하려 하는가? **〈답〉** 고속도로상의 그 지점을 지나는 차량들의 통행량을 증가시키기 위해서 **〈수정된 문제정의문 2〉** 어떻게 하면 고속도로의 이 지점을 지나는 차량들의 통행량을 증가시킬 수 있을까?	• 앞의 두 개의 문제 서술에 대한 해결책 전부 • 차량 집결지를 만든다. • 버스와 기차의 운행을 늘린다.
〈질문〉 왜 차량들의 통행량을 증가시키려 하는가? **〈답〉** 교통체증을 해소하기 위해서 **〈수정된 문제정의문 3〉** 어떻게 하면 고속도로의 이 지점에서 교통체증을 해소할 수 있을까?	위의 세 문제 서술에 대한 해결책 전부. 그 지역의 교통체증 현상을 널리 알리고 되도록 다른 길을 택하도록 유도한다. 그 지역 큰 공장의 출퇴근 시간에 체증이 가장 심한 시간에 그 부근의 연락용 경사로를 모두 개방 연결한다.

2.3 프로젝트 수행을 위한 문제정의 과정

여러분들은 교과목에서 팀 프로젝트의 주제를 선정하고 프로젝트를 수행할 것을 요구받을 수도 있을 것이다. 학생들이 팀 프로젝트를 수행하기 위해서 과제의 주제를 정하는 과정은 다음을 따르는 것이 좋다.

1) 팀을 정하라.

(1) 프로젝트 팀은 교수가 정해줄 수도 있고, 학생들이 스스로 정할 수도 있다.
(2) 팀은 가능한 사고성향, 학년, 전공, 성별들이 서로 다른 학생들로 구성되도록 한다.
(3) 팀은 팀장, 서기, 촉진자, 과정관찰자 등의 역할분담을 한다.

2) 문제 주제를 선택하라.

(1) 브레인스토밍과 아이디어 다듬기와 판정으로 구성되는 창의적 문제해결의 모든 과정을 실습해볼 수 있는 주제를 정하는 것이 좋다. 주제의 범위가 너무 좁으면 창의적 문제 해결과정을 충분히 실습해볼 수 없다(주제 범위가 너무 좁은 예: 사람들이 꺼내기 쉽게 출구가 높은 곳에 있는 자판기를 설계하라). 특히, 최종결과물을 미리 고려하여 주제를 선정해서는 안 된다. 이 경우에는 창의적 문제 해결과정에서 의도적으로 그 결과물이 도출되도록 조작할 위험이 있다.

(2) 정해진 기한에 프로젝트를 완수할 수 있는 주제를 정해야 한다.
(3) 너무 어렵거나 쉬운 주제는 선택하지 않는다.
(4) 문제 주제를 선택하기 위해서 설문조사가 필요할 수도 있다.

예 1 생활하면서 개선이 되었으면 좋겠다고 생각하는 생활용품이 있습니까?

예 2 학교생활에서 어떤 점이 개선되어야 한다고 생각합니까?

이런 설문조사를 통하여 문제의 영역들을 발굴하고 그중에서 프로젝트의 주제를 선정한 후 다시 설문조사를 통하여 주제의 문제점들을 구체적으로 조사해야 한다.

3) 문제 주제에 초점을 맞추어라.

수렴적/발산적 연쇄질문을 함으로써 문제의 범위를 줄이거나 넓힌다.

4) 정보와 소비자 데이터를 수집하라.

질문항목을 만들어 설문지를 완성한 후, 설문조사를 수행하고 설문지를 수집한다.

5) 정보를 분석하라. 파레토도를 만들어라. 브리핑을 준비하라.

설문조사 내용을 분석하여 파레토도를 만든다. 진짜 문제를 찾아낸다.

6) 문제정의문 개발: 긍정적인 문장으로 쓰도록 한다.

"문제정의문 작성 요령"에 따라 문장을 작성한다.

2.4 품질기능전개

품질기능전개(QFD, quality function deployment)는 고객의 요구를 상품의 품질특성에 반영하는 기법으로 1970년대 초반 일본 미쓰비시 중공업의 고베 조선소에서 처음 사용되기 시작했다. QFD기법은 제조업에서 개발되어 제품의 설계와 부품공정 및 제조공정 설계에 주로 사용되었다. 1980년대 후반부터는 사무 간접부문이나 금융 및 서비스업과 같은 비제조업 분야에서도 QFD를 활발히 사용하고 있다.

2.4.1 품질집(HOQ, house of quality)

QFD 기법에서는 그림 2.1과 같은 품질집(HOQ) 혹은 품질표라고 불리는 도표를 사용하여 고객의 요구속성을 제품설계에 반영하도록 한다. 품질집의 각 구성요소에 대해서 살펴보자.

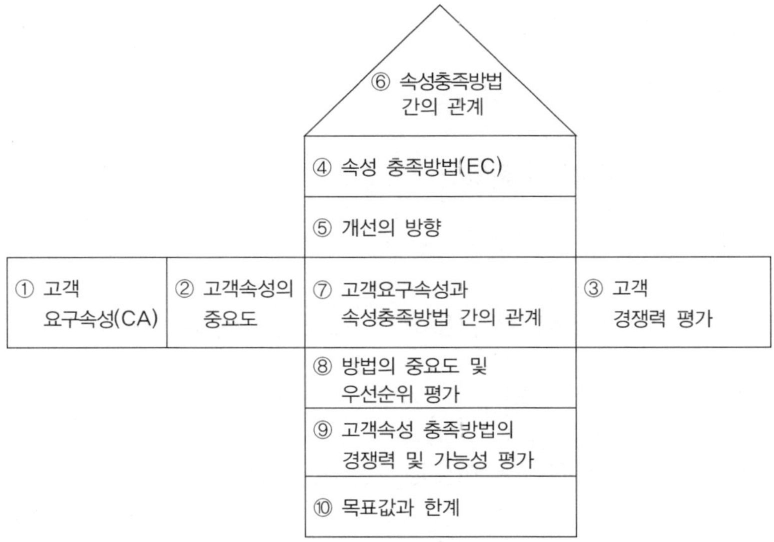

그림 2.1 품질집(HOQ)의 구성

① 고객요구속성-WHATs(CA)

고객요구속성(Customer Attributes)은 설문조사, 개별면담 혹은 브레인스토밍 방법 등을 통하여 얻은 고객의 소리(voice of customer)를 종합하여 얻는다. 대부분의 고객들은 다차원적인 요구를 동시에 만족시켜 줄 것을 애매한 표현을 사용하여 제시한다.

친화도(Affinity diagram)나 수형도(Tree diagram)를 사용하여 이런 유형의 고객요구를 정리한다. 예를 들어, “스타일리시(stylish)” 하거나 “쿨(cool)”한 제품이라고 하는 경우에 “쿨(cool)”한 것은 매우 바람직한 속성이지만 사람마다 다양한 해석을 할 수 있으므로 직접적으로 이를 반영할 수 없다. 법적 요구사항, 안전 요구사항 또는 내부의 요구사항도 고객속성 중의 하나로 취급한다. 고객속성은 무엇에 해당하는 것으로 ‘WHATs’로 표기하기도 한다. 그림 2.1의 ①번에 반영할 고객속성을 기입한다. 고객속성은 카노모형(Kano model)을 사용하여 특성을 분류할 수 있다. 카노모형에 대해서는 다음 절에서 설명한다.

② 고객속성의 중요도

각각의 WHATs에 대해서 중요도를 결정하여 ②번에 기입한다. QFD기법에서는 요구사항의 상대적 중요도를 정리하여 제품 설계에 반영하므로 고객속성의 중요도는 QFD의 최종 결과에 큰 영향을 미친다.

중요도는 1에서 5까지의 등급을 많이 사용한다. 폭이 넓은 등급체계를 사용하고자 할 때는 1에서 9까지의 9단계 등급을 사용하기도 한다. 고객속성의 중요도 결정단계에서는 기업의 경영전략을 비롯하여 고객요구사항들의 특성, 고객의 요구사항을 만족시켜 줄 수 있는 기업의 내부역량 등을 고려하여 신중히 결정해야 한다.

③ 고객 경쟁력 평가

고객 경쟁력은 제품의 품질이나 서비스에 대한 고객의 인지도를 의미한다. 주어진 고객속성에 대하여 경쟁사와 자사 제품의 경쟁력을 평가하여 품질집의 ③번 위치에 기입한다. ①번 항목의 고객속성에 대하여 자사 제품이나 서비스의 만족도를 조사한다. 조사할 때는 아주 만족하는 경우에는 5, 매우 불만족하는 경우에는 1로 하는 5등급 척도를 사용한다. 이때 경쟁상대에 있는 다른 회사의 만족도도 동시에 조사하여 경쟁사와의 비교가 가능하도록 한다. 고객요구사항을 조사할 때 고객경쟁력도 함께 조사하는 것이 편하다. 고객경쟁력 평가결과에 따라 ②번 항목에서 이미 평가한 고객속성의 중요도를 재평가하여 변경할 수도 있으며, 새로운 고객속성을 추가할 수도 있다.

④ 속성 충족방법-HOWs(EC)

①번 항목의 고객속성을 충족시킬 수 있는 방법인 기술특성(Engineering Characteristics)을 파악하여 ④번 항목에 기입한다. 이것은 ①의 WHATs를 충족시키는 방법으로 'HOWs'라 하기도 한다. 이 단계에서는 회사의 축적된 지식과 노하우를 이용해야 하며, 회사의 모든 부서의 관련자들이 함께 토의하여 HOWs를 개발한다.

⑤ 개선의 방향

⑤번의 위치에 각각의 HOWs에 대한 목표를 설정하여 기입한다. 목표는 구체적인 값으로 명시할 수도 있으며, 최대화(증가) 혹은 최소화(감소)시킨다는 기호(증가: ↑, 감소: ↓)를 표시할 수도 있다. 목표값이나 목표의 방향을 설정할 수 없는 경우에는 표시하지 않아도 무방하다.

⑥ 속성충족방법 간의 관계

품질집의 지붕에 해당하는 ⑥번 위치에는 ④번 항목에서 제시한 HOWs 간의 연관관계를 분석하여 기호로 표시한다. 두 가지 방법 간에는 상호 부정적인 관계(하나를 좋게 하면 다른 하나는 나빠지는 관계)가 될 수도 있고, 긍정적인 관계(하나는 좋게 하면 다른 하나도 좋아지는 관계)가 될 수도 있다. 두 방법 간의 관계는 표 2.2의 기호를 사용하여 나타낸다.

▶표 2.2 방법 간의 상호관계를 나타내는 기호

기 호	관 계
++	강한 긍정적 관계
+	긍정적 관계
-	부정적 관계
- -	강한 부정적 관계

▶표 2.3 고객속성과 방법 간의 관련도 평가

기호	관계	관계등급
◉	강한 관계	9
○	보통 관계	3
△	약한 관계	1

긍정적인 관계는 두 방법이 협력관계에 있음을 의미하고 부정적인 관계는 두 방법이 상충됨을 의미한다. 두 방법 간의 부정적인 관계가 생기면 방법들을 타협(trade-off)하거나 창의적인 새로운 방법을 찾아야 한다(모순표 참고).

⑦ 고객요구속성과 속성충족방법 간의 관계

①번 항목에서 파악된 고객속성과 ④번 항목에서 제시한 방법들 간의 관계를 파악하여 고객속성과 방법이 만나는 칸(⑦)에 기입한다. 일반적으로 표 2.3과 같은 기호나 관계등급을 사용하여 나타낸다. 고객속성과 방법이 만나는 칸에는 기호나 관계등급 이외에 고객속성 중요도와 관계등급을 곱한 값을 기입하기도 한다. 표 2.4는 3가지 고객속성과 4가지 방법의 관계 모형에서 방법들이 중요도 값을 계산한 결과이다. 기호 옆 괄호 속의 숫자는 고객속성 중요도와 관계등급을 곱한 값이다. 예를 들어, '항목 1'과 '방법 1'이 만나는 곳의 27은 고객속성의 중요도 3과 관계등급 9를 곱하여 얻은 것이다.

▶표 2.4 3가지 고객속성과 4가지 방법의 관계 모형

방법 / 고객속성		방법 1	방법 2	방법 3	방법 4
항목 1	3	◉(27)	△(3)		○(9)
항목 2	1		○(3)		△(1)
항목 3	5	○(15)		◉(45)	
합계		42	6	45	10

⑧ 방법의 중요도 및 우선순위 평가

고객속성을 만족시키기 위한 방법들의 중요도 순위를 평가 ④번 항목의 방법들 중에서 어떤 방법이 고객속성을 만족시키는 중요한 요인이 되는지를 파악하여 방법 실행의 우선순위를 매긴다.

방법의 우선순위를 결정하는 방법으로 다음의 두 가지를 고려할 수 있다. 첫 번째 방법은 각 방법별로 ⑦번 항목에서 계산한 중요도 값을 사용하는 것이다. 중요도 값이 클수록 우선순위가 높다. 표 2.5의 예에서는 '방법 3'이 최우선이고 '방법 1', '방법 4', '방법 2'의 순서이다. 이 방법은 각 방법의 경쟁력이나 난이도 등을 고려하지 않고 결정한다는 단점이 있다.

▶표 2.5 실현 가능성 평가를 이용한 우선순위 평가

	방법 1	방법 2	방법 3	방법 4
경쟁력 및 실현 가능성	3	4	5	1
절대 수치 값	42	6	45	10
결과	126(3X42)	24(4X6)	225(5X45)	10(1X10)
우선순위	2	3	1	4

두 번째 방법은 각 방법의 중요도 값에 ⑧번 항목의 경쟁력 및 실현 가능성 평가 등급을 곱하여 계산한 값을 사용하는 것이다. 표 2.5와 같이 경쟁력 및 실현가능성이 주어진 경우 '방법 3'이 최우선 순위에 해당하게 된다. 고객속성 충족방법의 우선순위 결정에는 상품의 특징, 기업의 경영전략, 기능, 기능부서 간의 관계 등에 따라 다양한 방법의 사용이 가능하다.

⑨ 고객속성 충족방법의 경쟁력 및 가능성 평가

④번 항목에서 제시한 방법들에 대한 경쟁력을 평가한다. 일반적으로 1에서 5까지의 등급을 사용하여 평가한다. 경쟁력 평가의 아랫부분에는 각 방법의 실현 가능성(혹은 난이도)을 평가하여 기입한다. 실현가능성이 아주 낮은 경우에는 1등급, 아주 높은 경우에는 5등급의 척도를 사용하는 것이 일반적이다.

⑩ 목표값과 한계

각 방법의 객관적인 목표값과 허용한계를 ⑩번 위치에 기입한다.

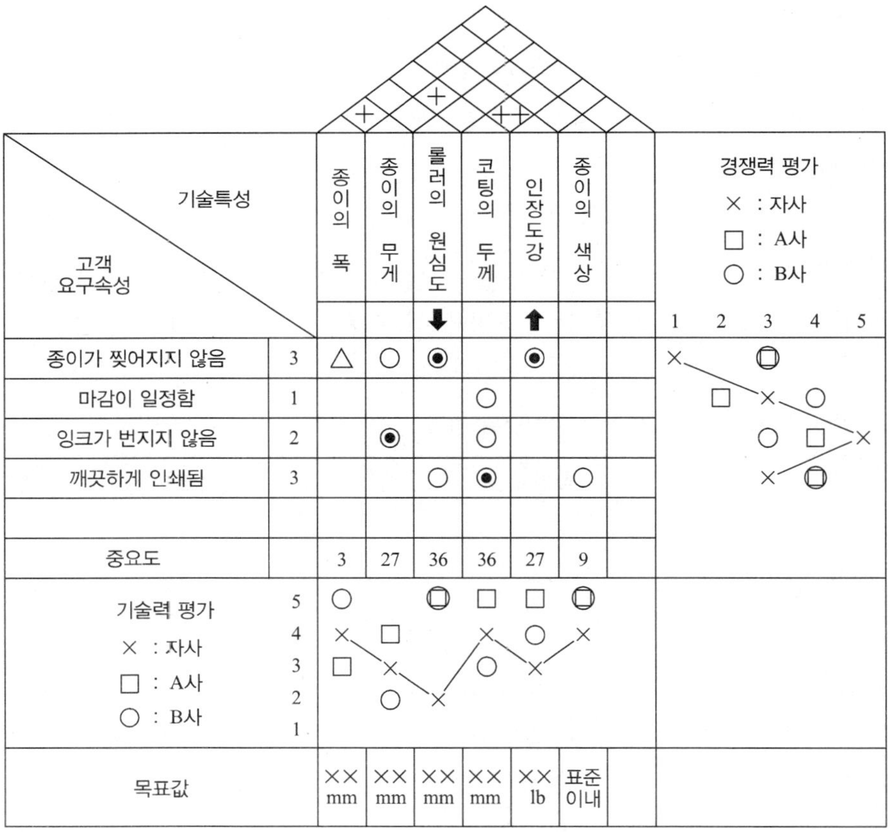

그림 2.2 품질주택의 예

그림 2.2는 완성된 품질주택의 예를 나타낸 것이다.

2.4.2 QFD의 4단계와 분석

QFD는 다학제적팀이 일련의 차트를 사용하여 고객의 핵심요구속성을 설계개발의 전과정으로 전개하는 것이다. 대개 QFD는 4개의 단계로 전개한다. 단계1은 고객만족 기획단계, 단계2는 요구기능단계, 단계3은 설계파라미터계획단계, 단계4는 프로세스변수계획단계이다. 그림 2.3은 4단계의 전개과정을 나타낸 것이다.

첫 번째 QFD는 고객의 요구와 기대를 고객만족 핵심요소(CTSs, critical-to-satisfactions), 즉 기술특성들로 변환한다. 이들 CTSs들은 단계적으로 설계활동으로 전개된다. QFD에서는 이전 단계 HOQ의 CTSs와 목표값이 다음 단계 HOQ의 WHATs가 되도록 전개한다. HOWs가 다음단계의 WHATs로 변환되는 과정은 설계계획에서 프로세스 계획, 최종적으

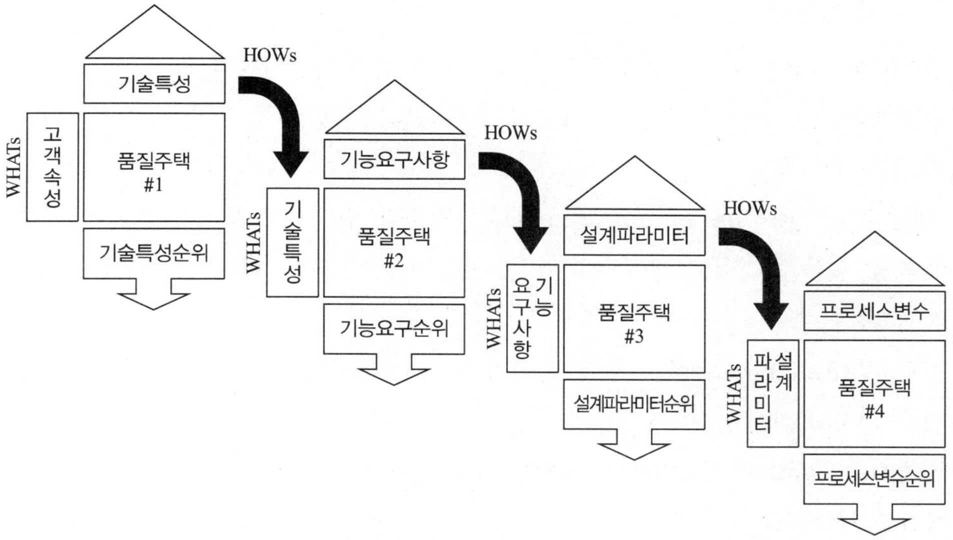

그림 2.3 QFD의 4단계 전개

로 생산계획으로 전개한다.

이 절차는 생산계획을 완수할 때까지 계속한다. 그림 2.3에서 도시한 바와 같이 고객요구를 CTSs로 전개하고, 이것이 설계파라미터로, 그리고 공정변수로 전개된다. 최종적으로 제품에 대한 고객요구사항에 부합하는 설계가 개발되고 QFD 프로세스가 완료된다.

QFD는 고객요구를 만족시키기 위해 공급자의 요구충족방법을 알아내는 효율적인 방법이다. 중요하고, 새롭고, 어렵고, 위험도가 높은 HOWs를 파악하고, 다음 단계로 이동하는 단계적인 활동을 통해 설계를 상세화 한다. 개발팀이 보유하고 있는 자원을 가장 효과적으로 사용하도록 하기 위해서 중요하지 않은 HOWs는 반영하지 않는다. 즉, 고객속성을 만족시키는 데 중요한 HOWs에 대해서 처음부터 최적의 시간과 자원을 할당받도록 한다.

QFD를 활용하는 연구팀들은 첫 번째 HOQ를 완수하고 QFD를 완료했다는 잘못된 이해를 가질 수 있다. 실제로 첫 번째 HOQ의 완성은 고객의 소리를 설계로 전개하기 위한 출발점에 서 있는 것과 같다. QFD의 모든 단계에서 HOQ의 분석은 설계약점을 파악하는 것이며, 이것을 잠재하는 강력한 기회로 취급하여 개선함으로써 최고의 설계가 되도록 한다. HOQ를 분석할 때 다음 사항을 확인하는 것이 좋다.

- 공란이거나 관련도가 약한 열(Blank or weak columns): 어떠한 고객 속성과도 강한 관련이 없는 HOWs
- 공란이거나 관련도가 약한 행(Blank or weak rows): HOWs에 의해 강하게 처리되

고 있지 않은 고객 속성.

- 상충(Conflicts): 고객경쟁력 평가와 상충하고 있는 기술경쟁력 평가
- 중대한(Significance) HOWs: 다수의 고객속성, 안전/법규, 기업내부요구사항과 관계가 있는 HOWs
- '개안'기회(Eye opener opportunities): 자사와 경쟁자 모두 만족시키지 못하는 고객속성. 이들 속성이 경쟁에서 이길 수 있는 기회가 된다. 이 속성은 카노모형의 매력품질요소이다.
- 벤치마킹(Benchmarking): 높은 등급을 받은 경쟁사의 HOWs를 벤치마킹을 사용하여 수정하고 채택한다.
- 전개(Deployment) HOWs: 추가적인 전개와 단계2의 설계파라미터 전개에서 작업할 중요한 HOWs.

예 2.1 자동차 문 설계

다음은 자동차 문 설계에서 QFD를 단계적으로 적용한 예이다.

- 단계 1: WHATs의 파악-고객요구속성

WHATs는 ① 고객요구의 원시정보를 수집하고, ② 이를 간결하고 명확한 표현의 언어정보로 변환한 다음 ③ KJ법(친화도법)등을 통해 2~4차 정도의 그룹으로 전개하고, ④ 각 요구속성의 중요도를 결정하는 순서로 파악한다.

표 2.6은 자동차 문에 대해서 파악한 요구속성의 일부를 나타낸 것이다. 표 2.6에서 보면 닫기 쉬움, 언덕에서 열린 상태의 유지, 비가 새지 않음, 소음의 차단 등이 주요 고객요구속성이다.

- 단계 2: HOWs의 도출 -기술특성

HOWs는 고객요구속성을 제품에 구현하는 방법이다. 예를 들어, 소음의 차단이라는 요구속성으로부터 도출할 수 있는 기술적 특성은 밀폐성, 도로 소음의 감소 등이다. 또한 이들 HOWs의 요구특성(망목특성, 망소특성, 망대특성)도 함께 파악한다. 자동차 문의 설계에서 고객요구속성을 구현하는 기술특성에는 문을 닫는 데 요구되는 힘(망소), 평지 위에서의 제어력(망대), 문의 밀폐성(망대) 등이 포함된다. 표 2.7은 고객요구를 충족시키는 기술특성을 나타낸 것이다.

▶표 2.6 자동차 문에 대한 고객요구속성

1차	2차	3차	중요도
조작성과 사용성이 양호함	개폐가 쉬움	밖에서 닫기 쉬움	5
		경사지에서 열린 상태 유지	3
		밖에서 열기 쉬움	2
		문이 다시 튀어나오지 않음	2
		안에서 닫기 쉬움	3
		안에서 열기 쉬움	3
	차단성	비가 새지 않음	2
		도로소음이 차단됨	1
		세차 시 물이 새지 않음	1
		바람소리가 차단됨	2
		덜컹거리지 않음	1
	팔걸이	부드럽고 편안함	2
		위치가 맞음	1
근사한 내, 외관	내장처리	자재색상이 바래지 않음	2
		매력적임	1
	청결성	청소가 쉬움	2
		문에서 윤활제가 묻어나오지 않음	1
	적합성	연결패널 사이의 간격이 일정함	2

• 단계 3: WHATs와 HOWs의 관계

이 단계에서는 기술특성이 고객요구속성에 미치는 영향을 파악한다. 전문가와 고객의 의견, 실험 및 통계분석 자료 등을 반영하여 관련도를 평가한다. 예를 들어, '문을 닫기 쉬워야 한다.'는 고객요구속성과 '문을 닫는 데 요구되는 힘을 줄인다.'는 고객요구속성과 '문을 닫는 데 요구되는 힘을 줄인다.'는 기술특성은 관련도가 매우 높다. 표 2.8은 자동차 문의 설계에서 파악한 관련도이다.

• 단계 4: 기술특성 간의 상호관계 파악

고객요구속성을 충족시키기 위해 하나의 기술특성을 향상시키는 경우에 다른 기술특성

▶표 2.7 자동차 문에 대한 기술특성

구분	기술특성	요구특성
개폐력	1. 차문을 닫는 데 요구되는 힘	망소
	2. 평지 위에서의 제어력	망대
	3. 10° 경사에서의 제어력	망대
	4. 차문을 여는 데 요구되는 힘	망소
	5. 닫는 데 소요되는 최대의 힘	망소
	....	
밀폐/차단성	11. 차문의 밀폐성	망대
	12. 차창으로부터의 음향전달	망대
	13. 도로소음의 감소	망대
	14. 방수성	망대
	....	

▶표 2.8 자동차 문에 대한 요구속성과 기술특성 간 관련도

고객요구속성 \ 기술특성		1	2	3	4	5	…	11	12	13	14	…
		↓	↑	↑	↓	↓		↑	↑	↑	↑	
1. 바깥에서 닫기 쉬움	5	◉				◉		◉				
2. 경사지에서 열린 상태 유지	3		◉	◉								
3. 바깥에서 열기 쉬움	2				◉			○				
4. 문이 다시 튀어나오지 않음	2		○	○	○	△		◉				
…												
11. 비가 새지 않음	2							◉			◉	
12. 도로소음의 차단	1							○	○	◉		
…												

이 영향을 받을 수 있다. 예를 들어, 문을 닫는데 필요한 힘을 감소시키기 위해 파워윈도우의 모터를 작게 하면 유리창을 오르내리는 속도가 느려지는 모순문제가 발생한다. 이 단계에서는 기술특성들 간의 이러한 상호관계를 파악하여 문제해결과정에서 상호절충하거나 혁신적 해결방안을 도출해야 한다. 표 2.9는 기술특성 간의 상호관계를 나타낸 것이다.

▶**표 2.9** 자동차 문에 대한 기술특성 간의 상호관계

기술특성		기술특성										
		1	2	3	4	5	…	11	12	13	14	…
1	문을 닫는 데 요구되는 힘		--		++	+		--	--	--		
2	평지 위에서의 제어력			++					--			
3	10° 경사에서서의 제어력								--			
4	문을 여는 데 요구되는 힘							+	--			
5	닫는 데 요구되는 최대의 힘							--		--	--	
	....											
11	문의 밀폐성									++	++	
12	차창으로부터의 음향전달									++		
13	도로소음의 감소										+	
14	방수성											
	....											

• 단계 5: 고객경쟁력 비교

고객요구속성에 대한 자사 제품과 경쟁사 제품의 우수성을 비교 평가한다. 각 요구속성에 대해서 5점 척도(매우 우수 5점, 매우 미흡 1점)로 평가한다. 설문지, 인터뷰, 전문가 의견 등의 방법을 활용할 수 있다. 표 2.10은 자사제품과 경쟁사 A, B의 고객 경쟁력을 평가한 결과를 정리한 것이다.

▶**표 2.10** 자동차 문에 대한 고객경쟁력 점수

고객요구속성		고객평가점수		
		자사	A사	B사
개폐가 쉬움	1. 밖에서 닫기 쉬움	1.5	4	3
	2. 경사지에서 열린 상태 유지	1.5	1	2
	3. 밖에서 열기 쉬움	3.5	4	4.5
	4. 문이 다시 튀어나오지 않음	3.5	3	2.5
	…			
차단성	11. 비가 새지 않음	3.5	3	2.5
	12. 도로소음이 차단됨	4.5	2.5	3.5
	…			

• 단계 6: 기술특성치 비교 및 목표값 설정

기술특성별로 자사와 경쟁사의 기술특성치를 조사하여 비교한다. 계량적으로 측정할 수 있는 경우에는 측정치로 비교하고, 그렇지 않은 경우에는 전문가의 의견을 반영하여 5점 척도로 측정할 수 있다. 표 2.11은 자동차 문의 설계에 대한 기술특성의 측정치를 나타낸 것이다.

기술특성치의 목표값은 각 기술특성에 대한 기술적 난이도, 중요도, 비용 등을 종합하여 결정한다. 기술특성의 중요도는 고객요구속성의 등급과 기술특성의 관련도로부터 중요도의 절대수치를 산정하고, 기술특성별 우선순위를 매긴다. 표 2.12는 기술특성의 목표값과 우선순위를 나타낸 것이다.

▶표 2.11 자동차 문에 대한 기술특성의 비교

구분	기술특성	측정 단위	측정치		
			자사	A사	B사
개폐력	1. 문을 닫는 데 요구되는 힘	ft-lb	11	9	9.5
	2. 평지 위에서의 제어력	lb	12	12	11
	3. 10° 경사에서의 제어력	lb	6	6	7
	4. 문을 여는 데 요구되는 힘	ft-lb	10	9	11
	5. 닫는 데 요구되는 최대의 힘	lb	18	13	14
	...				
밀폐/차단성	11. 문의 밀폐성	lb/ft	3	2	2
	12. 차창으로부터의 음전달		.10	.10	.10
	13. 도로소음의 감소	db	9	5	6
	14. 방수성	psi	70	60	60
	...				

▶표 2.12 자동차 문에 대한 기술특성의 중요도, 난이도 및 목표값

기술특성 / 고객요구속성		1	2	3	4	5	…	11	12	13	14	…
		↓	↑	↑	↓	↓		↑	↑	↑	↑	
1. 밖에서 닫기 쉬움	5	◉45				◉45		◉45				
2. 경사지에서 열린 상태 유지	3		◉27	◉27								
3. 밖에서 열기 쉬움	2				◉18			○9				
4. 문이 다시 안 튀어 나옴	2		○6	○6	○6	△2		◉18				
………..												
11. 비가 새지 않음	2							◉18			◉18	
12. 도로소음이 차단됨	1							○3	○3	◉9		
………..												
기술적 중요도	절대수치	45	33	33	24	47		90	3	9	18	
	상대순위	3	4.5	4.5	6	2		1	9	8	7	
기술적 난이도(실현가능성)		4	5	1	1	3		1	3	3	5	
목표값(고객이 요구하는 값)		7.5	14	8	7.5	12		3	.10	9	70	

2.5 카노모형(KANO model)

대부분의 소비자들은 제품에 미비한 부분이 있으면 불만을 나타내지만 충분한 부분에 대해서는 당연하다고 느낄 뿐 만족감을 가지지 않는 경향이 있다. 이러한 상황을 설명하기 위해 카노 노리아키(狩野紀昭)는 그림 2.4와 같은 물질의 이원적 인식모형을 제시하였다. 즉, 주어진 물질에 대해서 만족과 불만족이라는 주관적 측면과 물리적인 충족과 불충족이라는 객관적 측면을 함께 고려하여 고객요구속성을 분류하였다.

카노모형에서는 제품이나 서비스의 품질요소를 사용자의 만족이라는 주관적 측면과 요구조건과의 일치라는 객관적 측면의 특성에 따라 매력품질요소(excitement, delighters), 일원품질요소(performance, primary satisfiers), 당연품질요소(basic, must-be)로 분류한다.

매력품질요소는 충족이 되면 만족을 주지만 충족되지 않더라도 하는 수 없다고 받아들이는 품질요소를 말한다. 고객이 미처 기대하지 못했던 것을 충족시켜주거나 고객이 기대했던 것이라도 고객의 기대를 훨씬 초과하는 만족을 주는 품질요소로써 고객감동(customer delight)의 원천이 되는 품질요소이다. 이 품질요소는 경쟁사를 따돌리고 고객을 확보할

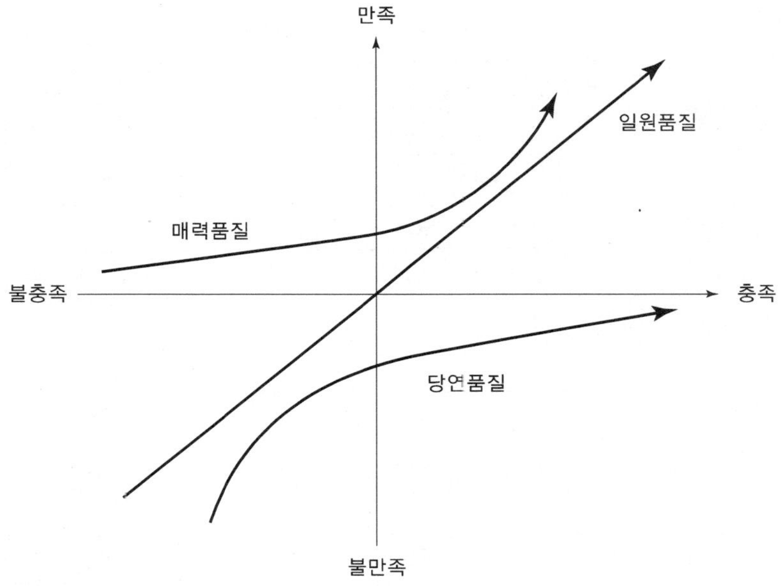

그림 2.4 고객속성에 대한 카노모형

수 있는 주문획득요인(order winner)이다. 그러나 고객은 이러한 품질요소의 존재를 모르거나 기대하지 않았기 때문에 충족되지 않더라도 불만을 느끼지 않는다.

예를 들어, 전기가 들어오기 전에 호롱불을 쓰던 사람들은 전깃불을 기대하지 못했을 것이다. 그들의 요구는 더 밝거나 그을음이 적은 호롱불로써 스위치 하나로 끄고 켜는 밝은 전구를 제공하지 않더라도 불만을 느낄 수 없었을 것이다. 이 상황에서 전기를 사용하는 전구는 큰 만족을 주는 매력품질요소이다.

일원품질요소는 충족이 되면 만족하지만 충족되지 않으면 불만을 일으키는 품질요소이다. 종래에는 모든 품질요소를 일원품질요소로 인식했다. 당연품질요소는 최소한으로 당연히 있어야 하는 것으로 인식하는 기본적인 품질요소로써 충족이 되면 당연한 것으로 받아들여 별다른 만족감을 주지 못하는 반면 충족이 되지 않으면 불만을 일으키는 품질요소이다. 당연품질요소는 불만예방요인으로 이 품질요소는 반드시 충족시켜야 한다. 예를 들어, 오늘날의 카메라의 자동초점(AF)기능은 당연품질요소로써 일반인들에게는 반드시 있어야 하는 카메라의 기능이다.

이들 3가지 주요 품질요소 외에 충족되든 충족되지 않던 만족도 불만족도 일으키지 않는 품질요소인 무관심요소(indifferent quality element)와 충족이 되면 불만을 일으키고 충족이 되지 않으면 만족을 일으키는 역품질요소(reverse quality element)가 있을 수 있다. 역품질은 생산자가 충족시키려 노력을 기울이지만 결과적으로 사용자는 불만족스럽다고 평가하는 품질요소이다.

카노모형으로 품질요소를 분류하기 위해서는 긍정적 질문과 부정적 질문의 짝으로 구성한 설문지를 사용한다.

- **단계 1**: 모든 품질요소에 대해서 긍정적 질문과 부정적 질문의 짝으로 구성한 설문지를 만든다.

예를 들어, 스마트폰의 카메라기능이라는 품질요소에 대한 설문문항은 다음과 같이 작성한다.

1-1 만약, 스마트폰에 카메라기능이 있으면 어떤 느낌이 들겠습니까?( )
① 마음에 든다 ② 당연하다 ③ 아무런 느낌이 없다
④ 마지못해 수용한다(live with) ⑤ 마음에 안 든다 ⑥ 기타

1-2 만약, 스마트폰에 카메라기능이 없다면 어떤 느낌이 들겠습니까?( )
① 마음에 든다 ② 당연하다 ③ 아무런 느낌이 없다
④ 마지못해 수용한다(live with) ⑤ 마음에 안 든다 ⑥ 기타

- **단계 2**: 하나의 품질요소에 대한 긍정적 질문과 부정적 질문의 대답을 종합하고, 표 2.13과 같은 평가이원표를 활용하여 해당 품질요소를 특성에 따라 분류한다.

만일 A씨가 문항 1-1에 대해서 '② 당연하다'를 선택하고, 문항 1-2에 대해서 '⑤ 마음에 안 든다'를 선택한 경우에 A는 카메라기능을 '당연품질'로 인식한다는 의미이다. 주어진 품질요소에 대해서 개별 고객들이 인식하고 있는 품질특성은 다를 수 있다. 고객집단에 대한 분석에서는 대다수의 고객이 인식하고 있는 품질특성을 해당 품질요소의 특성으로 한다. 예를 들어 고객의 63 %가 카메라기능을 '당연품질'로 인식한다면 카메라기능은 당연품질로 간주한다. 품질요소들의 특성은 시간의 흐름에 따라 변할 수 있다. TV의 리모콘 기능은 초창기에는 매력품질요소이었으나 오늘날에는 당연품질요소가 되었다. 품질요소는 시간의 경과에 따라 매력품질요소에서 일원품질요소, 당연품질요소로 변화하는 경향을 보인다. 그러므로 제품 및 서비스 개발 담당자들은 끊임없이 새로운 매력품질요소를 찾아내어 반영하고 일원품질요소에 대한 충족도를 높이는 노력을 지속하여야 한다. 고객의 요구속성은 바뀌며 기업은 바뀌는 고객의 요구속성에 대해 반드시 대처해야 한다. 또한 고객이 인식하는 것과 공급자가 제공하는 것과의 차이를 인식하고 차이를 줄이는 노력을 해야 한다.

▶표 2.13 품질요소 평가이원표(판정표)

부정질문대답 / 긍정질문대답	① 마음에 든다	② 당연 하다	③ 아무런 느낌이 없다	④ 마지못해 수용한다	⑤ 마음에 안 든다	⑥ 기타
① 마음에 든다	Q[1]	A	A[4]	A	O[5]	
② 당연하다	R[2]	I[3]	I	I	M[6]	
③ 아무런 느낌이 없다	R	I	I	I	M	
④ 마지못해 수용한다	R	I	I	I	M	
⑤ 마음에 안 든다	R	R	R	R	Q	
⑥ 기타						

1) Q(Questionable): 일반적인 평가로써 생각할 수 없는 회답으로 설문을 이해하지 못했거나 표현이 이상함 또는 응답자의 품질요소에 대한 이해도가 낮은 경우에 발생함
2) R(reserve): 역품질요소, 3) I (indifferent): 무관심품질요소 4) A(Attractive): 매력품질요소
5) O(One-dimensional): 일원품질요소 6) M(Must-be): 당연품질요소

예 2.2 이어폰에 대한 카노분석

mp3플레이어에 사용하는 이어폰에 품질요소는 '이어폰의 줄길이 조정', '나선형의 줄모양(줄의 꼬임 및 끊어짐 방지)', '외부소음감지 기능(외부소음의 크기에 따라 소리를 자동으로 줄였다, 높였다 할 수 있는 기능)'에 대해 품질요소의 특성을 분류한다.

각각의 기능특성에 대해서 다음의 설문 문항을 만들어 mp3플레이어를 사용하는 300명을 대상으로 조사를 하였다.

1-1 만약, 이어폰에 'OOOO' 기능이 있으면 어떤 느낌이 들겠습니까?( )

① 마음에 든다 ② 당연하다 ③ 아무런 느낌이 없다
④ 마지못해 수용한다 ⑤ 마음에 안 든다 ⑥ 기타

1-2 만약, 이어폰에 'OOOO' 기능이 없다면 어떤 느낌이 들겠습니까?( )

① 마음에 든다 ② 당연하다 ③ 아무런 느낌이 없다
④ 마지못해 수용한다 ⑤ 마음에 안 든다 ⑥ 기타

이어폰의 '줄길이 조정' 기능에 대한 응답 결과를 '설문 1-1'과 '설문 1-2'에 대한 이원표를 작성하였다.

▶**표 2.14** 줄길이 조정 기능에 대한 이원표

부정질문대답 / 긍정질문대답	① 마음에 든다	② 당연하다	③ 아무런 느낌이 없다	④ 마지못해 수용한다	⑤ 마음에 안 든다	⑥ 기타
① 마음에 든다	Q	A	A	A	O	
	5	1		3	117	
② 당연하다	R	I	I	I	M	8
	2			2	149	
③ 아무런 느낌이 없다	R	I	I	I	M	
					9	
④ 마지못해 수용한다	R	I	I	I	M	
⑤ 마음에 안 든다	R	R	R	R	Q	
	2	2				
⑥ 기타						

표 2.14의 내용을 종합하면 300명 중에서 4명(1.33 %)이 '매력품질요소'로 평가하고 있으며, 117명(39.0 %)이 '일원품질요소', 158명(52.67 %)이 '당연품질요소'로 평가하고 있다. 즉, 응답자의 52 %가 당연품질요소로 평가하고 있다. 표 2.15는 이어폰의 세 가지 기능에 대한 특성평가 결과를 나타낸 것이다.

▶**표 2.15** 이어폰의 기능에 대한 품질특성 평가 결과

기능	매력	일원	당연	역	무관심	회의적	기타	합계
1. 줄길이 조정	4 (1.33)	117 (39.00)	158 (52.67)	6 (2.02)	2 (0.67)	5 (1.67)	8 (2.67)	300 (100)
2. 나선형 줄모양	41 (13.67)	25 (8.33)	20 (6.67)	88 (29.33)	110 (36.67)	8 (2.67)	8 (2.67)	300 (100)
3. 외부소음감지	98 (32.67)	146 (48.67)	22 (7.33)	7 (2.33)	24 (8.00)	1 (0.33)	2 (0.67)	300 (100)

표 2.15에서 보면 '줄길이 조정' 기능에 대해서는 일원품질로 평가하는 경향이 있으며, '나선형 줄모양'은 무관심 또는 역품질요소로 평가하는 경향이 있다. '외부소음 감지' 기능에 대해서는 매력품질 또는 일원품질로 평가하는 경향이 있음을 알 수 있다.

2.6 SWOT분석

SWOT분석은 조직내부의 강점과 약점, 외부 환경의 기회와 위협을 분석하여 조직의 경영전략을 수립하는 기법이다. SWOT는 강점(strength), 약점(weakness), 기회(opportunities), 위협(threats)의 약어이다.

조직의 전략기획 담당자는 조직의 내부환경을 분석해 강점과 약점을 발견하고, 외부환경을 분석해 기회와 위협을 찾아낸 후에 이를 토대로 강점은 살리고 약점은 보완, 기회는 활용하고 위협은 억제하는 경영전략을 수립해야 한다. 강점과 약점은 경쟁기업과 비교할 때 소비자로부터 강점, 약점으로 인식되는 것을 말하고, 기회와 위협은 외부환경에서 유리한 기회와 불리한 요인을 의미한다.

SWOT의 내부의 강점(S)과 약점(W), 외부의 기회(O)와 위협(T)을 조합하면 SO(강점－기회)전략, ST(강점－위협)전략, WO(약점－기회)전략, WT(약점－위협)전략의 4가지 전략을 생각할 수 있다. SO전략은 시장의 기회를 활용하기 위해 강점을 사용하는 전략이고, ST전략은 시장의 위협을 회피하기 위해 강점을 사용하는 전략을 말한다. WO전략은 약점을 극복함으로써 기장의 기회를 활용하는 전략이고, WT전략은 시장의 위협을 회피하고 약점을 최소화하는 전략이다.

2.6.1 분석절차

SWOT분석을 하기 위해서는 먼저 관련된 기초자료를 수집하고 정리해야 한다. 정리된 자료를 기반으로 외브환경분석, 내부역량분석, 전략방향 설정의 순으로 분석한다.

1) 단계 1: 외부환경분석(Opportunities, Threats)

외부환경분석에서는 자신을 제외한 모든 정보를 기술한다. 외부환경 중에서 좋은 쪽으로 작용하는 것은 기회, 나쁜 쪽으로 작용하는 것은 위협으로 분류한다. 언론매체, 개인 정보망 등을 통하여 입수한 상식적인 세상의 변화 내용으로부터 시작하여 해당 분야의 전문적인 정보에 이르기까지 각종의 정보를 수집한다. 외부환경분석을 위한 정보수집을 하는 과정에서는 SKEPTIC체크리스트를 활용할 수 있다. SKEPTIC은 사회환경(society), 경쟁환경(competition), 경제환경(economic), 정치환경(politic), 기술환경(technology), 정보환경(information), 고객환경(customers)의 약어이다. 외부환경을 SKEPTIC의 각

영역별로 자료를 수집한다. 수집한 자료를 분석하여 기회요소와 위협요소로 분류하고 조직에 미치는 영향에 따라 우선순위를 매겨 정리한다.

2) 단계 2: 내부역량분석(Strength, Weakness)

경쟁사와 비교하여 자신의 강점과 약점을 파악한다. 강약점 분석을 위한 정보에는 보유하거나, 동원 가능하거나, 활용 가능한 모든 자원이 포함된다.

3) 단계 3: 전략방향설정

전략방향을 설정하기 위해서는 외부환경 요소와 내부역량 간의 상관관계를 분석한다. 외부환경과 내부역량 간의 상관관계가 높은 항목을 중심으로 대책안 수립에 활용하고, 그렇지 않은 항목은 기술적 검토를 한 다음에 적용유무를 결정한다.

2.6.2 SWOT분석표

SWOT분석 결과는 일목요연하게 표 형식으로 작성하는 것이 좋다. SWOT분석표는 다음의 표 2.16과 같은 양식을 많이 사용한다.

표 2.16에서 ①, ②에는 각각 내적 강점과 약점요소를 나열하고, ③, ④에는 외부 기회와 위협요소를 기입한다. ⑤, ⑥, ⑦, ⑧에는 SO전략, ST전략, WO전략, WT전략들을 나열한다.

▶**표 2.16** SWOT 분석표

<table>
<tr><th colspan="2" rowspan="2">외부환경
내부역량</th><th colspan="4">기회(O)</th><th colspan="4">위협(T)</th></tr>
<tr><th>③</th><th></th><th></th><th></th><th>④</th><th></th><th></th><th></th></tr>
<tr><td rowspan="4">강점
(S)</td><td>①</td><td colspan="4" rowspan="4">⑤</td><td colspan="4" rowspan="4">⑥</td></tr>
<tr><td></td></tr>
<tr><td></td></tr>
<tr><td></td></tr>
<tr><td rowspan="4">약점
(W)</td><td>②</td><td colspan="4" rowspan="4">⑦</td><td colspan="4" rowspan="4">⑧</td></tr>
<tr><td></td></tr>
<tr><td></td></tr>
<tr><td></td></tr>
</table>

예 2.3 신생기업 A의 경영전략 수립을 위한 SWOT분석

표 2.17은 신생의 A기업이 경영전략 수립을 위해 SWOT분석을 수행한 결과를 SWOT 분석표로 나타낸 것이다.

▶**표 2.17** SWOT분석표의 예

<table>
<tr><th colspan="2" rowspan="2">외부환경
내부능력</th><th colspan="3">기회(O)</th><th colspan="3">위협(T)</th></tr>
<tr><th>기술을 바탕으로 한 시장 내 지위 확대 가능성 존재</th><th>해외시장에서의 국내기업의 신인도/점유율 확대</th><th>고객수요의 급격한 상승</th><th>브랜드업체와의 시장충돌 가능성</th><th>고객취향 및 수요의 급변</th><th>시장변화속도보다 기업성장 속도가 느림</th></tr>
<tr><td rowspan="4">강점
(S)</td><td>전문인력 및 기술력 보유</td><td colspan="3" rowspan="4">• 시장의 요구사항을 적극적으로 반영하는 제품의 빠른 공급을 통한 시장 점유 확대
• 기존 생산제품의 품종 다변화로 신규 시장 영역으로의 사업 확장 모색
• 대 고객서비스 및 관리시스템 강화
• 관련 사업 내 여러 신사업 모색: 고학력 계층부분에 대한 기술개발 진행중</td><td colspan="3" rowspan="4">• 지속적이고 적극적인 인력양성을 통한 기업경쟁력 강화
• 고객취향에 대한 빠르고 정확한 분석을 통해 고객만족 극대화 가능한 제품 양산체제 강화
• 고객 분석 및 관리강화를 통해 고객만족도 향상
• 사업 영역의 확대 및 변경으로 사업성 및 수익성 강화</td></tr>
<tr><td>신생기업으로서의 성장가능성</td></tr>
<tr><td>빠르고 적극적인 외부환경 대응</td></tr>
<tr><td>경영진의 적극적인 마인드</td></tr>
<tr><td rowspan="3">약점
(W)</td><td>국제적 선진노하우 부족</td><td colspan="3" rowspan="3">• 지속적인 선진기술 습득 및 자체 개선 노력 강화
• 산업 표준화된 업무운영으로 기업 내부 개선 및 내부 업무효율성 증대
• 국내외 관련 기업과의 협력체제 강화
• 온라인 마케팅 강화
• 고객 중심의 전문브랜드화 필요
• 기업운영을 위한 정보시스템 도입</td><td colspan="3" rowspan="3">• 고객접근 채널의 확대
• 브랜드 인지도 강화를 통한 고객 접근 필요
• 기업시스템의 표준화로 이후 e-Biz 수행능력향상
• 온라인 마케팅 채널로서의 홈페이지 기능강화</td></tr>
<tr><td>비 표준화된 업무운영 방식</td></tr>
<tr><td>업체 및 브랜드 인지도 낮음</td></tr>
</table>

2.7 던커다이어그램

던커다이어그램(Duncker Diagram)은 독일의 인지심리학자 칼 던커(Karl Duncker)가 개발한 문제해결기법으로 PS(Present State: 현재 상태)진술문과 DS(Desired State: 바람직한 상태)진술문의 대응 관계로부터 가능한 해결안을 찾는 방법이다.

던커다이어그램에서는 PS-DS 대응으로부터 소위 '일반해(general solutions)'를 구한 후에 '기능해(functional solutions)', '특정해(specific solutions)'를 찾는 방법이다. 먼저 일반해를 (1) '요구상태(DS)에 도달하기 위해 취해야 할 활동'과, (2) 'DS가 만족되어 (1)의 활동이 필요 없도록 하는 것'으로 정한다. 다음은 일반해를 달성하기 위한 기능해를 생성한다. 기능해를 생성할 때에는 실현 가능성은 고려하지 않고 모든 가능한 방법을 고려한다. 마지막으로 가능한 기능해들을 실제로 실현가능한 특정해로 변형시킨다. 던커다이어그램은 그림 2.5와 같은 다이어그램을 사용하면 읽기에 편하다.

예 2.4 교통혼잡을 줄이기 위한 던커다이어그램

승용차를 이용하여 출퇴근하는 사람이 많아 교통이 혼잡하다. 교통이 혼잡하지 않도록 하고 싶다.

PS: 아주 많은 사람들이 승용차를 이용하여 출퇴근하므로 도로가 매우 혼잡하다.

DS: 교통량이 적어 도로가 혼잡하지 않다.

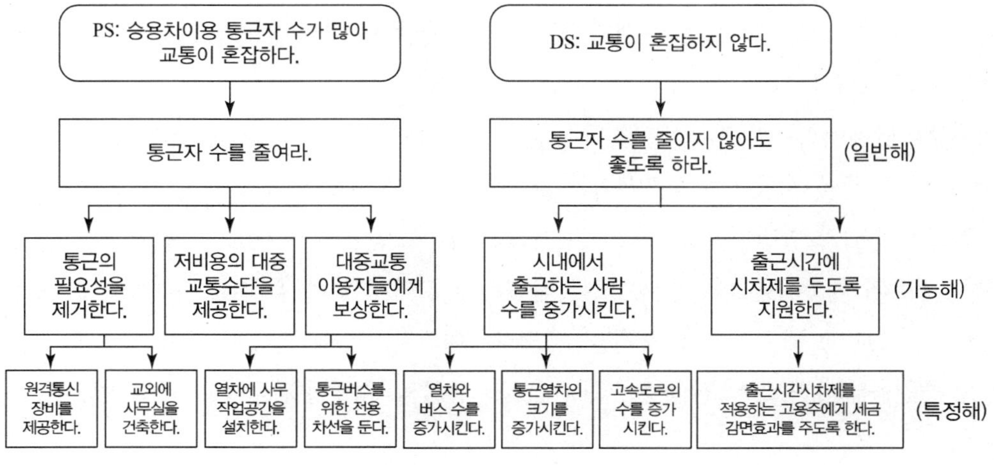

그림 2.5 던커다이어그램

2.8 케프너-트레고(KT)분석

케프너와 트레고(Charles Kepner and Benjamin Tregoe, 1981)는 다음의 4단계 문제해결방법을 개발하였다.

1) 1단계: 상황분석(SA, Situation Analysis)

현 상황에서 가장 긴급하고 중요한 하위문제를 결정한다. KT상황분석은 다양한 시각과 수준에서 문제를 볼 수 있도록 한다. 상황분석은 수행해야 할 작업과 이들 작업의 수행 순서를 결정하는 데 유용하다.

2) 2단계: 문제분석(PA, Problem Analysis)

문제의 발생 원인을 결정한다(주어진 문제에 대해서 이미 존재하고 있는 원인은 탐색하므로 과거에 초점을 맞추는 것임).

3) 3단계: 결정분석(DA, Decision Analysis)

문제를 수정하거나 문제의 원인을 제거하는 데 필요한 활동들을 결정한다(현재 시점에서 문제에 대한 개선 방안의 개발에 초점을 맞춤).

4) 4단계: 잠재문제분석(PPA, Potential Problem Analysis)

문제의 재발 — 또는 새로운 문제의 발생 — 을 예방하는 데 필요한 활동을 결정한다(미래에 초점을 맞춤).

상황분석단계에서는 문제 상황을 다수 개의 하위문제로 분할하고, 발생시기, 추세, 영향의 세 가지 기준을 사용하여 하위문제를 분석한다. 시기는 문제의 상대적 긴급성을 의미하며, 추세는 문제의 발전패턴을 나타내는 데 사용된다. 영향은 문제로 인해 발생할 수 있는 부정적 결말의 예측치를 의미한다. 모든 하위문제에 대해서 시기, 추세, 영향의 세 가지 기준별로 상(H), 중(M), 하(L) 등급을 매긴다. 여기서 '상'은 최고등급의 중요성/긴급성, '중'은 중간등급의 중요성/긴급성, '하'는 낮은 등급의 중요성/긴급성을 갖고 있음을 의미한다.

상황분석은 고려해야 할 항목이 너무 많아 중요한 하위문제를 결정하기 어려운 경우에 사용한다. 평가기준별로 '상, 중, 하' 표시를 하고, 상으로 평가받은 항목이 많은 하위문제를 우선적으로 해결해야 할 하위문제로 선정한다.

문제분석단계에서는 문제를 다음의 요소에 따라 구별한다.

- 무엇이 문제인가(무엇은 문제가 아닌가?)
- 언제 문제가 발생했는가(언제 문제가 발생하지 않았는가?)
- 어디서 문제가 발생했는가(어디서 문제가 발생하지 않았는가?)
- 문제의 크기는 어느 정도인가(회수, 정도 등)

이 접근법은 문제 또는 하위문제와 관련된 질문을 하고 응답을 하는 방법으로 발생원인을 결정한다. 이 기법은 문제의 특성, 발생 시기, 발생 위치, 영향의 크기를 파악하는 데 초점을 맞춘다. 또한 부정적인 질문(예, 문제가 아닌 것은 무엇인가? 문제가 발생하지 않은 때는 언제인가?)이 문제 발생원인 파악에 유용할 수도 있으므로 이를 고려한다. KT문제분석에서는 특정한 형태의 질문(무엇, 언제, 누가, 어디서, 왜, 어떻게)을 사용한다. 표 2.18은 이를 요약한 것이다.

▶표 2.18 KT문제분석에서 사용하는 질문

구분	긍정	부정
무엇 (What)	• 알려져 있는 것은 무엇인가? • 관측된 것은 무엇인가? • 제약조건은 무엇인가? • 중요한 것은 무엇인가? • 목적/목표는 무엇인가? • 예측할 수 있는 것은 무엇인가?	• 알려져 있지 않은 것은 무엇인가? • 관측되지 않은 것은 무엇인가? • 제약조건이 아닌 것은 무엇인가? • 중요하지 않은 것은 무엇인가? • 목적/목표가 아닌 것은 무엇인가? • 예측할 수 없는 것은 무엇인가?
언제 (When)	• 언제 문제가 발생하는가? • 언제 해결안을 실행해야 하는가? • 언제 변화가 발생했는가? • 언제 계측기를 검교정했는가?	• 언제 문제가 발생하지 않는가? • 언제 해결안을 실행하지 않아야 하는가? • 언제 변화가 발생하지 않았는가? • 언제 계측기를 검교정하지 않았는가?
누가 (Who)	• 누가 더 많은 정보를 제공할 수 있는가? • 누가 고객인가? • 누가 각 작업을 수행했는가? • 누가 정보의 출처인가? • 문제에 의해 영향을 받는 사람은 누구인가?	• 누가 더 많은 정보를 제공할 수 없는가? • 누가 고객이 아닌가? • 누가 작업을 수행하지 않았는가? • 누가 정보의 출처가 아닌가? • 문제에 의해 영향을 받지 않는 사람은 누구인가?

▶표 2.18 KT문제분석에서 사용하는 질문(계속)

구분	긍정	부정
어디서 (Where)	• 어디서 문제가 발생하는가? • 입력원이 위치하고 있는 곳은 어디인가? • 장비가 위치하고 있는 곳은 어디인가? • 제품이 선적되는 곳은 어디인가? • 고객이 위치하고 있는 곳은 어디인가?	• 어디서 문제가 발생하지 않았는가? • 입력원이 위치하고 있지 않은 곳은 어디인가? • 장비가 위치하고 있지 않은 곳은 어디인가? • 제품이 선적되지 않는 곳은 어디인가? • 고객이 위치하고 있지 않은 곳은 어디인가?
왜 (why)	• 문제가 중요한 이유는 무엇인가? • 해결안이 작동하는 이유는 무엇인가? • 문제가 그곳에 있는 이유는 무엇인가?	• 문제가 중요하지 않은 이유는 무엇인가? • 해결안이 작동하지 않는 이유는 무엇인가? • 문제가 그곳에 있지 않는 이유는 무엇인가?
어떻게 (How)	• 문제가 다른 문제와 어떻게 관련되어 있는가? • 어떻게 작업이 수행될 수 있는가? • 어떻게 문제가 발전되었는가?	• 문제가 다른 문제와 어떻게 관련되어 있지 않은가? • 어떻게 작업이 수행될 수 없는가? • 어떻게 문제가 발전되지 않았는가?

예 2.5 항공기 승무원의 피부발진

이스턴 항공 신형비행기에 탑승한 객실승무원들에게서 약 24시간 동안 지속되는 피부발진이 발생하기 시작했다. 피부발진은 승무원들의 팔, 얼굴 그리고 손에만 발생했다. 더욱이 이러한 현상은 태평양횡단 항로의 객실 승무원들에게만 발생하였다. 또한 각 항공편에 탑승한 승무원들의 일부만 감염되었고, 모든 항공편에서 동일한 수의 승무원들에게서 피부발진이 발생했다.

피부발진이 발생했던 객실승무원이 회복된 다음에 동일한 항로를 비행하는 구형 비행기에 탑승한 경우에는 피부발진이 나타나지 않았다.

객실승무원들은 이 미스터리한 질병 때문에 걱정하게 되었고, 다수의 의사에게 문제의 원인을 찾아주도록 의뢰하였으나 소용이 없었다. 또한 산업위생학자로 하여금 비행기 객실을 조사하도록 하였으나 잘못된 점을 찾을 수 없었다.

위의 정보에 바탕을 두고 KT 문제분석 기법을 사용하여 표 2.19를 작성하고 피부발진의 발생 원인을 밝혀보자.

위의 분석에 기초하여 다음의 결론을 얻을 수 있다.

- 피부발진의 진원지는 신형 비행기에서만 찾을 수 있는 소재와 관계가 있음이 틀림없다.
- 이들 새로운 소재는 일부(전체가 아님) 객실승무원들의 손, 팔, 얼굴에 닿았다.

▶표 2.19 항공기 승무원 피부발진에 대한 KT문제분석

고려사항	긍정(is)	부정(is not)	차이점	가능한 원인
무엇 (What)	피부발진	다른 증상	피부	외부접촉
언제 (When)	태평양 상공 비행	육지 상공 비행	승무원의 업무절차	소재
어디서 (Where)	신형 항공기	기존 항공기	소재, 디자인	소재, 디자인
범위 (Extent)	일부 승무원 얼굴, 팔, 손	다른 승무원 신체의 다른 부위	승무원의 업무절차 노출된 피부	내외부 접촉

• 이와 같은 선택적인 접촉은 태평양 위를 비행하는 동안에만 근무하는 승무원들의 행동과 관계가 있다.

이와 같은 분석으로부터 피부발진의 실제 원인이 구명조끼임을 찾을 수 있었다. 신형 비행기에 탑재한 수상안전장비는 새로운 소재로 제조되었으며, 태평양 위를 비행하는 항로에서 선택된 일부 객실승무원들이 시연하였다.

2.9 페르미 추정

2.9.1 페르미 추정의 유래

'서울에 있는 신호등은 전부 몇 개일까?' '전 세계에 축구공은 몇 개나 있을까?' 단번에 파악하기 어렵고 어떤 의미에서 황당하기까지 한 수량에 대해서 추정논법을 사용하여 단시간에 대략적인 개수를 산출해 내는 방법을 '페르미 추정'이라고 한다.

페르미 추정은 원자력의 아버지로 불리며 노벨물리학상을 수상한 엔리코 페르미(Enrico Fermi, 1901~1954년)가 이와 같은 물리량 추정에 뛰어났고, 시카고 대학에서 강의시간마다 학생들에게 이러한 과제를 냈다고 하여 붙여진 이름이다.

페르미는 1901년 로마에서 태어나 20대 중반에 로마 대학의 이론물리학과 교수에 취임한다. 1938년에는 중성자 연구에 대한 업적으로 노벨물리학상을 수상했으며, 수상식 후 전시하의 이탈리아를 떠나 미국으로 망명했다. 그 후 시카고 대학에서 학생들을 가르치면

서 1942년 세계 최초로 원자로 개발에 성공했다. 페르미는 병상에 누워서도 링거액이 떨어지는 간격을 측정해 유속을 계산했다고 한다.

페르미는 이론과 실천 모두에 뛰어난 업적을 남긴 20세기를 대표하는 천재 물리학자이며 교육자로서도 손색이 없는 인물이다. 그의 제자 가운데 많은 노벨상 수상자들이 탄생한 것이 그 증거이다. 페르미가 시카고 대학 교수 시절 학생들에게 냈다는 '시카고에 피아노 조율사는 몇 명이나 있을까?' 하는 문제는 페르미 추정의 고전으로 알려져 있다.

페르미 추정에 관련해서 그에 대한 몇 가지 에피소드가 있다. 그 가운데 대표적인 것이 그가 미국으로 이주한 후에 참가했던 '맨해튼 계획(제2차 세계대전 때 실시된 미국의 원자폭탄 계발계획)'이다. 세계 최초로 핵실험이 이루어진 1945년 7월 뉴멕시코 주 앨라모고도 사막의 베이스캠프에 있었던 페르미는 미리 준비해둔 노트를 찢은 종이조각을 폭발이 느껴짐과 동시에 공중에 뿌려 자유낙하시켰다. 그리고 폭발의 충격파로 이리저리 날린 종이조각의 움직임을 통해 실험에 사용된 핵폭탄의 폭발력을 추정했는데, 이후 실제 폭발력의 규모와 비교했을 때의 그 정확함에 동료들도 혀를 내둘렀다고 한다.

2.9.2 페르미 패러독스

페르미의 이름이 붙은 또 다른 유명한 에피소드가 '페르미 패러독스'다. 이것은 지구 외 문명(생물)의 존재유무에 대한 것으로 다음과 같다.

우주의 크기와 별의 수, 역사의 길이를 생각할 때 지구 외 문명(ETC, Extra Terrestial Civilization)이 존재하지 않는 것은 이상하다. 그러나 지구상에서 이제껏 ETC는 목격되지 않았다.

페르미는 이 화제를 동료들에게 자주 던지면서 "다들 어디에 있는 거지?" 하고 물었다고 한다. 이 패러독스를 페르미 패러독스라고 한다. 이 ETC의 존재확률에 관해서는 전형적인 페르미 추정을 응용할 수 있는 과제다. 참고로 미국의 SETI연구소장이었던 프랭크 드레이크는 페르미 추정을 이용해 다음과 같은 '드레이크 방정식'을 유도해냈다.

드레이크 방정식: $N = R \times f_p \times ne \times f_l \times f_i \times f_c \times L$

N: 은하계에서 통신할 수 있는 ETC의 수

R: 은하계에서 1년에 별이 탄생하는 확률

f_p: 행성을 가진 항성의 확률

ne: 행성을 가진 항성 가운데 생명이 유지할 수 있는 환경을 가진 행성의 수

f_l: 생명을 유지할 수 있는 행성 가운데 실제로 생명이 있을 확률

f_i: 그 행성 가운데 생명이 지적인 생명체로 발전(진화)할 확률

f_c: 그 가운데 항성 간 통신을 할 수 있는 문화가 발달할 확률

L: 그런 문화가 통신을 할 기간의 길이

페르미 패러독스에 관해서는 스티븐 웹의 저서 《모두 어디에 있지?》에 자세히 나와 있다.

2.9.3 페르미 추정 예제

페르미 추정이라는 도구로 어떻게 추리력을 키우는가에 대해 구체적으로 설명한다. 다음의 페르미 추정 예제를 생각해보자(이후의 설명 이해도를 높이기 위해서 반드시 문제의 답을 생각해보도록 한다).

■ 일본 전역의 전봇대는 몇 개일까?

문제를 풀 때의 규칙은 다음과 같다.

• 제한시간: 3분(엄수)
• 전자계산기: 컴퓨터 등은 사용불가(종이와 필기도구만)
• 정보 참조 일체 불가

1) 해답을 이끌어내는 과정

결과는 어떻게 됐을까? 아래의 해법 설명과 자신의 해법을 비교하면서 표 2.20에 있는 추리력 체크리스트로 채점을 해보기 바란다. 다시 한 번 강조하지만, 이 예제는 최종적인 결과의 정확성보다는 어떠한 사고방식으로 해답을 이끌어냈느냐 하는 '과정'을 시험하는 것이다.

갑자기 이런 질문을 받아서 당황스럽겠지만, 전문가가 아닌 이상 이 해답을 '지식'으로 알고 있는 사람은 없을 것이다. 또 출제자가 기대하는 것도 현실의 전봇대 개수보다 정답에 다가가기 위한 '산출 논리'다. 그렇게 되면 의지해야 할 것은 최소한의 상식과 단순한 사고력, 즉 '추리력'뿐이다.

▶**표 2.20** 추리력 체크리스트(제한시간 내에 풀고 확인할 것)

	질문	A	B
1	문제를 봤을 때의 반응은 어땠나요?	재미있어 보이니 얼른 해보자(적극적).	왠지 어려울 것 같다(소극적).
2	해답을 낼 수 있었나요, 없었나요?	제한시간 내에 풀 수 있었다.	해답을 내는 단계까지 가지 못했다.
3	전체조건 부족에 대해서는 어떻게 대응했나요?	적당히 전제를 정해서 앞으로 나갔다.	전체조건이 없어서 이리저리 헤매다 손들었다.
4	기초자료 부족에서 어떻게 대처했나요?(예: 일본의 총면적)	알고 있는 정보로 하는 수밖에 없다는 각오로 바로 했다.	정보가 너무 적어 힘들다고 고민하다 손들었다.
5	모델분석 옵션은 몇 가지 생각했나요?	두 가지 이상 생각해서 가장 적당한 방식을 선택했다.	처음에 머리에 떠오른 것으로 산출했다.
6	과제착수 순서는 어떻게 정했나요?	우선 전체를 분류한 후 개별적으로 대처했다.	우선 계산하기 쉬운 부분을 계산한 후 전체로 확대했다.
7	인수분해의 개수는 어땠나요?(해답 예의 인수는 6개)	인수의 수가 10개 미만	인수의 수가 10개 이상
8	이끌어낸 해답의 유효 숫자는 몇 자리였나요?	2자리 이하('8.2백만 개' 하는 식으로)	3자리 이상('8,292,300개' 하는 식으로)
9	해답을 낸 후의 감상은 어땠나요?	이 방식 이외의 다른 방식이 있을까?(접근에 집착)	정답에 근접했을까? (결과 수치에 집착)
10	해답결과는 어땠나요?	300만 개(3×10^6) 이상 3억 개(3×10^6) 미만	왼쪽 답변 이외

· 채점방식: 각 문제당 A: 1점, B: 0점으로 계산해 합계(10점 만점)
· 판정결과: 8~10점: 추리력 A급, 4~7점: 추리력 B급, 0~3점: 추리력 C급

① 접근방식 설정

어떻게 하면 전봇대의 개수를 계산해낼 수 있을까. 집 주위의 전봇대라면 어느 정도 머릿속에서 추정할 수 있을지도 모르지만 대상은 일본 전국이다. 대담한 가정을 하지 않을 수 없다. 여기서는 '단위 면적당 전봇대의 개수를 시가지와 교외(산간지역도 포함한 시가지 이외 전부, 이하 같음)로 나눠 총 개수를 산출한다'라는 접근방식을 생각한다(이 외에도 '단위 세대당 개수를 생각한다'와 같은 접근방식도 타당하다).

② 모델분석

다음으로 대상을 모델화해 단순한 요소로 분해한다. 여기서 고려해야 할 점은, 주택이 밀집해 있는 시가지와 산간지역을 포함한 교외의 전봇대 밀도가 크게 다르다는 점이다. 각 영역의 '단위 면적당 개수'와 각각의 '총면적'을 알면 둘을 곱해 총 개수를 산출할 수 있다. 이것이 이 해법에서 가장 중요한 부분으로, 어떻게 적절한 접근법으로 분해하여 추측 가능하면서도 시간 내에 계산할 수 있는 적당한 크기로 인수분해하느냐가 포인트다.

③ 계산실행

여기서부터 수치를 대입해 계산해나가는데, 그러기 위해서는 ②의 모델분석에서 어느 정도 숫자 추정이 가능한 부분까지 인수분해해두는 것이 중요하다. '단위 면적당 개수'로 생각해본다. 시가지의 대표적인 전봇대 배치는 '사방 50미터에 1개', 교외는'사방 200미터에 1개'로 대표치를 모델화한다(현실에서는 200미터나 간격을 두지 않지만 대략적인 면적당 밀도를 계산하기 위함이므로 이렇게 가정한다). 그렇게 하면 1 km^{2}당 전봇대의 개수는 400개(시가지), 25개(교외)가 된다. 다음으로 필요한 것은 각각의 총면적이다.

이것을 더욱 인수분해하면 (일본의 총면적) × (각각의 점유율)이 된다. 먼저 일본의 총면적, 이것은 초등학교 사회시간에 약 38만 km^{2}라고 배우니까 이 내용을 기억해 그대로 쓰면 되는데, 만약 잊어버렸을 경우에는 알고 있는 수치로 '페르미 추정'을 하면 된다.

예를 들어 도쿄−하가타 간의 거리가 약 1,200 km(일본열도를 이루는 4개의 주요 섬은 위쪽에서부터 차례로 홋카이도, 혼슈, 시코쿠, 규슈로 도쿄는 혼슈의 남동부에 위치하고, 하가타는 규슈 북부에 위치한다)라는 것을 알고 있었다고 하자(모르면 신칸센의 속도와 소요시간 등으로 다시 페르미 추정을 한다). 이 경우에 일본지도를 머릿속에 떠올려 일본을 같은 면적의 직사각형과 근사하게 맞아떨어진다고 했을 때 어느 정도가 될지를 상상하여 대강 1,500 km × 200 km가 되었다면 총면적은 30만 km^{2}라고 할 수 있다(이 외에도 모델화에 의해 근사치를 계산하는 방법은 많이 생각할 수 있다).

또 시가지와 교외의 면적 비율에 대해서 여기서는 20 % 정도를 시가지로 가정(일반적으로 '일본 국토의 4분의 3이 산간지역'이라고 한다)한다. 이들 수치를 바탕으로 계산하면 그림 2.6의 계산식에 의해 총 3,000만 개라는 숫자를 끌어낼 수 있다(②와 ③의 과정은 하나의 세트를 이룬 연속적인 것으로 ③의 계산실행 중에도 ②의 모델분석적인 요소가 나오는데, 여기서는 계산의 편의상 모델화는 ③에 포함시키는 것으로 한다).

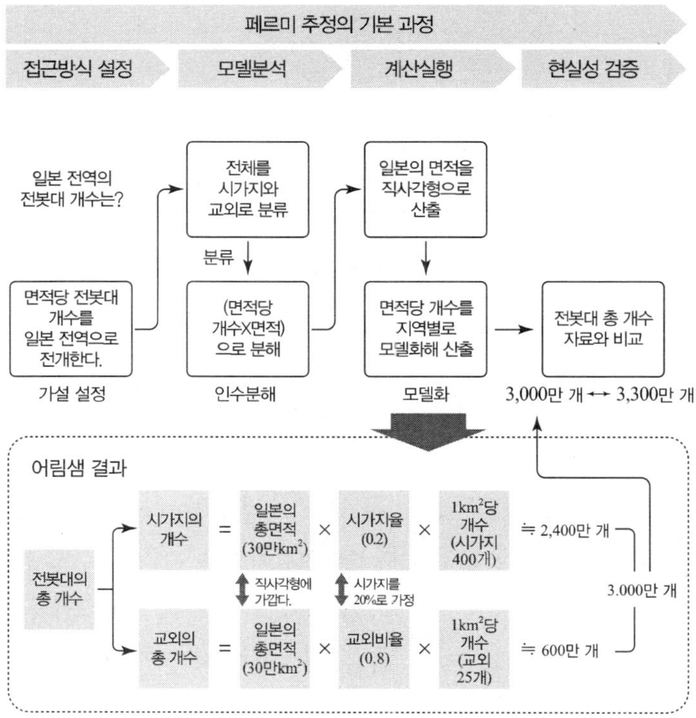

그림 2.6 예제의 해법 과정

④ 현실성 검증

③에서 일단 결과가 나오지만, 현실의 자료가(부분적이라도) 입수 가능한 경우에는 ①, ②, ③에서 계산한 어림셈 결과가 어느 정도 현실에 가까운지 확인할 수 있다. 이것이 페르미 추정에서의 가설검증이다. 사실, 전봇대의 개수는 전력회사와 일본 전신전화회사인 NTT를 통해 숫자가 공개되어 있다(그림 2.7). 이 자료에 의하면 합계 개수는 약 3,300만 개로, 예제의 페르미 추정에 의한 산출 결과가 실제 개수에 상당히 근접해 있음을 알 수 있다(실제 전봇대를 길에서 관찰하면 밀집지에서는 약 20미터 간격으로 배치되어 있는 곳도 있지만, 시가지를 통틀어 사방 50미터인 바둑판으로 생각한 것은 결과적으로 타당했다고 할 수 있다). 또 이 문제를 내 주변의 약 20명의 컨설턴트에게 출제한 결과(산출방법은 다양했지만) 대게 500만~5,000만 개 사이였다. 페르미 추정에서 중요한 것은 산출 과정이라고 앞에서도 언급했지만, 기준으로서 이 문제에 대해서는 '진실'의 수치와 한 자리 이내의 오차에 수렴하면 합격으로 해두자.

전봇대는

① 각 전력회사가 소유하는 배전용
② NTT동일본 · 서일본이 소유하는 전기통신용

두 종류가 거의 대부분이라고 생각할 수 있다. ①에 대해서는 〈전기사업편람〉(전기사업연합회통계위원회 편)에 각 전력회사 별 '배전설비 지지물수'가 ②에 대해서는 NTT동 · 서의 웹페이지에 '전기통신 설비 상황'의 '전봇대'에 다음과 같이 기재되어 있다.

2005년도 자료

전력용 (전력회사)	홋카이도	도호쿠	도쿄	주부	호쿠리쿠	간사이	주코쿠	시코쿠	규슈	오키나와	소개
	144.9	296.9	566.2	269.7	58.2	264.3	158.3	82.7	229.9	20.2	2,091.3
통신용 (NTT동 · 서)	동일본					서일본					소개
	569					618					1,187
						단위: 만 개			총 계		3,278

약 3,300만 개

그림 2.7 전봇대에 관한 통계 자료

이 해법을 읽고 어떤 생각이 드는가. 아마 처음 문제를 들었을 때는 '밑도 끝도 없는 문제'라고 생각했을 테지만(대체 수만 개인지, 억만 개인지…….) 조금씩 문제를 냉정하게 풀어 가면 상식적인 지식의 범위에서 한 자리의 오차 단위까지는 3분 동안에 산출이 가능하다. 해법의 예에서는 미분/적분을 사용한 것도 아니고 전문가만이 알 수 있는 지식을 동원한 것도 아니다. 초등학생이라도 '생각하기'를 게을리 하지 않으면 답을 이끌어낼 수 있는 문제다.

2.9.4 페르미 추정과 추리력의 관계

일련의 페르미 추정 과정을 소개했는데, 앞서 말한 추리력의 각 구성요소가 이 과정 안에서 구체적으로 어떻게 필요하고 페르미 추정에 의해 어떻게 단련할 수 있는지를 살펴보자. 그림 2.8과 같이 페르미 추정 과정은 간결하지만 문제해결의 축소판으로 다양하게 추리력을 응용하는 장면을 볼 수 있다.

			페르미 추정의 기본 단계			
			접근방식 설정	모델분석	계산실행	현실성 검증
추리력	세가지 기본 사고력	가설 사고력	◎ 가설설정	○ 전제조건 설정		○ 가설검증
		프레임워크 사고력	◎ 전체 내려봄 . 전달	◎ 분류 . 인수분해		○ 보틀네크 사고
		추상화 사고력	○ 전체 단순 파악	◎ 모델화 . 단순화		
	토대	지적호기심 논리 . 직관력	○ 모든 사고력에 공통하는 기본			
상식		상식적 지식	○		◎	○

◎특히 중요 ○중요

그림 2.8 페르미 추정 단계와 추리력의 관계

연습문제

2.1 예 2.1의 내용을 참고하여 품질주택을 완성하라.

2.2 귀하는 다음에 제시하는 소규모 점포를 운영하는 사장이다. 여러 가지 이유로 점포 운영이 점차 어려워지고 있다. 점포운영의 개선을 위해 고객서비스를 개선하고자 한다. 품질기능전개를 사용하여 개선해야 할 서비스를 파악하라.

주유소, 카페, 식당, 슈퍼마켓, 노래방, 목욕탕

2.3 다음의 제품들이 제공하는 주요 기능들을 파악하고, 각 기능들의 품질유형 특성을 카노모형에 따라 분류하라.

세탁기, 휴대폰, 디지털카메라, TV, 노트북, 진공청소기

2.4 다음의 서비스업무에서 제공하는 주요 서비스들을 파악하고, 각 서비스들을 품질 유형특성 카노모형에 따라 분류하라.

피부관리실, 식당, 슈퍼마켓

2.5 귀하는 다음에 제시하는 소규모 점포를 운영하는 사장이다. 여러 가지 이유로 점포 운영이 점차 어려워지고 있다. 점포운영의 개선을 위해 고객서비스를 개선하고자 한다. 카노모형을 사용하여 우선적으로 제공할 서비스를 선택하라.

주유소, 카페, 식당, 슈퍼마켓, 노래방, 목욕탕

2.6 귀하의 진로설계를 위한 SWOT분석을 하라.

페르미 추정 연습문제

아래에 페르미 추정 연습문제를 모아놓았다. 이 문제들이 여러분의 추리력 단련에 도움이 되기를 바란다. 단, 본문에서도 말했듯 페르미 추정은 직접 손쉽게 작성할 수 있다. 출퇴근 시간이나 자투리 시간을 이용하여 다양한 과제를 만들어 스스로 추리력을 단련하기 바란다.

- 시카고에 피아노 조율사는 몇 명 있을까?
- 세계에서 하루 동안 소비되는 피자는 몇 판일까?
- 일본 시가현 비와호의 물은 몇 방울일까?

(위의 세 문제에 대해서는 해답 예를 첨부하였으므로 참고하기 바란다.)

- 전국의 골프공은 몇 개일까?
- 서울 시내 주차금지 도로표식은 몇 개일까?
- 전국의 우체통은 몇 개일까?
- 세계에서 하루 동안 사용되는 휴대전화 통화시간의 합계는 총 몇 시간일까?
- 국회도서관의 책은 몇 권일까?(몇 글자일까?)
- 전국에서 하루 동안 사용되는 만두피의 면적은 총 몇 km^2일까?
- 전국에서 하루 동안 소비되는 화장실 휴지의 길이는 총 몇 미터일까?
- 전국에서 하룻밤 동안 사람들이 노래방에서 부르는 노래는 전부 몇 곡일까?
- 전국의 형광등은 몇 개일까?
- 서울역의 1일 이용객 수는 몇 명일까?
- 잠실야구장을 땅콩으로 채우려면 몇 개가 필요할까?
- 태평양의 물은 몇 리터일까?
- 세계의 비즈니스맨은 몇 명일까?

연습문제 해답 예 1_시카고에 피아노 조율사는 몇 명 있을까?

	고려해야 할 점	결론
접근방법 설정	• 피아노 조율사에 대한 연간 '수요'와 '공급'이라는 관점에서 생각한다. • '수요'란 피아노 대수×연간조율 빈도수 • '공급'이란 피아노 조율사의 연간 일할 수 있는 회수 • 가정 이외의 소유 대수는 오차의 범위로 가정	• 피아노 조율사의 수요를 채우기 위한 조율사의 인수가 필요하다고 생각한다.
모델 분석	공급 수요 피아노 조율사 × 1인당 연간조율수 = 피아노 대수 × 1대당 연간조율수 피아노 조율사 = 시카고의 인구 ÷ 세대당 평균인수 × 피아노 세대보유율 × 1대당 연간조율수 ÷ 1 인당 연간조율수	• 왼쪽 모델화대로
계산 실행	• 시카고 인구는 300만 명으로 추정(미국의 제3의 도시라는 점에서 추정) • 평균 3명/세대라고 추정(일본(2.49명)보다 조금 많게 추정) • 피아노 보유율을 10%, 조율회수는 1회/년으로 추정 • 조율사의 1일당 조율회수는 3회/일, 연 200일 일할 수 있다고 가정	• 왼쪽 내용을 모델에 대입하여 167명 ≒ 170명 산출
현실성 검증	• 이하의 부분적 인수(因數)의 단서는 있지만 조율사수 자체의 숫자는 파악할 수 없다(자주 이용되는 예제지만 정답은 없다). • 시카고의 인구는 약 290만 명 (2000년: US Census Bureau) • 미국 전체의 인구/세대수는 2.81억/10.05억 (2000년: US Census Bureau) ≒ 2.7명	• 유명한 문제지만 피아노 조율사에 관한 정확한 통계 자료가 없어서 페르미 추정의 예제에서는 대략 75~200명이 해답 예로 되어 있다.

연습문제 해답 예 2_세계에서 하루 동안 소비되는 피자는 몇 판일까?

	고려해야 할 점	결론
접근방법 설정	• '접근방법' 선택 문제 • '수요'(인구 1명당 소비량)의 관점과 '공급'(레스토랑, 택배, 자택요리……)의 관점을 생각할 수 있는데 조금 생각해보면 수요 쪽이 압도적으로 계산하기 쉽고, 오차도 작아짐을 알 수 있을 것이다. • 피자는 세계 여러 나라에 침투한 음식이지만 여전히 먹지 않는 나라(사람)도 많고, 먹는 나라 역시 많이 먹는 나라(이탈리아, 미국 등)와 조금 먹는 나라(사람)가 있을 것이다.	• 세계 인구를 피자 소비량에 따라서 3종류로 분류하고 각 구분이 하루당 소비빈도로부터 산출한다.
모델 분석	세계 소비량 구분 1 = 해당 인구 × 1일 소비량 (1/7:1장/주) 구분 2 = 해당 인구 × 1일 소비량 (1/30:1장/월) 구분 3 = 해당 인구 × 1일 소비량 없음	• 왼쪽 모델화대로
계산 실행	• 세계 인구는 약 64.6억 명(북아메리카인 3.3억, 아시아 39.1억, 유럽 7.3억, 라틴아메리카 5.6억, 아프리카 9억, 오세아니아 0.3억: 2005년, UN, World Population Prospect: The 2004 Revision) • 구분 1(일주일에 1판 먹는다)의 인구는 5억 명, 구분 2(한 달에 1판 먹는다)의 인구는 20억 명, 구분 3(먹지 않는다)의 인구를 나머지 40억 명으로 추정한다.	• 왼쪽 내용에서 • 5억 × (1/7) + 20억 × (1/30) ≒ 1.4억(장)
현실성 검증	그대로 사용할 수 있는 숫자는 없는 듯한데 다음의 기술이 인터넷상에 나와 있다. • 30billion pizza consumed each year in the world:(World Food Market 2007의 홈페이지: 미국의 인구를 2.8억 명이라고 하면 평균 약 9.3일에 1판이라는 계산: 구분 1의 참고치)	• 문제의 성질에서 정확한 자료를 산출하기란 어렵지만 왼쪽 내용을 기준으로 하면 위의 숫자는 1.5배의 자릿수에는 들어가는 듯하다.

연습문제 해답 예 3_비와호의 물은 몇 방울일까?

	고려해야 할 점	결론
접근방법 설정	• '모델화' 연습으로서의 순수한 물리량 산정문제 • 전체의 계산모델로서는 단순하며, 비와호의 면적량×깊이로 체적을 내서 그것을 물방울 1방울당의 체적으로 나눠 구한다. • 표면적과 평균 수심을 구하는 것이 비와호에 대한 지식이 부족한 사람에게는 난이도가 높지만 이것을 어떻게 추정하느냐가 핵심이다. • 자릿수 구하는 감각으로 산출한다.	• 논리 자체는 단순해서 선택지는 제한된다.
모델 분석	비와호의 물방울 수 = 표면적 × 평균 수심 ÷ 물방울의 체적	• 왼쪽 모델화대로
계산 실행	• 비와호의 표면적을 구하는 힌트로서, ① 비와호는 일본 최대의 호수이다(주위의 어느 호수보다도 크다). ② 축적이 작은 일본 지도에서도 인식할 수 있는 크기다. ③ 그 이름대로 비파의 모양을 하고 있다는 점에서 30 km × 50 km의 직사각형의 1/2로 추정 • 수심은 그다지 가파르지 않은 주변 지형과 안에 섬이 있다는 점, 일본 최고 수심(다자와 호수: 400 m)과의 비교 등에서 50 m로 추정(이것이 아마 가장 어려울 것이다) • 물방울은 반지름 2 mm의 구형 정도로 추정	• 표면적: 30 km × 50 km × 0.5 • 평균 수심: 50 m • 물방울체적: $\frac{4}{3}\pi r^3$ 에서 물방울 수 ≒ 표면적 × 평균수심 ÷ 물방울체적
현실성 검증	• 사가현 비와 호수 박물관 홈페이지에서 비와호의 표면적은 670.25 km^2, 평균 수심은 41.2 m (→비와호는 일본 호수 중에서 표면적이 크다) • '물방울'이라고 해도 종류에 따라서 크기가 고르지 못하지만, 한 예로서 교토대학 대학원 이학연구과 요시무라 요스케 씨의 홈페이지에 '5 ml의 홀피펫으로 취하는 물방울의 체적이 0.04 ml 정도'라는 언급이 있고, 여기서는 이것을 대표치로 사용해보면 위의 반지름 20 mm인 구와는 20 % 정도의 오차가 있다.	• 왼쪽 내용을 바탕으로 계산하면, 물방울 수 ≒ 7 × (방울)이 되며, 위의 계산의 오차는 한 자리 이내였다.

CHAPTER 03

창의적 발상기법

3.1 창의적인 사고와 창의성의 개념

인간에게는 무에서 유를 창조하는 신과 같은 능력은 없다. 그래서 어떤 사람들은 창의성이라는 개념을 초자연적인 능력에 근접한 '창의적인 예술'에 국한시키려고 한다. 우리는 원료로 쓰인 재료와 만들어진 제품이 전혀 다른 경우에만 '창의적'이란 단어를 붙이는 경향이 있다. 또한 어떤 사람들은 '창의적'이란 새로운 천체의 발견을 의미할 수도 있으며, 또 어떤 사람은 피아노나 테니스를 잘 치는 것, 또 어떤 사람에게는 비상하게 좋은 그림을 그리는 것을, 또 다른 사람에게는 단지 새로운 어떤 것을 시험해 보는 것을 의미할 수 있다. 이렇게 창의가 무엇인가를 한마디로 정확히 정의하기는 어렵다.

사전적 의미로 창조(創造)란 하나님이 우주와 인간을 처음 만드는 것처럼 새로운 것을 고안하여 만드는 것이라고 한다. 또한 창조와 비슷한 의미로 사용되는 단어가 창의(創意)라는 것으로 지금까지 없었던 일을 처음으로 생각해 내는 것, 즉 창의적 사고 또는 창의적 능력을 의미한다. 결론적으로 설명하면 창조란 처음으로 만들어 낸 결과물을 이야기하는 경우이고 창의란 이러한 결과물을 얻기 위한 사고의 과정이나 능력을 의미한다고 볼 수 있다.

창의적 사고에 관한 연구에서 길포드는 창의성의 6요소로 ① 감수성(sensitivity) ② 유창성(fluency) ③ 유연성(flexibility) ④ 독창성(originality) ⑤ 재정의(redefinition): 기존의 것에 새로운 기능을 생각한다 ⑥ 정교성(elaboration) 등으로 들고 있다.

길포드 창의성 6요소

① 감수성(sensitivity)
② 유창성(fluency)
③ 유연성(flexibility)
④ 독창성(originality)
⑤ 재정의(redefinition)
⑥ 정교성(elaboration)

이들 요소 중 유창성(fluency)과 유연성(flexibility)이 창의성의 2대 요소이다. 유창함이란 어떤 문제에 대하여 수많은 해결책을 빠르고 거침없이 제시할 수 있는 능력이라고 할 수 있다. 예를 들면 유창함이란 옷걸이나 벽돌 혹은 종이집게 등의 사용 가능한 모든 용도를 주어진 시간 내에 모두 망라해 내는 능력으로 측정될 수 있다. 또한 유연성은 보통 어떤 문제에 대하여 상식을 뛰어넘는 비상한 생각을 해내는 능력을 가리킨다. 예를 들어 문을 여닫는 방법을 개선하는 문제에 대하여, 문의 손잡이를 문에 설치하지 않고 문 옆의 벽에 설치하는 방법을 생각해 보는 것은 상식을 벗어나는 생각이다. 유연한 사고는 또한 어떤 물건의 용도에 대하여 상식을 벗어난 엉뚱한 생각을 해내는 능력으로 측정된다. 예컨대 종이집게가 물건을 집는 일 이외에 스크랩을 하거나 무엇을 꺾거나 휘젓는 데에도 사용될 수 있음을 아는 사람은 유연한 사고를 한다고 할 수 있다.

3.2 창의성을 만들기 위한 내부영역

어떤 사람은 창의성을 새로운 아이디어나 참신한 통찰력을 발휘할 수 있는 어떤 능력이라고 말한다. 또 어떤 사전에 보면, 창의성이란 자연스러운 변화나 정상적인 방법으로는 안 되는 어떤 것을 만들어 내는 과정이라고 나와 있다. 그러나 누가 새로운 것과 참신한 것, 정상적인 것과 자연스러운 것의 기준을 정할 것인가? 창의성이란 고정된 인습을 깨뜨리는 힘, 즉 독창성으로 인습을 타파하는 것으로 생각할 수도 있다. 그러나 많은 사람들이 '창조적인 것' 자체에 대해 고정된 인습(고정 관념)을 갖고 있다. 많은 사람들은 창의성이란 단순히 어떤 욕구나 희망을 만족시키기 위해 물체나 숫자, 색상, 문서, 화학 원소, 말 등을 새로운 방법으로 결합시키는 것으로 생각한다. 예를 들어 시계와 라디오를 결합하여 시계라디오를 만드는 것 등이다.

창의성이란 어떤 것을 잘 들을 수 있는 능력, 즉 외부 세계로부터 주어지는 아이디어들이나 내부 혹은 무의식의 세계로부터 나오는 아이디어들을 들을 수 있는 힘이라 할 수 있다. 창의성이란 흔히 자기의 개성 있는 주체성을 자신의 자아나 자연 또는 다른 사람들과 잘 조화되도록 통합된 형태로 표현하고 실현시키는 체험으로 정의되어 왔다. 따라서 창의성이란 용어는 "어떤 개인의 독특성에서 나오는 그 사람 내부의 힘으로써, 그 사람에게 가치가 있는 새로운 생각이나 참신한 통찰들을 산출하는 것"이라는 의미로 사용한다.

3.2.1 창의성 이루는 내부영역

창의성은 내부적으로 다음과 같이 4가지의 의미 있는 내부영역으로 구분하기도 한다.

① 창의적 사고의 관련 성향(Disposition)
② 창의적 사고 관련 경험(Experience)
③ 창의적 사고의 기술(Skill)
④ 창의적 사고 관련 지식(Knowledge)

이 네 가지는 창의적인 사람이 되게 하는 데 작용하는 비교적 구분 가능한 요인들이다. 이들 영역의 대문자를 따서 다음과 같이 창의성을 이루는 내부영역을 공식화할 수 있다.

$$C = f(D + E + S + K)$$

C = Creativity, D = Disposition, E = Experience, S = Skill, K = Knowledge

이들 각각의 영역별 요소는 다음과 같은 특징이 있다.

1) 창의적 사고의 관련 성향(Disposition)

창의적 사고를 할 수 있는 힘을 가졌다고 해서 실제로 창의적 사고를 잘한다는 보장은 없다. 예를 들어 창의적으로 사고하는 것에 두려움을 느끼거나 귀찮아한다거나 정신적으로 지쳐 있다거나 하는 경우에는 창의성이 나오지 않을 가능성이 크다. 바로 이런 점에서 창의적 사고의 상황에서 성향이 중요하게 고려되어야 하는 것이다. 창의적 사고의 성향은 인간의 내적 인지적 특성으로서의 창의적 사고 기능이 최종적인 인간의 성취를 위해 작용하는 과정에서 개인에게 요구되는 태도적 특성이다.

창의적 사고를 갖는 개인의 사고 성향

호기심: 항상 주변의 사물에 대해 의문을 갖고 끊임없는 질문을 제기하는 성향
탐구심: 의문을 갖게 되는 대상에 대해 끊임없이 탐구하는 태도
자신감: 자기가 관심을 가지고 있는 영역의 문제 상황에서 갖는 자기 신뢰감
자발성: 문제 상황에 적극적으로 대처하고, 타인의 요구나 강요에 의하지 않고 자신의 내적 동기에 의해 필요한 아이디어를 산출하려는 성향이나 태도
개방성: 세상은 변화하고 자신이 이 변화의 선두에 있어야 한다는 믿음
독자성: 자신의 아이디어에 대한 가치를 인정하고 다른 사람들의 평가에 구애받지 않으려는 성향이나 태도(외부와의 싸움)
집중성: 특정한 주제나 상황에 집중하고, 문제가 해결될 때까지 끈기 있는 태도

2) 창의적 사고 관련 경험(Experience)

사람은 살아가면서 수많은 경험을 한다. 그런데 어떤 경험은 의식 속에서 자주 회상된다. 경험은 활용 여부에 따라서 훌륭한 교육 자료가 될 수도 있고, 교육을 방해하는 장애가 될 수도 있다. 창의적 사고의 상황에서 고려하는 경험은 긍정적인 경험과 부정적인 경험을 모두 포함한다. 이들 경험을 의미 있게 받아들이고 활용함으로서 창의적 사고는 출발한다. 이런 주장은 경험이 창의적 사고를 방해한다는 일부 학자들의 주장과는 정면으로 배치되는 것이다. 이들은 사고의 상황에서 사고의 내용이 되는 경험의 가치를 평가 절하하고 있다. 그러나 경험은 활용하기에 따라서는 오히려 창의적 사고를 다양하고 활기차게 해 준다.

그림 3.1 뉴턴의 창의적 사고(만유인력의 법칙)

3) 창의적 사고의 기술(Skill)

창의적인 사고에 요구되는 기술도 전반적인 사고 과정에서 요구되는 것과 크게 다르지 않다. 창의적 사고를 할 수 있게 해 주는 능력적 측면의 기초가 곧 기술이다. 사고에서의 기술은 '~을 할 수 있는 힘'과 '그 힘의 숙달된 상태'를 포함하고 있다. 그러나 여기에서 다루는 창의적 사고 기술은 숙달된 상태가 아닌 힘에 한정한다. 이런 힘을 숙달시켜 창의적 사고를 가능하게 하는 노력은 창의성 교육의 영역이다.

창의적 사고에서 개인이 동원하는 사고의 기능

민감성: 민감함 관심으로 새로운 탐색 영역을 넓히는 능력
유추성: 특정한 대상을 기존의 것과 연계하여 생각하는 능력
유창성: 특정 상황에서 가능한 한 많은 양의 아이디어를 발산하는 능력
유연성: 고정관념이나 시각 자체를 변환시켜 다양한 해결책을 찾는 능력
독창성: 참신하고 독특한 아이디어 발산하는 능력
정교성: 기존의 아이디어를 보다 치밀한 것으로 발전시키는 능력
상상력: 경험 세계의 범위를 벗어나 자기만의 생각을 해내는 능력

4) 창의적 사고 관련 지식(Knowledge)

우리는 많은 사고를 하면서 그 사고가 어떤 가치를 지니고 있는지를 모르는 경우가 많다. 창의성에 대한 전문적인 이해가 있으면 자신의 사고나 다른 사람의 사고에 대해 창의적인 설명을 할 수 있을 것이다. 바로 이런 점에서 창의성이 무엇이고, 창의적으로 사고한다는 것이 어떤 의미를 가지고 있는 활동인지를 아는 것이 중요하다.

3.3 창의성을 위한 두뇌활동

두뇌역할과 정신은 어떻게 구별을 할 수 있을까? 이것은 간단히 텔레비전의 예로써 설명할 수 있다. 텔레비전 화면에 보이는 여러 장면들은 인간이 활동 중인 정신이고, 이것을 만들어 내기 위해 텔레비전의 내부에 복잡하게 얽혀 있는 전선과 회로들이 두뇌에 해당된다. 따라서 사람의 정신활동은 분명히 뇌의 지배를 받으며, 특히 몇 가지 정신적인 기능은 뇌의 특정부분에서 이루어진다.

3.3.1 분할 뇌(Split Brain) 이론

인간의 두뇌를 좌우반구(Left and Right Hemisphere)로 나누어 각 부분마다 기능적인 차이가 있을 것이라는 가능성은 옛날 이집트시대에도 시도가 되었다. 그러다 1981년 노벨상을 받은 로저 스페리(Rose Sperry)는 인간의 두뇌를 크게 좌우로 나누어 뇌의 두 반구가 각기 다르면서 서로 중복된 기능을 갖고 있는 것을 여러 실험을 통해 밝혔다.

Sperry의 인지행동 실험

왼쪽 시야에 그림을 보여 주면 우뇌에서 인식하기 때문에 그림에 대한 인식은 잘 된다. 따라서 본 것을 손으로 집으라 하면 잘 집지만 본 것을 말로 표현하라고 하면 잘 못한다. 또한 왼쪽 시야에 글씨를 보여 주면 우뇌에서 인식하기 때문에 언어적인 정보는 인식이 잘 안 된다. 따라서 후속되는 과제를 수행하지 못한다. 즉, 오른쪽 시야에 남자의 사진 반쪽을, 왼쪽 시야에 여자의 사진 반쪽을 보여 준 경우, 본 것을 골라라 하면 여자사진을 집는다. 무엇을 보았는지 말로 표현하라면 남자사진을 보았다고 한다(왼쪽 두뇌에 들어온 남자사진 정보가 언어화될 수 있다).

일반적으로 오른손을 사용하는 사람들 중 95 %의 경우, 왼쪽 뇌가 몸의 오른편을 대칭적으로 제어할 뿐만 아니라 분석적, 직선적, 언어적, 논리적 사고를 관장하고 있다. 반대로 왼손을 사용하는 사람의 경우에는 우뇌가 이와 반대되는 기능을 담당한다. 숫자를 계산하거나 물건이름을 생각해 내고, 날짜를 헤아리고 논리적인 문제를 풀 때 우리가 주로 의지하는 것은 좌뇌의 기능이다. 우뇌는 몸 왼편의 움직임을 관장하며 상상력이 요구되는 예술적 사고의 원천이 된다. 즉, 어떤 장소를 생각하거나 그림의 조각에 몰입하고, 공상이나 몽상을 할 때, 항상 우뇌가 개입하는 것이다. 그러나 우리의 능력은 좌, 우뇌에 골고루 퍼져있으며 양쪽 뇌는 뇌량으로 연결이 되어 있어 서로의 정보를 활발히 교환하기 때문에 일상 생활에서는 좌우 뇌의 기능 차이를 느낄 수 없다. 그러나 분명히 어느 쪽 뇌는 어떤 종류의 사고(thinking)나 과제에 더 많이 개입되며, 개인에 따라 한 쪽 뇌의 기능이 반대쪽 뇌의 기능보다 강한 경우가 많다. 하지만 창의적인 사고를 담당하는 뇌는 우뇌이므로 이를 발달시키는 훈련을 우리가 자주 할 필요가 있다.

우리나라의 교육방식이 지나치게 좌뇌 중심의 교육이었기 때문에 좌뇌인이 인정받는 사회였다. 즉, 읽고, 쓰고, 하나의 정답을 잘 찾아내고, 문제를 분석적으로 해결하는 것이 우수하다는 평가를 받을 수 있는 사회였다. 그러나 21세기 지식정보화사회에서는 창의력이 높은 사람이 더욱 더 고부가치를 발휘할 수 있기 때문에 우뇌를 발달시킬 수 있는 교육으로 개선되어야 할 것이다. 물론 기본적인 지식은 좌뇌의 작용을 통해서 습득되기 때문에 좌뇌를 자극하는 것은 중요하다. 그러나 강조되어야 할 부분은 우뇌를 자극하는 방법으로 기존의 분석적이고 계산적인 문제해결 방식에서 통찰력을 이용하고 지식을 종합하고, 이미지를 사용하고, 공간지각력을 키우는 교육방식을 확장해야 한다.

다음의 그림과 내용은 우리의 좌우뇌가 담당하는 역할과 기능을 보여주고 있으며 이에 대한 실험적인 예이다.

▶표 3.1 분할 뇌(좌뇌, 우뇌) 역할

좌반구

논리
연속적 사고
언어 능력
직선적 사고
분석적 사고
추론적 사고
구도 인식
계산

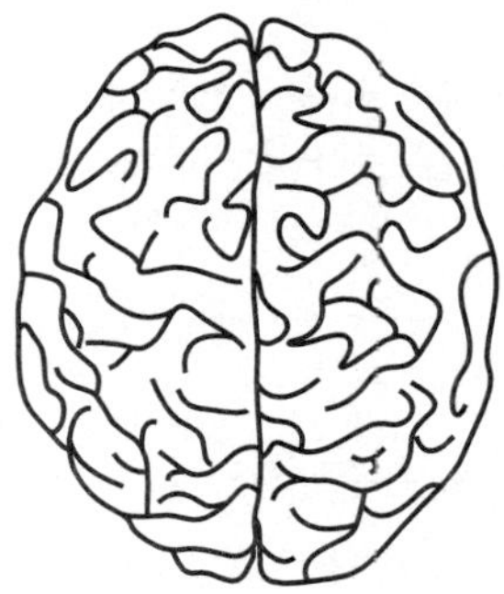

우반구

직관
이미지 연상
시각 능력
공간적 사고
창조적 사고
심신 상관적 사고
색채 인식
감정

좌뇌(좌뇌인)	우뇌(우뇌인)
계산, 과학, 말하기, 쓰기, 언어, 논리 (사실 중시, 분석적, 단계적, 계열적, 합리적인 사고)	음악, 미술, 무용 감상, 예술, 지각, 공간감각(통찰력, 이미지 사용, 개념 중심, 종합력, 병렬적, 소리에 민감, 움직임에 민감)

3.4 창의적 사고기법의 종류

3.4.1 창의적 사고기법

창의적 사고기법은 크게 사용하는 대상과 생성된 아이디어의 용도에 따라 두 가지로 분류하기도 하며, 아이디어의 용도에 따라 세 가지로 분류한다. 전자는 집단에서 사용하는 기법과 개인적으로 사용하는 기법으로 다시 분류되고 후자는 사고의 용도와 목적에 따라 발산적 사고기법, 수렴적 사고기법, 행위계획을 위한 기법으로 나누어진다. 대상에 따른 분류에서 집단적 사고기법은 개인이 사용할 수 있으나 개인이 사용하는 기법은 집단에서 사용하기 어려운 경우가 많다는 것에 주의해야 한다. 그리고 아이디어의 활용 용도에 따른 사고기법을 활용할 때에는 문제 해결의 목적이나 현재의 문제 해결에 가장 적절한 기법을 선택하는 것이 중요하다. 특히 다양한 문제를 해결하기 위해서는 해결방안 제시에 도움이 되는 기법을 다양하게 선택해 상황과 문제에 따라 적절히 활용할 수 있어야 한다.

3.4.2 발산적 사고기법(확산사고기법)

발산적 사고기법은 사실이나 아이디어를 우선될 수 있는 대로 많이 산출해내는 것에 중점을 둔 기법을 의미하며, 다른 용어로 '확산기법'이라고도 한다. 이는 아이디어를 생성해내는 것이 목적이며, 개인용으로 사용할 수 있는 기법과 집단에서 사용할 수 있는 기법으로 분류할 수 있다. 또 다른 분류 방법으로는 유추법과 연상법으로 분류하기도 한다. 또한 연상법에 따라서는 자유연상법과 강제연상법으로 나누기도 한다(표 3.2 참고).

발산적 사고기법을 종류에 따라 그 특징과 주된 적용분야 그리고 적용 대상들의 내용을 요약해 비교해 보면 표 3.3과 같다.

▶표 3.2 발산적 사고기법의 분류

발산적 사고기법	종류
자유연상법	브레인스토밍(BS), 카드 브레인스토밍(CBS), 브레인라이팅, 카드 브레인라이팅, 그룹인터뷰, 수평사고 등
강제연상법	TRIZ, 형태분석, 체크리스트, 매트릭스, 속성열거법, 결점/희망점 열거법, 입출법, 초점법, 카타로그법, 강제결합법 등
유추발상법	고든법, 시넥틱스법, NM법 등

▶표 3.3 발산적 사고기법의 종류와 특성(계속)

발산기법	주요내용	적용분야	개인/집단	비고
브레인스토밍 (BS)	타인의 의견을 바탕으로 자유로이 발상하고 발언한다.	제품개발 마케팅 등 모든 분야	집단 5~12명	창의력기법의 기초
브레인라이팅 (BW)	타인의 의견을 바탕으로 자유롭게 자신의 의견을 카드에 기록하는 방법	제품개발 마케팅 등 모든 분야	집단 5~7명	침묵의 BS 논리적 사고 소극적 성격에 적합
CBS법	카드(C)를 사용한 BW와 개인 BS 또는 집단의 BS를 되풀이한다.	문제해결 집단토의 아이디어	집단 5~7명 개인 가능	BW와 BS의 반복
결점/희망점 열거법	결점 또는 희망점에 국한시켜 아이디어 등을 산출하게 한다. 그다음 개선방법, 달성방법 등을 생각하는 단계로 이동	제품의 개선/개량	개인/집단 가능 (5~7명)	결점: 현상분석형 개량 희망점: 발본적개량
입출법	현상을 입(入), 개선안을 출(出)로 하여, 현상과 개선상태 사이의 구조를 분석 발상, 수속을 되풀이하여 갭을 메운다.	자동장치의 개발	개인/집단 가능	기술지식을 가진 사람이 필요

▶표 3.3 발산적 사고기법의 종류와 특성

발산기법	주요내용	적용분야	개인/집단	비고
속성열거법	개개의 속성마다 사고의 방향을 국한시켜 새로운 아이디어, 개선안 등이 생각나도록 함	제품의 개선/개량	개인/집단 가능	특성을 파악하여 변화시키는 방법
체크리스트법	발상의 단권을 보조하기 위한 시점, 방향 등을 미리 준비해 두고, 여기에 따라서 사고한다. 용도별 리스트가 있음.	제품의 개선/개량 신제품 아이디어	개인/집단 가능	자기에 맞는 리스트를 작성하는 편이 좋다.
형태분석법	형태의 축의 모든 것에 대해서 조합을 만들어 하나씩 분석한다. 조합의 누락은 없어진다.	기술개발 마케팅	개인/집단 가능	조합의 누락은 없다.
카달로그법	카달로그를 임의로 펼쳐, 거기에 제시되어 있는 아이디어, 용어 등을 인용하여 사고한다.	제품의 개선/개량 신제품 아이디어	개인/집단 가능	임의성
초점법	관계가 없는 것을 강제로 결부시켜 무리하게 진행해 새로운 아이디어를 산출하게 한다.	제품의 개선/개량 신제품 아이디어	개인/집단 가능	'강제성' 우려
시넥틱스법	분석하는 대상과 본질적으로 유사한 것을 찾아내, 그것을 힌트로 개선안 등을 생각나게 만든다.	신제품 아이디어	집단(5~12명)	각 분야의 전문가가 바람직하다
고든법	분석하는 대상의 상위개념을 제시하여 그것을 바탕으로 연상에 의해 새로운 아이디어를 찾아낸다.	신제품 아이디어	집단(5~12명)	각 분야의 전문가가 바람직하다
NM법	대상과 비슷한 것을 찾아내 그것을 힌트로 새로운 아이디어 등을 생각해 낸다. 사고의 순서가 정해져 있다.	신제품 아이디어	개인/집단(5~7명)	순서가 명확해 사용이 용이하다

3.4.3 수렴적 사고기법

수렴적 사고기법은 먼저 설명한 발산적 사고기법(확산사고기법)으로 얻어진 사실이나 아이디어를 활용 가능한 구체적인 아이디어로 수렴시키는 기법을 말한다. 즉, 창조적 아이디어를 생성해 내는 것만으로는 합리적인 문제 해결에 충분하지 않다. 여러 개의 대안 또는 아이디어 중에서 의사결정자가 선택하여 실천할 수 있는 것은 한두 개에 불과하기 때문이다.

발산적 사고기법으로 창출된 많은 정보나 질문, 자료 등을 현실 상황에 맞게 보다 효과적으로 실천되도록 자료를 정제하는 사고가 필요하며 이를 수렴적 사고라 부른다. 또한 산출된 아이디어들을 심사하고 분류하고 평가하는 가운데 더 훌륭한 것으로 진화되며 보다 나은 아이디어가 계발될 수 있기 때문에 이 두 사고기법은 상호보완적으로 균형 있게 활용되어야 한다.

수렴적 사고기법의 선택은 생성해 놓은 아이디어의 수에 따라 결정이 되며 그 분류는 표 3.4와 같다.

▶**표 3.4** 수렴적 사고기법의 분류

수렴적 사고기법	종류
공간형 수렴법	KJ법, 7×7법, OCU법, 파레토도, 히스토그램 등
계열형 수렴법	PERT법, 비즈니스 디자인법(BD), 특성 요인도, YM법, FTA법 등

3.4.4 행위계획을 위한 태도기법

행위계획을 위한 태도기법, 즉 행위태도기법은 문제해결을 위하여 발산적 사고와 수렴적 사고를 통하여 최선의 해결책을 수립하였다 하더라도 직접 적용을 하는 것이 아니라 창조적인 태도를 신장시키기 위하여 활용되는 기법을 의미한다. 이는 아무리 좋은 해결책이 수립되더라도 실제로 적용해 보거나 실천해 보지 않으면 아무런 쓸모가 없기 때문이기도 하며, 아이디어를 실현시키기 위해서는 실제 활동이나 적용에서 발생되는 위험과 문제점을 찾아내고 효과적으로 계획하고 관리할 줄 아는 능력과 적극적인 참여를 유도하기 위해서도 매우 중요하기 때문에 활용하는 기법이다. 가장 일반적으로 활용되는 기법으로는 역할 연기, 심리극과 같은 연극 형태의 실연을 하는 태도기법이 있고, 민감성 훈련, 카운슬링, 교류분석 등과 같은 교류형 태도기법 그리고 선이나 요가 등과 같은 명상형 태도기법이 이용되고 있다. 이 기법은 표 3.5와 같이 분류할 수 있다.

▶**표 3.5** 행위계획 태도기법의 분류

행위계획태도기법	종류
명상형	명상기법, 자율훈련법, 이미지 컨트롤법, 선, 요가 등
교류형	교류분석(TA), 인카운터 그룹, 민감성 훈련(ST)법 등
연극형	사이코 드라마, 역할연기, 창의연극 등

3.5 창의적 발상을 위한 사고기법

3.5.1 브레인스토밍

1) 브레인스토밍의 개념

브레인스토밍(BS, Brain Storming)은 광고회사를 운영하던 미국의 오스본(Alex F. Osborne)에 의해 고안된 것으로 집단에 의한 아이디어 발상 기법이다.

브레인스토밍이라는 말은 본래 '두뇌 폭풍', '두뇌 착란'이라는 의미였지만, 오늘날에는 구성원이 자발적으로 제출하는 아이디어를 축적하여 어떤 구체적인 문제를 해결할 방법을 찾아내려는 집단적 회의기법을 의미한다.

다시 말해 브레인스토밍은 여러 사람이 함께 모여 판단과 비판을 유보하고 마치 머릿속에서 폭풍이 이는 듯이 마음껏 상상력을 동원하여 아이디어를 내놓는 발상법이다. 브레인스토밍의 근본적인 사고방식은 '누구에게나 발상능력은 있다'는 것에서 출발하고 있으며, 이것은 혼자서 해결할 수 없는 문제도 여러 사람이 모여 지혜를 짜내면 쉽게 해결할 수 있다는 것을 의미한다.

브레인스토밍에서는 아무리 비현실적이고 어리석으며 엉뚱한 아이디어일지라도 되도록 많은 양의 아이디어를 내놓는다. 왜냐하면 그 속에서 훌륭한 아이디어가 포함되어 있을 수도 있으며, 다른 사람의 발상을 자극하여 새롭고 독창적인 아이디어를 이끌어낼 수도 있기 때문이다.

2) 브레인스토밍의 기본 전제

① 양(量)이 질(質)을 낳는다.

② 선(先)발상, 후(後)판단

3) 브레인스토밍의 4대 원칙

① 비판 금지(no criticism)

어떤 아이디어가 나오더라도 비판이나 평가를 해서는 안 된다.

우리는 일상적인 업무에 있어서 모든 가능성을 생각하기 전에 무의식적으로 결론을 서두르는 경향이 강하다. 물론 '시간이 없다', '최초의 안이 훌륭하다'는 등 여러 가지 이유가 있을 수도 있지만, 아이디어를 내는 데 있어서 이것은 커다란 걸림돌이 된다. 아이디어를 내면서 그때마다 판단을 내리는 것은 마치 유유히 흘러가는 '사고의 강'을 댐으로 막아버리는 것과 같다. S.파인즈는 "창조적 사고를 하면서 동시에 비판적 사고를 하는 것은 똑같은 수도꼭지에서 찬물과 더운물을 동시에 얻으려는 것과 같다."고 말했다.

② 최대로 많은 발상(much is better than quality)

무리한 아이디어, 어리석은 아이디어, 엉뚱한 아이디어라도 상관없다. 질보다는 양을 추구한다. 오스본이 미국 버팔로 시의 항구에 세워진 새로운 다리의 작명을 의뢰 받았을 때의 일화이다. 그는 다리의 작명을 위해 브레인스토밍을 실시한 결과, 3,800가지의 아이디어를 얻게 되었다. 그리하여 그는 100가지나 200가지가 아닌 3,800개의 이름 중에서 하나만 선택하면 되는 행복한 고민에 빠지게 되었다. 예를 들어 여러분이 미스코리아를 뽑는 심사위원이 되었다고 가정해보자. 눈앞에서 아름답게 미소 짓고 있는 10명의 미녀 중에서 한 사람의 미스코리아를 뽑는 것은 아무래도 불안한 숫자이다. 그렇다면 100명이라면 어떠할까? 아니, 10,000명으로 늘어난다면 만족스럽게 뽑을 수 있지 않을까?

이처럼 성공할 확률이 낮다고 해서 단념할 것이 아니라 확률이 낮더라도 수많은 것 중에 반드시 진귀한 보물이 있으리라는 적극적인 사고가 중요하며 브레인스토밍에서는 가급적 많은 양의 아이디어를 제시하는 것이 대원칙으로 되어 있다.

③ 자유분방(free wheeling)

아이디어가 떠오르면 주저하지 말고 신속하게 말하도록 한다. 아이디어는 제한 없이 자유롭게 제시해도 좋지만, 일반적으로 일상적이고 습관적인 테두리 안에서 나오는 경우가 많다. 실제로 현실로부터 떨어져 나와 이미지를 짜내어 자유롭게 연상한다는 것은 쉬운 일이 아니다. 따라서 브레인스토밍은 '자유분방'이라는 원칙을 정하여 자유로운 의식을 하도록 부추긴다. 즉, 현실적 사고로부터의 아이디어를 의식적으로 자유분방하게 제시하도록 이끌어내는 것이다. 이것에 의해 상식이란 테두리를 좀 더 쉽게 벗어나 보다 참신한 아이디어를 제출하도록 한다.

④ 결합·개선(combine & improvement)

다른 사람의 의견이나 아이디어에 편승하여 발언하는 것을 허용한다. 브레인스토밍은 집단적으로 행하기 때문에 멤버들로부터 많은 아이디어가 제시된다.

어떤 아이디어는 비슷하거나 몇 명의 생각과 똑같을 수도 있다. 혹은 자신이 생각하지 못했던 뜻밖의 아이디어가 두뇌의 폭풍처럼 나올 수도 있으며, 그 아이디어에 자극을 받아 또 다른 아이디어가 떠오르는 경우도 있다.

물론 타인을 모방하거나 아이디어를 이용하는 것을 두고 도의상 좋지 않다는 생각을 할 수도 있지만, 좋은 아이디어를 찾아내 함께 올바른 방향으로 나아가고자 하는 의도이므로 구애받을 필요는 없다.

4) BS의 진행

① 인원구성

- 리더 1명, 서기 1명을 포함하여 5~10명 정도가 적당하다.
- 멤버는 창의성교육을 받은 사람들로 남녀가 섞이면 더 좋다.

② 시간: 시간은 30~60분 정도가 적당하며 다음에 또 계속된다.

③ 좌석배치

- ㄷ자형, 반원형
- 이중원형, 원탁회의(칠판이 필요 없을 경우)

④ 테마의 설정

- 구체적인 문제, 하나의 제한된 테마
- 지식, 경험에 입각한 연상, 상상만으로 가능한 문제

⑤ 토론진행

- 자유롭고 유쾌한 분위기를 조성할 것(ice braking).
- 발언하고자 할 경우에는 거수토록 하며 인원이 많을 경우 차례로 지명한다.
- 회의 진행속도를 적절히 조절한다(발언자와 서기의 상태를 본다).

⑥ 아이디어 평가

- 평가자는 공평하고 신중한 판단을 내릴 수 있는 사람, 주제에 대한 폭넓은 지식을 갖춘 사람, 가능하면 회의에 참석했던 사람으로 4~5명을 선정한다.
- 평가기준은 효과성(소망성)으로 좋아하거나 빨라지거나 편안하거나 가격이 싸거나 하는 것들과 실현 가능성으로 아이디어의 구체성 문제, 권한관계, 법·행정적 문제 등을 기준으로 한다.
- 평가방법에는 몇 가지가 존재한다.

• 종합법: 효과와 실행가능성의 2차원 분류
• 7×7법: 7개의 아이디어를 묶을 수 있는 분야를 7개 설정하여 정리하고 부족 부분은 추가로 발상한다.
• 비교우위법: 아이디어를 1:1로 비교하는 매트릭스를 작성한 후 비교한다.
• PMI법: 각각의 아이디어를 플러스적인 면, 마이너스적인 면, 흥미 있는 면의 3개 항목으로 재기술한다.
• 가중치 계산법: 아이디어와 평가 항목 및 평가 척도를 만들어 각각의 아이디어에 평점을 구한다.

■ 평가의 예

	효과성	실현가능성	편성기호	비고
평가척도	대	대	곧바로 실행	채용후보
	대	소	이게 정말 아이디어	
	소	대	어떻게 좀 안 될까	검토요망
	소	소	아깝다	

⑦ 기타

– 리더의 역할(회의진행)

리더는 토의가 원만하게 진행되도록 다음의 요령에 따라 회의를 진행한다.

• 자유롭고 유쾌한 분위기를 만들도록 힘쓴다.
• 집단토론 중 비판을 하는 사람이 나올 때는 지켜야 할 원칙을 상기시킨다.
• 발언을 안 하는 사람이 있을 시, 지명하여 전원이 고루 발언하도록 유도한다.
• 팀 리더는 원칙적으로 의견을 내지 않지만, 아이디어가 정체하는 경우 실마리가 되는 아이디어를 내놓거나 유도와 촉진을 위한 발언을 한다.
• 필요할 경우, 다른 발상법과 개인기법들을 겸용한다.
• 남의 아이디어에서 힌트를 얻어 아이디어를 내고, 종합 개선할 수 있도록 권장한다.(예를 들면 "○○씨 의견에 덧붙여서~", "아! 그러니깐 생각나는데……")
• 아이디어가 너무 많이 나와 서기가 쓰기 어려울 때는 발언 속도를 조절하거나 서기를 두 사람이 맡도록 조처한다.
• 이미 나온 아이디어일지라도 팀원이 발언할 때는 서기로 하여금 받아 적도록 한다

(비슷한 것 같지만 다를 수도 있고 아주 똑같은 경우라도 받아들일 것).

– 리더의 조건(자격)

- 창의력, 분석력, 관찰력이 보통 이상일 것.
- 유머가 풍부하고 개방적일 것.
- 회의 지도법이 뛰어날 것.

– 서기의 역할: 기록

- 서기는 리더를 보좌하여 발상된 아이디어를 즉석에서 기록한다.
  기록용지는 전원이 보면서 발상할 수 있도록 벽에 붙이면 더욱더 효과적이다.
- 팀원의 발언내용을 요약해서 쓴다. 만약 내용이 확실치 않을 때는 발언자에게 문의해야 한다.
- 회의종료 후 아이디어를 분류, 정리해서 팀원에게 분배하고 거기에 새로운 아이디어를 더 추가하거나 수정・보강해 줄 것을 부탁하여 그것을 다시 모아 재정리한다.

– 서기의 조건(자격)

- 요점을 파악하여 알기 쉬운 용어로 빨리 쓸 수 있는 사람.
- 참가 인원이 적을 때에는 리더가 겸직함.

■ 브레인스토밍 점검표

1. 거론된 테마는 브레인스토밍에 적절한 것이었다.

예 ―――――――――――――――― 아니오
5　　4　　3　　2　　1

2. 브레인스토밍의 4가지 원칙은 충분히 지켜졌다.

1) 비판적 행동, 태도가 없고 진지하게 참여했다.

예 ―――――――――――――――― 아니오
5　　4　　3　　2　　1

2) 빈약한 아이디어도 내게 했다.

예 ―――――――――――――――― 아니오
5　　4　　3　　2　　1

3) 어쨌든 많이 내려고 노력했다.

예 아니오
5 4 3 2 1

4) 남의 아이디어를 힌트로 해서 다른 아이디어를 적극적으로 냈다.

예 아니오
5 4 3 2 1

3. 리더(팀장)와 일체가 되어 전원이 발언함으로써 밝은 분위기로 토의되었다.

예 아니오
5 4 3 2 1

4. 아이디어는 구체적으로 표현되었다.

예 아니오
5 4 3 2 1

5. 여러 각도에서의 아이디어가 나오도록 했다.

예 아니오
5 4 3 2 1

6. 아이디어의 분류는 납득이 가는 것이었다.

예 아니오
5 4 3 2 1

7. 아이디어를 평가할 때 현실을 충분히 감안했다.

예 아니오
5 4 3 2 1

8. 평가가 사람에 따라 다를 때 토의를 거듭해서 납득이 가는 결론을 유도했다.

예				아니오
5	4	3	2	1

9. 시간 배분, 역할 분담 등이 계획대로 실행되었다.

예				아니오
5	4	3	2	1

3.5.2 카드 브레인스토밍

1) 카드 브레인스토밍의 개념

카드 브레인스토밍(CBS, Card Brain Storming)이란 카드를 사용한 브레인스토밍(BS)이라는 의미로 창조개발연구소의 다카하시 마코토가 고안한 것이다. CBS는 모든 참여자가 아이디어를 낸다는 특징이 있다. 즉, 카드에 기록을 하면서 아이디어를 내기 때문에 브레인스토밍 숙련자에게 적합한 것이다.

브레인스토밍은 목소리가 큰 사람, 지위가 높은 사람, 적극적인 사람이 회의내용을 이끌어갈 수도 있다는 결점을 지니고 있다. 또한 진행방법에 있어 회의에 참가한 모든 구성원들이 자신의 생각을 모두 표출하기가 어렵고 한꺼번에 많은 아이디어를 기록하거나 발언자의 미묘한 뉘앙스까지 감안해서 기록하기가 어렵다. 따라서 몇 가지 변형된 방법이 제안되고 있는데, CBS도 그중의 한 종류이다. CBS는 모든 참여자가 카드에 자신의 아이디어를 써넣는 방법으로 브레인스토밍의 결점을 보완하는 것이며 자신이 생각하고 있는 것을 남들이 좀더 이해하기 쉽도록 그림이나 도형을 사용하여 표현하면 더욱 효과적이다.

특히 공동으로 아이디어를 생각해야 할 때는 자신이 생각한 것을 다른 사람이 볼 수 있도록 해야 아이디어를 쉽게 결합할 수 있다.

이처럼 머리에 떠오른 생각을 글자나 도형으로 칠판이나 카드에 써놓고, 참여자들의 눈앞에 노출시킴으로써 다른 사람들이 보다 쉽게 아이디어를 떠올릴 수 있도록 하는 발상법이다.

2) 카드 브레인스토밍의 특징

카드 브레인스토밍은 브레인스토밍이 변형된 것으로 응용범위가 넓어 개인의 문제해결,

상품개발 등 여러 방면에 사용할 수 있으므로 문제파악 단계와 문제해결 단계 어느 쪽에도 유용하다. 특히 사실을 도출시키거나 아이디어를 내는 경우에 효과적이다.

이 기법에서는 무엇보다 참가자의 참여도를 높여 전원이 발언할 수 있도록 해야 한다. 이 점에 유의하면 참가자들이 발언한 내용의 미묘한 차이까지 전달할 수 있으며 진행 중에 타인에게 의존하려는 태도를 없앨 수 있고 브레인스토밍을 실시할 때보다 발언양이 증가할 것이다.

3) 카드 브레인스토밍의 진행

다음은 진행 시간을 두 시간으로 한 경우를 예로 든 것이다(카드 브레인스토밍을 실시하는 데는 이처럼 두 시간 정도가 효과적이다).

[준비단계에서 해야 할 일]

① 주제를 명확히 해둔다.
② 구성원은 5~8명이 바람직하다.
③ 리더는 진행과 시간관리하고, 구성원의 일원으로 아이디어도 낼 수 있다.
④ 카드는 명찰카드, 단어카드 등을 사용한다. 라벨을 붙이는 것도 좋다.
⑤ 책상은 원형 또는 긴 탁자 두 개를 붙여 사용한다. 크기는 200매 정도의 카드를 펼칠 수 있는 것으로 한다.

[개인 발표: 80분]

우선 각자 카드에 의견을 쓰고 발표 순서에 따라 발표한다.

① **개인 발상**: 한 장의 카드에 한 가지의 아이디어를 적는 것을 원칙으로 하며 시간은 10분 정도가 적당하다.

② **차례대로 발표**
- 리더가 좌측에 있는 사람부터 자신의 카드를 한 장 씩 읽고, 읽은 후에는 모두가 볼 수 있도록 책상 한 가운데 놓는다.
- 한 사람이 발표하는 동안 다른 사람들은 그것을 힌트로 계속 자신 앞의 카드 수를 늘려 간다.
- 자신의 순서가 올 때까지 아이디어 카드를 적지 못한 사람은 통과한다. 그러나 연속 통과는 인정되지 않는다.

③ 개인 발상과 발표를 반복한다.
- 통과하는 사람이 과반수 정도 생기면 적당한 때를 봐서 리더는 두 번째 개인발상 시간을 준다.
- 개인 발상이 끝나면 다시 발표에 들어간다.
- 개인 발상과 발표의 과정을 반복해서 실시한다.

[자유발표: 40분]

구성원 전원이 차례로 돌아가면서 의견을 발표하는 것은 개인의 사고를 존중한다는 장점과 집단 내에서 강제로 발상시킨다는 단점이 있다. 그러므로 개인발표의 단점을 보완하기 위해서라도 자유발표 시간을 갖도록 한다.

① 리더는 적당한 때를 봐서 자유발표 시간에 들어간다. 우선 앞에 카드가 남아 있는 사람에게 남은 카드를 읽게 하고 탁자 위에 놓도록 한다. 이런 식으로 전원이 발표한다.

② 리더의 주도 아래 새로운 관점과 아이디어의 힌트를 낸다. 발언내용은 반드시 카드화하는 것을 잊지 말아야 한다.

[마무리]

모든 카드를 리더 또는 주된 구성원이 정리하며 발전적인 아이디어를 선별해서 구체화시킨다.

3.5.3 브레인라이팅

1) 브레인라이팅(BW)의 개념

브레인라이팅(BW, Brain Writing)은 말없이 실시되는 집단 아이디어 발상법으로 구성원들은 서로 이야기를 하지 않고 아이디어를 시트에 기입한다. 초기에 이 기법은 '635기법'이라 불렸는데, 그것은 브레인라이팅의 특징을 나타낸 것으로 6명의 구성원이 각자 3개씩의 아이디어를 5분 안에 생각해 내는 것을 의미한다.

무엇보다 가장 큰 특징은 각자 침묵 속에서 진행하기 때문에 개인의 사고를 최고로 살릴 수 있는 집단 발상법이라는 점이다.

2) 특성

개인이 사고하는 경우에는 침묵을 하면서 실시하는 것이 당연하지만, 집단이 사고를 하면서 말을 하지 않고 아이디어를 내는 방법으로는 BW법이 유일하다.

침묵 속에서 사고하는 것의 장점으로는 전원이 냉정하게 과제에 집중할 수 있는 분위기가 형성된다는 점이다. BS법 등은 왁자지껄한 분위기 속에서 실시하기 때문에 활기가 있고 또한 반짝이는 아이디어를 도출할 수 있는 반면, 팀 전체가 회의를 가벼운 놀이로 생각할 가능성도 있다. 하지만 BW법에서는 전원이 진지하게 아이디어에 몰입할 수밖에 없다.

3) 진행

① 진행방법

주제는 가능하다면 구체적인 것이 바람직하며 인원은 6명 정도가 적당하지만 한두 명 정도 가감되어도 상관없다. 책상과 앉는 위치는 그림과 같이 한다. 먼저 전원이 그림 용지를 갖는다.

■ BW법 용지

	A	B	C
1			
2			
3			
4			
5			
6			

■ BW회의 레이아웃

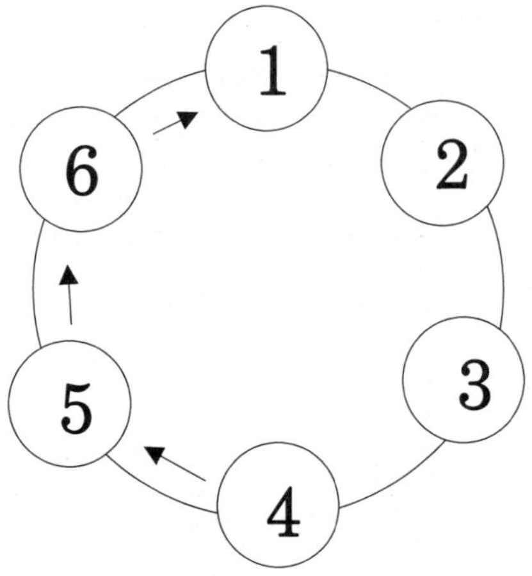

② 순서

- 주제는 전원이 볼 수 있는 장소에 게시한다.
- 리더가 테마와 진행법을 설명한다.
- 전원이 'BW법 용지 1'의 A, B, C에 아이디어를 기입한다.(5분)
- 전원이 'BW법 용지 2'의 A, B, C에 아이디어를 기입한다.(5분)
- 5분 후에 가지고 있던 용지를 왼쪽 사람에게 전달한다.
  (이하 'BW법 용지 6'까지 계속 진행)

BW법은 이런 순서로 진행된다. 즉, 자기가 생각하고 다른 사람이 쓴 것을 힌트로 하여 또 다시 생각하는 침묵 발상법인 것이다. 그리고 BW법의 전체 소요시간은 1라운드를 5분으로 했을 때, 6라운드로 30분이 된다. 만약 전원이 모든 아이디어 란을 채웠다면 108가지(6명×3안×6라운드)의 아이디어가 도출되는 셈이다. 따라서 이 방법에 100명이 참여한다면 30분 사이에 1,800개의 아이디어가 나오게 된다.

③ 한 개의 아이디어 제시 방법(예시)

Brain Writing

주 제

①	②
③	④
⑤	⑥
⑦	⑧

①~⑧번 칸까지 순차적으로 돌려가며 아이디어를 하나씩 기입한다. 자기 순서가 왔을 때 특별한 아이디어가 없으면 다음 사람으로 넘긴다. ⑧번까지 기입이 완료되었을 때 아이디어 수집이 완료된 것으로 한다.

④ 변형 진행방법

중앙 예비 시트 없이 순차적으로 반드시 아이디어를 채워야만 다른 사람으로 넘긴다.

4) 평가 방법

전원 발상이 끝나면 BW법 용지를 옆 사람에게 전달한다. 이때, 각자의 손에는 자기 아이디어가 들어 있지 않은 용지가 온다. 그러면 들고 있는 용지에서 자기 것보다 좋은 아이디어라 생각하는 것에 ○표를 한다. 이것은 대단히 간편하게 할 수 있는 아이디어 평가법이다.

5) 실습

"일회용 차 봉지 생산회사의 의문 제기"

우리는 봉지에 든 일회용 차가 어떻게 생겼는지 잘 알고 있다. 예컨대 우리가 다방에서 홍차나 녹차를 마시고자 주문하면 뜨거운 물에 일회용 찻봉지를 넣어 가지고 온다. 우리는 봉지에 든 홍차나 녹차가 한참 우러나온 뒤에 설탕과 우유를 타서 이를 마신다. 물론 집에서 홍차나 녹차를 마실 때도 마찬가지이다.

이 일회용 찻봉지에는 약간의 차가 들어 있다. 그런데 차를 봉지에 넣는 이유는 무엇인가? 그 이유는 아마도 뜨거운 물에 차만 우러나오고 찻잎은 그대로 머물게 하기 위해서일 것이다. 나아가 봉지에 넣음으로써 차가 지닌 고유의 맛을 그대로 보존하고자 하는 목적도 있다.

그런데 일회용 찻봉지를 생산하는 어느 회사의 판매가 부진해지면서 엄청난 재고가 쌓이게 되었다. 다시 말해 필요한 수요보다 더 많은 양의 찻봉지를 생산한 것이다. 이제 이 회사는 과잉 생산한 찻봉지를 어떻게 처리할 것인가에 대해 아이디어를 모으고 있다.

▶ 실시요령

- 문제: 일회용 찻봉지를 다른 용도로 사용할 수는 없을까?
- 각 팀은 '브레인 라이팅 시트'에 각자의 아이디어를 한 칸에 3개씩 기입한 후 중앙 테이블에 놓여 있는 시트와 교환한다.
- 중지 신호가 있으면 각 팀은 자기 팀에서 가장 기발한 아이디어를 선정하여 발표 준비를 한다.

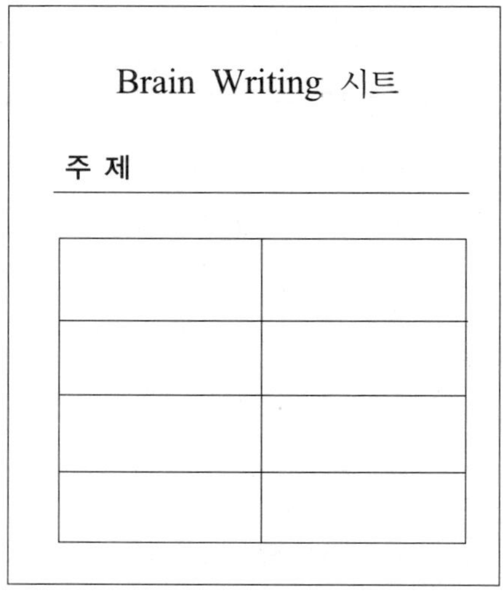

3.5.4 그룹 인터뷰

그룹 인터뷰(Group Interview: 집단면접법)는 그룹활동을 이용한 조사법의 하나로 우선 대상자 6~8명을 선정하고 면접자(사회자)가 대상자를 한 곳에 모아 동시에 집단적으로 조사한다. 그리고 이 조사법의 원리는 사람들이 집단에 소속하여 활동할 때, 개개인의 능력을 초월하는 반응을 나타낸다는 것에 주안점을 둔다.

즉, 개인면접의 경우에는 긴장을 하여 아이디어가 잘 떠오르지 않지만, 집단인 경우에는 집단사고(group thinking)에 의해 아이디어가 문득문득 떠오르기도 하고 서로에게 영향을 주고받는 등 다양한 반응을 얻을 수 있는 것이다.

1) 그룹 인터뷰의 본질

① 참가자들이 서로의 생각을 주고받으며 활발하게 교류가 이루어지는 상태에서 어떤 의견에 도달하게 된다.

② 장소 연출을 통해 참가자에게 '새로운 체험'의 장을 제공함으로써 그 영향을 평가함과 동시에 참가자의 다양한 반응을 파악할 수 있다.

③ 어느 한 시점만의 정보가 아닌 의도적인 정보를 갖고 태도의 변화를 순서화 할 수 있다.

④ 원하는 수준의 정보를 얻을 수 있다.

2) 기능

① 소비자 행동에 있어 질적인 측면의 상호관계를 명확히 한다.

② 소비자 행동을 하나의 연속적, 연쇄적인 연결로 파악함으로서 구조적인 해석이 가능하다.

③ 구조적 파악만이 아니라 구조적 요인을 명확하게 한다.

④ 소비자 행동의 변화 과정을 파악한다.

3) 절차

① 사전분석

- 문제점을 정리하고 과제를 확인한다.
- 과제에 대한 자료를 수집하고 깊이 생각한다.
- 가설을 설정한다.

② 조사계획

- 조사항목을 결정한다.
- 적절한 대상자(참가자)를 선정한다.

③ 작업계획

- 일시를 결정한다.
- 참가자에게 권한다.
- 인터뷰 진행계획표를 작성한다.
- 부사회자, 서기를 선정한다.

④ 그룹 인터뷰 실시

- 면접과정을 녹음 또는 속기에 의해 기록한다.
- 필요하다면 다른 조정법(간단한 설문 등)을 실시한다.

⑤ 분석

⑥ 보고서 작성

4) 주의할 점

① 참가자는 6~8명 정도로 하며 사회자 1명, 부사회자 1명, 서기 1명을 둔다. 그리고

참가자는 조사목적에 따라 연령, 계층, 성별 등에 대해 주의를 기울인다.

② 발언이 특정 멤버에게 편중되거나 마지막까지 발언하지 않는 사람이 나오는 것을 방지하기 위해 가능한 한 그룹편성에서 등질(等質)의 집단을 만든다.

③ 사회자는 문제에 대한 관심이 높고 문제를 충분히 숙지하고 있으며 문제를 제기하고 그 문제해결에 책임감을 갖는 사람이 가장 적당하다.

5) 응용영역과 관련기법

인터뷰 방법에서 가장 대중적인 것은 자유대화형식으로 진행되는 간접적인 방법(Non Directive)으로 이때, 사회자는 대답을 유도하지 않고 자유롭게 대화하도록 유도한다. 반대로 직접(Directive) 인터뷰는 사회자가 미리 지지 받고 싶은 결론을 갖고 있어 그 방향으로 참가자를 유도해 가는 방식이다. 그밖에 정보의 축적과 변화의 흐름을 목표로 하는 정기적인 패널 그룹 인터뷰 등이 있다.

3.5.5 수평사고

수직적 사고(Vertical Thinking)를 간단히 말하면 종(縱)의 사고이자 어떤 기성개념 속에 있어서의 수직적 전개이다. 그리고 수평적 사고(Lateral Thinking)란 횡(横)의 사고이며 기성 지식에 의존하지 않고 어느 한 시점에서 꿈에 의해 해답을 끄집어내려는 사고법이다.

그리고 이 기법을 고안한 영국의 생태심리학자 에드워드 드 보노(Edward de Bono)는 전문적 지식을 축적한 종의 논리에 대해 그들의 논리계(論理系)를 횡으로 연결하여 별개의 논리계로 다시 바꾸는 메커니즘을 수평적 사고라고 부른다. 더불어 그는 "종과 횡의 사고는 상호보완 관계에 있으므로 좋은 아이디어를 떠올리기 위해서는 이 상호보완관계가 중요하다"고 말한다.

또한 드 보노는 수평사고의 원칙으로 네 가지를 들고 있다.

1) 절차

① 지배적인 사고방법을 찾아낼 것

지배적인 사고란 현실을 움직이고 있는 기성개념이다. 이러한 개념은 반드시 명확한 형태를 취하고 있는 것은 아니지만 창조적인 활동에 있어서 커다란 장애요인이 되고 있다.

따라서 새로운 아이디어를 창출해 내기 위해서는 우선 이것을 없애는 것이 중요하며 현상을 지배하고 있는 사고방식을 의식적으로 끄집어내어 그것을 명확히 하고 그 약점을 비판한다. 그렇게 함으로써 기성개념으로부터 탈피하여 자유로운 발상이 가능해진다. 여기에서 주의해야 할 것은 지배적인 사고에 대해 막연히 일반적인 지식밖에 갖고 있지 않는 것은 아무런 도움도 되지 않는다는 것이다.

② 여러 가지 사물을 보는 법을 찾아낼 것

문제에 부딪치면 보통 처음부터 문제해결의 범위를 설정해두고 그 테두리 속에서만 실마리(단서)를 찾으려 한다. 하지만 실제로 그 실마리는 범위 밖에 있는 경우가 많다. 여러 가지 사물을 보는 법을 찾기 위해서는 다음과 같은 방법을 실천하는 것이 좋다.

- 사물을 보는 방법을 3~5가지 정도로 설정해 둔다. 그러면 문제에 부딪쳤을 때, 의식적으로 3~5가지의 방법으로 사물을 보게 된다.
- 사물의 관계를 의식적으로 뒤엎는다. 예를 들면 '집의 기둥은 지붕을 떠받치는 것이 아니라, 지붕으로부터 밑으로 달려 있는 것'이라는 식으로 생각해 보면 좋다.
- 상황을 보다 다루기 쉽게 바꾼다. 그러면 최초의 상황에 있던 제약이 없어지고 자유로운 발상을 하게 된다. 그렇게 생겨난 새로운 아이디어를 원래의 상황에 맞춰보면 좋다.
- 문제에 대해 중점, 초점을 변화시키면 스스로 시점도 바뀌고 사물을 보는 새로운 법이 생겨나며 해결안도 변한다.

③ 수직적인 강한 통제에서 탈출하는 것

수직적 사고는 본질적으로 새로운 아이디어를 산출하는 경우에 도움이 되지 않을 뿐만 아니라 아이디어를 막연하게 취급해서는 안 된다. 물론 이론적으로 설명할 수는 없지만 그 아이디어에 수직적 사고를 적용하면 모처럼의 씨앗을 밟아 버리게 되기 때문이다.

④ 우연한 기회를 활용할 것

헬츠가 무선전파를 발견한 것도, 렌트겐이 음극관을 사용했던 테이블 위에서 특수한 차광판을 움직이는 것을 잊어버려 무선을 발견한 것도, 3M사에서 새로운 강력 접착제를 개발하려다 실패한 접착제로 post-it을 발명한 것도 모두 우연이라고 본다.

그렇다면 어떻게 해야 이러한 우연을 활용할 수 있을까?

여러 가지 사물을 보는 방법을 연습해 두면 하찮은 정보에서도 그 의미를 잡아내는 능력이 점점 증대한다. 즉, 수평적 사고에 익숙해지면 우연히 정보를 얻을 수 있고 또한 우연과 아이디어를 관련짓는 것에 익숙해진다. 그러기 위해서는 때로는 주된 문제와 아무런 관계가 없는 다른 일을 생각하면 좋다.

3.5.6 형태분석법(Form Analysis)

1) 개념

이 기법은 미국 캘리포니아 공과대학의 즈비키(P. Zwicky) 교수가 고안한 것으로 어떤 물건(제품)의 특성을 형태적 측면에서 분석하여 신제품이나 신기술의 개발에 활용하는 기법이다.

2) 특징

문제의 구조를 분석해서 변인을 발견하고 발견된 형태변인들을 모두 강제로 조합시킴으로써 잠정적인 아이디어를 대량으로 산출한다.

3) 진행방법(과정)

① 문제의 정의
② 독립변인의 분석
③ 독립변인의 세분
④ 변인의 조합 및 언어화
⑤ 평가, 발전, 개선

4) 사용틀

① 2차원 매트릭스: 평면
② 3차원 매트릭스: 입방체
③ 다차원 매트릭스: 회전원판
형태 분석법 예 (1. -2차원 매트릭스: 평면)

[사탕의 맛과 모양의 개선]

사탕의 맛과 모양을 조합하여 새로운 사탕을 개발하는 경우
① 문제: 새로운 사탕의 개발
② 독립변인: 사탕의 맛, 사탕의 모양

③ 독립변인을 세분화하면

– 맛 : 신맛, 짠맛, 쓴맛……

– 모양 : 사과 모양, 딸기 모양, 수박 모양, 배 모양 등 등……

④ 각 변인을 조합하고 언어화하면

	사과	딸기	수박	배
단맛	사과 모양의 단맛	딸기 모양의 닷맛	수박 모양의 단맛	배 모양의 단맛
신맛	사과 모양의 신맛	딸기 모양의 신맛	수박 모양의 신맛	배 모양의 신맛
짠맛	사과 모양의 짠맛	딸기 모양의 짠맛	수박 모양의 짠맛	배 모양의 짠맛
쓴맛	사과 모양의 쓴맛	딸기 모양의 쓴맛	수박 모양의 쓴맛	배 모양의 쓴맛

3.5.7 체크리스트법

1) 개념

체크리스트법(Checklist method)이란 사고나 발상에 실수가 없도록 미리 체크 항목을 명기하고 그것을 힌트로 하여 발상하도록 하는 방법이다. 다시 말해 개선점을 구하기 위해 모든 항목을 설정한 뒤, 하나씩 체크하면서 아이디어를 내는 것이다.

2) 장단점

① 장점

– 개선점을 찾기가 비교적 용이하다.

– 중요한 점을 빠뜨리지 않고 정확하게 검토할 수 있다.

– 반복되는 작업의 경우 특히 편리하게 사용할 수 있다.

② 단점

– 체크리스트에 의지하면 당면한 새 문제에 필요한 것이 누락될 우려가 있다.

– 없는 것까지 체크하므로 시간을 낭비할 우려가 있다.

– 체크리스트에 의지하여 스스로 생각하지 않을 우려가 있다.

3) 체크리스트의 주요 항목

체크리스트 중에서 가장 많이 사용되는 오스본의 체크리스트, 즉 SCAMPER에 필요한 7가지의 체크 항목은 다음과 같다.

주요항목	내용
① 대체(Substitute?)	• 사람을, 물질을, 재료, 부품, 소재를, 제조법을, 동력을, 방법을, 공정을 대체할 수 없는가?
② 결합(Combine?)	• 목적을, 주장을 아이디어를, 기능을, 재료나 성분을 하나의 세트로, unit로 할 수 없는가?
③ 차용(Adapt?)	• 어디서 아이디어를 빌려올 수 없을까? • 뭔가 비슷한 것은 없을까? • 다른 어떤 것을 모방하면 어떨까?
④ 변경, 확대, 축소(Modify, Magnify, Minify?)	• 뜻, 색상, 동작, 모양 등을 변형할 수 없을까? • 추가, 과장, 복제, 연장, 횟수, 빈도, 시간, 길게, 높게, 강하게, 가치부가할 수 없을까? • 감소, 압축, 농축, 생략, 분할, 작게, 낮게, 짧게, 가볍게, 얇게, 날씬하게 할 수 없을까?
⑤ 전용(Put to other uses)	• 새로운 용도는 없을까? • 약간 개량해서 다른 데 이용할 수 없을까?
⑥ 제거(Eliminate?)	• 취소, 분리, 가볍게, 짧게, 여러 개로 나눌 수 없을까?
⑦ 역전(Reverse, rearrange?)	• 앞뒤를, 상하를, 좌우를 거꾸로 뒤집어서 반대로, 역할 전환을 할 수 없는가?

4) 체크리스트의 활용법

다음의 빈 서식과 체크리스트를 조합해 가며 사용한다.

① 진행방법

- 과제를 정하고 과제난에 그 내용을 간략하게 쓴다.
- 발상과제를 눈에 잘 띄는 곳에 두는 것이 중요하다.
- 과제와 체크리스트 항목이 대응하도록 각 항목의 의미와 내용을 세분화한다.
- 여러 가지 키워드를 생각나는 대로 써 나간다.

과제				
	No	항목	항목의 의미 · 내용	아이디어
체크리스트				

② 체크항목의 추가

오스본 리스트에 있는 것보다 대응관계가 잘 짜인 항목이 있을지도 모른다. 그러므로 다음과 같은 질문을 몇 개 정도 추가해 본다.

- 자연으로 돌아간다면?
- 시간의 흐름을 거꾸로 한다면?
- ○○년 후의 미래라면?
- ○○의 입장이 된다면?
- 어느 부문만 잘라 버린다면?
- 포지션을 바꾼다면?
- 시스템화한다면?
- 시리즈화한다면?
- 세그멘트화한다면?

③ 아이디어의 발상

9개의 각 항목에 들어갈 만한 아이디어를 생각한다. 물론 도중에 또 다른 아이디어가 생각나면 추가시킨다. 앞의 체크리스트 적용사례는 우편서비스 개선이란 과제로 작성해 본

것이다.

5) 적용사례

■ 체크리스트 적용사례(1)

과제	우편서비스 개선			
	No	항목	항목의 의미	아이디어
체크리스트	1	전용	다른 용도는 없는가?	① 정부간행물, 서식 등의 판매 ② 각종 티켓 판매대행
	2	차용	무언가 흉내낼 것은 없는가?	① 통신공사와 비슷한 업무는 민영, 경합화 ② 편의점처럼 연중휴무
	3	변경	무언가 변경은 불가능한가?	① 할인제도 도입할 ② 의식을 서비스업으로 바꾼다.
	4	확대	서비스를 확대할 수는 없는가?	① 해외 특정 지역에 배달 서비스한다. ② 야간배달(주간부재가 많다.)
	5	축소	축소 서비스 축소는 불가능한가?	① 효율이 매우 저조한 것은 민간에 이양한다. ② CI이념에 맞지 않는 것은 폐지
	6	대용	대용은 불가능한가?	① 우표 판매를 자판기로 대행 ② 배달을 아르바이트로 대행
	7	대체	므언가 대체할 것은 없는가?	① 남성을 여성으로 바꾼다. ② 사무원을 서비스 경험 있는 사람으로 교체한다.
	8	역전	거꾸로 할 수 있는 것은 없는가?	배달하던 제도를 받으러 오게 한다.(사서함 제도)
	9	조합	므언가 조합한다면	우편 서비스와 탁송 서비스
	10	거점	의사소통의 교환거점으로 한다면	① 중계서비스 창구 ② 자원자 서비스 창구
	11			
	12			

■ 체크리스트 표

과제	우편서비스 개선			
체크리스트	No	항목	항목의 의미 · 내용	아이디어
	1	전용		
	2	차용		
	3	변경		
	4	확대		
	5	축소		
	6	대용		
	7	대체		
	8	역전		
	9	결합		
	10	–		
	11	–		
	12	–		

■ 참고용 체크리스트

[하드웨어]

▹ 길이

– 길게 하면 어떨까?

– 짧게 하면 어떨까?

▹ 면적

– 넓게 하면 어떨까?(확대하면 어떨까?)

– 좁게 하면 어떨까?(축소하면 어떨까?)

– 장방형으로 하면 어떨까? -직사각형으로 하면 어떨까?

– 삼각, 사각, 육각, 팔각형으로 하면 어떨까?

– 사다리형으로 하면 어떨까?

– 타원형으로 하면 어떨까?

– 원형으로 하면 어떨까?

– 그 외의 모양으로 하면 어떨까?

▹ 체적
- 입방체로 하면 어떨까?
- 삼각뿔 모양으로 하면 어떨까?
- 삼각기둥 모양으로 하면 어떨까?
- 사다리형으로 하면 어떨까?
- 원뿔모양으로 하면 어떨까?
- 그 외의 모양으로 하면 어떨까?

▹ 중량
- 무겁게 하면 어떨까?
- 가볍게 하면 어떨까?
- 뜨게 하면 어떨까?
- 잠기게 하면 어떨까?
- 무중력으로 하면 어떨까?

▹ 강도
- 단단하게 하면 어떨까?
- 연하게 하면 어떨까?
- 점성을 강하게 하면 어떨까?
- 취약하게 하면 어떨까?

▹ 속도
- 빠르게 하면 어떨까?
- 느리게 하면 어떨까?
- 회전속도를 줄이면 어떨까?
- 단계속도를 줄이면 어떨까?

▹ 내구성
- 내산성을 있게 하면 어떨까?
- 내열성을 있게 하면 어떨까?
- 내한성이 있게 하면 어떨까?

▹ 자성
- 자력을 강하게 하면 어떨까?
- 자력을 약하게 하면 어떨까?

▷ 에너지의 크기
- 에너지 강도를 올리면 어떨까?
- 에너지 강도를 내리면 어떨까?
- 에너지를 크게 하면 어떨까?
- 에너지를 작게 하면 어떨까?

▷ 수
- 많게 하면 어떨까?
- 적게 하면 어떨까?
- 수를 조정하면 어떨까?
- 복수화 하면 어떨까?

▷ 온도
- 가열하면 어떨까?/덥게 하면 어떨까?
- 냉각하면 어떨까?/춥게 하면 어떨까?
- 미지근하게 하면 어떨까?

▷ 색
- 붉게 하면 어떨까?
- 검게 하면 어떨까?
- 희게 하면 어떨까?
- 노란색으로 하면 어떨까?
- 파란색으로 하면 어떨까?
- 오렌지색으로 하면 어떨까?
- 갈색으로 하면 어떨까?
- 보라색으로 하면 어떨까?

▷ 광
- 밝게 하면 어떨까?
- 어둡게 하면 어떨까?
- 반짝이게 하면 어떨까?
- 빛을 강하게 하면 어떨까?
- 빛을 약하게 하면 어떨까?

▹ 역할(질량, 광성, 힘, 운동력, 운동에너지)

- ~을 크게 하면 어떨까?
- ~을 작게 하면 어떨까?

▹ 재료

- 급속재료로 하면 어떨까?(철, 동, AI, Ni, Cr,……)
- 플라스틱으로 하면 어떨까?
- 세라믹으로 하면 어떨까?
- 복잡한 재료로 하면 어떨까?
- 천연재료로 하면 어떨까?
- 합성재료로 하면 어떨까?
- 기타 재료로 하면 어떨까?

▹ 구조

- 단순구조로 하면 어떨까?
- 복합구조로 하면 어떨까?
- 고대구조로 하면 어떨까?
- 근대구조로 하면 어떨까?
- 기타 구조로 하면 어떨까?

▹ 전기(인덕턴스, 전기저항, 기전력, 자기에너지, 전류, 공진, 주파수 등)

- ~을 크게 하면 어떨까?
- ~을 작게 하면 어떨까?

▹ 형식(성능, 기능, 형태)

- 자동화하면 어떨까?
- 고속화하면 어떨까?
- 연속화하면 어떨까?
- 단속화하면 어떨까?
- 대형화하면 어떨까?
- 소형화하면 어떨까?

▹ 동력

- 증기 엔진식으로 하면 어떨까?
- 수력식으로 하면 어떨까?

- 전력식으로 하면 어떨까?
- 풍력식으로 하면 어떨까?
- 조력식으로 하면 어떨까?
- 지열식으로 하면 어떨까?
- 원자력식으로 하면 어떨까?
- 광력식으로 하면 어떨까?
- 태양열식으로 하면 어떨까?
- 인력식으로 하면 어떨까?
- 동물식으로 하면 어떨까?
- 가솔린 엔진식으로 하면 어떨까?
- 디젤 엔진식으로 하면 어떨까?

[소프트웨어]

- 고속화할 수 없을까?
- 기계화할 수 없을까?
- 자동화할 수 없을까?
- 반자동화할 수 없을까?
- 연속화할 수 없을까?
- 반연속화할 수 없을까?
- 대형화할 수 없을까?
- 무인화할 수 없을까?
- 성에너지화할 수 없을까?
- 컴퓨터화할 수 없을까?
- 기타 방법으로 할 수 없을까?
- 이것과 원리적으로 비슷한 것은 없는가?
- 어딘가 개량·개선점은 없는가?
- 달리 사용할 길은 없는가?
- 다른 것과 대체할 수 없을까?
- 다른 아이디어를 빌릴 수는 없을까?
- 동력원을 바꾸어 보면 어떨까?

- 에너지원을 다른 것과 대체할 수 없을까?
- 귀납법으로 풀 수 없는가?
- 연역법으로 풀 수 없는가?
- 다른 방법과 결합할 수 없는가?
- 이것과 다른 경험을 해본 일이 없는가?
- 다른 경험을 빌릴 수는 없는가?
- 이 경험을 다른 것에 이용할 수 없는가?

[기타]

- 관점을 바꾸어 보면 어떨까?
- 의미를 역으로 바꾸어 보면 어떨까?
- 바꾸거나 갈아 넣으면 어떨까?
- 더해보면 어떨까?(+)
- 빼보면 어떨까?(-)
- 곱해보면 어떨까?(×)
- 나누어 보면 어떨까?(÷)
- 역으로 해보면 어떨까?(아래/위, 좌/우, 전/후, 겉/안)

[GM사의 체크리스트]

- 작업의 능률을 높이기 위해 기계를 사용할 수 없을까?
- 사용하는 기계에 개량할 곳은 없는가?
- 운반장치의 위치와 순서를 바꾸면 어떨까?
- 특별한 공구를 사용하여 작업을 표준화할 수는 없는가?
- 조립순서를 바꾸면 어떨까?
- 값싼 재료로 대응할 수는 없는가?
- 경제적인 재료의 활용방법은?
- 안전한 작업방법은?
- 낭비는 없는가?
- 작업공정을 간단히 할 수 없는가?

3.5.8 매트릭스 사고

매트릭스 사고(Matrix Thinking)는 여러 가지 복잡한 다차원의 세계에 나타나는 현상을 행(行)과 열(列)을 갖춘 매트릭스를 만들어 그것에 의해 여러 가지 요소의 상호관계를 파악, 문제를 해결하려는 사고방식이다.

1) 절차

다음과 같은 야구 리그전의 성적표를 생각해 보자.

이것도 매트릭스다. 이것을 단순히 승패표로만 본다면 문제점을 파악하고 문제를 해결하는 도구가 될 수 없다.

그림에서 B팀은 2위이다. 그렇다면 이번 시즌에서 B팀이 우승을 하려면 어떻게 해야 할까? 매트릭스를 보고 생각해 보자.

B팀은 C에 절대적으로 약하다. 하지만 A와 D에게는 유리하게 전개되고 있다.

C팀은 1위로 B를 압도적으로 이기고 있다.

D팀도 경시할 수 없다. C를 이기고 있다.

그러면 B가 우승하려면 지금부터 어떻게 전개해야 좋을까?

① 무엇으로도 C를 이길 방법은 없다.

② C와 비슷하게 노력하고 A, D로부터 점수를 얻는다.

③ D가 지금까지와 마찬가지로 C를 이겨주기를 기도한다.

이 매트릭스를 보는 것만으로도 B가 우승하기 위한 전략(문제해결책)은 여러 가지로 떠오른다.

	A	B	C	D	勝
A		5	4	6	15
B	7		2	9	18
C	8	10		4	22
D	6	3	8		17
敗	21	18	14	19	

2) 응용영역과 관련기법

행(行)과 열(列)이라는 두 가지 측면을 갖고 있는 매트릭스의 각행, 각열에 여러 가지 요소를 배치하여 그 각 교점(交點)에 나타나는 관계(그림의 경우는 승수, 패수)를 간파해 문제점을 발견하고 새로운 아이디어의 발견에 도움이 되는 것이 매트릭스 사고이며 그 응용범위는 매우 넓다. 일대연관법이나 SAMM법 등도 매트릭스 사고의 응용이며 그 밖에 각 요소의 상호관계에서 문제해결을 찾고자 하는 경우에도 효과적이다.

3.5.9 속성 열거법

1) 개념

속성 열거법(Attributes enumeration, Specific Character enumeration)은 문제의 성질, 속성, 한계 등을 명확히 하여 새로운 발상을 촉진하는 방법이다. 어떤 제품을 개발하고자 할 경우, 그 제품을 구성하고 있는 요소 또는 성질과 기능의 속성을 열거해 나가면서 아이디어를 찾는다. 속성을 열거할 때는 명사적 속성, 형용사적 속성, 동사적 속성으로 나누어 표현한다.

2) 속성

① 명사적 속성: 전체, 부분, 재료, 제조방법 등과 같이 명사의 형태로 표현될 수 있는 속성 (예) 자동차의 경우: 바퀴, 엔진, 핸들, 문, 좌석 등

② 형용사적 속성: 성질, 모양, 색깔 등과 같이 형용사의 형태로 표현될 수 있는 속성 (예) 자동차의 경우: 아름답다, 산뜻하다, 화려하다 등

③ 동사적 속성: 기능, 용도 등과 같이 동사적 형태로 표현될 수 있는 속성 (예) 자동차의 경우: 운전하다, 타다, 앉다, 청소하다, 닦다 등

3) 기본착상

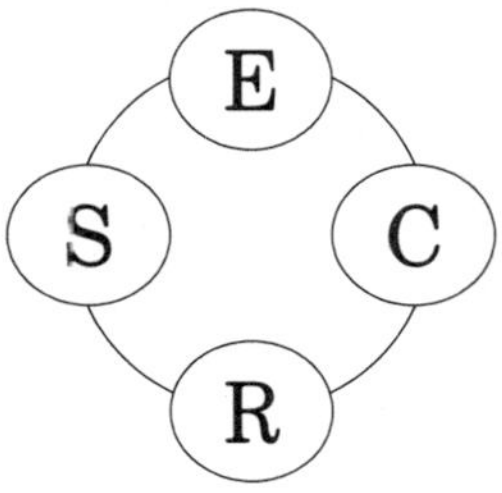

E: Eliminate(제거)
C: Combination(결합)
R: Rearrange(재배치)
S: Simplify(단순화)

4) 실습

전통적으로 사용해 왔던 주전자를 놓고 명사적·형용사적·동사적 속성을 찾아보고 각기 어떤 방법으로 개선하면 모양새나 사용자의 편리를 도모할 수 있을 것인지에 대해 아래 양식에 의거하여 팀별로 작성, 발표한다.

■속성 열거법 시트

주제:

구분	속성내용	개선 아이디어
명사		
형용사		
동사		

3.5.10 결점/희망점 열거법

[결점 열거법]

결점열거법은 '새로운 제품의 개발은 기존 제품의 결점 발견으로부터 시작된다'는 점에 착안한 방법이다. 아이디어를 낸다는 것은 그만큼 기존의 제품에 문제가 있기 때문인데, 문제가 있다는 것은 본질적으로 거기에 어떤 결점이 있다는 것을 의미한다. 따라서 일단 결점이 드러나면 "그 결점을 없애려면 어떻게 하는 것이 좋은가?"라는 상태에 놓이게 되므로 차라리 결점을 열거하여 정리해 보자는 것이 '결점 열거법'이다.

1) 실습

– 우산, 승용차, 냉장고

■결점 열거법 시트

주제:

구분	결점	개선 아이디어

[희망점 열거법]

1) 개념

희망점 열거법은 결점 열거법과 반대로 개선하고자 하는 제품의 기대나 희망을 열거해 가는 방법이다.

2) 특성

결점 열거법이나 특성열거법은 문제점을 파악하는 방법으로는 소극적이다. 즉, 현재의 결점을 바꿀 뿐이므로 본질적으로 먼저 것에서 이탈한다는 것은 매우 어렵다. 반면, 희망점 열거법은 보다 적극적인 의미를 가지고 있다. 물론 희망점 열거법은 그 물건에 관하여 '이랬으면 좋겠다'라고 생각하는 것을 정리하는 것이므로 단순히 결점을 뒤집은 것이라고 할 수도 있다. 그러나 적극적으로 희망을 말하게 하면 단순히 결점을 뒤집는 것 이상의 것이 나온다.

역사적으로 볼 때, 위대한 아이디어나 발명품은 적극적인 꿈이나 희망에서 나온 것들이 많다.

3) 기법 절차

① 순서

- 주제 결정
- 주제의 희망사항 열거
- 열거된 희망사항 가운데 주요한 것을 가려낸다.
- 가려낸 희망사항을 기본으로 개선법을 연구한다.

② 절차

희망사항 열거법은 한 사람이 할 수도 있지만 5~6명에서 10명 이내의 팀으로 진행하는 것이 좋다. 칠판이나 종이 앞에 멤버가 원형으로 둘러앉는다. 그리고 리더의 지시에 따라 자유토론 방식으로 희망사항이 발표되면 거기에 번호를 붙여 적어 둔다.

이 방식은 가능한 한 느슨한 기분으로 진행하는 것이 효과적이므로 간편한 차림으로 임하는 것이 좋고 사전에 이러한 분위기를 만들도록 노력하며 될 수 있는 한 유머 있고 위트가 있는 사람이 리더가 되어 사회 겸 서기역을 맡는 것이 좋다.

시간은 1회 1시간 정도가 좋으며 길더라도 2시간 이내가 좋다. 만약 그 이상이 걸릴 것 같은 주제라면 내용을 몇 개로 나누어 몇 회에 걸쳐 실시하는 것이 효과적이다. 그리고 50에서 100가지 정도의 희망사항이 나오면 그날은 그것으로 끝냈다가 다음 날 다시 진행하면 전회에 발표된 희망사항이 보다 확실하게 자리잡고 새로운 연상을 불러일으키기도 하므로 좀더 재미있는 안이 나올 가능성이 높다.

4) 구체적인 예

주제: 만년필의 희망사항 열거

- 잉크가 항상 잘 나왔으면
- 잉크가 계속 나왔으면
- 종이에 얼룩지지 않았으면
- 두 가지 색 이상으로 쓸 수 있었으면
- 어떤 방향으로 쓰든 부드럽게 써졌으면
- 때로는 굵게, 때로는 가늘게 쓸 수 있었으면
- 포켓에 넣어도 불편하지 않도록 작았으면
- 펜 끝이 쉽게 마모되지 않았으면
- 캡이 없어도 마르지 않고 불편하지 않은 것이라면
- 잉크를 바꿔 넣지 않아도 좋은 것이라면
- 떨어뜨려도 펜 끝이 부러지지 않았으면

이러한 희망사항을 50개~100개 정도 내어 그중 도움이 될만한 것을 가려내고 그것을 실현하기 위한 아이디어를 구한다. 예를 들어 '캡이 없어도 마르지 않는 만년필'에 대해 좀더 생각해 본다면 '볼펜에는 캡이 없는 노크식이 있다→그 방법을 쓸 수 있는가……' 이렇게 아이디어를 차례로 발전시켜 구체적인 실현방법을 찾아 무난히 전개할 수 있다. 이 과정에서 문제해결 이외의 것에 부딪치면 전문가의 조언을 구하는 방법으로 보다 좋은 개선점을 발견해 나간다.

5) 실습

리더는 우선 희망점을 내게 한 다음, 그 희망을 만족시키기 위한 아이디어를 구하는 식으로 회의를 진행한다.

■ 희망점 열거법 시트

주제:

희망사항	개선 아이디어

3.5.11 입출법(Input-Output method)

1) 개념

제한 조건의 테두리 내에서 최초의 상태(Input)를 전개하고 최후의 상태(Output)에 도달하고자 하는 사고방식으로 사물이나 현상 간의 인과관계를 도식화하여 유효한 아이디어를 내고자 하는 방법이다.

최초의 자극을 'Input'이라 하고 최종결과를 'Output'이라 하여 이것이 가장 큰 조건이 된다. 그밖에도 여러 가지 제한 조건을 중간에 부여하고 최초의 자극을 받은 후 제한조건에 맞는 많은 아이디어를 내어 최종결과에 도달시켜 가는 기법이다. 오스본의 Go-Stop법과 마찬가지로 발상과 판단을 반복하며 결과에 접근해 나간다.

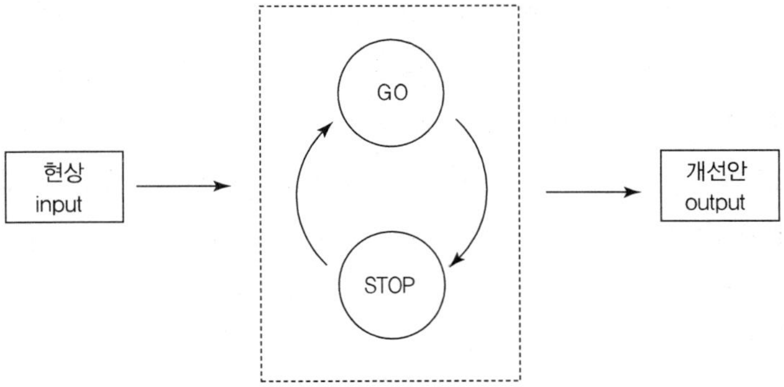

2) 입출법의 예

■ 자동점멸장치의 개발

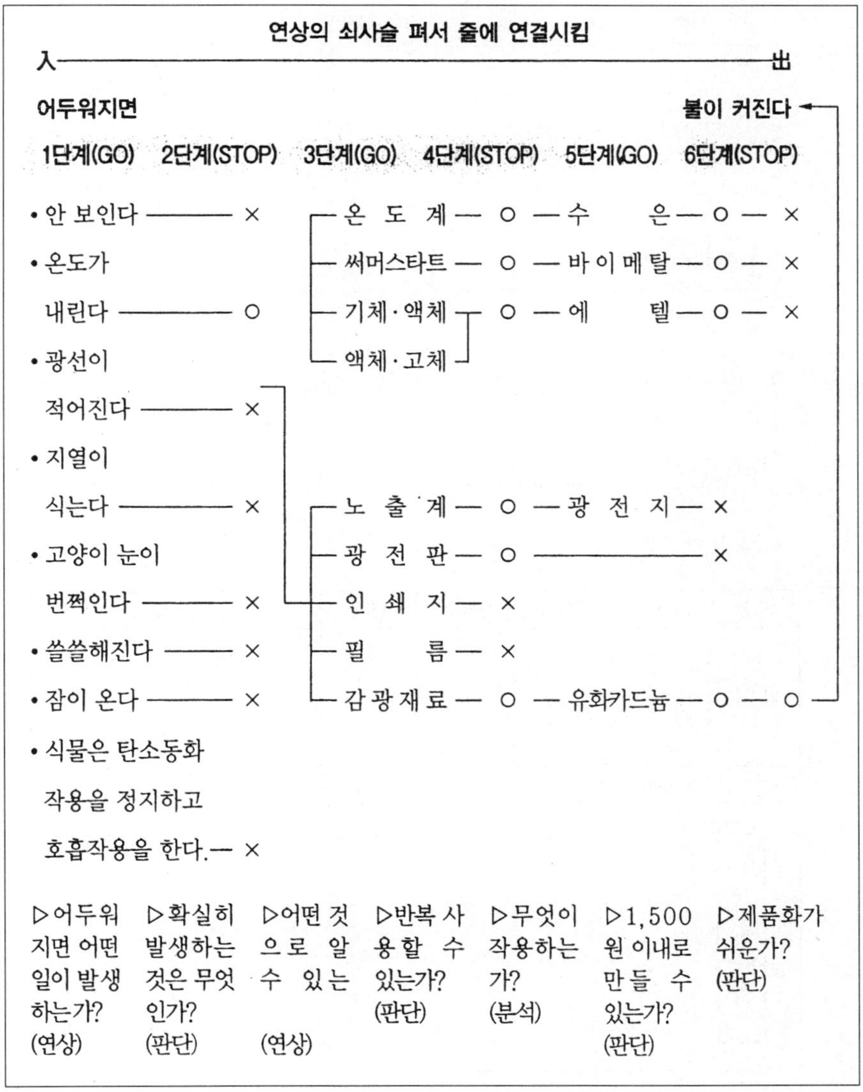

3) 적용사례

▶ 기법적용 1

Input　바람이 불면

____________________ (1Step)

____________________ (2Step)

____________________ (3Step)

Output　안과의사가 돈을 번다

▶ 기법적용 2: 팬히터 가동 중 산소가 결핍되면 작동을 멈추는 장치를 개발한다.

Input → Output

산소가 부족하면　작동을 멈춘다

단 계	1Step	2Step	3Step	4Step	5Step	6Step	7Step
연 상							
	Go	Stop	Go	Stop	Go	Stop	Go
산소가 부족하면							작동을 멈춘다

3.5.12 초점법

1) 개념

초점법(Output Analysis)은 입출력법과 마찬가지로 강제 연상의 작용을 이용하여 아이디어를 창출하는 테크닉이다. 특히 초점법은 최후에 도달할 결론, 즉 (Output) '출'은 미리 정해져 있지만 출발 전(Input) '입'은 임의의 것이다. 따라서 어떤 것을 '입'으로 선택해도 상관없지만 어떤 것이든 최후에는 '출'에 초점을 맞추기 때문에 초점법이라고 한다.

2) 특징

문장을 쓸 때, 보고문을 작성할 때 또는 상담이나 설득을 할 때 상대방의 흥미와 관심을 끌기 위해 활용할 수 있는 기법이다. 효과적으로 얘기를 전개하거나 설득을 하려면 처음에 던지는 '첫마디'가 매우 중요하다. 첫마디가 상대방의 흥미와 관심을 끌지 못하면 뒷부분은 들으려 하지 않기 때문이다. 마찬가지로 신문광고나 TV에서도 첫 번째 눈에 띄는 문구, 즉 헤드라인이 중요하다.

3) 예시

광고선전의 예를 들면 '입'은 가능한 한 사람들이 주목하는 것, 즉 흥미를 끄는 것이 좋다. 예를 들어 저축에 대한 광고를 하고자 할 때, '출'은 저축이다. 이때, '입'으로 '태풍'을 선택했다고 하자.

우선 태풍을 출발점으로 하여 처음에는 자유연상을 한다. 그렇게 하여 연상되는 것이 있으면 그것을 '출'을 염두에 두고 강제 연상으로 연결해 본다. 몇 단계로 모두 연결한 뒤, 그중에서 채택되는 것을 선택하면 된다. 이 과정의 구체적인 예를 들면 다음 표와 같다.

■ 출발점 강제 연상의 과정 도달점

<table>
<tr><th>출발점</th><th>강제 연상의 과정</th><th>도달점</th></tr>
<tr><td rowspan="4">태풍</td><td>여름 → 녹음 → 잎이 무성하다 → 돈이 많아진다</td><td rowspan="4">저축</td></tr>
<tr><td>바람 → 종이가 날아간다 → 돈이 없어진다</td></tr>
<tr><td>홍수 → 제방을 쌓는다 → 걱정을 던다</td></tr>
<tr><td>가을 → 낙엽 → 인생의 황혼</td></tr>
</table>

4) 적용

교육 서비스를 '出'이라 하고 임의로 '入'을 정한 후, 그것을 연결하여 100자 이내의 광고문을 작성하라.(20분)

3.5.13 강제결합법(Forced Combine)

1) 원리

이것은 이질적인 것들을 강제로 관계를 맺도록 하는 방법으로 어떤 사물이나 아이디어를 색다르게 생각해 보는 능력을 기를 수 있는 창의력 계발법이다. 이처럼 서로 연관성이 없어 보이는 어떤 사물의 이미지를 확대시켜 연결 짓는 연습을 하게 되면, 사고가 유연해지고 상상력이 신장되어 당면문제를 여러 가지 독자적인 특성들로 결합시켜 해결할 수 있게 된다.

2) 기법 단계

먼저 문제를 제시하고 문제마다 3~4가지의 해답을 내도록 한다. 이때, 처음부터 어려운 문제를 제시하면 해답을 구하는 데 시간이 많이 걸리므로 쉬운 문제에서 어려운 문제로 진행하는 것이 좋다.

3) 응용 예

문제와 그 해답의 예를 들면 다음과 같다.

① 세탁기는 귀금속과 같은 것이다. 그 이유는?
- 주로 여자들이 애용하니까
- 손을 이용하니까
- 여자들의 마음을 기쁘게 해 주니까

② 텔레비전은 박쥐와 같은 것이다.
- 주로 저녁시간에 활동하니까
- 전파를 내보내니까
- 보는 부분(눈, 브라운관)의 색깔이 검으니까

③ 물은 불과 같은 것이다.
- 사람에게 이로울 때도 있고 해로울 때도 있으니까
- 형태가 일정하지 않으니까
- 온도와 관계가 있으니까

이러한 문답에 어느 정도 익숙해지면 당면문제를 이와 같은 방법으로 강제로 결합시켜 해답을 구해간다. 그렇게 하다 보면 전혀 생각지 못했던 기발한 아이디어들을 이끌어낼 수 있게 된다.

3.5.14 고든법(Gordon)

1) 개념

미국의 고든이 고안한 발상법으로 브레인스토밍처럼 집단으로 발상하는 기법이다. 규칙으로는 비판엄금, 자유분방, 양 추구, 결합개선 등이 있다.

이 기법의 특징은 브레인스토밍이 해결할 과제를 구체적으로 제시하는 데 비해, 고든법은 키워드만 제시한다는 점이다. 또한 해결해야 할 과제를 참가자들에게 알리지 않고, 사회자만 알고 실시한다.

예를 들어 칫솔의 신제품 개발을 위한 발상인 경우, 주제를 '닦는다'로만 제시하고 진행한다. 그러면 참가자들은 '닦는다'와 관련된 다양한 발상들을 내놓는다. 물론 참가자들은 그 '닦는다'가 칫솔과 관련된 것이라는 것을 모르는 상태이다. 따라서 기발한 아이디어들이 나올 수 있게 된다.

2) 특성

일찍이 고든은 아이디어를 발상할 때 BS를 이용하여 4대 원칙에 따라 아이디어를 끌어내고 있었는데 수많은 BS를 행하는 가운데 한 차례의 아이디어가 나온 후에는 여간해서 다른 아이디어가 생기지 않는다는 것을 깨닫게 되었다.

마치 아이디어 몇 가지의 층이 있는 것처럼 생각되었다. '왜 이러한 경향이 있는 것일까? 무엇이 아이디어 발상에 장애가 되는 것일까?' 이처럼 다각적인 고찰 결과, 고든은 다음과 같은 결론에 도달하게 되었다.

"현재의 제품에 구애를 받으면 기발한 아이디어를 만들어 내기가 어렵다."

"진짜 테마를 알고 있으면 단편적으로 아이디어를 끄집어내는 데만 관심이 쏠려버린다."

즉, 테마에 구속되어 버리는 것이다. 그리하여 고든은 테마를 구체적으로 명시하지 않고 추상적인 테마만을 준 채, 가능하면 광범위한 아이디어를 끌어내는 방법을 연구하게 되었다.

그 결과, 추상적 테마에서 자유로운 발상을 전개하여 다음 5단계와 같이 구체적 테마에 연결시키는 법이 고안된 것이다. 이처럼 고든법은 '사고의 구속'을 제거하는 발상법이라

할 수 있다. '구속'이란 바꿔 말하면 '고정관념'이다.

참(眞)테마	추상적 테마(고든법의 테마)
브레이크의 개선 →	멈춘다
새로운 펜의 아이디어 →	표현한다
교통 정체의 개선 →	흐른다

3) 진행방법

구체적인 진행방법은 다음과 같다.

① 제1단계: 그룹을 편성한다.

참가자를 7~8명 선발하여 그룹을 만든다. 이 그룹에는 문제해결에 필요한 전문가뿐만 아니라 폭넓은 분야에서 창조적 능력을 가진 사람, 화가, 디자이너, 음악가, 작가, 주부 등도 참가시킨다.

② 제2단계: 리더가 문제를 이해한다.

좋은 아이디어가 나와 해결에 가까워질 때가지, 참가자에게는 문제를 알리지 않고 리더에게만 문제를 알려준다.

③ 제3단계: 리더는 발상의 방향을 제시하고 자유롭게 발언하도록 한다.

발상의 방향은 예를 들어 새로운 청소기를 개발하고자 한다면 '먼지', '모터', '전기코드' 등과 같은 키워드를 제시한다.

④ 제4단계: 상식적인 발상을 탈피하여 문제해결에 가까운 아이디어가 나올 때까지 계속한다.

참가자들은 키워드에 대해 떠오르는 아이디어를 자유롭게 내놓는다. 리더는 가능하다면 한 상식과 고정관념으로부터 벗어나 기발하고 비약적인 발상을 할 수 있도록 유도한다. 당면한 문제에 가까워지면 그쪽으로 발상을 유도한다.

⑤ 제5단계: 당면한 문제의 해결점을 찾는다.

리더는 문제해결에 가까운 아이디어가 나오기 시작하면 참가자들에게 당면문제를 알려주고 구체적인 실현 가능성을 논의하여 아이디어를 유효한 것으로 형성해 간다. 이러한 과정에서 리더는 자연스럽게 기발한 발상을 유도하고 비약적인 사고에 익숙해지도록 이끌어 간다.

3.5.15 시넥틱스법(Synectics)

1) 원리

고든(Gordon)의 시넥틱스는 주로 유추(analogy)와 비유(metaphor)를 이용하여 혁신적인 아이디어를 끌어내고 문제에 참신한 통찰력을 불어넣는 고도로 발달된 방법 혹은 과정이다. 시넥틱스 과정은 이전의 습관과 낡은 관념으로부터 탈피하고 그 과정에 이완의 '휴식'을 부여하기 위해 '익숙한 것을 생소하게, 생소한 것은 익숙하게' 만드는 노력이다.

미니스커트가 처음 출연했을 때, 대부분의 사람들은 이에 익숙하지 못해 본능적으로 이를 거부했지만 미니스커트가 유행하자 미니스커트가 자연스럽게 느껴지고 오히려 미니스커트가 아닌 것이 부자연스럽게 느껴지게 되었다.

생소한 대상을 대하면 우리는 본능적으로 두려움을 느끼거나 거부하게 된다. 하지만 '창조'라는 것은 눈에 익지 않은 새로운 것을 만드는 것이다. 따라서 창의력을 신장하기 위해서는 익숙하지 않은 것을 받아들일 수 있는 태도를 지녀야 한다.

반대로 익숙해진 대상을 새로운 관점에서 보는 것도 창조적 발상의 출발점이 된다. 예를 들면 기존의 개념과 다른 엉뚱한 개념을 결합시킴으로써, 신제품 개발이나 새로운 기법의 예술을 창조할 수 있는 실마리를 얻을 수 있는 것이다.

대부분의 사람들은 새롭고 엉뚱한 관점을 갖게 되면 혼란이나 불안을 느끼게 되므로, 안이하게 상식적인 틀에 박힌 관점을 택하기 쉽다. 그러므로 우리가 창조적이 되려면 방어적인 체계를 버리고 '새로운 관점'을 쉽게 받아들일 수 있어야 한다.

2) 기법 유형

① 의인적 유추

의인적 유추(Personal analogy)는 자신이 진짜로 문제의 일부라는 생각을 가지고 문제 자체가 요구하는 통찰을 하는 기법이다. 예를 들어 기계가 고장 났을 때, 그 기계를 고치기 위해 가상적으로 자신이 기계의 부품이 되어 작용해 보는 유추이다. 쉽게 말해 '그것이 나라면?', '내가 그것이었다면?' 하고 생각해 보는 역할연기와 같은 방식이다.

② 직접적 유추

직접적 유추(direct analogy)는 실제로 닮지 않은 두 개의 개념을 객관적으로 비교하는 유추방법이다. 직접적 유추의 좋은 사례는 전화기를 만들 때 사람의 귀와 입을 비교한 데서 찾을 수 있다. 오늘날의 전화기는 송수화기가 하나로 붙어 있지만 옛날의 전화기는 사람의 입과 귀가 서로 떨어져 있듯이 송화기와 수화기가 따로 떨어져 있었다.

그 밖에 돌고래의 피부를 연구하여 잠수함이 물속에서 저항을 줄일 수 있게 하고, 박쥐가 어떻게 어두운 곳에서 자유로이 날 수 있는지에 대한 연구로부터 초음파를 발사하여 이것이 반사되는 것을 감지한 사례도 직접적 유추에 해당한다.

③ 상징적 유추

상징적 유추(symbolic analogy)란 문제의 요점을 고도로 간결하게 상징화하여 힌트를 찾는 것이다. 흔히 우리는 문제를 생각할 때 틀에 박힌 생각에 잠기기 쉽다. 그러한 생각에서 벗어나려면 신선한 이미지를 생각하고 그것에서 힌트를 끌어내야 한다. 예를 들면 동화나 격언 또는 공상소설 속에는 상징적인 것이 많기 때문에 그러한 것으로부터 힌트를 얻는 경우도 많다.

자동차를 들어 올릴 때 쓰는 잭을 '마법의 지팡이'나 손오공의 '여의봉'으로 생각해 보는 것도 좋다. 또한 구조를 모르더라도 '내가 만일 그것을 만든다면 어떻게 할 것인가?'라고 생각해 보면 분명치는 않지만 나름대로의 메커니즘이 마음속에 세워질 것이다.

그것을 문제해결에 응용해 보는 것이다.

이제 이 3가지 방법의 비교표를 만들어 보면 다음과 같다.

■ 창조적 문제해법(synectics)의 3가지 유추 방법

	직접적 유추	의인적 유추	상징적 유추
요점	직접적으로 유사한 것을 찾는다.	완전히 문제로 동화된다.	타이틀을 붙인다.
설명	유추의 기본형 '예를 들어, ……와 같이'라고 힌트를 찾는다(이질순화).	문제에 심신을 동일화하며, 객관→주관화함으로써 새로운 관점을 찾는다(순질이화).	문제를 간소화(타이틀)함으로써 포인트를 압축, 새로운 관점을 찾는다(순질이화).
예	우산→낙하산	펌프는 변모한다. 저는 심장과 같이 규칙적으로 액체를 보내고 있답니다.	카메라→선명한 기억

3) 진행방법

상징적 유추는 5~6명이 그룹을 이루어 진행하기에 좋은 방법이며, 다음과 같은 방법으로 실시하면 된다.

① 참가자들에게 해결해야 할 문제를 제시한다.

② 전문가에게 문제의 분석과 해설을 의뢰한다.
③ 참가자들이 문제에 보다 흥미를 갖도록 예시를 들어준다.
④ 해결목표를 설정한다.
⑤ 리더는 참여자로서 문제해결을 위해 어떤 유추가 가능한지 생각해본다.
⑥ 여러 가지로 도출된 유추 중에서 어떤 유추를 사용할지를 검토한다.
⑦ 적당한 것을 선택한다.
⑧ 구체적으로 사용할 수 있는 아이디어로 나눈다.
⑨ 해결책을 수립한다.

그룹을 만들어 시넥틱스를 하려면 발상 그룹을 어떻게 편성하느냐가 매우 중요하다. 시넥틱스 발상 그룹 참가자는 각자가 갖고 있는 성격, 지식, 경험 등을 최대로 살려 발상의 실마리를 찾는 방법이므로 가능하다면 서로 다른 분야의 전문가로 구성하는 것이 이상적이다.

3.5.16 NM법(Keyword Idea)

1) 개념

이것은 일본의 나카야마 마사카즈(中山正和)가 창안한 발상법으로 고든법을 한층 더 구체적으로 체계화한 유추발상법이다.

2) 진행방법

① 키워드를 정한다.
연상을 위한 첫 단계로 당면문제와 직결되지 않는 키워드를 정한다. 이것은 사고의 방향을 제시하기 위한 것이다. 예를 들어 당면 문제가 '가스사고 방지'라면 '감지한다', '찾아낸다', '차단한다'와 같은 키워드를 정하고 제시한다.

② 키워드로부터 연상을 이끌어낸다.
키워드에서 연상되는 것을 계속 적어 나간다. 예를 들면 키워드 '찾아낸다'에서 연상되는 '사냥개', '탐정', '금광', '금속탐지기' 등과 같은 것을 계속 찾아간다.

③ 연상유비의 예를 계속 찾아 나간다.
예를 들면 '사냥개같이 찾아낸다', '탐정같이 찾아낸다', '금속탐지기같이 찾아낸다' 등

과 같이 '~같이 찾아낸다'를 계속 찾아 나간다.

④ 배경을 조사한다.

표현된 유비의 예에 대해 구조나 특성을 알아본다. '사냥개같이 찾아낸다'에서 사냥개의 코의 구조, 후각의 특성 등을 알아본다.

⑤ 아이디어를 짜낸다.

배경에서 알아낸 구조나 특성 등을 당면문제에 연결시켜 해결을 위한 아이디어를 구해 나간다. 이 단계에서는 논리성을 개입시키지 말고 직관적으로 떠오르는 힌트나 아이디어를 문장이나 그림으로 기록해 나간다.

⑥ 아이디어를 유효하게 조립시킨다.

아이디어를 서로 결합하여 보다 구체적으로 실행 가능한 창안으로 만들어나간다.

3) NM법의 스텝과 응용 사례

■ 스텝 응용 사례

스텝		응용 예
문제의 설정	문제의 분석, 명확화	「통근전철의 유효한 이용방법」
키워드를 결정한다. (KW)	문제의 본질(기능, 성질)을 골라낸다.	KW, 누른다, 채워 넣다, 달라붙다, 섞이다(이하 '채워 넣다'를 사용)
유추 발상한다. QA: Question Analogy	유추발상 '예를 들어, ~와 같이'로 이미지를 탐색한다.	'예를 들어, ~와 같이 채워 놓는다' 야채절임 벽장 공기 포트(pot) 저금 부낭(튜브) (QA에서 자유롭게 고른다)
QA의 배경을 찾는다. QB: Question Background	QA에서는 무엇이 일어나고 있는가? 그것은 어떻게 되어 있는가?	야채절임→돌의 힘에 눌려 있다. 부낭(튜브)→한 개의 구멍으로부터 공기가 가득 차서 뜬다. 벽장→정리한다.
구체적인 아이디어를 제시한다. QC: Question Coneption	구체적으로 문제에 도움이 되는 것을 구한다.	부낭(튜브)으로부터 차내용 마사지 기구.

■ NM법 시트

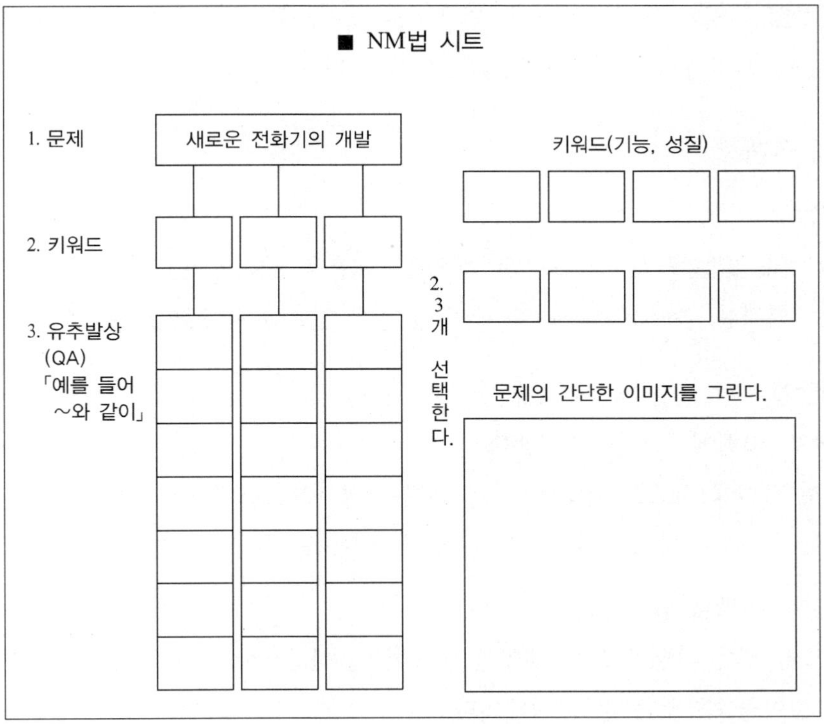

3.5.17 KJ법

1) 개념

문화인류학자 가와기타지로(川喜田次郎)의 KJ법(Label Group)은 현실에서 일어나고 있는 사상(事象)에서 새로운 해석을 창출하기 위한 방법으로 연구 활동을 하던 중에 고안되었다.

우선, 회의에서 한 발언이나 시장조사 자료를 항목별로 하나씩 카드에 기록하고 그 카드들을 섞은 다음, 비슷한 내용끼리 몇 개의 그룹으로 분류한다. 그리고 각 그룹에 내용 표시를 하고 다시 비슷한 소집단끼리 그룹을 만드는 작업을 여러 번 반복한다. 이런 절차를 통해 정리된 내용들을 그림으로 나타내거나 문장으로 만들어가면서 사고를 진전시킨다.

KJ법에서는 먼저 브레인스토밍을 통해 나온 아이디어를 하나하나 다른 카드나 포스트잇 종이에 적어 놓고 이것을 책상 위에 늘어놓은 다음 가만히 들여다본다. 카드와 카드가 서로 연결된 소그룹을 잘 살펴보면 작은 그룹이 형성되어 각 그룹 사이의 상호관계가 명백해진다.

이처럼 각각의 종이쪽지에 적힌 아이디어군의 상호관계와 전체적인 상이 뚜렷해지는 과정에서 인간의 무의식 세계가 자극을 받게 되어 또 다른 영역의 아이디어를 발견하게 되면, 이것은 다시 다음의 아이디어를 낳는 토대가 된다.

2) KJ의 단계

① 준비물

명함 크기의 라벨(또는 포스트 잇), 색연필, 내용을 정리할 큰 종이, 5~6명이 회의를 할 수 있는 회의실, 카세트테이프 및 회의 진행에 필요한 문구류를 준비한다.

② 진행단계

- 1단계: 라벨에 정보를 써넣는다.

  먼저 라벨에 정보를 써넣는다. 정보에는 토론에서 한 발언, 자신의 기억, 기타 취재 사항 등 여러 가지 내용을 쓸 수 있다. 내용을 자신에게 호소하는 식으로 쓴다.

- 2단계: 라벨을 늘어놓는다.

  정보를 적은 라벨을 모두 테이블에 늘어놓는다. 아직 정보가 정리되지 않아 아무것도 알아볼 수 없는 혼돈 상태이다.

- 3단계: 소그룹으로 다시 나누어 각 그룹의 공통사항을 적는다.
  - 유사성이 있는 라벨끼리 소그룹을 만든다.

    유사성이 있는 정보를 라벨의 테두리에 이어 소그룹으로 구성해 나간다. 이때 어떤 그룹에도 속하지 않는 라벨이 생긴다면 그대로 남겨 둔다.
  - 소그룹화된 라벨을 통합하고 각 그룹에 공통된 사항을 기입한다. 공통사항을 기입할 때는 다음 순서를 따른다.

  ① 라벨의 세트를 다시 한 번 읽는다.

  ② 여러 가지 라벨 세트가 나타내는 단어를 다른 용지에 메모, 기입한다.

  ③ 라벨을 되풀이해서 읽고 점검한다.

  ④ 그밖에 단어로 나타낼 언어가 없는지를 생각해, 전부 기입한다.

  ⑤ 메모들을 연결해 짧은 문장으로 만든다.

  ⑥ 마지막 짧은 문장을 첨삭하면서 별도의 라벨에 공통사항을 적는다. 이때 라벨 세트는 공통사항을 기입한 종이를 맨 위에 놓고 클립이나 고무 밴드로 묶어 둔다.

■ 예시: KJ법의 진행단계

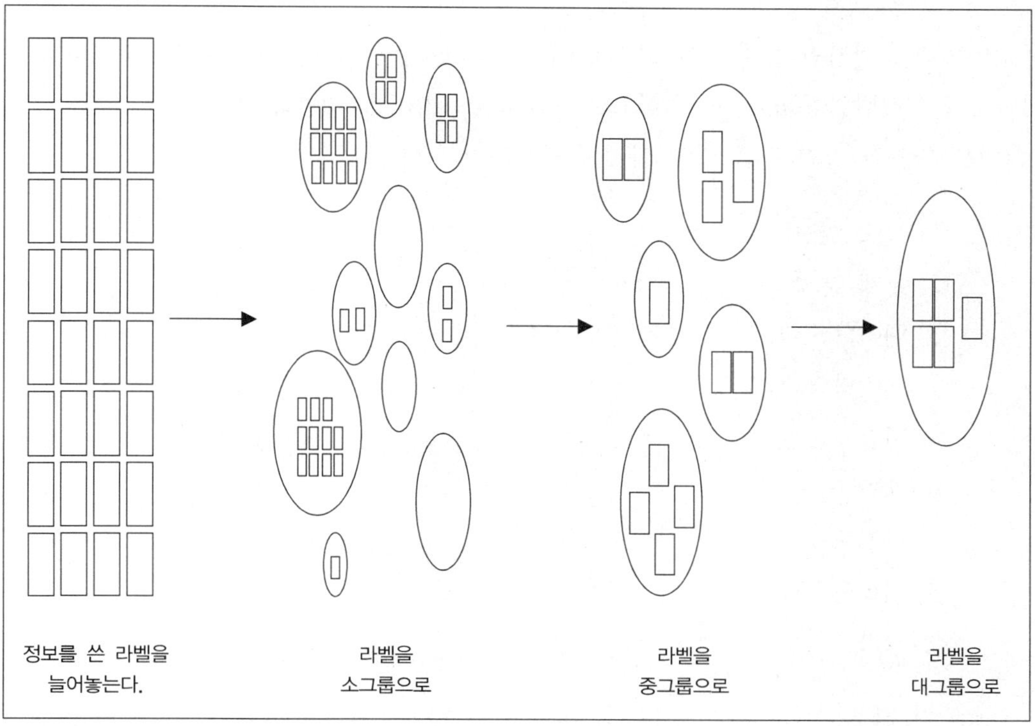

– 4단계: 중그룹으로 나눈다.

소그룹의 공통사항을 기입한 종이와 어느 그룹에도 속하지 않는 라벨을 다시 읽고, 중그룹을 만든다. 방법은 3단계와 똑같다.

– 5단계: 대그룹으로 나눈다.

또다시 대그룹을 만든다. 작업은 3단계와 마찬가지이다. 이 단계에서도 어느 그룹에도 속하지 않는 라벨이 남으면 역시 그대로 둔다. 이렇게 그룹으로 묶는 작업 라벨 세트가 10개 이내가 될 때까지 계속한다.

– 6단계: 그림으로 풀이한다.

대그룹, 중그룹, 소그룹의 순서에 주목하고 라벨의 의미관계를 그림으로 풀어본다. 한 장의 커다란 종이에 라벨을 붙이고 그룹별로 묶어본다. 그림에는 그려져 있지 않지만 라벨이나 그룹의 원인·결과의 관계가 있는 경우는, '→', 서로 영향을 끼치고 있는 경우는 '↔'라는 식으로 기호를 사용해 관계를 표시해 나간다.

3.5.18 7×7법(Seven Multiply)

이 기법의 고안자인 칼 E. 그레고리(Carl E. Gregory)는 10년 동안의 연구조사를 통해 '과학적 문제해결법(Scientific Problem Sloving=SPS)'을 개발하였다.

그것은 다음과 같이 아홉 가지 단계로 구성되어 있다.

① 목표 설정
② 문제 분석
③ 데이터 수집
④ 데이터의 체계 부여
⑤ 귀납
— 조사 · 연구

⑥ 계획 작성
⑦ 사전체크
⑧ 계획의 행동화
⑨ 평가
— 개발 · 응용

각각의 단계는 순서대로 진행되지만, 때로는 앞 단계로 되돌아가는 피드백이나 실험적으로 앞 단계로 진행하여 가설을 세우는 피드포워드(feed forward) 등도 포함되는 등 유연성이 있어야 한다.

그리고 '7×7법'은 이 SPS를 실시한 이후 데이터를 정리하고 방향을 부여하여 결합 및 판단하기 위한 방법으로 개발된 것이다. 따라서 SPS에서는 데이터를 아이디어 비트(IB) 슬립(2×4인치 정도로 자른 종이)에 기록하며 그때 카드 배열에 7×7법을 사용한다. 7×7법은 IB 슬립에 쓰인 데이터를 유사한 내용의 7가지로 모으고, 그것을 좌에서 우로 중요도 순으로 배열하며 또한 각 내용 중 카드를 위에서 아래로 중요도 순으로 7카드 이내에서 배열하는 방식이다.

1) 진행방법

① IB 슬립에 기록한다.

우선 데이터와 아이디어를 2×4인치 크기로 자른 종이(IB 슬립)에 1매 1건으로 기입한다. 이때 문제에 관계되는 모든 사항을 기입한다. 예를 들면 착상, 대화와 독서 등에서 발생된 아이디어와 데이터, 각종 자료 등에서의 인용이나 테이프에 녹음한 것을 카드화 한다.

② 카드보드를 준비한다.

보드는 보통 14×22인치 이내의 크기로 유리섬유 얇은 판과 보드지, 베니어판 등으로 만든다. 그것에 IB 슬립을 가로, 세로로 열거해서 클립과 자석 등으로 고정시켜 놓도록 한다. 물론 2매 이상의 보드를 열거하고 조합해서 사용하는 것도 있으며 그 사용 방법은 다양하게 존재할 수 있다.

③ 보드에 IB 슬립을 열거한다.

우선 미처리 IB 슬립을 보드에 카드가 겹치지 않도록 열거한다.

④ 유사한 카드를 결합한다.

보드가 카드로 가득하거나 모든 카드를 열거했다면 한 장 한 장의 카드를 잘 읽는다. 그리고 목표를 머리에 잘 새겨 넣고 내용이 같은 것을 묶는다. 만약 남아 있는 카드가 있다면 공간을 보충한다.

이러한 요령으로 점차 중복카드를 정리해 간다.

⑤ 부적당한 카드를 배제한다.

목표와 관계가 적은 것과 너무 엉뚱한 카드는 제외한다. 그렇지만 나중에 사용할지도 모르므로 제외된 카드를 버리지 말고 남겨서 묶어 놓는다.

⑥ 카드에 기입된 문자를 수정한다.

IB 카드 중에서 다음과 같은 것은 수정해서 다른 카드로 고쳐 적는다.

- 애매한 표현과 긴 문구
- 2매 이상의 카드를 조합하면 보다 좋은 내용이 되는 것
- 구체성이 없는 것

⑦ 제외될 정도는 아니지만 지금 당장은 사용하지 않는 카드를 제외한다.

어쨌든 사용하진 않지만 남길 가치가 있는 카드를 '차례로' 묶어 놓는다.

⑧ 지금까지의 작업을 반복하고, 점검한다.

여기에서는 ④~⑦의 작업이 순조롭게 진행되고 있는지 점검하고 검토한다.

⑨ 유사한 내용의 카드를 모아 7항목 이내로 분류한다.

아래 그림의 세로행은 유사한 내용을 모은 카드들이다. 가능하다면 7행 정도가 좋지만 그렇다고 8행이나 9행이 되면 안 된다는 뜻은 아니다.

⑩ 각 행의 카드를 정리하고 위에서 아래로 순위를 부여한다.

각 행의 각각의 카드를 1에서 7까지로 순위 부여를 한다. 그때의 평가 기준으로는 목표의 '유효성', '가치', '중요성', '포괄성' 등을 들 수 있다. 이 단계에서는 각각의 카드를 결합 및 수정하거나 배제하여 보다 좋은 것으로 만들어 가려는 노력이 중요하다. 이때에도 가능하다면 7 이하로 정리하는 것이 좋다.

⑪ 각 행에 표제를 붙인다.

각 행은 유사한 내용의 카드들이기 때문에 그들을 포괄하는 제목을 붙이면 좋다. 그리고 그것을 각행의 위에 놓는다. 만약 잘 맞는 것이 없으면 가장 순위가 높은 카드를 대용할 수도 있다.

⑫ 각행끼리 좌에서 우로 순위 부여를 한다.

각 행에 붙여진 표제와 안의 카드를 잘 보고, 중요도 순으로 순위 부여를 해서 왼쪽에서 오른쪽 순으로 열거한다.

그림에서 Ⅰ가 가장 중요한 행이고 Ⅱ가 다음…… 마지막 행이 Ⅶ이다.

이 순서가 섞이지 않도록 하면서 모든 카드를 이동시킨다.

■ 7×7법

Ⅰ	Ⅱ	Ⅲ	Ⅳ	Ⅴ	Ⅵ	Ⅶ
1	1	1	1	1	1	1
2	2	2	2	2	2	2
3	3	3	3	3	3	3
4	4	4	4	4	4	4
5	5	5	5	5	5	5
6	6	6	6	6	6	6
7	7	7	7	7	7	7

2) 응용영역과 관련기법

이 기법은 문제해결의 모든 단계, 즉 문제를 분석하는 시점에서 해결책을 생각할 때에도 유효하다. 해결해야 할 목표가 있을 때, 현재 상태를 분석하고 그중에서 중요한 데이터는 무엇인가를 분석하고 판단하는 데 이용되는 것이다. 또한 목표를 해결하기 위한 구체적인 아이디어를 집단토론 등을 통해 끄집어내고 그 아이디어를 분류 평가해서 좋은 해결책이 무엇인지를 결정하는 데에도 효과가 있다.

응용영역으로는 도덕, 윤리분석 등 직장과 사회 문제처럼 인문학적 주제에도 이용할 수 있고 상품개발 등 공학적 문제에도 응용할 수 있다. 또한 문제해결 훈련 등 교육 측면에서 이용하거나 현실의 문제해결을 위해서도 사용할 수 있다.

어쨌든 한 가지 기법 속에 정보의 정리와 평가의 단계가 들어가 있고 또한 그것이 종과 행으로 시각적으로도 알기 쉽게 분류되어 있는 것이 이 기법의 포인트이다. 카드를 사용한 정보처리 방법으로는 대단히 훌륭한 것이라 할 수 있다. 물론 보드가 없어도 모조지상에서 명판(Label)카드를 사용해도 실행 가능하다.

3.5.19 특성요인도(Cause and Effect Diagram)

이것은 원인과 결과의 상호관계를 그림으로 나타내어 문제점을 파악하고 문제해결에 도움을 주려는 기법이다. 다시 말해 어떤 특성에 영향을 미치는 요인이 통계적으로 빠짐없이 정리될 수 있도록 하여 개선하고자 하는 중요한 요인을 쉽게 찾는 것이다.

1) 절차

① 문제의 특성을 선택한다.

이때, 특성은 '무엇이 어떻게 문제인가'를 알기 쉽게 표현한다. 예를 들어 데이터를 얻기 쉬운 특성을 선택하는 것이 좋다.

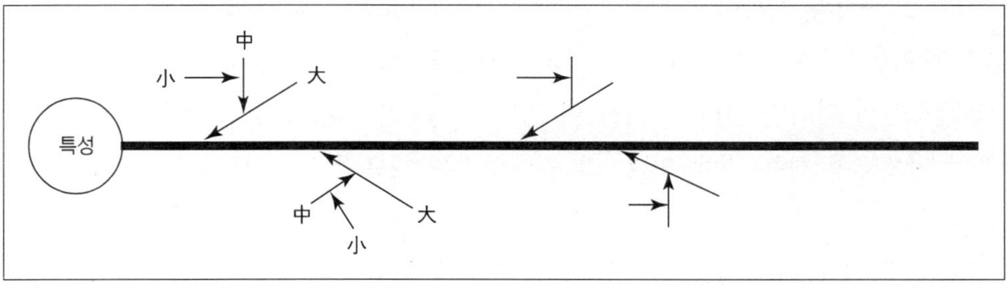

② 특성에 영향을 미치는 요인을 열거한다.

모든 요인을 크게 분류하여 적고 그 옆에 큰 요인과 관련된 작은 요인들을 열거한다. 예를 들면 그림과 같이 문제의 특성에 따라 대중소로 분류하여 기록하는 것이다.

③ 특성요인도를 정리한다.

브레인스토밍에 제시된 수많은 요인들을 그대로 늘어놓으면 산만하고 쓸모없게 되므로 내용을 정리한다. 그리고 문제해결과 관련이 없는 것은 제외시키고 부정확한 것은 추가한다. 이러한 방법으로 가능하다면 실시할 수 있는 곳까지 자세히 밝혀낸다. 이러한 정리에 실패하면 유효한 요인, 즉 특성을 놓칠 수도 있으므로 구성원과 잘 의논하는 것이 매우 중요하다.

④ 밝혀낸 요인의 우선순위를 정한다.

영향이 크다고 생각되는 요인을 중심으로 하여 그 요인에 대해 보다 정밀하게 분석해 나간다면 그때부터 문제해결의 방향이나 대책이 떠오르게 된다.

2) 응용영역과 관련기법

이 기법은 현장의 문제점을 분석 및 해명하여 개선점을 발견하는 데 특히 유효하며 더불어 사무 영역에도 폭넓게 쓸 수 있다. 왜냐하면 어떤 상황의 원인과 결과를 알기 쉽게 그림으로 나타내고 그 속에서 문제점을 부각시켜 개선점을 찾아내는 방법이기 때문이다.

VA(Value Analysis)에서의 기능분석 방법은 특성요인도를 기술개발 분야에 응용한 좋은 예이다.

3.5.20 YM법(Chart Analysis)

이 기법은 원인과 결과라고 하는 일반적인 사고과정을 통해 문제분석을 하면 이해하기 쉽고 또한 이용하기도 용이하지만, 구체적인 해결을 위한 행동이 제시되지 않으면 문제해결 기법으로서의 의미가 없다. 그리고 이 기법의 목적은 이용자의 입장에서 행동이 가능한 해결책이 나오도록 하는 것에 있다. 그 진행방법은 다음의 그림과 같다.

■ 작업순서의 Flow Chart

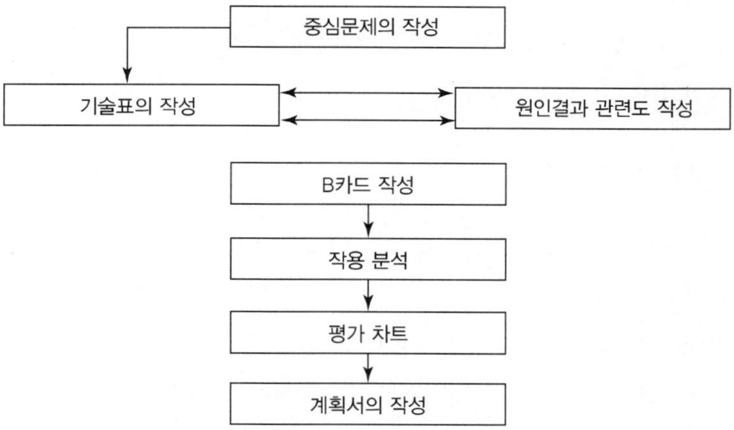

1) 문제점의 기술

문제점을 명확히 하기 위해 '무엇이?', '무엇과 비교하여', '어느 정도로', '어떻게 되는 것인가?'를 뚜렷이 밝힌다. 즉, 주어, 기준, 차이, 술어를 분명하게 기술하는 것이다.

■ 문제점 기술표

번호	문제점		정도	
	주어	술어	기준 (있어야 할 상태)	차이(현상)
1	판매점이	소극적이다	경쟁업체	경쟁 3업체
2	가격이	높다	대기업 2개사 등	2~3 % 할인
3	당사 제품은	팔리지 않는다고 생각하고 있다	C사 상품 대등	D사와 같다고 생각하고 있다
4	타사 제품 쪽이	잘 팔린다	연간 ○○억	××억
5	노력의 방법을	모른다	적극 경영의 자세	되는 대로 내버려둠
6	당사의 제품이	팔다 남는다		

2) 원인결과 관련도 작성

① 하나의 문제점을 카드에 기입하고 그 원인과 결과를 각 1장의 카드에 기록하여 최초의 카드와 화살표로 연결한다.

② 그 위에 원인과 결과를 찾아가면서 원인과 결과의 연쇄적인 반응을 작성한다. 이때, 안일한 인과관계를 생각지 말고 진정으로 중요한 원인과 결과를 충분히 생각한다.

③ 모든 카드를 한 번 더 살펴보고 카드 사이에 눈에 띄지 않았던 인과관계가 있으면 그것을 화살표로 연결해 둔다.

3) B카드와 평가차트의 작성

원인결과 관련도의 모든 문제점을 '○○을 ××한다'라고 하는 말로 고쳐 카드에 적는다. 이것을 'B카드'라고 한다.

예를 들어 '판매점이 소극적이다', '가격이 높다', '영업사원의 설명이 불충분하다'는 문제점에 대해 B카드에는 '판매점을 적극적으로 만든다', '가격을 싸게 한다', '영업사원이 설명을 충분히 한다'라고 기록한다.

이러한 B카드를 용지의 아래쪽에 가능성이 낮은 것, 우측에도 가능성이 낮은 것을 나란히 놓고, 위는 효과가 높은 것 그리고 아래는 낮은 것을 차례로 놓아간다. 이러한 평가차트의 좌상(A 부분)을 해결대상이라고 부른다. 여기서 해결 가능성은 실시자가 자신의 입장에 서서 가능성을 평가한 것이다.

■ 평가 차트

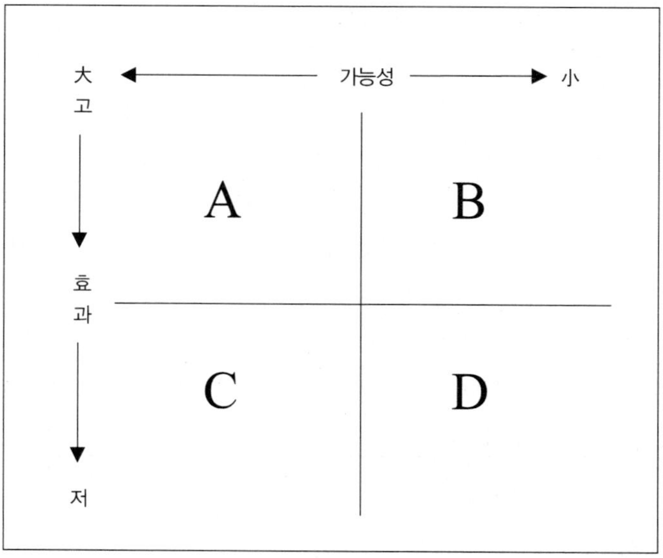

이 차트에서 A는 곧바로 실행하는 항목이고, D는 가능성, 효과 등이 낮기 때문에 파기한다. B는 A와 C의 항목만으로는 해결이 불충분할 경우 해결방법을 생각한다. C는 효과가 적지만 가능성은 크기 때문에 상황에 따라 실시할 가능성이 있는 항목이다.

이러한 항목은 어디까지나 목표이므로 '구체적으로 어떻게 진행시킬 것인가' 하는 방안이 필요하게 된다. 그리고 이것을 실시하기 위한 하나의 구체적인 방안이 계획서이다.

3.5.21 FTA법(Fault Tree Analysis)

비교적 복잡한 시스템으로 구성된 제품의 고장이나 결함(fault) 원인을 체계적으로 추정 및 해석하는 응용기법이다. 그리고 그 대상은 구성부품의 결함뿐만 아니라, 시스템의 사용 방법(취급방법이나 환경 조건의 특이성)을 모두 포함한 실제적인 기법이다.

기존에 고장이 났을 경우에는 그 담당설계자나 품질관리 기술자의 경험에만 의지하려는 경향이 있었기 때문에 절박한 상황에 이르러서야 판단을 내리는 경우가 많았고 또한 독단적인 설치 결정을 하는 일도 많이 있었다. 하지만 FTA는 전문가의 경험에 객관성을 부여한 논리적 해석법이다.

1) 절차

[약속]

FTA는 원인과 결과 시스템의 전체를 도식화하는 일로부터 시작한다. 따라서 이러한 기호의 약속을 습득하는 혹은 정하는 일이 우선시된다.

기본적인 기호는 다음과 같이 표현되지만 그 밖에도 여러 가지 논리 기호가 사용된다.

 … EVENT 기호: 관찰되었거나 추정사상(事象)을 표시한다.

 … 기본적 고장기호: 최종적인 원인으로 생각된 사상(事象)

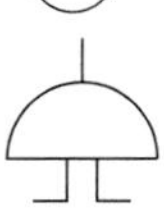 … And 기호: 상위의 사상이 하위에 동시에 영향을 준 경우

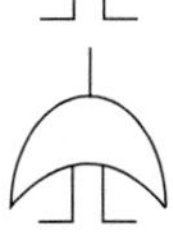 … or 기호: 상위의 사상이 하위의 어느 것인가에 영향을 준 경우

[TOP 사상(事象)의 결정]

최종적으로 하고 싶지 않은 사상 혹은 이미 발생해 해결해야 하는 결함으로 우선 도식의 최상위에 적는 사상이다.

[FT도의 작성]

다음에 TOP사상(事象)의 원인이 된다고 추정되는 모든 사상을 열거하고 TOP사상의 아래에 기입한다. 그런 다음 이 사상과 TOP사상 사이의 관계를 논리기호로 잇는다. 예를 들면 다음과 같은 모양으로 보다 하위의 사상과 그 사이의 관계를 연결하여 명확한 사상까지 전개한다.

[FTA도의 활용]

FT도의 활용은 원칙적으로 예측했던 실패가 발생하기 전에 활용하는 것이 이상적이다. 즉, 설계 단계에서 예측되는 실패에 중점을 두어 FT도를 작성하고 그 대책을 사전에 타협하는 것이다. 또한 이미 발생한 실패는 그 상황(발생률, 시계열변화: 時系列變化), 발생지

■ 전등이 꺼진 FT 그림 예

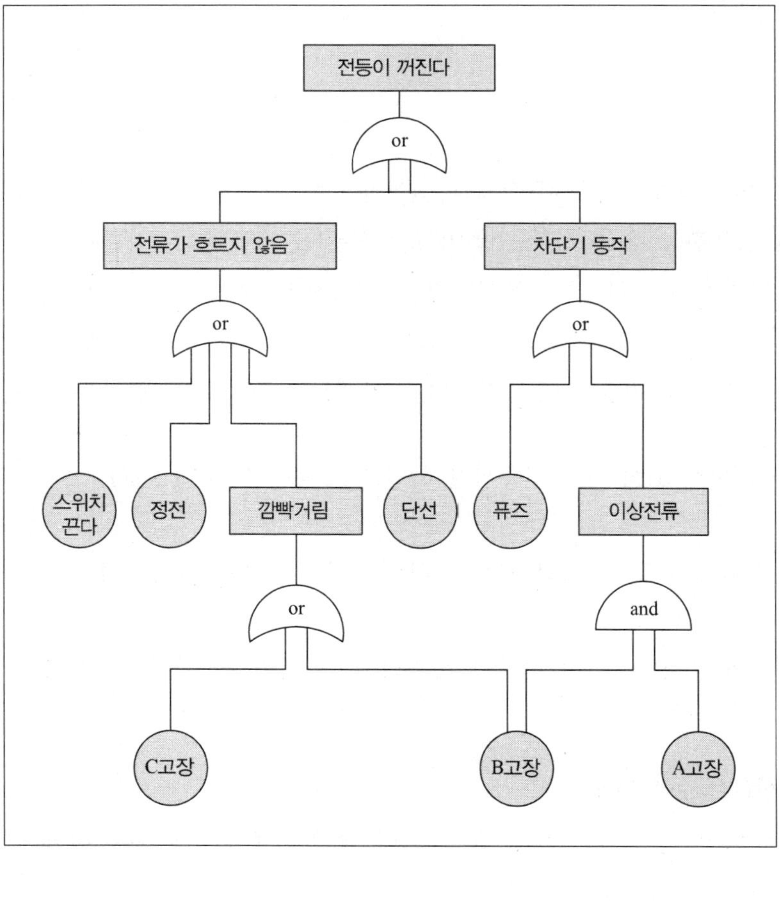

의 차이, 현품 · 관련 부품의 관찰)과 추정되는 사상과의 대조 등에 의해 원인을 제거한다. 그리고 다시 조사나 검토를 더하여 진짜 원인을 추정해 설치할 수 있다.

2) 응용영역과 관련기법

FTA는 고도의 경험이나 지식을 필요로 하지만, 반면 그 논리성은 극히 일반적이고 제3자도 알기 쉬운 기법이다.

현시점에서의 응용분야는 그 명칭이나 성장 내력과 같이 실패의 사전 또는 사후의 해석이 주체이고 또한 충분한 응용분야의 실증을 받지 않고 있다. 그러나 이 실패 해석은 반드시 하드 분야만이 아닌 여러 분야와의 문제이고, 특성요인도가 품질제어 분야에서 특히 많이 활용되는 것과 같이 차후 소프트 응용을 포함하여 보급이 기대된다.

FTA의 실시는 전문가의 지식, 경험과 제3자의 의외성 있는 지적이 전체의 객관성을 높이지만, 논리 기호의 연결단계에서는 극히 냉정한 판단이 필요하고 특히 신중한 전개를 도모해야 한다.

3.5.22 비즈니스 디자인법(Business Design)

비즈니스 디자인법(BD법)은 창조적인 계획과 실천을 위한 과학적인 기법이다. 기존의 경영과학적 방법은 분석적 세분화에 너무 치우쳐 있고 전체적인 관점이 부족한 면이 있었지만, BD법은 그 단점을 보완하여 만들어진 연역적인 방법이다. 그리고 개인의 '하고자 하는 마음'을 기반으로 한 인간 존중을 기본이념으로 한다. 더불어 창조는 확산사고와 직관, 논리사고의 삼위일체의 움직임에 있다고 하는 개념을 주로 적용하고 있다.

1) 가설 연역법이란?

가설 연역법은 데카르트의 과학방법론으로 '가설 점증법'이라고도 하며 원인과 결과에 기인한 '가설'을 세우는 데서 시작한다.

가설의 성립방법은 어떤 원인과 결과에서 이론적으로 '개인의 주장'을 발상하는 것이다. 그리고 이것을 검증 또는 반증(反證)해서 실증(實證)된다면 그 이론(가설)을 일반론이라 한다.

이것은 결과로서 '개가 종이를 먹고 있다'는 것을 목격한 것으로부터 시작된다. 그 원인으로서 처음에는 '개가 종이를 좋아한다'라고 추정하고, 가설로서 '개도 종이를 먹는다'라고 이론화하고 있다.

그리고 검증은 그 개에게 다른 종이를 주면 먹지 않기 때문에 피드백(feed back)해서 제2의 원인 '종이에 무엇이 붙어 있다'가 된다. 따라서 가설은 '개는 종이를 먹지 않는다'가 된다. 이것은 이미 실증이 끝난 것이기 때문에 제2의 가설은 일반론으로서 인지되는 것이다.

결과	어떤 개가 종이를 먹고 있다. → 원인 ①: 어떤 개는 종이를 좋아한다. 원인 ②: 종이에 무언가 붙어 있다.
가설 1	개도 종이를 먹는다 → 검증: 개에게 다른 종이를 준다.
가설 2	개는 종이를 먹지 않는다. 피드백(feed back)
일반론	개는 종이를 먹지 않는다.

이 예는 다소 유치해 보이기도 하지만 사실 이것은 과학적인 방법, 즉 '생각하는 방법(way of thinking)'의 본질을 말하는 것이다.

물론 결과가 애매한 경우도 있다. 예를 들면 기술의 진보와 필요성 등의 과거, 현재의 동향에서 결과가 추측되는 가설을 이끌 경우 이것은 일종의 예측이다. 예측이라는 것은 '점성술'적인 것이어서 좋은 것이 아니다. 인과율을 근거로 한 이론적 사고의 뒷받침이 없으면 과학이라고 말할 수 없으며 진정한 창조는 불가능하다. 통찰은 바로 이것을 지적하고 있다.

2) 기법의 단계

① 1단계

10명 이내의 그룹을 편성하여 시작한다. 신뢰도는 종합적인 문제 해결 능력이다. 희망 연관도는 주제 완성 후의 비전, 즉 바람(wants)이나 해야 할 일(must be)의 의견 연관성을 표시한다.

그리고 문제점 연관도는 그 주제를 해결하는 것에서의 취약점, 결함 등의 문제점을 나열한 것이다. 이 비전과 문제점의 차이를 줄이는 수단의 발상에 도움이 되는 것이 능력 연관도인데, 여기에는 이용 가능한 자원(人, 物, 金)과 장점을 나타낸다. 문제점 및 능력 연관도는 가설이라기보다는 객관성 있는 사실이다.

② 2단계

목적은 이상성, 논리성, 현실성 등 세 가지를 갖춰 최대한 높은 곳에 설정한다. 그리고 목적 전개는 어떤 동기의 목적에 대해 '왜'라고 질문하고 그 대답을 화살표에 따라 위쪽으로 전개한다. 이때, 목표는 부대(附帶)조건이나 사양(仕樣)이 있고 정량적으로 나타내며 시간이나 자원의 제약이 있으면 그것도 포함한다.

③ 3단계

목적, 목표 달성을 위한 BD형식 아이디어를 자유토론(브레인스토밍)에 의해 도출한다. 창조는 개인의 자질에 의존한다는 입장을 취하므로 집단의 시너지 효과, 즉 상승효과를 일으킨다.

④ 4단계

제1차 행위연관도는 전략적인 기본 구상이며 목적⇔수단의 관계로 가장 위에 위치하는 것이 기본 목적이다. 용어는 모두 '무엇 무엇을 무엇 무엇하다'라는 방식으로 표현한다. 행위연관도는 지금까지의 행위 순서를 나타낸 것이므로 가설이다. 즉, 실천에 의해 검증되는 시나리오인 것이다.

⑤ 5단계

제1차 행위연관도 중에서 중점기능 계열을 선택하여 그것에 대해 다시 한 번 상세한 수단의 발상을 하여 전개한 것이 제2차 행위연관도이다.

⑥ 6단계

아무리 훌륭한 생각일지라도 그것이 순조롭게 받아들여질 것이라고 생각하는 것은 무리이다. 따라서 제안에는 나름대로의 전략·전술이 필요하며 또한 실행에는 효과적인 행동방식이 있다. 이 단계에서 그것을 실천한다.

3) 응용영역과 관련기법

BD법은 종합기법이자 만능기법이기 때문에 그 중심을 이루는 행위연관도를 구할 수 있다면 두 가지 나누어진 부문에서 필요에 따라 각종 경영과학의 기법을 활용할 수 있다. 또한 그것은 보다 구체적인 창조까지 가능하게 한다.

[기법의 단계 FLOW CHART]

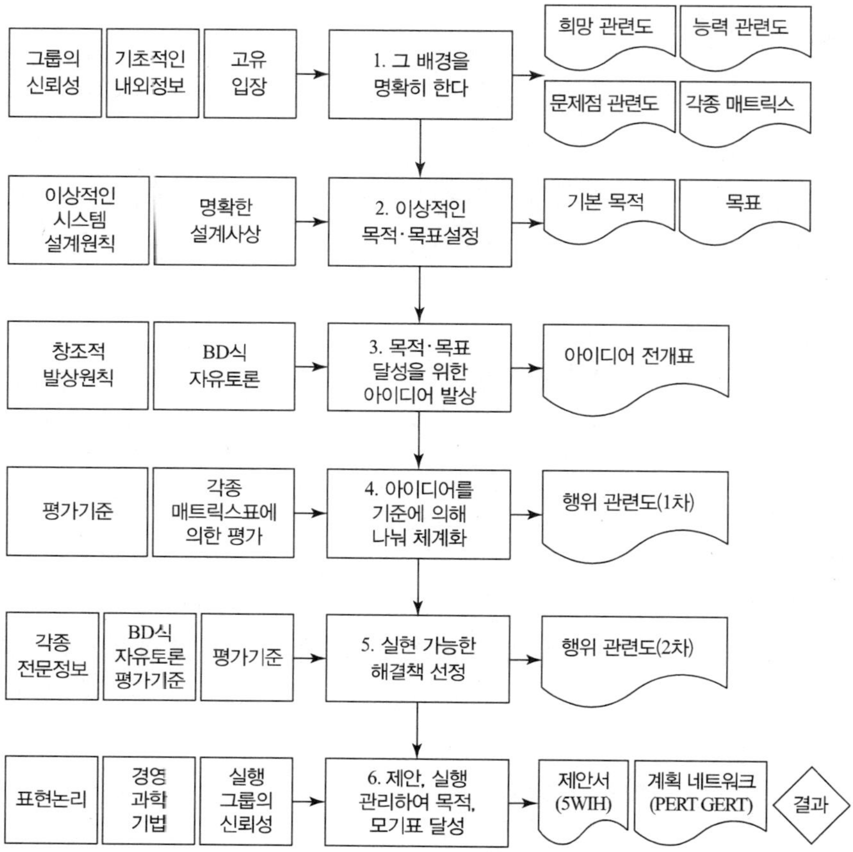

그 주된 응용 영역을 들면 다음과 같다.

① **경영계획의 입안:** 장·중기 계획, 마케팅 조직 개발 등
② **리더의 양성:** 구체적 문제에 대한 실천적 연수 등
③ **공정의 신설계, 개선:** 직장의 소집단 자주관리활동 등의 기법
④ **신제품의 개발:** 필요성의 탐색, 주제의 형성, 연구생산성의 상향 등
⑤ **사회과학의 영역:** 경제 분석, 정책 결정, 환경 예측, 시나리오 작성 등

3.5.23 명상기법(Meditation)

아이디어를 생각할 때, 문제해결의 힌트를 얻고자 할 때 그리고 아이디어를 한 가지 방향으로 정리하려 할 때에는 머릿속을 깨끗이 청소하여 집중할 수 있는 상태로 만들어야

한다. 더불어 심신이 자유로운 상태에 놓여 있는 것이 좋다.

명상법에는 여러 가지가 있으며 그 중에는 장기간 특수훈련을 해야 하거나 특정목적을 지닌 것도 있고 평범한 일상생활 속에서 하기 어려운 것도 있다. 여기에 몇 가지를 소개한다.

1) 초월명상법(TM, Transcendental Meditation)

인간의 뇌에는 의식과 무의식 이외에 숨겨진 '초의식'이 있다고 생각하여 초의식과 교감하는 상태를 만들어내는 명상법이다.

즉, 초월명상법은 뇌를 쉬도록 함과 동시에 통상적인 자극으로부터 뇌를 탈출시킨 뒤, 섬세하고 미묘한 자극에 이르면 뇌는 자고 있는 것과 비슷하고 몸의 신진대사가 현저하게 낮아져 휴식상태에 놓이게 된다.

2) 마인드 컨트롤법

인간의 생리적인 리듬, 예를 들면 심장박동이나 혈액이 흐르는 소리 또는 자연계의 소리를 인공적으로 만들어 그것을 들으면서 명상에 들어가게 하는 방법이다. 태아의 시기에 엄마의 태내에서 귀로 듣고 몸으로 받아들였던 리듬이 기분 좋게 자연스런 명상상태를 만들어 낸다고 한다.

(1) 절차

어떠한 명상법도 일정한 지도를 받으면 나머지는 스스로 계속해 나갈 수 있다. 따라서 개개인의 적응도가 무엇보다 중요하며 어떠한 방법이 자신에게 적합한지 알아내야 한다.

명상법은 얼마만큼 명상하면 효과를 얻을 수 있는가가 아니라, 계속해감으로써 자신의 편안한 상태를 파악하여 좋은 컨디션을 유지하는 것이 목적이다.

(2) 응용역역과 관련기법

수면사고법을 비롯하여 여러 가지 창조기법을 위해 안정된 마음상태를 만들어 내는 데 명상이 효과적이다. 또한 인간관계나 직장 스트레스 등 심리적 갈등을 해결하려 할 때, 명상을 넣어 훈련 스케줄을 짜는 것도 좋다.

3.5.24 자율훈련법(Autogenes Training)

독일의 정신의학자 슐츠(Schultz, J.H)에 의해 창시된 자기이완(自己弛緩)에 의한 치료법의 일종의 자기최면법이다. 마음속에서 언어암시를 반복하며 그곳에 수동적으로 주의를 집중하고 단계적으로 심리적 · 생리적인 자율적 변화를 가져오게 한다.

1) 특징

① 근육이완과 자율신경계의 안정을 가져오고 심리적 안정을 얻을 수 있다.
② 자기연습에 의한 자기 스스로의 통제(self control)법이다.
③ 수동적 주의집중에 따라 행해진다. '수동적 주의집중'이란 의도적으로 노력하지 않고 반복적인 행동이나 언어암시를 통해 자연스럽게 주의를 기울이게 되는 것이다.
④ 자기암시에 근거를 둔 일종의 자기최면법이다.
⑤ 이미지를 이용한 명상훈련이다. 거기에서 창조적인 이미지와 아이디어를 얻을 수 있다.
⑥ 자율훈련법을 행하면 심리적 · 생리적 장애가 정상화된다.

2) 절차

[표준연습]

① 기본공식(안정연습: 安靜練習): 기분이 매우 안정되어 있다.

② 제1공식(중감연습: 重感練習): 오른쪽(왼쪽) 팔이 무겁다. 오른쪽(왼쪽) 다리가 무겁다.

③ 제2공식(온감연습: 溫感練習): 오른쪽(왼쪽) 팔이 따뜻하다. 오른쪽(왼쪽) 다리가 따뜻하다.

④ 제3공식(심장조정연습: 心臟調整練習): 심장이 조용하게 규칙적으로 뛰고 있다.

⑤ 제4공식(호흡조정연습: 呼吸調整練習): 편하게 호흡하고 있다.

⑥ 제5공식(복부온감연습: 腹部溫感練習): 배가(태양신경) 따뜻하다.

⑦ 제6공식(액량감연습: 額涼感練習): 이마가 기분 좋게 시원하다.

[묵상연습]

① 제1단계

자발적 색채심상시(自發的 色彩心傷視). 자연스럽게 나타나는 색체를 시각적 이미지로 나타내는 연습.

② 제2단계

특정 색채심상시(特定 色彩心傷視). 지도자나 연습자가 지정한 색채의 이미지를 끄집어

내는 훈련.

③ 제3단계

구체물 심상시(具體物 心相視). 구체적인 사물, 예를 들면 책, 꽃 등의 이미지를 끄집어 내는 연습.

④ 제4단계

추상적 체험심상시(抽象的 體驗心相視). 넓게 펼쳐진 바다를 바라고 있을 때와 같은 기분을 이미지로 묘사.

⑤ 제5단계

인물 심상시(人物 心相視). 인물의 이미지를 볼 수 있도록 한다.

⑥ 제6단계

무의식에서의 응답 "나는 무엇인가? 나에게 가장 중요한 것은 무엇인가?" 등의 질문에 수동적 주의 집중을 하여 자연스레 이미지가 나타나는 것을 기다린다.

[특수연습]

각 질환과 증상에 따라 특정한 신체부위의 생리적 변화가 일어나는 것을 목적으로 하고 있다. 가령 기관지단식에서는 '편하게 호흡을 하고 있다', '가슴(胸)이 따뜻하다' 등을 이용한다.

3) 응용분야와 관련기법

보통 이상의 지능과 어느 정도의 자기 통제력이 있다면 9세 무렵부터 노인에 이르기까지 행할 수 있다.

① 의학적 적용

대부분의 심신증, 신경증이 치료된다. 효과로서 불면, 치매증, 소화불량, 두통, 당뇨병

② 교육 · 산업계의 작용

주의 집중력을 높이므로 학력을 향상시킨다. 이것에 의해 시험이나 스포츠 또는 가수, 연주가, 배우의 슬럼프를 막을 수 있다. 산업계에서는 노력의욕의 향상, 스트레스의 해소 등에 이용되고 있다.

③ 일상생활에서의 적용

스트레스가 없어져 심신기능이 회복되는 것이기 때문에 피로회복에 다시 얽매이지 않게 되어 기분 전환에 효과가 있다.

④ 창의성 개발

어떤 사람은 자율훈련법의 증감연습을 10주간 실시하고 나서 위(胃)의 활동이 좋아졌고, 사무실 배치를 바꾸는 것에 의하여 감기에 걸리지 않게 되었다. 또한 묘화완성테스트(일종의 창조성 테스트)에서는 자극에 의해 내용이 풍부하며 통합성 있는 살아 있는 그림을 그리게 되었다.

관련기법으로는 CMT(Creativity Mobilization Technique), 최면법, 히펙스 등이 있다.

3.5.25 이미지 컨트롤법(Image Control)

사람의 능력은 모두 같다는 기본전제로부터 출발하여 호사카 에이노스케가 찾아낸 법칙으로 비록 성공체험이 적더라도 '성공 이미지를 강하게 상기하는 방법'을 능력개발, 즉 창조성 개발에 응용한 것이다.

예를 들면 '이 연구나 개발이 성공하면 많은 보너스가 주어질 것이다. 다음에 좀 더 흥미 있는 테마가 주어질지도 모른다'는 식으로 성공적인 이미지를 그리는 것이다.

1) 절차

[단계]

① 이완(relaxation)을 실시한다.

이완은 그 자체만으로도 대뇌의 활동을 활성화시키며 특히 이완 후에 상기하는 과거의 좋은 이미지나 미래의 좋은 이미지 등은 긍정적인 이미지를 보다 강화시킨다.

② 과거의 좋은 이미지를 떠올린다.

2~3분으로 이완이 가능하다면(보통 하루에 10~15분 정도, 2~3주일간 연습한다.) 과거의 좋은 이미지를 떠올리는 연습을 한다. 즉, 이완한 후에 과거의 좋은 이미지를 3~5분간 상기하는 것이다.

③ 미래의 좋은 이미지를 떠올린다.

아이디어를 내는 능력이 좋아지면 '현재 실시하고 있는 연구나 개발 등이 성공한다면 어떤 좋은 일이 일어날까?'를 떠올린다. 어쨌든 자신에게 플러스가 되는 이미지를 떠올려야 한다. 이것을 과거의 좋은 이미지를 떠올린 후 3~5분간 떠올린다.

[연습장소]

조용하고 차분해지는 장소가 좋으며 기온도 적당해야 한다. 그리고 외적인 자극을 줄이기 위해 안경, 벨트, 넥타이 손목시계, 양말 등 불편한 느낌을 주는 것을 모두 벗거나 느슨하게 한다.

[자세]

기본적으로 의자 자세와 기댄 자세가 있지만, 여기서는 의자 자세를 설명하기로 한다. 양쪽 다리를 펴서 마루나 지면에 닿을 수 있을 정도의 높이의 의자를 준비한다.

그리고 그 의자에 앉아 양쪽 어깨의 힘을 뺀다. 이때, 머리는 약간 전방을 향하도록 한다. 한 번 몸체와 머리를 충분히 편 후, 몸의 힘을 쭉 빼면 좋은 자세가 취해진다. 양쪽 팔은 서로 닿지 않도록 손바닥을 아래로 향해 넓적다리 위에 놓고 양쪽 다리는 약간 벌린 상태로 몸을 지탱하기에 편한 위치에 두면 된다.

[눈]

처음 한동안은 눈을 감고 하다가 익숙해지면 눈을 뜨고 한다. 일반적으로 처음부터 눈을 뜨고 하는 편이 목적한 이미지를 그리기 쉽고 연습하기도 용이하다.

[호흡]

특별한 정해진 것은 없지만 시작하기 전 3~5회 복식호흡을 하는 편이 마음을 안정시키고 연습하기 쉽다.

[연습횟수와 연습시간]

연습은 아침, 점심, 저녁으로 실시하며 아침은 자리에서 일어난 후 그리고 점심은 식사 후, 저녁은 취침 전에 연습한다. 적어도 1일 1회는 실시하기 바란다. 연습시간은 1회당 10~15분이 적당하다.

■ 이미지 컨트롤법의 이용분야

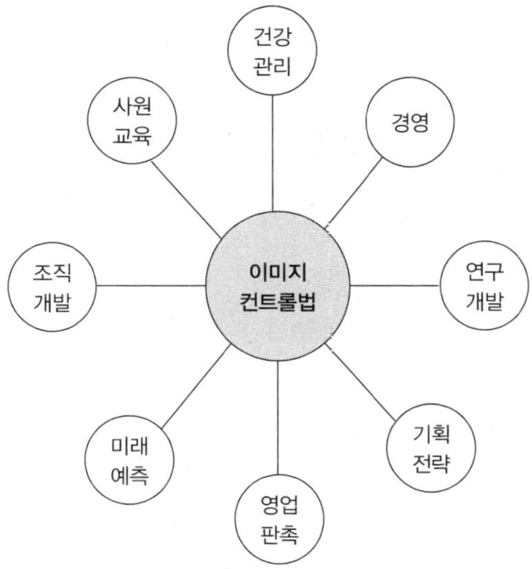

2) 응용영역과 관련기법

이미지 컨트롤법에서 창조적인 태도를 함양하게 되면 발상기법인 NM법, 인격전환법 등이 상당히 잘 이루어질 수 있다. 다른 창조기법을 이용하여 좋은 아이디어가 나오지 않을 경우, 또한 그 기법을 잘 쓸 수 없을 경우에는 이러한 이미지 컨트롤법과 병용하여 실시하면 의외로 효과가 뛰어날 것이다.

3.5.26 선(禪, Self Control)

선은 좌선을 중심으로 하는 수행을 통해 진실한 자신의 자각과 그 실현을 목표로 하는 실천생활이며 여기에 기초한 인격형성의 방법이다. 여기서 말하는 '진실한 자신의 자각'은 깨달음을 의미한다. 그리고 이 최초의 자각체험을 견성(見性)이라고 한다. 즉 좌선을 통해 깨달음을 얻을 수 있고 인격화됨에 다라 선이 성취되는 것이다.

선은 조신(調身; 몸을 조정하고), 조식(調息; 숨을 조정하고), 조심(調心; 마음을 조정한다.)으로 성립되며 그렇기 때문에 선은 자기통제(Self-Control)의 한 방법이라고 할 수 있다. 그러면 자기 통제의 특징을 정리해 보자.

① 심신의 안정

선을 통해 심신을 조정하고 심신의 안정을 얻게 되면 여러 가지 이미지나 생각이 떠오르는데, 때로는 창조적인 아이디어나 이미지가 나온다.

② 심신의 통합

신체가 평안해지도록 주의를 집중하고 있으면 자연히 마음도 평안해진다. 그리하여 몸과 마음이 하나로 되어 진정한 좌선이 되는 것이다.

③ 깨달음의 개발

심신이 조정되고 마음이 통일되면 깨달음의 지혜를 얻게 된다. 깨달음이란 불성(참된 자기)을 철견(徹見)하는 것이다.

④ 자기실현

선의 수행에서 참된 자신을 깨닫게 된다. 그리고 참된 자신을 보다 확실하게 붙잡아 이것을 자유롭게 사용하도록 한다. 그러면 심신의 자율성이 나타나 생각대로 활동하고 그것이 도(道)로 연결된다. 여기에 이르면 자신의 가능성, 능력이 개발된다.

⑤ 창조성의 개발

선(禪)은 정신집중(주의집중)에서 선정(명상)으로의 과정에 있어서 한편으로는 주의를 집중하고 다른 한편으로는 주의를 분산시킨다. 이와 같이 한편으로는 기력의 충실, 다른 한편으로는 안정을 얻는 것과 같은 상반되는 양편의 교체리듬과 통합으로 부터 직관력, 상상력, 사고력이 충분히 활동하기 때문에 창조적인 아이디어나 이미지가 창출된다. 사물에 대한 구속이 없으므로 새로운 장면으로의 전환과 적응이 잘 되며 창조활동이 활발해진다.

⑥ 건강성의 촉진

좌선에서는 내적 긴장이나 억압된 감정이 해방되어 심신의 안정을 얻을 수 있다. 그렇게 하면 좌선은 심신의 건강을 촉진한다.
따라서 자연치유력이 개발되어 치료하고자 하는 의욕이 생긴다.

1) 절차

① 방석을 깔고 그 위에 좌보라고 하는 직경 35 cm의 둥근 이불을 두거나 방석을 두 개로 접어 적당한 두께로 하여 그 위에 앉는다.

② 신체를 조정하고 숨을 다스리고 마음을 다스리는 좌선의 본식인 결가질좌(結跏趺座)는 오른쪽 발을 왼쪽 허벅지 위에 올리고 왼쪽 발을 오른쪽 허벅지 위에 놓는다. 그

리고 약식인 반가질좌(半跏趺座)는 왼쪽 발을 오른쪽 허벅지 위에 두고 오른발은 왼쪽 허벅지 아래에 넣는 것이다.

③ 그 위에 왼손바닥을 오른손 위에 포개 놓는다. 그리고 양쪽의 엄지손가락을 가볍게 붙인다. 이 손의 구성법을 법계정인(法界定印)이라고 한다.

④ 신체를 똑바로 세운다. 눈은 반면(半眠) 정도로 뜨고 1 m 전방에 시선을 자연스럽게 떨어지도록 한다. 위장 부분에 힘이 들어가지 않도록 주의한다. 무리하게 힘을 넣으면 건강에 해롭다.

⑤ 좌선에서는 조식을 중요시한다. 호흡이 바르게 행해지도록 주의하는 것이다. 호흡을 가지런히 하면 마음도 가지런해진다.

정신집중(주의집중)과 선정(명상)은 창조과정에 있어서 매우 중요한 영감(inspiration)과 해명(illumination)을 끄집어내는 촉진조건이다. 일본의 수학자 오카게쯔[岡潔]는 이 점에 대해 다음과 같이 서술하고 있다.

"문제가 발생했을 때, 나는 그것을 풀기 위해 온갖 방법을 생각해 본다. 하지만 어느 순간, 아무런 생각도 나지 않을 때가 있다. 그럴 경우에는 그것에 대해 10분 정도 생각해 본 다음 잠을 잔다. 그것을 3개월 정도 지속하면 문제가 풀린다." 이러한 사고과정을 분석하면 '사고→주의집중→명상→수면'의 연속적인 심적 과정이 있음을 알 수 있다. 이것은 누구에게나 일어날 수 있는 일로 새로운 이미지나 아이디어 및 선의 깨달음도 이 '주의집중→명상'의 과정에서 생기게 된다.

2) 응용영역과 관련기법

선과 가장 밀접하게 관련된 기법은 같은 인도 문화권에서 생겨난 요가이다. 선의 조식은 요가의 제4단계인 호흡법과 제6단계인 정신집중과 같다. 다음의 건강법으로 와선(臥禪: 반드시 누워서 하는 선)이 있다. 이것은 요가의 행법에서 사체(死体)의 체위(Savasana)라고 하는 것과 같다. 그 일부를 알아보자.

우선, 밤에 잠자기 전 또는 아침에 일어나기 전에 위를 향해 양족 다리를 쭉 편다. 그리고 양손, 어깨, 가슴, 배, 팔을 위에서 아래로 서서히 힘을 빼간다. 그러면서 모든 잡념을 쫓아낸다. 이때, "자, 날아가자!"라고 크게 외치며 마음속의 잡념을 쫓아내는 기분으로 한다. 그 다음에 "…… 나는 모든 것을 던져 버렸다. 나는 자유롭다. 나는 여유 있다."라고 마음속으로 반복하는 것이다.

3.5.27 요가(Yoga)

요가는 인도에서 종교적인 행위로 발달해 온 것으로 독특한 체위법, 호흡법, 명상법을 함으로써 심신의 안정을 가져오고 긴장과 이완 및 심신의 통일과 해방을 가장 균형 있게 한다. 그렇게 함으로써 심신의 건강을 증진하고 깨달음의 지혜를 개발하여 자기실현을 달성시키는 것이다.

요가는 궁극적으로 해탈, 즉 심신이 자유롭게 되는 것을 추구하지만 그것을 위해서는 몸을 다스릴 필요가 있는데 이것을 조신(調身)이라고 한다.

다음으로 요가에서는 호흡법을 중시하고 있다. 그것은 호흡이 흐트러지면 마음이 흐트러지고 반대로 마음이 흐트러지면 호흡이 흐트러지는 것처럼 몸과 마음의 상태가 호흡과 관계되기 때문이다. 이처럼 호흡을 가지런히 하는 것을 조식(調息)이라고 하며 이러한 조신, 조식의 조건이 갖추어지고 마음을 다스린다.

이것이 바로 조심(調心)이다.

1) 절차

① 1단계: 금계(Yama)

소위 도덕적인 생활태도를 확실하게 하는 것으로 자신 이외의 것과의 관계에서 지켜야 할 마음가짐을 말한다. 예를 들면 하찮은 생물에도 해를 가하지 않고 거짓말을 하지 않으며 타인의 물건을 훔치지 않고 성욕을 억제하며 생활에 필요한 최소한의 것 이외에는 갖지 않는다는 것 등이다.

② 2단계: 권계(Niyama)

자신의 심신을 보호, 성장시키기 위해 스스로에게 하는 훈계이다. 예를 들면 신체를 청결히 하고 마음을 정화하며 살아가는 데 필요한 것이 있다면 만족하는 것이다.

③ 3단계: 체위법(Asana)

체위법은 체조법이라고도 하며 자세의 잘못됨을 교정하고 운동을 통하여 신체뿐만 아니라 마음을 조정하여 병을 치료하고 건강을 증진하는 움직임이다. 요가의 체위법은 조신과 함께 조식, 조심이 수반되는 것으로 긴장과 이완의 리듬을 갖고 행해진다. 따라서 체위법은 명상법의 준비라고도 하며 그 자체가 명상법이기도 하다.

④ 제4단계: 호흡법(Pranayama)

요가의 호흡법은 우주의 프라나(prana: 생명에너지), 즉 '기(氣)'를 빨아들여 자신의 것으로 한다. 그렇게 하면 심신의 에너지가 충실해지고 또한 신체를 정화하는 효과도 있다. 여러 가지 호흡법 중에서 완전 호흡법에 대해 알아보면 다음과 같다. 우선 자세는 정좌 또는 좌선처럼 다리를 끼우고 앉는다. 그리고 먼저 숨을 충분히 토해낸다. 숨을 다 쉰 후 1~2초 정도 숨을 멈추고 배의 힘을 뺀다. 그렇게 하면 자연히 코로 숨이 들어온다. 배가 부풀어지면 다음엔 가슴을 펴고 가슴 상부까지 숨을 들이마신다. 그런 다음 숨을 조금씩 내쉬고 잠깐 숨을 멈춘다. 그리고 천천히 숨을 토한다. 숨을 토해낼 때는 배를 들이밀어 넣는 것처럼 해서 온몸으로 짜는 듯이 한다.

⑤ 제5단계: 제감(Pratyahara)

모든 감각 및 지각을 마음의 내면으로 돌려 외부로부터의 자극을 받아들이지 않도록 하는 심리적 훈련이다. 우선, 양손으로 눈과 귀를 막고 감각을 차단한다. 그리고 내면에 주의를 집중한다. 이렇게 함에 따라 감각·지각작용을 통제하는 것이다. 이 방법은 정신집중 훈련으로도 쓰인다.

⑥ 제6단계: 정신집중(Dharana)

이것은 하나의 사물에 정신을 집중하는 것이다. 예를 들어 눈을 감고 태양을 보면 몸 전체에 태양 에너지가 내리쪼이는 듯한 기분이 든다. 또한 미간, 코끝, 배꼽 등에 주의를 집중하거나 심장의 고동에 주의를 집중하는 방법도 있다.

⑦ 제7단계: 선정(Dhyana)

외부로부터의 자극에 사로잡히지 않고 마음에 떠오르는 이미지나 생각을 그대로 두면 서서히 그러한 이미지는 작아지고 마침내 아무것도 나오지 않게 된다. 그렇게 되면 자각은 있지만 아무것도 생각하지 않는 마음상태가 되는데, 이것이 선정이다. 따라서 정신집중이 힘의 충실함과 흥분을 느낀다고 하면 선정은 안정과 정숙을 느끼게 한다. 그러나 정신집중을 체득하고 나서 선정을 하면 점점 이 두 가지가 통일된다. 그러면 직관이 날카로워지고 새로운 아이디어와 이미지가 떠오르거나 깨달음을 얻게 된다.

⑧ 제8단계: 삼매(Samadhi)

선정에 익숙해지면 자연스럽게 삼매에 빠지게 되고 자신과 타인 혹은 자신과 대상과의 대립이 없어져 하나가 된다. 그러면 심신의 자율성이 생기고 직관력이 깊어지며 깨달음의 지혜를 얻을 수 있게 된다. 그리하여 자유자재로 움직여도 그것이 상황과 법칙에 맞춰지게 되는 것이다.

2) 요가의 효과

① 심신의 안정

심신의 긴장에서 해방되어 심신의 안정을 얻을 수 있다.

② 기력의 충실

불안과 초조가 없어지고 기분이 맑아지며, 심신에 생명력이 솟아나 사물에 적극적으로 대처하고자 하는 의욕이 생긴다.

③ 자기 통제

욕망은 통제할 수 있게 되고 그로 인해 욕구불만에 의한 감정의 광란도 없어져 자신을 객관적으로 보게 되며 감정의 통제도 뜻대로 할 수 있게 된다.

④ 의지력의 강화

어떤 곤란에도 맞설 수 있으며 극복해내겠다는 의지력이 생긴다.

3.5.28 교류분석(TA, Transactional Analysis)

종래의 정신분석 이론을 기반으로 발전시킨 것으로 누구든지 쉽게 이해하여 활용할 수 있다는 특징이 있다. 또한 본인의 노력에 따라 단기간에 효과를 올릴 수 있으며 현실에 입각하여 일반적인 사회활동, 교육 등에 폭넓게 이용된다.

한마디로 말해 쉽고 간단한 정신분석법으로 자신을 알고 대인관계의 교류상태를 분석하여 자신의 과거의 영향력을 살펴보고 자신의 장래를 설계하며 자기 개선을 도모할 수 있다. 따라서 분석이론임과 동시에 실천으로 연결되는 특징이 있고 훈련방법으로도 활용할 수 있다.

1) 절차

교류분석의 학습은 한 사람으로도 불가능하지는 않지만 그룹요법이 원칙이다. 그룹 내에서의 대인관계를 활용하면 한층 더 효과를 올릴 수 있으므로 10인 전후의 그룹 학습 쪽이 바람직하다.

교류분석에는 구조분석, 대화분석, 스트로크, 인생태도, 시간의 구조화, 게임분석, 각본분석의 7가지 분석방법이 포함되어 있다. 여기서는 일반적인 진행법에 따라 각각의 분석을 설명한다.

① 태어나서 자란 과정에 대해 정리한다.

과거의 일에 대해 반드시 정확하게 기억할 수는 없지만, 출생에서 청년기 무렵까지를 대상으로 한다. 각각의 연령 단계에 따른 질문에 대해 자문자답하며 솔직하게 회고하여 자신의 인생에 대한 책임을 자각한다. 태어나서 자라난 과정은 교류분석을 진행시키는 과정에서 기초가 되고 자기 변혁의 실마리가 된다.

② 자아(自我)의 구조분석을 행한다.

우선 자아구조의 기본을 알고 자신을 분석하여 자아상의 경향을 파악한다.

③ 대화분석을 행한다.

- 상호교류(자연스럽고 건전하며 대화도 부드럽다)
- 교차교류(상호 간에 말을 주고받는 것이 엇갈리기 때문에 흥이 깨지거나 직장 및 가정에서의 대인관계에 장애가 되기도 한다.)
- 이면교류(숨겨진 교환이라고 할 수 있다. 표면의 메시지를 뒤집은 이면의 메시지는 별개의 것을 말하고 있는 경우가 있어 복잡하다. 본인이 신경 쓰지 않은 채로 행하는 경우가 많다.)

이들 3가지 특성을 이해하여 자신이 다른 사람을 대하는 법, 다른 사람이 자신을 대하는 법을 배우고 상호 간에 의식적으로 자신을 통제할 수 있는 계기로 삼는다.

④ 스트로크(stroke: 인간 인식의 기본단위, 몸짓 표정 말 등)에 대하여 배운다.

스트로크에는 플러스와 마이너스 스트로크가 있고, 신체적 스트로크와 정신적 스트로크가 있다. 스트로크는 대인관계에 있어 매우 중요한 요소로 자신에게서 다른 사람에게로 다른 사람에서 자신으로의 스트로크를 분석하는 것이 대인관계나 인간을 이해하는 데 커다란 도움이 된다.

⑤ 인생의 태도를 점검한다.

인생의 태도는 다음과 같은 형태로 나타나는데, '자기긍정 타자부정'의 태도로 변하도록 노력하는 것이 목표이다

- 자기부정 타자긍정: 나는 OK 아니다. 당신은 OK이다.
- 자기부정 타자부정: 나는 OK 아니다. 당신도 OK가 아니다.
- 자기긍정 타자긍정: 나는 OK이다. 당신도 OK이다.
- 자기긍정 타자부정: 나는 OK이다. 당신은 OK가 아니다.

⑥ 시간의 구조화를 생각한다.

교류분석에서는 일상생활을 프로그램화하는 것을 시간의 '구조화'라 하는데 다음의 6단계로 나눌 수 있다.

- 자폐(自閉): 타인과의 피부 접촉을 기대할 수 없다. 자기애의 테두리에 갇혀 있다.
- 임사(任事): 어떤 형태로 활동하거나 만들면서 일과 활동에 의한 성취감과 주위에서의 승인을 요구하며 현시점을 요구한다.
- 의식(儀式): 개인적 · 직접적인 것이 아니라 간접적으로 여러 가지 행사에 참가한다.
- 방위적교류(防衛的交流): 자신의 요구를 솔직하게 표현하지 않으며, 비굴하고 간접적인 교류이다.
- 잡담: 표면적이고 깊게 들어가지 않는 대화 수준에서 접촉한다.

⑦ 게임분석에 대해 이해하고 게임 취급법을 배운다.

교류분석에 있어서 '게임'이란 명확하고 예측 가능한 결과를 향해 계속 진행하는 일련의 상보적(相補的) · 이면적(裏面的) 교류이다. 그리고 게임의 결말은 반드시 불쾌한 감정을 초래하고 당사자들은 그것을 반복하여 체험하게 된다. 이러한 게임에 빠지는 것은 인생의 기본적인 마음가짐에 문제가 있기 때문이다.

게임의 끝에 싫은 감정을 체험하는 것을 라켓트라고 하며 상대의 욕구나 감정을 에누리하여 생각하는 것을 디스카운트, 자신의 행동을 정당화하기 위해 열 가지 감정을 부지런히 모으는 것을 스탬프 집합이라 하는데, 어쨌든 이렇게 하여 인생 게임의 여러 가지 현상을 배우고 잘못 얽힌 대인관계를 풀어 가는 것을 배운다.

⑧ 각본 분석에 대해 배운다.

각본이란 인생을 통하여 대인관계 등에 의해 강화된 인생 프로그램을 말한다. 이러한 각본은 생애의 가장 중요한 시점에서의 행동을 좌우하며 여기에는 승리자, 패배자, 승리도 패배도 없는 자의 세 종류가 있다. 물론 '어디에 속하는가' 하는 점은 개개인의 노력에 달려 있는 문제이다.

2) 응용분야와 관련기법

본래 교류분석은 정신분석과 관련하여 개발되어진 것으로 처음에는 의료적 심리요법의 분야에 적용되었지만 지금은 일상생활에서도 활용되고 있다. 즉, 개인의 가정생활에 적용하여 성격 형성, 입시 실패, 야뇨증 아동, 능력을 발휘할 수 없는 아동 등의 개선에 도움이 되는 것이다.

또한 비즈니스에 적용하여 조직 내 개인의 활성화, 판매원의 양성, 관리활동에 서의 인간적·철학적인 접근과 실천 등에 효과적이다. 그리고 조직 개발과 감수성훈련 등 기업 내 연수에서 얻을 수 없는 면을 보조하는 기능도 가지고 있다. 교류분석은 감성보다 지성에 호소하는 관리직, 전문가에게 선호되는 면을 지니고 있는 것이다.

3.5.29 엔카운터 그룹(Encounter Group)

그룹의 멤버가 서로 마음을 주고받으며 접촉하는 경험을 통해 개인의 성장과 개인 간의 의사소통 및 대인관계의 발전과 개선을 촉진시키는 기법으로 인간의 이해나 사회적 감수성이 개발되어 주체성의 자각, 창조성의 개발, 지도력이 높아진다. 물론 처음에는 다른 구성원이나 자기 자신과의 상호관계를 전혀 이해하지 못해 불안해하거나 곤혹스러워하기도 하지만, 차츰 의사소통이 진행될수록 상호 수용을 통해 신뢰감이 생기고 다른 구성원에 대한 친밀함과 관계가 천천히 형성되어간다. 이렇게 하여 시간이 지나면 완전히 자신과 타인의 차이를 알 수 있게 되고 각 개인은 다른 멤버와 자신의 내면을 보다 깊이 알 수 있게 된다. 더불어 이러한 체험을 통하여 일상생활에서도 타인과의 상호관계가 개선되어 삶이 풍요로워진다.

1) 절차

엔카운터 그룹은 보통 10~15명의 작은 그룹으로 실시되며 기간은 3박 4일 및 5박 6일로 1~2시간의 작은 회합을 반복하면서 진행해간다. 이러한 그룹 구성은 참가자의 상황에 따라 약간 달라지는 경우도 있지만 서로 모르는 사람끼리 그룹을 형성하는 것을 원칙으로 한다.

① 참가자들이 서로를 탐색한다.

② 개인적인 일을 표명하거나 탐구하는 것에 저항이 따른다.

③ 자신이 과거에 지녔던 감정이나 일에 대한 생각을 표명하고 이야기한다.

④ 부정적인 감정을 그룹 속의 다른 참가자에게 표명한다.

⑤ 자신이 중요하게 생각하는 것을 표명하여 그것을 탐구하고 그룹 내에 신뢰의 풍토가 자라기 시작한다.

⑥ 그룹 내에서 일어나는 부정적 혹은 긍정적 감정을 다른 멤버에게 직접 표명한다.

⑦ 참가자들은 지원이나 지지, 격려를 통해 신뢰감이 깊어진다.

⑧ 참가자들의 의견을 수용하게 되고 그것이 자기변화의 기틀이 된다.

⑨ 서로 접촉하는 횟수가 증가함에 따라 마음의 벽을 허물고 내면을 내보이게 된다.

⑩ 그룹의 개인은 자신이 다른 참가자에게 어떻게 비춰지는가를 전해 듣고 부정 및 긍정 양쪽의 피드백을 얻게 된다.

⑪ 그룹 참가자 중에 '충돌'이 생긴다. 서로에게 감정을 숨기지 않는 형태로 대결하기도 하지만 나중에는 서로를 받아들이게 된다.

⑫ 그룹 회합 이외의 장소에서도 상처받고 있는 사람을 다른 참가자가 원조하는 일이 일어난다.

⑬ 어떤 참가자의 괴로움이나 슬픔, 기쁨 등의 감정이 직접 다른 참가자에게 느껴지게 되고 일상생활에서 경험하는 것보다 훨씬 밀접한 관계가 형성된다.

⑭ 긍정과 부정을 포함한 진실함, 따뜻함, 신뢰감이 그룹 내에 형성되어 매우 깊은 친밀함과 긍정적 감정이 생긴다.

⑮ 서로 도움을 주고받으며 동시에 서로의 몸짓과 이야기하는 모습 등이 기교적이지 않고 본래의 자연스러운 감정으로 되돌아간다.

2) 응용분야

엔카운터 그룹은 인간관계의 개선을 목표로 하는 여러 영역에서 응용할 수 있다. 직장과 학교에서의 상사와 부하, 교사와 학생의 관계, 의료기관에서의 의사·간호사·환자의 관계 등 공식적인 관계에서 비공식적인 관계에 이르기까지 적용할 수 있는 것이다.

대인관계의 관리와 관행에 의해 '비인간화'되어 인간을 고립 및 소외시키고 있는 오늘날, 엔카운터 그룹은 그러한 상황에 대한 도전과 참된 인간관계의 창조 및 개선에 커다란 힘을 발휘할 것이다.

3.5.30 감수성훈련(ST, Sensitivity Training)

감수성훈련(이하 ST라고 줄임)의 주된 목적은 '사회적인 기구나 관계 속에서 집단이나 조직이 요구하는 변혁을 지도하고 방향을 결정하는 데 필요한 감수성과 기술(Sensitivity and Skill)을 가진 리더십을 발달시키는 것'에 있다.

여기서 말하는 감수성이란 역동적인 사람(자기 및 타인), 인간관계, 집단, 조직, 사회문제의 움직임이나 현실을 있는 그대로 전인적으로 정확하게 느낄 수 있는 능력, 즉 감도를 의미한다.

감수성훈련은 회의 예정이나 리더가 없는 비지시적인 회합으로 캐트리스트(매개자)의 역할을 완수하는 전문가와 보통 10~12명 정도의 참가자로 진행된다. 회합은 3일에서 2주일 정도 걸리지만 그동안 적절하게 대인관계, 개성그룹, 다이내믹스에 관한 지식이 입력된다.

1) 감수성훈련에 의한 학습효과

① 자신이 그룹 안에서 어떻게 행동하고 그것이 어떻게 받아들여지는가에 대해 이해한다.
② 그 결과, 타인이 어떻게 반응하는가에 대한 이해를 높인다.
③ 상대(타인)를 보는 눈, 상대와 타인이 어떤 영향을 주는가에 대한 이해를 높인다.
④ 그룹 참가자로서 어떻게 타인과 접촉해야 하는가를 이해한다.
⑤ 그룹과 집단역학을 이해한다.
⑥ '자신만 그렇게 느낀다'라고 생각하는 독선적 이해(착각)를 자각한다.
⑦ 타인의 이야기를 경청하고 수용적인 대인접촉 능력이 생기며 면접능력, 타인을 심리적으로 지원하는 능력이 향상된다.

하지만 감수성훈련이 반드시 모든 사람에게 적용되는 것은 아니다. 감수성훈련의 개인적인 체험을 싫어하는 사람도 있고, 감수성훈련 장소에서 제공하는 것을 '보잘 것 없는 배움'이라고 생각하는 타입도 있다. 또한 본래 정신상의 트러블을 가진 사람에게는 감수성훈련을 권할 수 없다. 감수성훈련에서의 체험과 심리적 만족감은 잃기 쉬운 것이므로 그 학습효과는 개인차가 크다. 또한 감수성훈련 효과가 곧바로 퇴색해지는 경우가 많으므로 감수성훈련은 지속적인 후원이 중요하다.

2) 절차

일반적인 감수성훈련회합은 다음과 같은 구성조건과 방법으로 실시된다.

[훈련장면의 설정과 조건]

① **문화적 고도(孤島)의 설정:** 서로 알지 못하는 참가자가 각각의 직장과 일상생활의 장소를 떠나 공동생활을 영위할 수 있는 장소, 캠프와 합숙 등의 스타일을 취하는 경우가 많다.

② **특정훈련기간의 일정 설정:** 3~5일 점심, 저녁에 걸친다.

③ **훈련지도원과 참가자:** 10~12인 정도의 작은 그룹에 1, 2명의 지도원이 동행한다.

④ **훈련이론의 명확화:** 감수성훈련은 항상 창조성을 생명으로 하고 있으므로 지도원들은 시작하기 전과 실시 기간 중에도 목적과 실시방법에 대해 면밀하게 검토하고 명확하게 해두는 것이 효과를 올리는 관건이다.

[훈련디자인 방식]

감수성훈련 시 공동생활 전 기간 동안 참가자는 다음 세 가지 장면의 어딘가에 참가하고 있도록 요구받는다.

① 몇 가지로 디자인화된 소그룹으로 참가하는 장면
② 참가자 전원의 출석을 원칙으로 하는 '대집회'에 의한 실험훈련학습의 장면
③ 자유시간이라고 이름 붙은 자유로운 학습과 생활의 장면

감수성훈련 중에 가장 특징적인 것은 '소그룹'으로 분리 소속과 참가이다.

소그룹은 다음과 같다.

- **T그룹:** '트레이닝 그룹'의 약칭. 이 그룹의 구성원리는 참가자 개개인의 개인적인 배경을 명시하지 않고 가능하면 대등하게 상호관계를 만들기 쉽게 하지만, 실질적으로는 이질성의 요소를 포함한 10인 정도의 참가자에 훈련지도원을 부가하여 구성한다. 이 그룹은 그룹참가자, 회합장소, 회합시간이 지도원으로부터 명시될 뿐 그 이상의 역할과 업무, 과제, 운영방법, 목적 등에 대한 구체적인 결정은 모두 그 그룹에 위임되어 있으므로 설정된 리더도 일도 없다.
- **S그룹:** '스킬 그룹'의 약칭. 'P(Practice)그룹', 'E(Experiment) 그룹'이라고도 부른다. 구성은 참가멤버 12~15인 정도에 그룹 훈련지도원 1, 2인이 부가된다. 즉, 각 T그룹에서의 참가자가 몇 사람씩 섞여 있도록 구성되는 것이다.

  S그룹은 미리 그 호칭, 멤버 구성, 회합장소와 시간이 알려지고 그 위에 목적 · 과제 · 활동방법이 지시, 조언된다. 또한 훈련지도원이 방향을 결정하고 기술지도, 참고자료

제시의 역할을 하는 경우가 많다. 즉, S그룹은 T그룹에서의 체험사항을 중심으로 여러 가지 인간관계와 문제해결에 대해 적절한 기술을 실험하고 관찰, 실습하도록 구성되어 있는 것이다.

[훈련생활의 관리]

감수성훈련의 참가자들이 일반사회에서 오랜 기간 동안 체득하고 습성화해왔던 자기 이상과 가치관 그리고 생활양식에 빠지지 않도록 가능하면 자유·자주·협동·민주적으로 체험 학습하고 인간관계 개성과 문제해결에 대한 새로운 기술을 몸에 익히도록 하는 것이 중요하다.

- 정형화한 생활 규범과 제약조건은 최소한으로 남긴다.
- 가능하면 자유·자주·자발과 집단적으로 민주적인 합의, 참가, 협동정신을 자연스럽게 키워간다.
- 참가자(지도원을 포함) 전원에 대한 심신의 안전을 보증하고 건강관리에 신경 쓰는 등의 조건과 배려가 필요하다.

[훈련 지도원의 역할]

훈련지도원(운영조직원 및 트레이너)의 조건은 다음 세 가지이다.

① 감수성훈련에 참가한 경험이 있는 사람으로 모든 기간 출석하며 그 자질과 능력이 타당하다고 판정되어진 사람.

② 팀워크를 활성화시키고 심신 모두 건강하고 안정성을 가진 사람.

③ 적극적이고 자발적인 연구, 참가의욕을 가진 사람.

3) 응용영역과 관련기법

감수성훈련은 기업 조직 내의 '리더십 훈련'으로 주목받고 있지만, 전혀 알지 못하던 사람들이 만나 개인적인 자유로움과 감정의 표현을 토대로 원만한 그룹생활을 도모하기 어려운 점도 있다. 조직 내에서 감수성훈련을 도입하는 경우, 다음과 같은 대안을 생각할 수 있다.

① 카슨 그룹제(cousin group)

동일 조직이지만 지금까지 업무상으로 정규 관계를 가져본 적이 없는 사람들로 구성된 그룹.

② 클러스트 그룹제(cluster group)

상하관계가 아니며 일상 업무상 정규 관계를 가지고 있지만 속해 있는 부문이 다른 멤버로 성립된 그룹.

③ 패밀리 그룹(family group)

관리자와 그 부하로 이루어진 그룹. 이러한 그룹 중에서 감수성훈련에서 행해지는 '서로 이야기하는', '피드백 훈련', '롤 플레이(role play)', '사이코 드라마' 등의 기법을 도입하여 훈련시간을 갖고서 문제해결을 도모하는 것을 생각할 수 있다. 그러나 감수성훈련의 효과는 어디까지나 자율적이고 자유로운 분위기 속에서 가장 좋은 효과를 얻을 수 있으므로 직장 내에서 이것을 실시하는 경우에는 훈련 뒤의 반동에 주의해야 한다. 또한 기업 내의 감수성훈련에서도 훈련지도원은 반드시 외부의 전문가를 포함하는 것이 바람직하다.

3.5.31 창의 연극(CDM, Creative Dramatics)

어린이는 어른보다 생각하고 행동하는 것이 자유롭고 창조적이지만, 그 창조성의 씨앗을 키워 가는 교육이 뒤따르지 않는다면 그 씨앗은 성장과 함께 시들어버리고 만다. 아이들의 창조성을 키우기 위해 필요한 사항으로 일본 동도대학의 마에다 교수는 다음의 아홉 가지를 들고 있다.

① 마음의 유연성을 기르는 것
② 민감성을 유지하는 것
③ 자주성을 키우는 것
④ 모험성을 갖게 하는 것
⑤ 자신을 갖게 하는 것
⑥ 장소의 분위기를 조정하는 것
⑦ 경험을 풍부하게 하는 것
⑧ 창조적 활동의 기회를 주는 것
⑨ 교사 자신이 창조적일 것

크리에이티브 드라마틱스(CDM)는 이들 요소를 모두 포함하는 창의성 개발훈련 방식이다. 그리고 이것을 실천하기 위해서는 몇 명의 아이들과 창작의 원동력이 될 수 있는 아이디어, 자유롭게 뛰어다닐 수 있는 장소를 필요로 한다. 더불어 그 보조자로서 아이의 마음을 잘 알고 풍부한 아이디어를 가진 매력적인 리더가 필요하다.

CDM의 주된 목적은 아이의 성장과 발전을 유도하는 활동을 시키는 것이다. 그리고 아이의 표현방법에 따라 그 아이에 대한 발전의 척도를 알고 요구를 알 수 있게 된다.

1) 절차

[진행에 필요한 세 가지 항목]

① 지도자의 자질

창조활동의 승부는 대부분의 경우 그 지도자에 달려 있다. 크리에이티브 드라마틱스의 지도자는 모든 아이에 대해 순수한 사랑을 가지고 극(劇)의 힘을 깊이 신뢰하며 즐기는 마음을 지니고 있어야 한다.

② 창조의욕을 산출해내기 위한 분위기

아이들이 자유로운 기분을 안심하고 자기표현을 할 수 있고 친해지기 쉬운 환경을 조성해 둘 것. 이것도 지도자의 책임이다.

③ 창조의욕의 계발과 훈련

창조의욕이 있는 아이는 훈련을 받아 생각하는 아이이다. 그러나 아이가 의욕을 나타내도 자기 혼자서는 충분히 할 수 없는 경우가 많다. 그래서 확실한 지도에 의한 계발과 훈련이 필요하다.

[다섯 가지 사이클]

① 아이들을 하나의 분위기로 끌어넣는다.

② 이야기 혹은 아이디어를 서로 낸다.

③ 활동계획을 만들려는 아이들을 지도한다.

④ 놀면서 아이들이 창조를 시작할 수 있도록 지도한다.

⑤ 아이들에게 칭찬의 말을 하고 활동을 평가하게 한다.

[다섯 가지 사이클의 전개순서]

① 1단계: 동기 부여

지도자가 처음 할 일은 아이들이 각각 느끼고 있는 여러 가지 분위기를 정리하여 하나의 강한 분위기로 끌어넣는 것이다. 그러기 위해 선생님의 자기소개, 그룹 동료의 자기소개, 크리에이티브 드라마틱스 체험이 있는 아이에게 먼저 아이들에게 어떤 체험인가를 이야기하게 하는 것 등을 실시한다.

② 2단계: 아이디어를 낸다

아이들의 주의와 흥미를 이끌어낸 다음, 아이들이 생각하고 느끼는 것을 불러내는 단계로 간다. 유능한 지도자는 아이의 주의를 끌어내는 '단순한' 방법을 발견하여 서먹한 분위기를 없애고 친해지는 방법을 생각해낸다. 그리고 상상력과 감정을 풍부하게 하는 방법을 짜낸다.

③ 3단계: 활동계획을 세운다

그룹을 하나의 방향으로 유도하면 그룹에 의해 정리된 하나의 표현을 하려는 의욕이 생겨난다. 이때, 유아의 경우는 '리듬운동', '판토마임', '노래', '손가락놀이', '짧은 이야기 소개' 등으로 표현하며 7, 8세 아동이 되면 여기에 '체스터 게임', '수수께끼 놀이', '약간 긴 이야기'가 첨부된다. 그리고 9~11세에서는 극의 요소가 강조되어 본격적인 즉흥극이 도입된다.

지도자는 아이들의 연령, 성격, 크리에이티브 드라마틱스의 체험도를 고려하여 어떤 순서로 아이들을 지도해 나갈지를 구성하지 않으면 안 된다. 그러나 일방적으로 지도자가 결정한 계획으로 밀어 넣는 것은 아니고 아이들이 '무엇을 하고 싶은지'의 의욕을 능숙하게 이끌어내어 구성해 가는 것이 계획작업의 중점이다.

④ 4단계: 놀면서 활동한다

아이들로부터 창출된 아이디어를 신체표현으로 옮기는 단계이다. 음악을 듣고 바다에서 헤엄치는 상황, 동물 흉내를 내는 등 자신의 몸이 자유롭게 움직이는 것을 아이들에게 실감시키는 것이다.

이때, 지도자는 아이들에게 이야기를 들려주어 아이들 자신의 즉흥적인 연기와 대사에 의해 극이 진행되도록 한다.

⑤ 5단계: 평가한다

아이들이 극을 끝낸 뒤, 지도자는 적절한 감상과 참가자 한 사람 한 사람에 대한 격려 및 칭찬을 해준다. 이것은 다음 활동에 대한 의욕증진을 위한 중요한 포인트이다. 또한 아이들은 다른 아이의 연기에 대해 평가하고 자신의 연기에 대해 타인의 의견을 듣는다. 이렇게 하나의 즉흥극을 단순한 놀이로 끝내지 않고 아이들에게 표현하는 것은 무엇인지, 관찰하고 그것을 발표하는 것은 무엇인가를 체험하게 하는 것이다.

2) 응용영역과 관련기법

학교에서의 창의성 교육은 물론, 가정 내에서도 아이의 교육에 효과가 있다. 또한 자폐증 아동의 의사소통 훈련에도 이용되기도 한다. 관련기법으로는 아이들에게 아이디어를 내게 할 때 '브레인스토밍'을 이용하거나 극에 융합되기 위해 '가상 상황 설정법' 등을 이용하는 경우도 있지만, 어디까지나 아이들에 대한 훈련이기 때문에 똑같은 기법을 적용하는 경우는 없다.

연습문제

3.1 쌀 한 가마니에 들어 있는 쌀의 개수를 추정하는 쉬운 방법을 생각하라. 단, 저울은 없다고 가정한다.

3.2 서울시에 피아노 조율사는 몇 명이 있을까? 추리하라.

3.3 당신은 신문지 1장을 최대 몇 번이나 접을 수 있겠는가? 만약 신문지를 10번 접는다면 그 두께는 얼마나 되겠는지 추정하라.

3.4 세계에서 하루 동안 소비되는 피자는 몇 판일까? 추리하라.

3.5 3개의 성냥개비로 1개의 삼각형을 만들 수 있다. 3개의 성냥개비를 더 추가하여 4개의 삼각형을 만들어 보라. 단 성냥개비를 부러뜨리거나 꺾을 수는 없다.

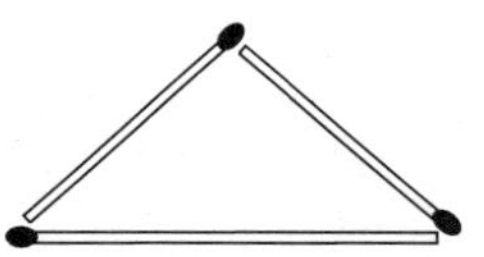

3.6 백두산 천지연의 물은 몇 방울일까? 추리하라.

3.7 누군가 쓰레기를 우리 집 현관 앞에 버리곤 하는데 이 문제를 어떻게 해결할 수 있겠는가?

3.8 서울에서 출발하여 대전, 대구, 광주, 부산, 울산 등 전국의 도청소재지와 광역시를 모두 지나갈 수 있는 가장 빠른 방법은 무엇인가?

3.9 토너먼트 방식의 테니스 경기에 500명의 선수가 참가하였다. 우승자가 나오기까지 몇 번이나 경기를 치러야 하는가?

3.10 두 소년이 마주 보며 동시에 걸어가는 순간 한 소년에게 붙어 있던 파리는 두 소년 사이를 반복하며 왕복하기를 시작하였다. 두 소년이 만날 때까지 파리가 움직인 총거리를 구하라. 단 두 소년들의 걸음걸이 속도는 분당 25 m, 파리의 비행속도는 100 m, 그리고 처음 소년들이 출발할 때 100 m 떨어져 있었다고 가정한다.

3.11 접시가 둥근 이유를 설명하라. 요즈음 접시는 세라믹 성형으로 압출되어 만들어지므로 임의의 형태로도 만들 수 있다.

3.12 콜럼버스는 달걀의 한쪽 끝을 깨어 테이블에 세워놓았다. 이 방법 말고도 달걀을 세울 수 있는 방법들은 얼마든지 생각할 수 있다. 그 방법을 가능하면 많이 찾아 열거해 보라.

3.13 다음과 같이 연속된 4개의 관계식과 답이 주어져 있을 때 마지막 관계식의 답을 유추하라. (패턴 인식 훈련)

$$89 \# 63 = 26, \quad 39 \# 18 = 21, \quad 19 \# 14 = 15, \quad 13 \# 4 = 8,$$

$$111 \# 11 = ?$$

3.14 다음과 같이 연속된 3개의 관계식과 답이 주어져 있을 때 마지막 관계식의 답을 유추하라. (패턴 인식 훈련)

$$1+4=5, \quad 1+3=6, \quad 3+5=2, \quad 2+5=?$$

3.15 다음에 주어진 대상물을 가지고 할 수 있는 일들을 열거하라.

1) 유리구슬
2) 빈 깡통
3) 종이컵

3.16 다음에 주어진 대상물들 간에 공통점을 생각나는 대로 찾아보라.

1) 고양이와 냉장고
2) 태양과 모래
3) 태양과 모래와 손

3.17 큰 저울이 없이도 코끼리의 무게를 잴 수 있는 방법을 생각해 보라.

3.18 다음 그림은 무엇을 그린 것인지 생각나는 대로 열거해 보라.

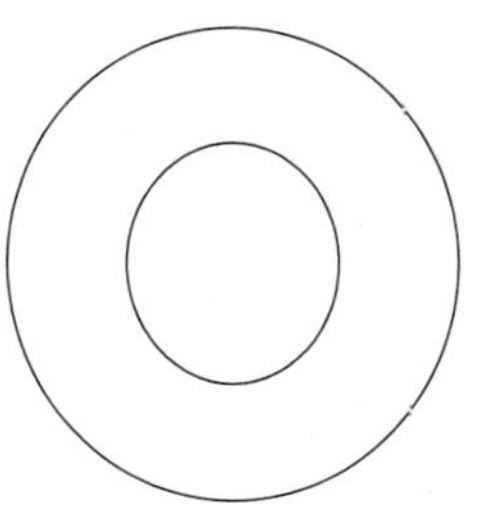

3.19 특성 열거법에 의하여 벽시계의 여러 특성들을 열거해 보라.

3.20 냉장고에 대하여 희망사항들을 열거해 보라.

3.21 우리나라 고교교육의 문제점을 생선뼈 다이어그램으로 분석해 보라.

3.22 SCAMPER를 적용하여 다음의 제품들을 개선해 보라.

1) 우산
2) 손목시계
3) 안경
4) TV
5) 선풍기

3.23 다음과 같이 개선대상물-연결대상물이 주어졌을 때 강제 연결법을 이용하여 개선 대상물에 대한 개선방안을 찾으라.

1) 가방－시계
2) 지우개－돼지
3) 냉장고－KTX
4) 선풍기－구름
5) 전화기－버스

3.24 휴대폰에 대한 희망사항을 열거하고 각각에 대하여 실천방안을 제시하라.

CHAPTER 04

발명문제 해결이론: TRIZ

4.1 트리즈의 탄생과 발전

4.1.1 트리즈의 의미와 사고의 틀

트리즈는 구소련의 알트슐러(Genrich Altshuller)가 창시한 문제해결 방법으로 '발명적으로 문제를 해결하기 위한 이론'을 의미하는 러시아어의 머리글자이다.

이 머리글자 TPH3(Теория (쩨오리아－이론), Решения (레셰니아－해결), И зобретательских (이조브레따쩰스키흐－발명, Задач (자다취－문제)를 영어로 읽으면 TRIZ가 된다. 미국에서는 'Theory of Inventive Problem Solving'으로 번역하고 머리글자를 따서 TIPS라 부르는 경우도 있지만 일반적으로 TRIZ를 사용하고 있다. 알트슐러는 구소련 해군의 특허심의관으로 근무하고 있는 동안 수십만 건의 특허 예를 분석하는 과정에서 '개개의 발명의 밑바탕에는 일정의 패턴이 있다'는 것을 발견하였다.

알트슐러의 주요 발견은 '(1) 특허는 혁신적 문제의 혁신적 해결안이며, 이들 문제에는 1개 이상의 모순이 반드시 포함되어 있다; (2) 문제해결의 혁신 수준은 독창성의 수순에 따라 5수준으로 분류할 수 있다; (3) 혁신적 문제는 여러 분야에서 발생한다; (4) 기술시스템은 S자형 곡선에 따라 발전한다.'라는 '트리즈의 기본적 사고의 틀'이다. 표 4.1은 알트슐러의 주요 발견을 설명한 것이다.

▶표 4.1 알트슐러의 주요 발견

번호	항목	내용
1	혁신적 문제의 정의	• 특허사례는 혁신적 문제의 해결안이다. • 혁신적 문제에는 1개 이상의 모순이 포함되어 있다. • 해결안에는 미지의 방법이나 수단이 포함된다.
2	혁신의 의미와 혁신의 수준	• 혁신적 문제의 해결안은 문제에 내재된 모순을 상충되지 않게 해결하는 것이다. • 혁신적 문제의 해결안의 수준은 독창성의 정도에 따라 5가지로 분류한다(4수준 이하의 문제가 트리즈로 해결할 수 있으며 전체 문제의 97~99 %가 해당됨).
3	혁신적 문제의 발생패턴	• 혁신적 문제는 여러 분야에서 발생하며, 본질적으로 동일한 모순을 내포하고 있는 경우가 많다. • 본질적으로 동일한 해결안이 독립적으로 반복 활용되는 경우가 많다.
4	기술시스템의 진화패턴	• 기술시스템은 S자형 곡선이론에 따라 진화한다. • 기술시스템의 진화패턴은 여러 관점으로 파악할 수 있다.

알트슐러는 연구를 종료한 1980년대 중반까지 약 40년에 걸쳐서 트리즈 연구를 주도하였다. 1980년대의 중반 이후에도 동료와 제자들이 러시아 이외에 미국, 일본, 유럽의 특허사례도 분석하여 지금까지 약 250만 건의 특허사례가 분석된 것으로 알려져 있다. 1990년 전후에 시작된 구소련의 개방정책은 많은 트리즈전문가가 트리즈컨설턴트나 트리즈 연구자로서 활약하는 계기가 되었다. 이때 미국으로 이주한 트리즈 전문가가 미국에 트리즈를 소개하여 오늘에 이르고 있다. 국내에는 1996년경에 소개되어 현재에 이르고 있다.

트리즈는 알트슐러가 중심이 되어 트리즈기법을 개발한 시대(1946~1980년대 중반)와 알트슐러의 동료가 중심이 되어 트리즈의 역동성을 추구하고 있는 현재(1980년대 중반~현재)의 2시대에 걸쳐서 개발된 기법이다.

1980년대 중반 이전에 개발된 트리즈기법들은 '전통트리즈(Classical TRIZ)'라 부르고 있으며, 트리즈컨설팅회사(Ideation international사와 Invention Machine사 등)가 개발한 트리즈 S/W를 활용한 문제해결 방법론들을 '현대트리즈(Comtemporary TRIZ)'라 부르기도 한다. 현대트리즈는 가치공학(VE, value engineering), 품질관리(QC, quality control), 식스시그마(six sigma)와 같은 다른 관리기법과 연관이 많기 때문에 VE와 QC 전문가들이 많은 관심을 가지고 있다.

4.1.2 발명의 수준(Level)

알트슐러는 발명의 수준을 개인적인 지식으로 해결할 수 있는 수준 1에서부터 과학적 법칙의 발견에 대응하는 수준 5로 구분하였다. 발명수준별 비율은 수준 1(32 %)과 수준 2(45 %)의 비율이 전체의 77 %를 차지하며, 수준 3(18 %)과 수준 4(4 %)의 비율은 전체의 22 %를 차지하고 있다. 또한 수준 5의 발명은 전체발명의 1 % 정도이다.

1) 수준 1: 명백하거나 틀에 박힌 해결안

전문분야에서 잘 알려진 방법을 사용한 해결안이다. 수준 1의 발명은 특허발명의 32 %를 차지한다. 단 몇 번의 시행을 통해 찾을 수 있는 해결방안이다. 수준 1의 발명은 발명이라기보다는 기존 방법을 약간 확장하거나 기존 시스템을 개선한 것이다. 또한 발명에 따른 시스템의 획기적인 개선은 없다. 대개 몇 개의 품질 특성이 향상되거나 강화된다. 단열을 향상시키기 하기 위해서 벽의 두께를 증가시키는 것이나 설상차(snowmobile)의 안정성을 높이기 위해 앞쪽 스키 사이의 간격을 넓게 하는 것 등이 수준 1에 해당하는 발명이다. 이들 해결방안은 좋은 설계이기는 하지만 모순을 파악하고 해결하지는 않는다.

2) 수준 2: 시스템 내의 비본질적인 작은 발명

어느 정도의 타협으로 기존 시스템을 개선하는 것이다. 수준 2의 발명은 시스템이 갖고 있는 고유모순을 감소시켜 기존 시스템을 개선하는 것으로 일정 수준의 타협을 요구한다. 이런 유형의 해결방안은 발명의 45 %를 차지한다. 수준 2의 발명은 대개 수백 번의 시행착오를 통해 찾으며, 한 분야의 기술 지식을 요구한다. 기존 시스템의 변경이 있으며, 모순의 일부를 개선하는 새로운 품질 특성이 추가된다. 설상차의 주행구동(track drive)부와 차체 사이에 완충시스템(suspension system)을 부가하는 것이 수준 2의 발명이다. 운전자의 체형에 따라 자동차의 운전을 편하게 할 수 있도록 조정 가능한 스티어링 컬럼(adjustable steering column)을 사용하는 것이 수준 2의 발명이다.

3) 수준 3: 기술시스템 내의 본질적인 발명

기존 시스템의 본질적인 개선이다. 수준 3의 발명은 기존 시스템을 획기적으로 개선하는 것으로 특허의 18 %를 차지한다. 이 수준에서는 기존 시스템이 갖고 있던 발명모순을 완전히 새로운 요소의 도입으로 해결한다. 이런 유형의 해결안은 수백 개의 아이디어들을 시험하여 얻는다.

자동차의 트랜스미션을 자동트랜스미션으로 교체하는 것이나 전기드릴에 클러치 드라이브를 장착하는 것이 수준 3의 발명이다. 이들 발명은 대게 다른 산업분야에 없어서는 안되는 기술이지만 발명문제가 발생하는 산업 분야에서는 잘 알려져 있지 않은 기술을 활용한다. 수준3의 해결방안은 해당 산업 분야에서 패러다임의 이동(paradigm shift)을 발생시킨다. 수준3의 발명은 아이디어와 원리를 산업영역 밖에서 찾는다.

4) 수준 4: 기술시스템 밖의 발명

기술이 아닌 과학을 사용하는 새로운 설계. 수준 4의 발명은 기술이 아닌 과학에서 해결방안을 찾는다. 이와 같은 유형의 새로운 발견은 발명의 약 4 %를 차지한다. 이들 해결안을 위하여 대략 수만 번의 무작위 시행(random trials)이 요구된다. 수준 4의 발명은 대체로 기술의 정상적인 패러다임 밖에 있으며, 근본적인 기능과는 완전히 다른 원리를 사용한다. 수준 4의 새로운 시스템에서는 기존의 모순의 존재 자체가 불가능하므로 제거된다. 수준 4의 발명에서는 사실상 알려져 있지 않았던 물리적 효과와 현상을 사용한다.

열 기억 소재(형상기억금속)를 사용한 열쇠고리가 대표적인 예이다. 열쇠고리에 열쇠를 끼우고 빼기 위해서는 힘을 가하는 대신에 뜨거운 물에 고리를 넣는다. 그러면 형상을 기억하고 있는 금속이 열쇠를 끼우기 쉽도록 개방된다. 상온에서 고리는 다시 닫히게 된다.

5) 수준 5: 발견

중요한 발견이나 새로운 과학지식이다. 수준 5의 발명은 동시대의 과학지식의 한계 밖에 존재한다. 이와 같은 선구적인 과업은 발명의 1 % 이하이다. 이와 같은 발견은 수만 개의 아이디어를 조사하기 위해서 일생을 바치게 된다. 이런 유형의 해결방안은 새로운 현상을 발견하고 이를 발명 문제에 적용할 때 개발된다.

레이저나 트랜지스터와 같은 수준 5의 발명은 새로운 시스템과 산업을 만들어 낸다. 일단 수준 5의 발견이 알려지면 후속의 응용이나 발명이 수준 1에서 수준 4에서 발생한다. 레이저는 1960년대의 혁신적 기술이었다. 오늘날 레이저는 프레젠테이션에서 사용하는 지시봉과 측량사들의 측량기구 등으로 일상적으로 사용되고 있다.

4.2 트리즈의 핵심 개념

트리즈를 구성하는 주요 내용은 기능모형 분석, 이상성, 모순, 자원의 활용, 진화의 5개 요소라고 할 수 있다. 이 절에서는 이들 5개 요소에 대하여 설명한다.

4.2.1 기능모형과 기능분석

기능이란 제품이나 서비스에 의해 수행되는 특징적인 활동이다. 일반적으로 제품이나 서비스는 여러 개의 기능을 제공하게 되어 있다. 예를 들어, 자동차는 승차자를 A 위치에서 B 위치로 이동하고, 안락한 승차환경, 에어컨, 음악 등의 기능을 제공한다.

기능 중에서 가장 중요한 기능을 주기능(main function)이라 한다. 주기능은 제품이나 서비스가 수행하는 가장 기본적인 목적이나 활동이다. 주기능을 제공하는 방법이나 설계는 다를 수 있으나 주기능은 반드시 존재해야 하는 기능이다. 자동차는 사람이나 물품을 A 장소에서 B 장소로 이동시키는 것이 주기능이다.

주기능 이외에 보조기능(secondary function)이라 부르는 유용한 기능들이 있다. 보조기능은 다음과 같이 분류한다.

1) 기본보조기능(Secondary basic function)

주기능은 아니지만 사용자가 꼭 필요하다고 요구하는 기능이 있다. 안락한 승차 환경은 주기능은 아니지만 반드시 있어야 할 자동차의 기능이다. 이러한 기능을 기본 보조기능이라 한다. 카노모형의 당연품질요소가 여기에 해당한다.

2) 유익보조기능(Beneficial function)

고객에게 귀중한 가치, 안락함 등을 제공하는 기능이 있다. 자동차의 도장은 기본적인 기능이기도 하고, 그렇지 않은 기능이기도 하다. 도장은 자동차의 멋을 만들어 낼 뿐만 아니라 부식과 녹을 방지하는 기능을 한다.

유익보조기능 외에 두 가지 유형의 기능이 있다.

(1) 지원기능(Supporting function)

이 기능은 주기능이나 다른 유익한 기능을 지원하는 기능이다. 지원가능은 주기능이나 다른 유익한 기능을 달성하는 데 필요한 기능이다. 주기능이나 다른 유익한 기능을 달성하는 방법이 바뀌면 지원기능도 따라서 바뀔 수 있다. 지원기능에는 두 가지 유형이 있다.

- 보조기능(Assisting functions): 보조기능은 다른 유용기능을 도와주는 기능을 한다. 예를 들어, 엔진현가장치(engine suspension system)는 엔진을 고정시켜 엔진이 자동차에서 떨어지지 않고 동력을 공급하게 하는 기능을 한다.
- 중화기능(Correcting functions): 중화기능은 다른 유용한 기능의 부정적인 영향을 중화하는 기능을 한다. 예를 들어, 자동차의 내부 연소엔진에 있는 순환펌프의 주기능은 엔진을 냉각하기 위해서 물을 순환시키는 것으로 엔진에 대한 중화기능을 한다. 엔진의 주기능은 자동차에 동력을 공급하는 것이지만 내부연소엔진은 부정적인 영향인 열을 생성한다. 자동차의 동력 공급원으로 전기를 사용하도록 설계를 변경하면 순환펌프는 더 이상 필요 없을 것이다.

(2) 유해기능(Harmful function)

유용한 기능을 달성하기 위해 사용한 방법으로 인해 발생한 원하지 않은 부정적 기능이다. 내부연소엔진은 동력을 공급할 뿐만 아니라 소음, 열, 오염물질을 생성한다. 이들이 유해기능이다.

- 기능의 기술(Functional Statement)

기능은 '주어 + 목적어 + 동사'의 문장 형식으로 완전하게 기술할 수 있다. 예를 들어, 자동차의 주기능은 다음과 같이 기술할 수 있다.

자동차는	사람을	이동시킨다
(주어)	(목적어)	(동사)

칫솔의 주기능은 다음과 같이 기술할 수 있다.

칫솔은	이를	닦는다
(주어)	(목적어)	(동사)

- 기능분석 다이어그램(functional Analysis Diagram)

기능분석 다이어그램은 기능을 기술하고 분석하는 데 사용하는 그래픽도구이다. 기능분석 다이어그램의 전형적인 양식은 다음과 같다.

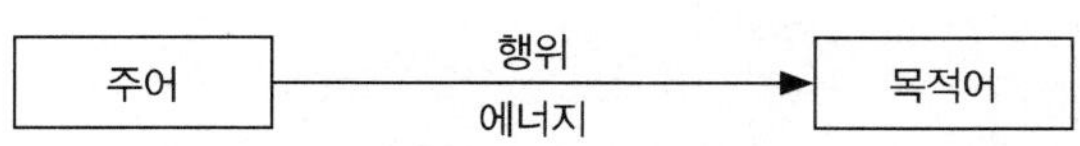

그림 4.1 기능분석 다이어그램

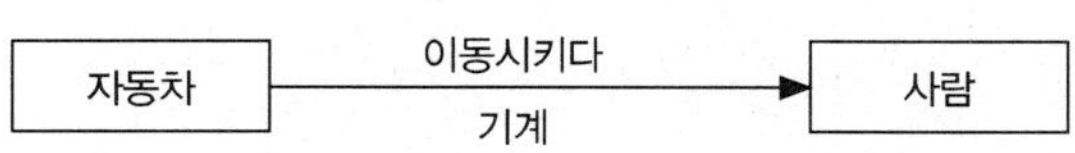

그림 4.2 기능분석 다이어그램: 자동차

주어는 행위의 주체이고, 목적어는 행위를 받는 대상이다. 행위는 기능기술문의 동사로써 화살표로 표현한다. 기술시스템에서 행위는 기계에너지, 전기에너지, 화학에너지와 같은 특정 유형의 에너지를 동반한다. 예를 들어, '자동차'는 다음과 같은 기능분석 다이어그램을 기술할 수 있다. 이 다이어그램에서 '기계'는 기계에너지를 나타낸다. 즉, 자동차가 이동하는 것은 기계에너지의 한 종류인 힘을 적용한다.

행위는 유용행위와 유해행위가 있다. 유용행위는 정상수준, 불충분한 수준, 과도한 수준의 행위로 구분하여 나타낼 수 있다. 표 4.2는 행위의 유형과 기능분석 다이어그램에 사용하는 기호를 나타낸 것이다.

▶**표 4.2** 행위의 유형과 기호

행위의 유형	표시 기호
정상의 유용 행위	────────▶
불충분한 유용 행위	┈┈┈┈┈┈┈┈▶
과도한 유용 행위	━━━━━━━━▶
유해 행위	∿∿∿∿∿∿∿∿▶

예 4.1 칫솔

칫솔을 올바르게 사용하면 치아가 깨끗하게 되므로 치아를 닦는 행위는 정상의 유용행위이므로 다음과 같이 기능분석 다이어그램으로 나타낼 수 있다.

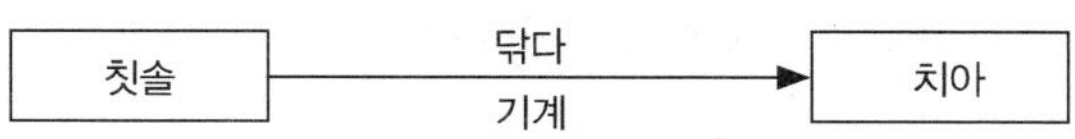

그림 4.3 정상 칫솔

그러나 칫솔질을 충분히 오래하지 않거나 망가진 칫솔로 하는 경우에는 치아가 완전히 닦이지 않으므로 불충분한 유용행위가 된다. 이를 다이어그램으로 나타내면 다음과 같다.

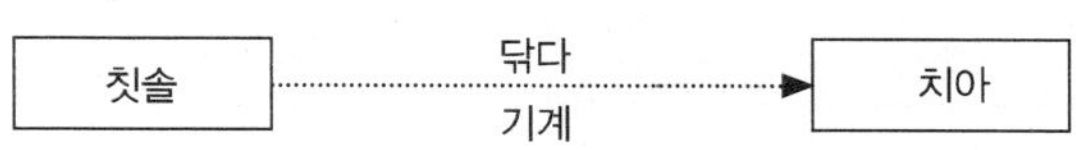

그림 4.4 망가진 칫솔

만일 아주 거친 칫솔을 사용하여 매우 힘주어 칫솔질을 한다면, 잇몸과 치아가 다치게 될 것이다. 이 상황을 다이어그램으로 표현하면 다음과 같이 된다.

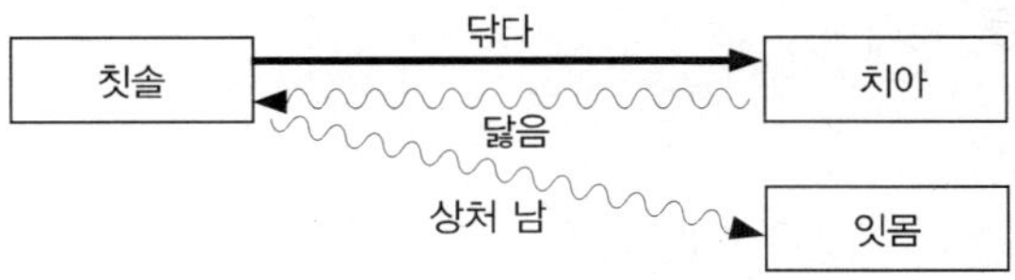

그림 4.5 거친 칫솔

즉, 칫솔이 치아에 과도한 칫솔질을 하고, 과도한 칫솔질은 잇몸을 상하게 하므로 유해 행위가 된다. 치아 또한 칫솔을 상하게 하는 유해행위를 한다.

- **물질–장 모형**(Substance– field models)

물질-장 모형은 기능을 물질(대상, 도구)과 장(에너지)의 삼각 모형으로 표현한 것이다. 물질-장 모형은 대상(목적어), 도구(주어), 장(field)의 세 가지 핵심적인 요소로 구성된다. 그림 4.6은 물질–장 모형의 양식을 나타낸 것이다.

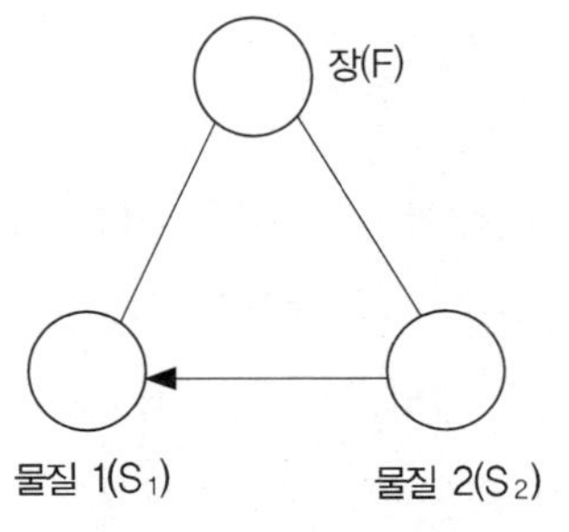

그림 4.6 물질–장 모형

물질 1(S_1)의 '대상'은 기능분석 다이어그램의 목적어와 동등하며, 물질 2(S_2)의 '도구'는 주어와 동등하다. 장(F)은 S_1과 S_2 사이에서 상호작용하는 에너지의 유형을 나타낸다.

물질-장 모형의 예는 다음과 같다.

▸ 진공청소기로 카펫을 청소한다.

- S_1 – 카펫
- S_2 – 진공청소기
- F – 청소하기(기계장)

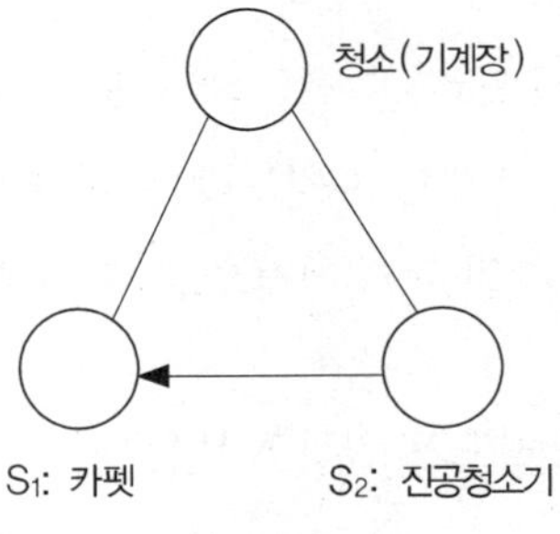

그림 4.7 카펫 청소

▸ 사람이 벽에 도장을 한다.

- S_1 – 벽
- S_2 – 사람
- F – 도장하기(화학장)

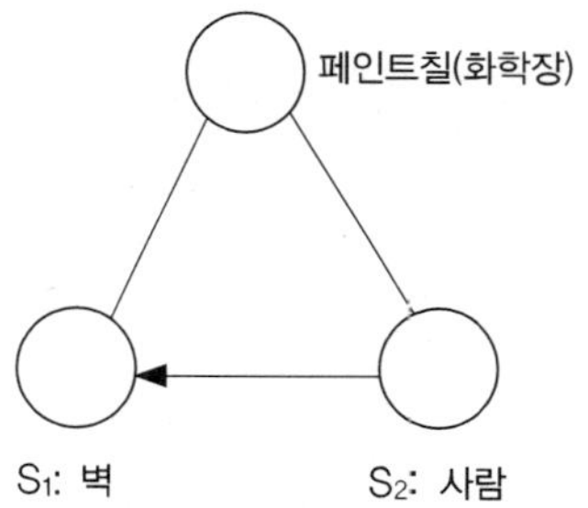

그림 4.8 벽의 페인트칠

4.2.2 자원

문제를 성공적으로 해결하기 위해서는 자원을 효과적으로 활용해야 한다. 문제해결에 활용할 수 있는 자원은 매우 다양하다. 제품이나 서비스의 근본적인 임무는 요구기능을 사용자에게 전달하는 것이다. 물질과 에너지는 기능을 구성하는 기본 요소이므로 중요한 자원이다. 그러나 물질과 에너지만으로는 기능을 구성하고 전달하는 데 충분하지 않다. 공간과 시간이 필요하다. 공간과 시간 또한 중요한 자원이다. 자원을 어떻게 사용하는가에 대한 정보와 지식도 중요한 자원이다.

자원은 물질자원(substance resources), 에너지자원(field resources), 공간자원(space resources), 시간자원(time resources), 정보와 지식자원, 기능자원(functional resources)으로 분류할 수 있다.

성공적으로 문제를 해결하기 위해서는 자원을 충분히 활용해야 한다. 고가이고, 사용이 어렵고, 희귀한 자원보다는 저가이며, 능숙하게 사용할 수 있는 자원을 충분히 활용할 수 있도록 자원을 체계적으로 조사해야 한다.

예 4.2 물고기 양식과 벼농사

최근 벼농사에 친환경농법이 유행이다. 논에 벼를 키우는 동안에 사용하는 논물은 공짜로 쉽게 이용할 수 있는 자원이다. 무상자원인 논물에 물고기나 논고동을 양식할 경우, 또 다른 소득원이 될 수 있고, 이들이 배출하는 폐기물은 벼의 영양분이 될 수 있다. 최근 유행하는 오리 친환경농법도 무상으로 얻을 수 있는 물질자원을 활용한 예이다.

4.2.3 이상성

이상성(ideality)은 다음 식과 같이 이득과 비용의 비율로 정의한다.

$$\text{이상성(Ideality)} = \frac{\sum \text{이득(benefits)}}{\sum \text{비용(costs)} + \sum \text{손해(harm)}}$$

여기서 $\sum$이득(benefits)=시스템 유익기능의 가치의 합(지원기능은 고객에게 직접적으로 이득을 주지 않으므로 포함시키지 않으며, 시스템 제조비용의 일부로 간주한다).

$\sum$비용(costs)=시스템의 실행에 소용되는 비용의 합

$\sum$손해(harm)=유해기능에 의해 발생하는 손해의 합

이상성의 값이 클수록 이상성이 높다. 신규시스템이 기존 시스템보다 이상성이 높으면 시스템의 개선이 이루어졌다고 할 수 있다.

이상성증가의 법칙(law of increasing ideality)은 모든 기술시스템의 진화는 이상성이 증가하는 방향으로 진행한다는 것을 의미한다. 시스템의 이상성은 다음의 경우에 증가한다.

① 이득의 증가
② 비용의 감소
③ 손해의 감소
④ 이득이 비용과 손해의 합보다 더 많이 증가

어떤 제품이나 시스템도 그 자체가 목적이 아니다. 제품이나 시스템의 실질적인 가치는 자체가 갖고 있는 유익한 기능이다. 동일한 기능을 제공한다면 제조와 보전에서 더 적은 자원을 소비하는 시스템이 더 이상적이다.

이상성의 값이 무한대인 해를 이상적 최종해(IFR, ideal final result)라 한다. IFR은 재료나 에너지를 전혀 사용하지 않으며, 보전이 전혀 필요 없고, 고장이 발생하지 않으면서 요구기능을 수행하는 시스템이다.

4.2.4 모순(矛盾, contradiction)

모순은 두 가지의 판단, 상태 따위가 양립하지 못하고 서로 배척하는 상태를 의미한다. 알트슐러가 지적한 바와 같이 혁신적인 문제는 1개 이상의 모순을 포함하고 있다. 모순을 제거하는 것이 문제 해결의 핵심이다. 공학문제의 모순은 기술적 모순(technical contradiction), 물리적 모순(physical contradiction)으로 구분할 수 있다.

1) 기술적 모순

기술적 모순은 시스템의 어떤 기술 속성을 개선하려고 하면 다른 기술 속성이 악화되는 모순을 의미한다. 예를 들어, 용기를 튼튼하게 만들면, 용기의 무게가 무거워진다. 튼튼한 용기를 가볍게 만들어야 한다면 이는 기술적 모순 상황이다. 자동차의 가속력을 높이면, 연료효율이 떨어진다. 가속력이 높으면서 연료효율을 높게 해야 하는 것은 기술적 모순 상황이다.

기술적 모순 문제는 모순되는 요구속성 간의 절충을 찾거나 모순을 극복하여 해결할 수 있다. 절충이나 타협한 해결책은 기술적 모순을 완전히 제거하지 않고 모순을 다소 완화시키는 역할을 하므로 시스템이 갖고 있는 유해기능이나 결점이 남아 있게 된다. 알트슐러는 수만 개의 특허들을 분석하여 기술시스템의 다양성과 발명 문제의 다양성에도 불구하고 모든 기술적 모순은 약 1,250개의 전형적인 기술적 모순으로 분류할 수 있다는 것을 확인하였다. 알트슐러의 모순표는 기술적 모순이 발생할 수 있는 39개의 공학적변인(engineering parameter)으로 구성되어 있다.

2) 물리적 모순

물리적 모순은 물체가 동일한 시간과 공간에서 상호 배타적인 물리적 상태에 있어야하는 모순을 의미한다. 물리적 모순은 "기능 F1을 수행하기 위해서 해당 요소가 성질 P를 가져야 하지만 기능 F2를 수행하기 위해서는 −P 또는 P와 반대되는 성질을 가져야 한다."라는 형식으로 표현한다.

자동차는 높은 연료 경제성(F_1)을 가지기 위해서 중량이 가벼워야 하지만(P) 주행 안정성(F_2)을 위해서는 중량이 무거워야 한다(−P). 즉, 중량이 가벼워야 하고 동시에 무거워야 하는 물리적 모순이다.

예4.3 건물 기초공사의 파일

대형빌딩 건축을 위한 기초공사의 방법에는 부대(浮臺)기초(raft foundation), 파일기초(pile foundation) 등이 있다. 파일기초는 파일을 땅속의 기반암이나 충분히 단단한 지반에 닿을 때까지 깊이 박아야 한다. 파일을 박는 과정을 용이하게 하기 위해서는 파일의 끝이 뾰족해야 한다. 그렇지만 끝이 뾰족한 파일은 지지능력이 부족하다. 지지능력을 좋게 하기 위해서는 파일의 끝이 뭉뚝해야 하지만 끝이 뭉뚝한 경우에는 파일은 박는 것이 어렵다. 즉, 박는 과정을 용이하게 하기 위해서는 끝이 뾰족해야 하며, 건물의 기초에 대한 지지를 좋게 하기 위해서는 끝이 뭉뚝해야 한다. 즉, 파일 끝은 뾰족해야 하며 동시에 뭉툭해야 한다.

전통의 설계 개념은 타협(절충)에 기반을 두고 있다. 그러나 트리즈에서 이러한 물리적 모순을 완전하게 극복하는 방법을 제공한다.

4.2.5 S-곡선과 기술시스템의 진화

기술시스템의 진화 추세는 서로 유사하며 예상 가능하다. 기술시스템은 태동기, 요람기, 성장기, 성숙기, 쇠퇴기의 5단계의 진화 과정을 거친다. 진화 단계를 x축으로 하고, 성능, 발명의 수준, 발명의 개수, 발명의 수익성을 각각 y축으로 하여 도식하면 그림 4.9와 같은 4개의 그림을 얻을 수 있다. 특히, 진화 단계에 따른 성능 특성을 나타낸 그림이 S-모양이 되므로 S-곡선이라고 한다.

1) 태동기(Pregnancy period)

태동기는 아이디어의 발상으로부터 기술시스템의 탄생까지의 기간이다. 새로운 기술시스템은 다음 두 가지 조건이 만족될 때 출현한다.

① 기술시스템의 특정 기능에 대한 요구가 있다.

② 이 기능을 전달할 방법 또는 기술이 있다.

항공기의 출현에 관하여 살펴보자. 항공기의 주기능인 '나는 것'에 대한 요구는 많은 사람들의 꿈이고 욕망이었다. 그러나 1800년대까지는 공기역학과 역학에 대한 지식이 유인 비행체의 개발에 충분하지 않았다. 항공기 기술은 1848년에 글라이더를 개발하고, 1859년에 가솔린엔진이 개발됨으로써 이용 가능하게 되었다. 1903년 라이트 형제는 글라이더 기술과 가솔린엔진을 통합하여 최초의 항공기를 성공적으로 개발하였다. 즉, '나는 것'에

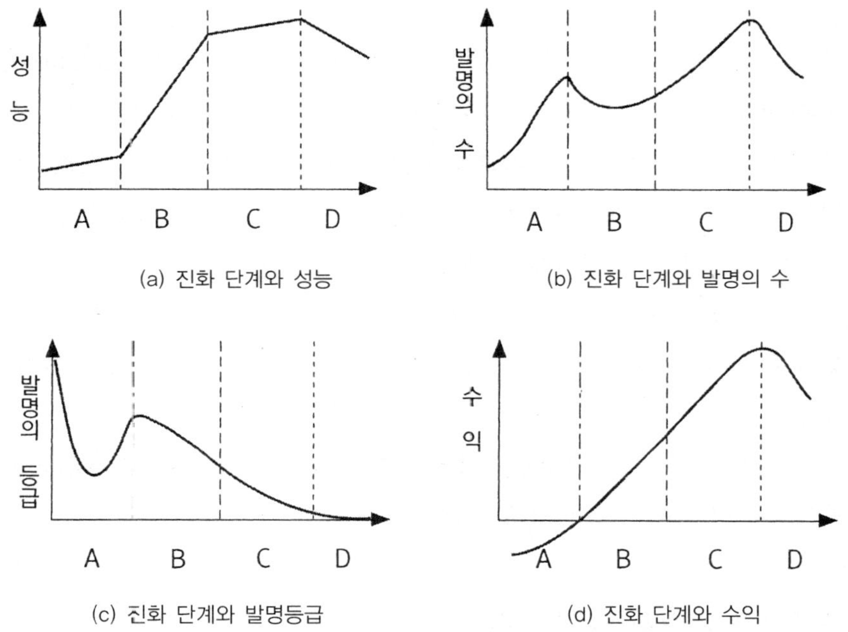

그림 4.9 기술시스템 진화곡선(A: 요람기, B: 성장기, C: 성숙기, D: 쇠퇴기)

대한 요구와 이 요구를 전달할 기술인 글라이더 기술과 가솔린엔진 기술이 확보됨으로써 유인항공기의 탄생이 가능하게 된 것이었다.

2) 요람기(Infancy period: 도입기)

요람기(도입기)는 S-곡선의 첫 번째 단계로 새로운 기술시스템이 탄생하는 단계이다. 새로운 기술시스템은 높은 수준의 발명의 결과이다. 요람기의 기술시스템은 원시적이고, 비효율적이며, 신뢰도가 낮아 해결해야 할 많은 문제를 갖고 있다. 그러나 요구하는 기능을 제공하는 새로운 기술이나 수단을 몇 가지 사용하고 있다.

이 단계에서는 인적 자원과 재무 자원이 부족하므로 시스템의 개발 속도가 매우 늦다. 설계와 관련한 수많은 의문과 문제를 극복해야 한다. 대부분의 사람들이 시스템의 유용성에 대하여 확신을 갖지 않을 수 있다. 그러나 시스템의 미래를 믿는 소수의 열광자들이 성공을 향해 일하는 단계이다.

요람기는 성능 수준이 낮고 개선의 속도도 늦다. 초기의 설계콘셉트는 매우 발명적이고 특허가 가능한 것이기 때문에 발명의 수준은 3, 4, 5수준으로 높다. 그러나 완전히 새로운 시스템이므로 발명의 개수는 적다. 이 단계에서는 고객이 거의 없고 지출이 많으므로 수익은 대개 마이너스이다.

3) 성장기(Growth period)

성장기는 사회가 신규 시스템의 가치를 깨닫는 시점에서 시작된다. 이 시점까지 시스템이 안고 있는 많은 문제들이 극복되었고, 효율성과 성능이 개선되어 새로운 제품이나 프로세스의 개발에 자금을 투자한다. 이로 인해 시스템의 개발이 가속화되고 성과물이 개선되며, 더 많은 투자를 하게 된다. 양의 피드백루프를 형성하여 시스템 진화를 가속화하게 된다. 성장기 단계에서는 투자의 급속한 증가와 많은 기술적 장애물들이 제거되므로 성능 수준의 개선이 신속하다. 이 단계의 발명은 대부분 개선이므로 발명의 수준은 낮아 대개 1, 2수준이지만 발명의 개수는 많다. 수익은 빠르게 증가한다.

4) 성숙기(Maturity period)

성숙기는 초기 설계의 잠재력이 거의 소진된 상태이다. 많은 자금과 노동을 투입해도 성과는 매우 제한적으로 나타난다. 이 단계에서 ISO, ASME, KS, JIS 등의 표준이 확립된다. 개선은 최적화와 절충을 통해 이루어진다. 시스템의 성능은 여전히 증가하지만 증가속도는 늦다. 발명의 수준은 대개 낮고, 산업표준 형태의 발명의 개수는 매우 많다. 수익성은 시장 포화와 경쟁의 증가로 대개 떨어진다.

5) 쇠퇴기(Decline period)

쇠퇴기는 기술의 한계에 도달했고 더 이상 근본적인 개선을 할 수 없는 단계이다. 제공하는 기능을 시장이 더 이상 필요로 하지 않게 되어 시스템은 사라지게 된다. 기업은 시장

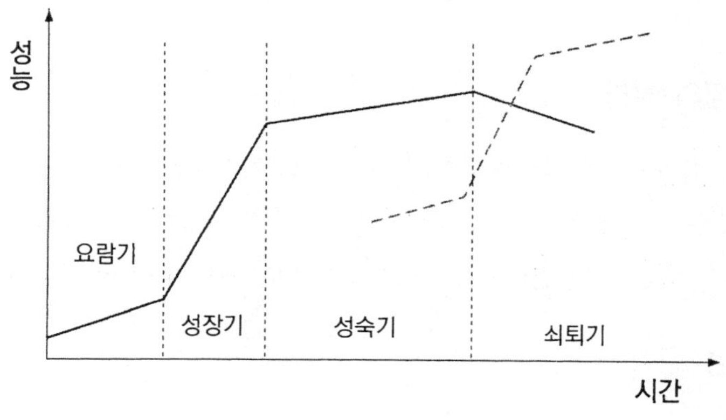

그림 4.10 두 개의 기술세대의 S-곡선

에서 생존하기 위해서 쇠퇴기 단계 훨씬 이전에 새로운 기술시스템의 개발을 시작한다. 그림 4.10은 연속하는 두 기술시스템을 S－곡선으로 나타낸 것이다.

4.2.6 트리즈기법

트리즈는 체계적인 아이디어 발상법이다. 트리즈에서 활용하는 기법에는 40가지 발명원리, 분리의 원리, 물질－장 분석과 표준해, 과학기술효과집, 기술시스템 진화패턴 분석이 있다. 또한 트리즈의 문제해결알고리즘으로 아리즈(ARIZ)가 있다. 그림 4.11은 아리즈를 포함한 트리즈의 전체 구조를 나타낸 것이다.

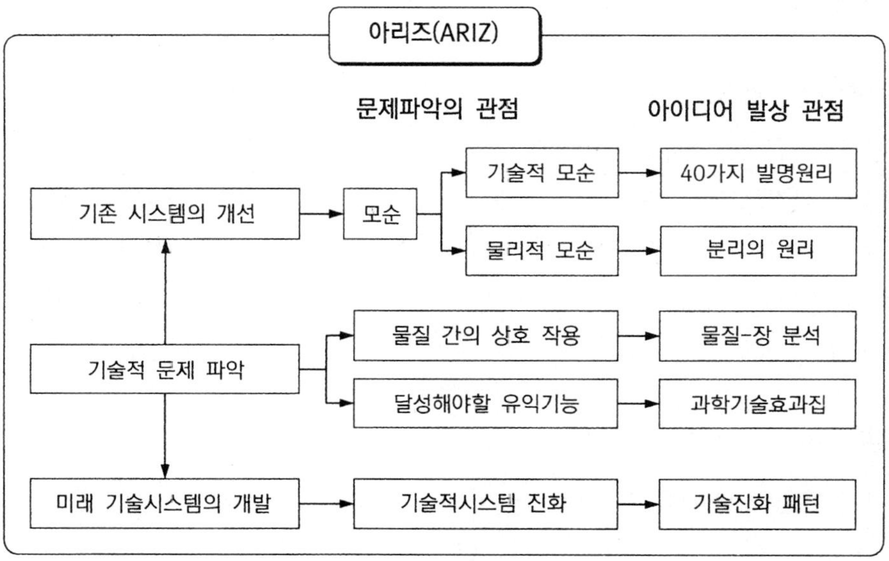

그림 4.11 트리즈의 전체 구조

1) 40가지 발명의 원리

발명의 원리는 기술적 모순을 타협하지 않고 해결하는 아이디어 발상원리이다. 알트슐러는 40가지의 발명원리를 도출하고, 39종류의 공학적변인(parameter) 간의 모순을 제거하는 데 적용할 수 있는 발명원리를 39×39모순표로 제시하고 있다.

2) 분리의 원리

분리의 원리(Principle of Separation)는 물리적 모순을 해결하는 아이디어 발상원리이다. 완전히 동일한 시간과 공간에서는 서로 상반되는 상태에 있을 수 없으므로 시간, 공간 등을 분리하여 적용함으로써 외관상 상반되는 두 상태가 공존하도록 하는 기법이다. 알트슐러는 11개의 분리의 원리를 제안하고 있다. 분리의 원리에는 '공간에 의한 분리', '시간에 의한 분리', '부분과 전체의 분리', '조건에 의한 분리' 등이 있다.

3) 과학기술효과집

대부분의 사람들은 자신의 전문영역(예를 들면, 기계 분야 등) 내에서 아이디어를 발상하려는 경향이 있다. 이러한 경향을 보통 '심리적 타성(Psychological Inertia)'이라 한다. 심리적 타성을 벗어나기 위해서는 타 분야(예를 들어, 화학이나 전기 분야 등)의 발명 예로부터 유추 발상하여 아이디어를 발상해야 한다.

과학기술효과집은 물리학, 화학, 기하학에 관한 효과, 정리, 법칙을 정리한 것으로 심리적 타성에 빠지지 않고 혁신적인 아이디어를 발상하는 데 활용한다. 어떤 기술문제에서 달성해야 할 요구기능(예를 들면, '물체의 온도를 일정하게 유지한다' 등)이 명확하게 정의되면 기능의 달성에 활용할 수 있는 효과, 정리, 법칙을 과학기술효과집에서 찾아 선택한 후에 아이디어를 전개하여 문제를 해결한다.

4) 표준해

표준해는 물질-장 모형으로 문제를 설정하고 해결방법을 찾을 때 적용한다. 표준해는 전형적인 물질-장 모형에 대해서 문제해결의 방향을 나타낸 것이다. 표준해에는 76가지의 유형이 제시되어 있다. 표준해의 적용을 위해서는 먼저 기술시스템의 문제를 물질-장 모형으로 도시한다.

물질-장 모형을 분석하여 문제해결에 적절한 표준해를 선택한 후 해당 표준해로부터 아이디어를 유추 발상한다.

5) 기술시스템의 진화

제품을 포함한 수많은 기술시스템은 우발적으로 변하지 않고 일정한 패턴에 따라 진화한다. 기술시스템의 진화에는 8개의 법칙과 14가지의 진화라인이 있다. 기술시스템의 진화법칙과 진화라인을 적용하면 제품의 개선방향을 설정할 수 있다.

6) 아리즈(ARIZ)-Algorithm of Inventive Problem Solving

아리즈는 러시아어로 문제해결의 알고리즘이라는 의미이다. 아리즈는 복잡한 문제를 단계적 접근법으로 해결하는 문제해결프로세스이다. 아리즈의 최종버전인ARIZ-85C는 9개의 파트와 40개의 스텝으로 구성되어 있으며, 트리즈의 모든 기법을 포함한 다양한 문제해결 기법을 활용한다.

4.3 트리즈의 문제해결 절차

트리즈는 (1) 문제 설정, (2) 문제 분류 및 도구 선택, (3) 해결안 생성, (4) 해결안 평가의 4단계의 문제하결 절차를 갖고 있다.

4.3.1 문제 설정

문제 설정은 가장 중요한 단계이다. 해결안의 품질은 문제 설정의 품질과 높은 관계가 있다.

문제 설정은 다음의 몇 가지 의문에서 시작한다.

1. 문제가 무엇인가?
2. 프로젝트의 범위는 무엇인가?
3. 어떤 하위 시스템, 시스템, 컴포넌트가 포함되는가?
4. 현재 해답을 갖고 있는가? 현재 해답이 만족스럽지 않은 이유는 무엇인가?

이들 질문은 모든 공학프로젝트에서 질문하는 공통의 의문이다. 이들 의문에 응답함으로써 프로젝트의 범위를 설정하고 문제영역에 명확한 초점을 맞추게 된다.

문제설정단계에서는 이들 의문에 응답하는 것 외에 다음의 분석을 수행한다.

1) 세부검토 1: 기능모형의 작성과 기능 분석

프로젝트의 범위를 파악한 다음에는 프로젝트에 포함된 하위 시스템의 기능모형을 작성한다. 기능모형의 작성과 분석은 문제를 더 명확하고 상세하게 볼 수 있도록 한다. 문제 설정 단계에서 기능 분석이 어떻게 도움이 되는지를 맷돌의 예를 통하여 살펴보자.

예 4.4 맷돌 문제

우리가 순두부 제조업자인데 현재 사용하고 있는 맷돌의 분쇄력이 만족스럽지 않다고 가정하자. 즉, 콩이 잘 분쇄되지 않는다. 먼저 다음의 기능다이어그램을 그린다.

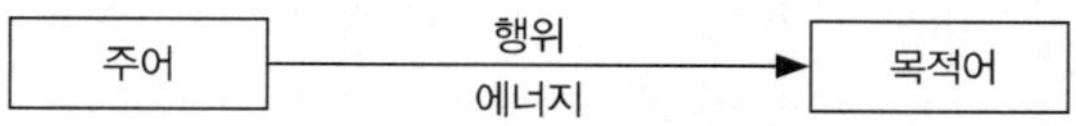

위의 기능다이어그램을 분석해 보면 다음의 가능성을 확인할 수 있다.

1. 현재의 수행도 부족은 불충분한 행위에 기인할 수 있다. 행위가 불충분한 경우의 기능다이어그램은 다음과 같다.

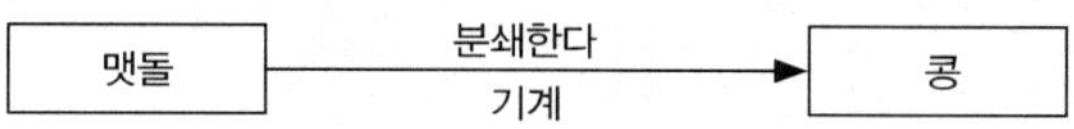

만일 그렇다면 문제는 불충분한 기능 수행 문제에 속한다. 이 문제의 해결을 위해서는 물질-장 모형의 표준해를 사용하여 아이디어를 생각해 낸다.

2. "맷돌로 콩을 분쇄한다"가 맷돌을 사용하는 것과 기계적인 행위만 사용하는 것으로 해결안을 제한하므로 현재의 기능모형이 제한적이라고 할 수 있다. 따라서 다음과 같은 기능모형을 생각할 수 있다.

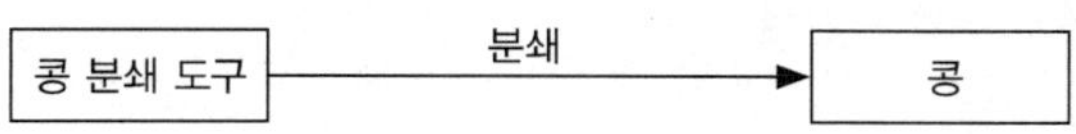

주어인 맷돌이 콩 분쇄 도구로 교체되었고, 콩이 분쇄된 콩으로 더 상세하게 정했다. 행위도 '분쇄한다'에서 더 일반적인 '분말화'로 변경하였다. 이와 같이 기능모형을 바꾸면 여러 가지 다양한 주어와 행위를 선택할 수 있다. 예를 들어, 분쇄된 콩을 위해서 물의 힘이나 화학적 방법을 사용할 수 있고, 덩어리가 생기지 않도록 콩에 예비조치를 취하는 것을 생각할 수 있다. 기능모형의 변경은 문제해결과 혁신으로 갈 수 있는 다양한 길을 찾을 수 있도록 한다.

2) 세부검토 2: 이상성과 IFR

기능모형을 작성하고 기능 분석을 한 다음에는 현 시스템의 이상성을 산정할 수 있다.

$$\text{이상성(Ideality)} = \frac{\sum \text{이득(benefits)}}{\sum \text{비용(costs)} + \sum \text{손해(harm)}}$$

현재 시스템의 이상 최종해인 IFR은 이득의 합이 무한이고 비용과 손해의 합이 0인 상태이다. 현 시스템의 이상성과 IFR을 비교하면 개선해야 할 부분과 어떤 면을 개선해야 하는지를 파악할 수 있다. 이상성에 대한 평가는 문제를 명확하게 설정하고 문제가 무엇인지를 정확하게 파악하는 데 도움이 된다.

3) 세부검토 3: S-곡선 분석

현재의 기술시스템의 진화단계를 평가한다. 현재의 시스템이 성장기 단계에 있다면 점진적인 개선에 관심을 집중해야 한다. 시스템이 성숙기 단계에 가까이 있다면 다음 세대의 기술을 개발할 시점이라는 것을 알게 될 것이다.

4) 세부검토 4: 모순 분석

현 기술시스템에 기술적 모순이나 물리적 모순이 존재하는지를 파악한다. 이들 두 모순 문제의 경우 40가지 발명원리나 분리의 원리를 이용하여 문제해결의 아이디어를 생각해 낼 수 있다.

4.3.2 문제 분류 및 도구 선택

문제 설정을 명확히 한 다음에는 문제의 유형을 파악한다. 문제는 물리적 모순 문제, 기술적 모순 문제, 불완전한 기능구조 문제, 과도한 복잡성 문제, 시스템 개선 문제, 유익기능의 개발 문제 등으로 분류할 수 있다. 문제의 유형별로 적합한 해결방법이 제시되어 있다. 표 4.3은 문제유형과 유형별 해결방법을 정리한 것이다.

4.3.3 해결방안 생성

문제를 분류하고, 해당 문제를 해결하는 데 사용할 수 있는 기법을 적용하면 많은 아이디어를 얻을 수 있다. 이들 아이디어를 통합·개선하여 해결방안, 즉 콘셉트를 만들어 낸다.

▶**표 4.3** 문제의 유형과 해결방법

유형	설명	해결방법
물리적 모순	물리적 모순 문제로 정리된 문제	분리의 원리
기술적 모순	기술적 모순 문제로 정리된 문제	40가지 발명원리
불완전한 기능구조	(1) 유용기능이 적절하지 않거나 부족할 때 (2) 유해기능이 과도하게 존재하는 경우에 발생함	기능 개선 방법 76가지 표준해
과도한 복잡성	시스템이 지나치게 복잡하고 비용이 많이 소요되는 경우에 발생함	트리밍(trimming)기법
시스템 개선	시스템이 주어진 기능을 하고 있으나 시장 경쟁에 이기기 위해서 개선이 필요한 경우에 발생함	기술시스템의 진화법칙
유용기능의 개발	시스템 개선을 위해 유용한 기능의 개발이 필요한 경우에 발생함	과학기술효과집

4.3.4 해결방안의 평가

해결방안을 평가하여 최적의 해결방안을 선정하는 방법에는 푸콘셉트 선택(Pugh concept selection), 결정행렬법(decision matrix method), MUST-WANT 행렬법(MUST-WANT matrix method), PAY-OFF행렬법(PAY-OFF matrix method) 등이 있다. 해결방안의 평가 방법들은 트리즈와는 관련이 없다. 그러나 여러 가지의 해결방안들을 객관적으로 평가하는 방법에 대해서는 잘 알고 있어야 한다.

연습문제

4.1 수준 1, 수준 2, ……, 수준 5에 해당하는 발명을 조사하라(특허청 홈페이지에서 특허를 검색할 수 있다).

1) 수준 1에 해당하는 발명 6개
2) 수준 2에 해당하는 발명 6개
3) 수준 3에 해당하는 발명 6개
4) 수준 4에 해당하는 발명 2개
5) 수준 5에 해당하는 발명 2개

4.2 다음 제품에 대해서 주기능을 중심으로 기능분석 다이어그램을 작성하라.

안경, 망치, 연필, 종이컵, 자전거

4.3 다음 제품들 중에서 세 개를 선택하고, 각 제품의 주기능, 기본보조기능, 유익보조기능, 지원기능, 유해기능을 찾으라.

- 토스터(toasters)
- MTB 자전거
- 등산화
- 런닝머신
- DVD 플레이어
- 진공청소기
- 자전거 헬멧
- 핸드백
- 세탁기
- 전기밥솥
- 스마트폰
- 디지털카메라

4.4 생활 속의 용품 2종류를 선택하고, 선택한 제품에서 사용하지 않은 자원을 찾으라.

4.5 귀하에게 친숙한 제품 3종류를 선택하고, 각 제품이 S-곡선의 어느 단계에 있는지를 평가하라.

CHAPTER 05

트리즈의 기법과 활용

5.1 트리즈의 활용 과정과 해법의 선택

트리즈의 문제해결 사고 방법을 다시 생각해 보면 다음과 같다.

- 문제를 '일반화(추상화)'하여 생각한다.
- 문제를 '시스템'으로 받아들인다.
- '이상해(理想解)'를 먼저 생각한다.
- '모순'을 밝혀서 획기적으로 해결한다.

트리즈의 본래의 강점은 아이디어를 효과적으로 나오도록 하는 사고의 과정과 방법에 있다. 특히 초보자는 해법의 사용 방법에 신경을 너무 쓴 나머지 오히려 본인이 해법 자체에 지쳐버리고 마는 경향이 있다. 우리들의 경험으로 판단해보면, 형식에 얽매이지 않고 트리즈의 체계와 사고 방법의 핵심을 이해하여, 사용하기 쉬운 해법부터 활용해 나가는 것이 좋은 결과를 가져오는 것 같다.

미국의 유능한 트리즈 컨설턴트는 고객의 요청에 맞춘 아리즈(ARIZ)를 미리 준비함으로써 문제 해결에 대처하는 것 같다. 아리즈는 뒤에 상세히 설명하지만, 트리즈의 활용 과정 또는 트리즈의 활용 매뉴얼에 해당하는 것이다. 트리즈에 정통한 컨설턴트가 멤버에 들어와 있으면 아리즈나 기타 해법에만 얽매이지 않고, 본래의 문제에 의식을 집중할 수 있다. 입문자에게는 간단히 알기 쉬운 활용 과정이 필요하다. 〈트리즈 저널〉에서 엘렌 돔(Ellen Domb)이나 다렐 만도 간이 활용 과정을 제안하고 있다.

입문자가 혼자 실제로 활용할 수 있는 활용 과정을 제안한다(그림 5.1).

입문자에게는 다음과 같은 활용 과정으로 사용할 것을 추천한다.

- 문제 분석 및 문제 정의
- 해법의 선택
- 해결책의 생성
- 아이디어의 결합 및 재정리
- 해결책의 평가

먼저 문제를 보다 더 명확히 하는 것이 중요하다. 문제 정의의 과정이 생각한 대로 잘되면, 문제는 절반 이상 해결되었다고 볼 수 있을 것이다. 문제 해결에는 연역적 접근과 귀납적 접근의 2가지 방법을 생각할 수 있다. 연역적 접근에서는 목적 전개로서 본질적인 문

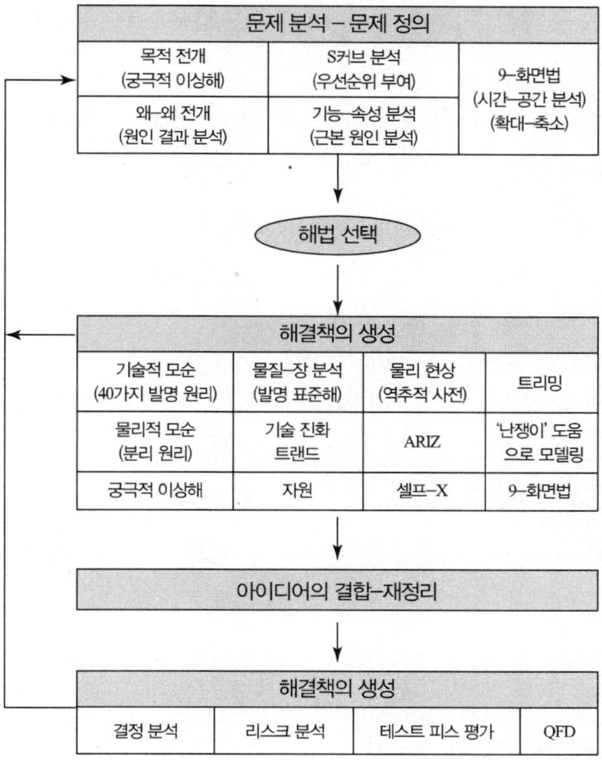

그림 5.1 트리즈의 활용 과정

제, 즉 궁극적 이상해(있어야 할 모습)를 바르게 정의한다. 귀납적 접근에서는 왜–왜 전개 또는 기능·속성 분석을 하여서 근본 원인을 분명히 밝히는 것이 문제 해결의 지름길이다.

문제의 정의 단계에서 S커브 분석을 하는 것은 상품 등의 도입기, 성장기, 성숙기, 쇠퇴기를 파악하여 그 우선순위를 결정하고, 해결 방법으로는 어느 해법이 최적인가를 판단하기 위함이다. 또는 9–화면법을 사용하여 '시간과 공간'의 중요성을 인식시키고, 문제를 거시적·미시적으로 확대·축소하여 봄으로써 심리적 타성(사고 경향)을 배제시키기 쉽게 한다.

다음으로 해법의 선택에서는 특정 해법만을 활용해야 된다는 것은 아니다. 경험상으로 볼 때, 다음 순서로 발상하여 해결책을 도출하는 것을 추천한다.

(1) S커브 분석을 하고 상품 등의 도입기, 성장기, 성숙기, 쇠퇴기를 파악하여 그 우선순위를 결정하고, 어느 해법이 최적일까를 판단한다.

(2) 시스템이 존재하지 않거나, 시스템 자체의 개선 또는 혁신 과제일 경우에는 궁극적 이상해(理想解) 혹은 9–화면법을 사용한다.

(3) 모순 문제에는 물리적 모순과 기술적 모순을 사용하고, 분리의 원리나 40가지 발명의 원리로부터 발상한다.
(4) 불충분한 작용이나 과잉 작용에는 기술 진화 트렌드, 과학기술 효과(지식 베이스: 역추적 사전)나 물질-장 분석, 76가지 표준해를 사용한다.
(5) 비용 절감을 위해서는 트리밍이나 자원을 사용한다.
(6) 특허를 강화하기 위해서는 기술 진화의 경향(trend), 과학기술 효과(지식 베이스: 역추적 사전)나 9-화면법을 사용한다.

창출된 아이디어를 결합하고 재정리함으로써 실용적인 아이디어로 만드는 것이 좋다. 트리즈는 해결책의 평가법을 갖고 있지 못하므로 종래의 관리 해법인 결정 분석, 리스크 분석, QFD(Quality Function Deployment: 품질 기능 전개)를 활용하여 평가한가. 또한 가능성 평가 실험을 최소한의 비용으로 실행하기 위해서는 테스트 피스 평가를 실시하면 좋다.

5.2 문제 분석과 문제 정의

5.2.1 '목적 전개'와 '왜-왜 전개'

문제를 정의하는 과정은 뒤에서 설명하는 USIT에서의 문제 정의와 거의 동일하게 생각해도 좋다. 문제 설정에서는 문제를 목표, 과제, 제약 상황 등으로 구분해서 1~2행의 문장으로 기술하여 정의한다. 다시 문제의 상황 파악이 쉽고, 문제의 메커니즘을 알기 쉽도록 간단한 개념도를 그린다. 이것이 되면 처음으로 팀원들과 문제점을 공유할 수 있도록 된 것이다. 많은 사람들이 이미 경험하고 있다고 생각되지만, 문제의 본질적인 내용이 분명히 밝혀지면, 문제점의 대부분은 이미 해결된 것과 같다고 해도 과언이 아니다.

여기서 그림 5.2에 문제를 정의하고, 본질적인 목적이나 근본 원인을 분명히 밝히는 방법을 소개한다. 목적 전개라는 것은 설정한 어떤 목적에 대하여 '그것의 목적은? 그것의 목적은?'이라고 반복 질문함으로써 목적을 궁극적인 이상해까지 전개하여서, 본래의 목적을 분명히 밝히는 방법이다. '왜-왜 전개'라는 것은 설정한 문제에 대해서 '왜?'라고 하는 질문을 5회 정도 반복하여서 근본 원인을 분명히 밝혀내는 방법이다.

'목적 전개'는 연역적 사고 방법이고, '왜-왜 전개'는 귀납적 사고 방법이다. 구체적으로

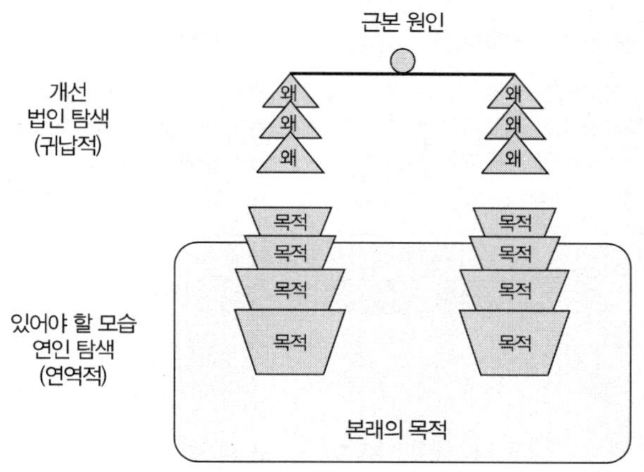

그림 5.2 목적 전개와 왜-왜 전개

'목적 전개'는 어떻게 하면 좋은 것일까? 그림 5.3에 여러분이 항상 사용하는 것을 예로 든다. 이것은 '휴대전화를 걸다.'라는 본래의 목적이 무엇인지를 '목적 전개'해 본 사례이다. '휴대전화를 걸다.'라는 목적도 제약 조건에 따라서 크게 다르다. 여기서 '장의 설정' 사고 방법을 포함시키는 방법도 있다. 전화를 하는 상대방이 고객인지 상사인지에 따라서 크게 달라지는 것이다.

〈장의 설정〉 •누가: 비즈니스맨 •어디에서: 고객과 대화 장면 •언제: 일하는 도중 **〈목적 전개〉** •휴대전화를 걸다.(그 목적은?) •약속을 한다.(그 목적은?) •상담을 한다.(그 목적은?) •상품을 판다.(그 목적은?) •부가가치를 제공한다.	**〈장의 설정〉** •누가: 비즈니스맨 •어디에서: 상사와 대화 장면 •언제: 일하는 도중 **〈목적 전개〉** •휴대전화를 걸다.(그 목적은?) •보고를 한다.(그 목적은?) •상담을 한다.(그 목적은?) •전략을 확인한다.(그 목적은?) •의사 결정을 한다.

그림 5.3 목적 전개의 예

'왜-왜 전개'는 어떻게 하면 좋은가? 그림 5.4에 일상생활에서 마주치는 문제점을 2가지 상정하여 생각해 보자. '도로가 함몰되었다.' 또는 '회사에 가고 싶지 않다.'의 근본 원인은 무엇일까? '왜?'를 적어도 5번 정도 반복하여서 근본 원인을 찾아보는 것이다. 이 예

(예 1) 도로가 함몰 되었다.

- 왜 → 트럭의 왕래가 많다.
- 왜 → 도록의 높이가 고르지 않게 되었다.
- 왜 → 포장의 강도가 부족하여졌다.
- 왜 → 지하수가 감소하고 있다

(예 2) 회사에 가고 싶지 않다.

- 왜 → 일이 잘되지 않는다.
- 왜 → 상사와 의견이 안 맞는다.
- 왜 → 계획한 대로 일이 진행되지 않는다.
- 왜 → 동료와 대화가 부족하다.

그림 5.4 '왜-왜 전개'의 예

에서 '도로가 함몰되었다.'의 경우는 '지하수가 감소하였다.'가 근본원인이고, '회사에 가고 싶지 않다.'의 경우는 '동료와 대화 부족'이 근본 원인이다. 실제로 많은 횟수의 '왜-왜 전개'를 실시하고, 최후 2~3회의 '왜?'에서부터 근본 원인이 분명히 밝혀질 수 있으면 좋다.

이와 같은 '목적 전개'나 '왜-왜 전개'에 의해 문제점이 명확하게 되면 끝없이 목표에 근접하게 되는 것은 당연하다. 이것으로도 아직 불충분할 경우에는 기능-속성 분석, S커브 분석, 9-화면법을 사용해서 문제를 더욱 심도 있게 분석한다.

5.2.2 기능과 속성 분석(근본 원인 분석)

기능-속성 분석의 목적은 시스템 내의 '하위 시스템'이나 '구성 요소'의 기능을 관련시킴으로써 '근본 원인(가장 기본적 요소)'을 명확히 하는 것이다. 그 결과 불필요한 구성 요소도 삭제할 수 있다. 그림 5.5에 기본적인 기능-속성 모델을 표시하였다. 각 구성 요소는 각각 속성을 가지며, 그것들이 기능으로 연결되어 있는 모델이다.

여기서 '기능'이란 대상물의 속성을 변경하거나 변경을 방해하는 어떤 것이기도 하다. 속성이란 형상, 맛, 무게, 크기, 밀도 탄성, 색, 내부 에너지 등의 성질을 나타내는 언어이

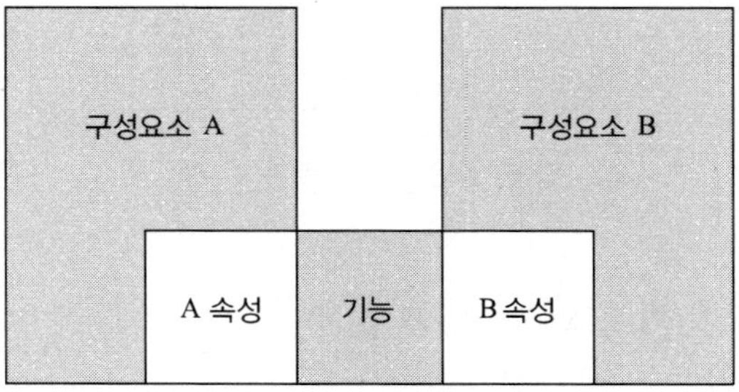

그림 5.5 기본적인 기능-속성 모델

다. 즉, 적색, 20 kg, 5 °C, 12.4인치 등과 같은 구체적인 표현은 속성의 값이며, 속성 그 자체는 아니다. 구성 요소라는 것은 그 자체로 존재하거나 다른 구성 요소와 접촉을 가질 수도 있으며, 기능을 보유할 수가 있다. 예를 들면 비행기, 침, 연필, 전자, 엔진, 공기, 광자, 정보 들을 말한다.

구체적으로는 그림 5.6과 같이 기술한다. 예를 들면 '피스톤의 온도가 오일을 해롭게 한다.' 또는 '유황이 오일의 윤활성을 개선한다.'라는 표현으로 바꾸어서 문제의 근본 원인에 접근하면 좋다. 현실적으로는 속성으로 기술하지 않고, 기능 모델로 기술하는 경우가 많은 것 같다.

기능 모델은 기술 문제뿐만 아니라 경영 관리 문제 등에도 응용 가능하다. 그림 5.7에 인재 개발을 주제로 한 기능 모델을 기술하여 보았다. 여기서 인재 개발의 목적은 사원에게 높은 성과를 내도록 하는 것이다. 그것은 고용 환경이나 사회의 가치관과 조직 풍토 등과도 관계하고 있다. 그래서 문제점이라고 생각되는 유해한 작용에 관해서 '왜-왜 전개'하여 근본 원인을 알아냄으로써, 트리즈로 그 해결책을 찾아낸 것이다. 뒤에 소개하는 사례도 함께 참조하기 바란다.

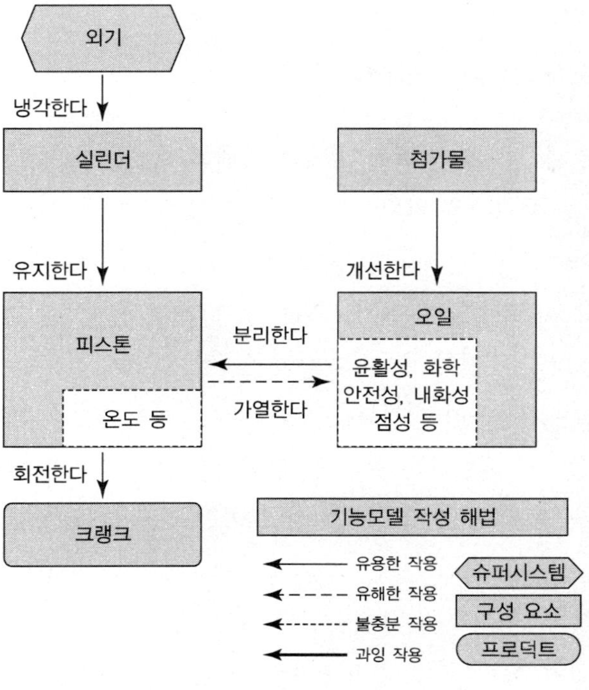

그림 5.6 기능-속성 모델의 구체 예

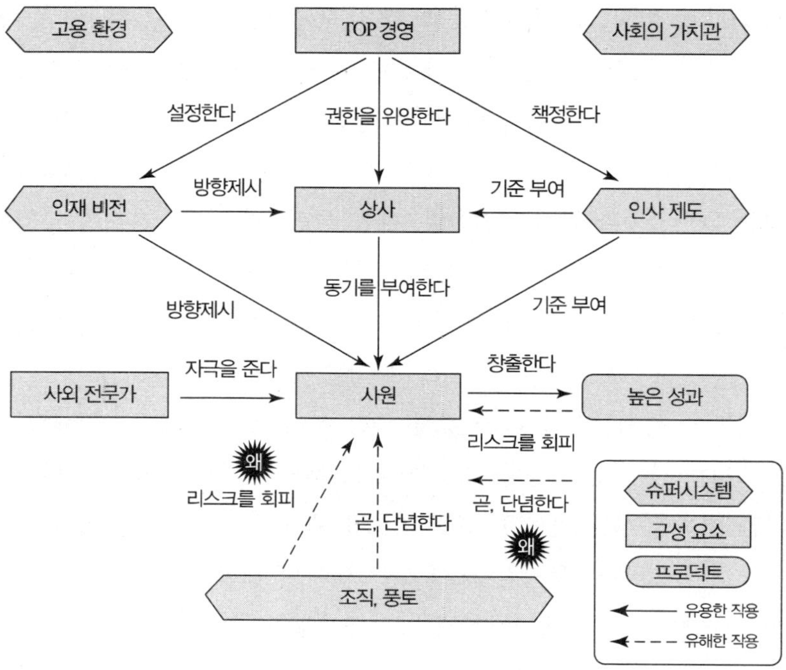

그림 5.7 기능 모델을 경영 관리에 응용한 사례

5.2.3. S커브 분석(우선순위 부여)

과학자, 기술자, 경제학자 등은 여러 가지 시스템이 진화할 때 S자 형태의 특징을 갖는다는 것을 발견하였다. 세로축을 가치 또는 이상성으로 하고, 가로축을 시간 축으로 할 때 명확한 S자형의 진화 모양이 존재한다. S커브는 도입, 성장, 성숙, 쇠퇴라는 단계를 경유하는 것을 알트슐러도 확인하였다. S커브의 어느 단계에 있는가를 분명히 알 수 있으며, 해법의 선택도 보다 더 쉬워진다. 어떤 기술이 S커브의 초기에 있을 때는 시스템이 아직 존재하지 않거나, 또는 개선하여서 기능을 부가하는 단계일지도 모른다. 성숙기에 있을 경우에는 개선으로 대응하기 어렵다는 것을 쉽게 판단할 수 있다. 쇠퇴기일 경우에는 개선이나 기능의 부가로는 통용되지 못하고, 오히려 트리밍(부품 수를 삭감)하는 것이 유효할지도 모른다.

어떤 기술이 S커브를 그릴 때 발명 수, 발명 레벨 및 이익이 어떻게 변천하는가를 그림 5.8에 예시하였다. 결국 S커브상의 위치에 따라 특허 전략은 변하는 것이다.

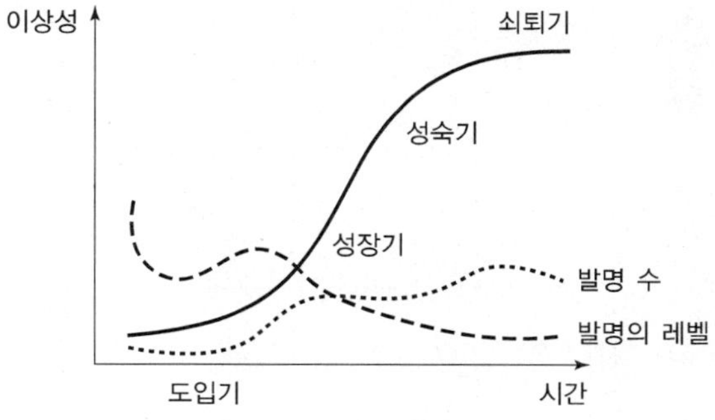

그림 5.8 S커브와 발명의 관계

S커브 분석을 문제 정의의 단계에서 활용하는 목적은 어느 단계에서 어떤 기술에 초점을 맞추고, 어떤 해법을 사용해야 좋은가에 대한 우선순위 부여를 효율적으로 하기 위함이다. 발명에 초점을 두었을 때의 사고 방법[다렐 만 저:《트리즈 실천과 효용(1) 체계적 기술 혁신》]의 개요를 그림 5.9에 나타낸다. 그림의 우측 하방에서 상방으로 기술적 초점의 단계들을 표시하고 있다.

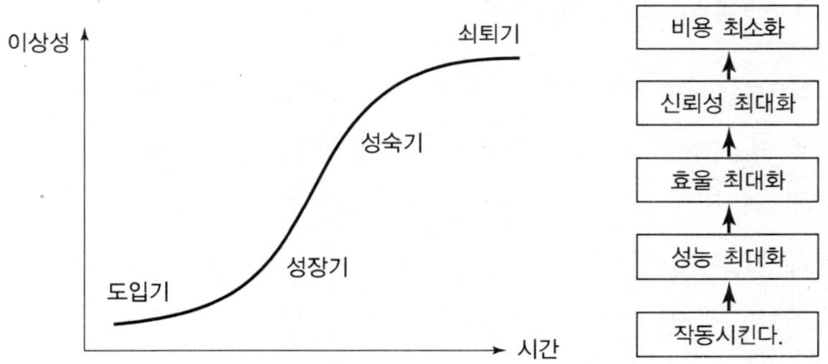

그림 5.9 S커브상의 위치와 발명의 초점 간의 상관

5.2.4 9-화면법(시간 및 공간 분석)

9-화면법은 '시간과 공간'의 가운데에서 생각하는 개념으로, 현재와 시스템 수준을 벗어나서 생각하지 못하는 사고의 경향(심리적 타성)을 극복하는 해법이다. 예로써 볼펜을 현재의 시스템으로 받아들인 배치표를 그림 5.10에 나타내었다.

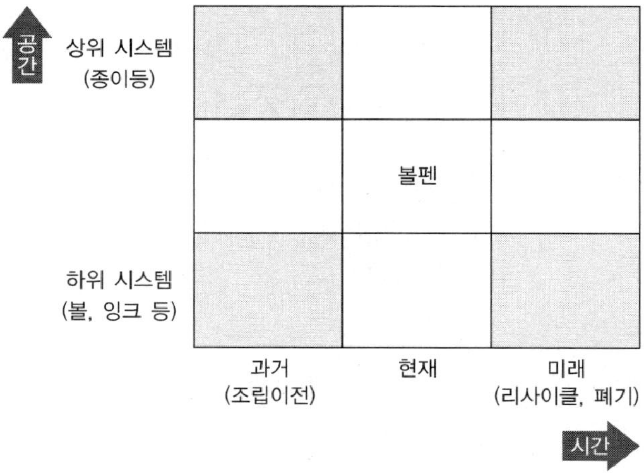

그림 5.10 9-화면법의 사고 방법

5.3 해결안의 생성

5.3.1 기술적 모순과 물리적 모순

프레젠테이션에서 자주 사용하는 '지시봉'을 사례로 모순 문제를 생각해 보기로 하자. 그림 5.11과 같이 지시봉을 개선되는 특성으로 '길게 하고 싶다.' 악화되는 특성으로는 '체적이 커진다.'의 관계가 상반되어서 모순이 발생한다. 이 관계를 '기술적 모순'이라고 한다. 또는 프레젠테이션 할 때에는 '길게 하고 싶다.' 주머니에 지시봉을 넣을 때에는 '짧게 하고 싶다.'로써 길거나 짧아야 되는 모순이 발생하며, 이 관계를 '물리적 모순'이라고 한다.

트리즈에는 알트슐러의 모순 행렬표가 있다. 세로・가로축에 특성이 배치되어 있으므로 세로축에서 '개선되는 특성'을 선택하고, 가로축에서 '악화되는 특성'을 선택하면 양자의 교차점에 이 기술적 모순 극복에 이용 가능할 것으로 예상되는 '원리(principle)'가 제시되어 있다(그림 5.12). 이 원리와 프로세스를 힌트로 아이디어를 창출한다. 그것이 40가지 발명 원리(표 5.1)이다. 지시봉의 예에서 악화되는 특성인 '길이'와 개선 특성인 '체적'의 교차점 '7: 포개기'로부터 생각해낸 포개기 구조인 안테나형의 지시봉이 해결책의 하나로 된다. 이것이 기술적 모순이다.

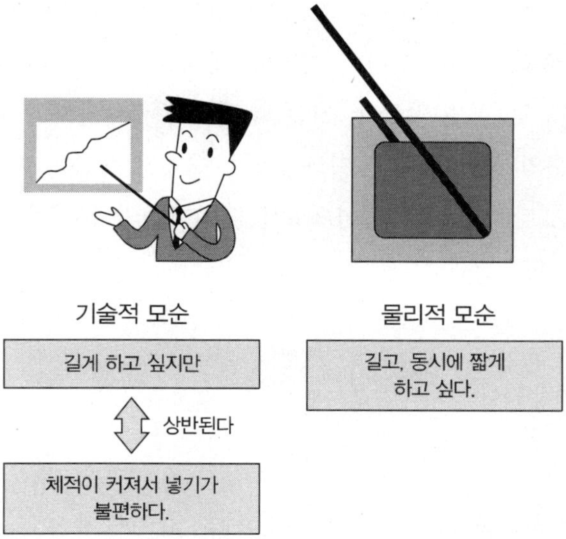

그림 5.11 지시봉 모순 문제

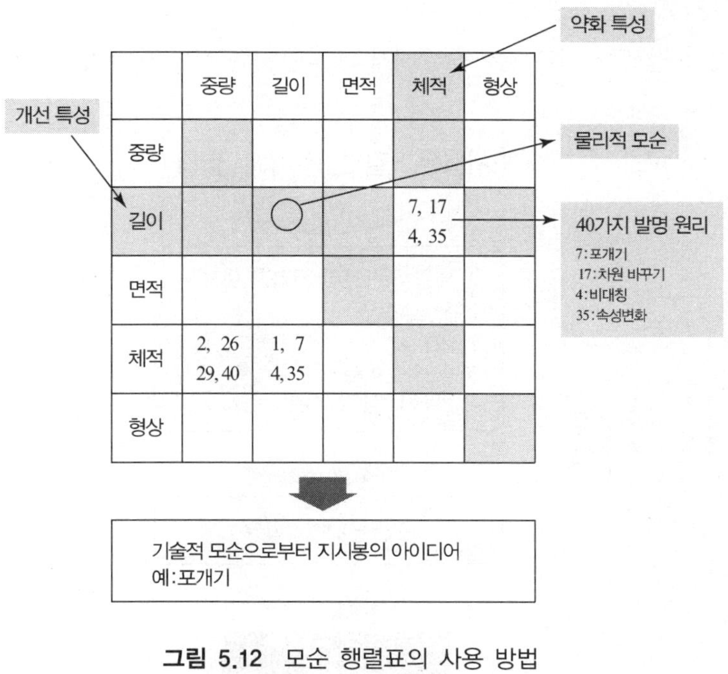

그림 5.12 모순 행렬표의 사용 방법

또한 '길이'와 '길이'의 교차점은 40가지 발명 원리의 번호가 없는데, 이것이 물리적 모순에 해당된다.

물리적 모순은 어떤 상품 등의 구성 요소가 '크면서 작다.' '존재하면서 존재하지 않는다.' '열이 있으면서 차다.' '무거우면서 가볍다.'와 같이 개선되는 특성과 악화되는 특성의 균형이 동일한 경우의 것을 말한다. 모순 행렬표에서는 양자의 교차점의 번호는 모두 공백이다. 물리적 모순의 해결 방법은 이 모순되는 2개의 요건을 어느 시점에서 분리시킴으로써 제거할 수가 있다. 이 해결 방법으로서 다음 4개의 분리원리를 사용한다.

① 공간으로 분리
② 시간으로 분리
③ 상(相)변화를 이용한다.
④ 상위(하위) 시스템으로 옮긴다.

지시봉을 물리적 모순으로 해석하기 위하여, 예를 들어서 4개의 분리 원리 중에서 '공간'을 분리하는 원리를 사용해 본다. 스크린 위에 지시하는 포인터와 손에 잡고 있는 지시봉의 공간을 무엇인가로 연결할 수 없을까라고 생각하면, 빛을 생각해 낼 수 있다. 따라서 레이저포인터가 하나의 해결책으로 된다.

실제로 문제가 발생한 경우에는 당황해서 좀처럼 정신적인 여유가 생기지 않을 것 같다.

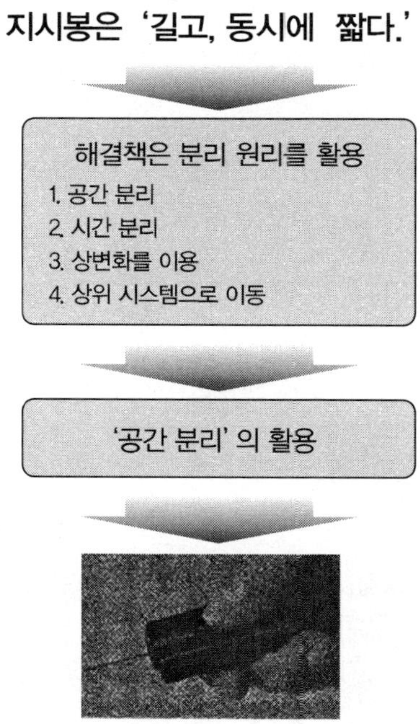

그림 5.13 모순 행렬표의 사용 방법(지시봉의 예)

'개선되는 특성'과 '악화되는 특성'을 정의하고, 모순 행렬표로부터 발명 원리를 분명히 정하는 과정을 밟아서 해결책을 생각해 낼 수 있기까지는 많은 훈련이 필요하다고 생각된다.

(주) 트리즈가 한국에 처음 소개되었을 때에 '모순 행렬표'에 따라 기계적으로 문제를 해결하는 것이 트리즈의 전부인 것처럼 일부에서 잘못 소개된 사례가 있었다. 그러나 이 모순 행렬표에 의한 접근은 알트슐러도 사용상 문제가 있으므로 적극 권장하지 않았던 내용이다.

의외로 효과적인 방법으로 추전하고 싶은 것은 '40가지 발명 원리'에 평소 친숙해지라는 것이다. 또는 '40가지 발명원리' 용어들의 의미를 이해 가능한 범위 내에서 살펴보며 발상하는 것이다. 트리즈 그 자체를 이해하지 못했더라도, 지푸라기에라도 매달리고 싶을 정도로 정말 곤란할 때에는 트리즈로부터 강력한 힌트를 얻을 수 있다.

▶**표 5.1** 40가지 발명 원리

1. 분할의 원리	21. 고속 처리의 원리
2. 분리의 원리	22. 해로움을 이로움으로 전환
3. 국소적 성직의 원리	23. 피드백의 원리
4. 비대칭의 원리	24. 매개체의 원리
5. 결합의 원리	25. 셀프 서비스의 원리
6. 범용성의 원리	26. 복제의 원리
7. 포개기의 원리	27. 값싼 일회용품
8. 평형추	28. 기계 시스템의 대체
9. 사정 반대 조치의 원리	29. 공기식 또는 수압식 구조물 활용
10. 선행 조치의 원리	30. 유연한 막 또는 얇은 필름
11. 사전 예방의 원리	31. 다공 질 재료
12. 높이 맞추기의 원리	32. 색상 변경의 원리
13. 반대로 하기의 원리	33. 동질성의 원리
14. 구형화의 원리	34. 폐기 및 재생의 원리
15. 역동성의 원리	35. 속성 변경
16. 과부족 조치의 원리	36. 상전이의 활용
17. 차원 바꾸기의 원리	37. 열팽창
18. 기계적 진동의 활용	38. 강산화제의 사용
19. 주기적 작동의 원리	39. 불활성 환경의 사용
20. 유익한 작용의 지속	40. 복합 재료의 사용

다음에 40가지 발명 원리의 구체적인 사례를 소개한다.

〈① 재료 개발 분야의 사례: 타이어의 성능 향상〉

자동차 타이어를 만드는 K사는 '핸들링과 승차감의 모순' 문제를 안게 되었다(그림 5.14). 이것을 모순 행렬표를 사용하지 않고 40가지 발명원리만을 사용하여서 관계가 있을 것 같은 발명 원리를 순서대로 살펴보면서 발상하여 보았다. 그 결과 '5. 결합의 원리', '40. 복합 재료의 사용' 원리로부터 생각한 결과, 수직 방향으로 신축성 있는 신소재 고무를 타이어 측면에 부착한 타이어의 아이디어가 떠올랐다.

실제로 K사의 개선 사례로 실제 주행 시뮬레이션으로 확인 검증되었다. 차의 움직임에 따라 변화하는 타이어 4개의 무게의 변동을 분석한 것이다. 회전 방향으로는 강성(剛性)이 높고, 수직 방향으로는 탄력성이 있는 고무를 개발하였다. 회전 방향으로는 늘어나지 않고, 수직 방향으로는 신축성이 있는 신소재 고무(회전 방향의 강도는 수직 방향의 15~20배)를 타이어의 측면에 부착함으로써, 승차감을 손상하지 않고 핸들의 조작성을 향상시켰다.

결국 신소재 고무를 회전 방향에 사용함으로써 코너링 시 타이어가 가로 방향으로 휘어짐을 방지하고, 타이어의 형상 변화를 극소화할 수 있었으며, 노면 접지성을 향상시켰다.

그림 5.14 타이어의 문제 해결 사례

〈② 상품 개발 사례: 청소기의 모순 문제〉

청소기의 성능을 향상시키는 경우 일반적으로는 먼지 흡입력을 높이려고 배기량을 크게 한다. 그러나 사람의 건강을 생각하면 배기량을 낮추고 싶다. 여기서 모순 문제가 발생한다(그림 5.15). 이것은 '배기량을 높이고 싶고, 동시에 적게 하고 싶다.'이므로, 물리적 모순(개선되는 특성과 악화되는 특성이 동일)이라고 한다. 그를 위해서 '공간 분리', '시간 분리' 또는 '상위 시스템으로 이동' 등으로부터 발상하여도 좋다.

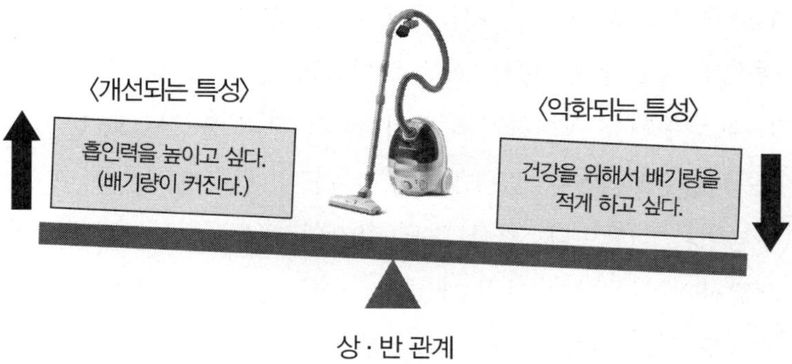

그림 5.15 청소기의 과제 해결 사례

여기서 혁신적 개선을 위하여 단순히 필요하다고 생각되는 40가지 발명 원리를 살펴보면서 발상해 보았다. 표 5.1로부터 예를 들면 '13. 반대로 하기', '22. 해로움을 이로움으로 전환'을 힌트로 아이디어 발상이 가능하다. 예를 들면 배기를 하지 않고, 순환시키는 아이디어가 떠오른다.

〈③ 소매업의 매출액 향상 대책〉

C호두과자 판매의 사례이다. 현재 10개들이 1장사의 고품질 호두과자를 2000원에 팔고 있으며, 요즘 수년간 매출이 계속 감소되고 있다. 그래서 고객 설문조사를 실시하여 보았다. 그 결과 다분히 너무 비싼 것이 원인인 것 같다. 일반적인 대책으로서, 예를 들어서 VE로 생각해 보면 재료비나 인건비를 낮추어서 1상자에 1500원으로 하거나, 가격을 고정시켜서 부가가치를 높이려는 발상을 하게 된다. 그러나 이것으로는 매출은 증가하지만, 매출액 영업 이익률에서는 5~10% 수준의 아이디어밖에는 안 된다.

트리즈로 발상하면 어떻게 될 것인가? 예를 들어서 40가지 발명원리의 '1. 분할'로부터 발상하여서 2개로 분할하는 것을 생각해 본다. 구체적으로 1상자에 호두과자를 6개로 하여 본다. 가격은 1200원이라도 좋지만 여기서는 과감히 1400원으로 정해도 가능하다. 그 결과 적어도 매출액 영업 이익률 10%를 유지할 수 있다. 1400원 결과가 잘 되면 매출액 영업 이익률 20% 이상도 가능하다. 건강에 관심이 높아지는 경향과 조화를 이루어, 매출과 이익률의 양자가 모두 증가한다.

〈④ 주택 선택에서 물리적 모순의 해결책〉

좁은 토지에 넓은 방이 여러 개 있는 단독 주택을 건축하고 깊을 때, 정원이 좁아지는 것은 자주 있는 일이다. 이 문제에서는 '넓으면서 동시에 좁다.'라는 물리적 모순(개선되는 특성과 악화되는 특성이 동일 대상에서 발생함)의 예이다. 여기서 트리즈의 문제 해결 방법은 모순을 동시에 해결할 수 없는 경우에 다음과 같이 '분리'하는 방법을 사용한다.

방의 배치가 넓은 주택을 실현하기 위해서 '공간 분리'를 힌트로 발상하면, 상공으로 늘리는 3층집의 주택을 생각할 수 있다. '시간 분리'를 힌트로 발상하면, 날짜와 시간을 바꾸며 거주하는 방법을 선택한다. 결국 다른 장소의 펜션을 빌리는 안이 떠오른다. 아무래도 해결책에 도달하지 못했다면 상위 개념으로 이동하여 문제를 다시 정의하고, 해결책을 찾아 나가는 과정도 필요하다.

5.3.2 물질-장 분석과 76가지 표준해

1) 물질-장 분석

물질-장 분석이란 대상 시스템을 물질과 장이라는 관점으로 인식하고, 그것을 모델로 미리 패턴화시킨 문제 해결의 힌트가 되는 해법(76가지 표준해)을 적용해서 구체적인 해결안을 찾도록 하는 수법이다.

이 수법의 핵심은 단순한 것이지만, 직감적이 아니기 때문에 익숙하지 못한 사람이 많은 것 같다. 하나의 기능을 잘 완수하는 데에는 적어도 2개의 물질 'S(Substance)'과 1개의 '장 F(Field)'이 필요하다고 하는 법칙이 있다. 이들 3가지는 각각 물질 1(대상), 물질 S_2 (도구)와 장(場) F라고 부르고 통상 삼각형으로 그린다(그림 5.16). 여기서 '물질'이라는 것은 구체적 의미는 없고 '물질을 갖는 무엇' 정도의 이미지라고 생각하면 좋다. '장'은 '시스템에 존재하는 임의의 형태의 에너지'를 의미하고, 구체적으로는 기계장, 열장, 화학장, 전기장, 생물학장, 자기장 등이 있다.

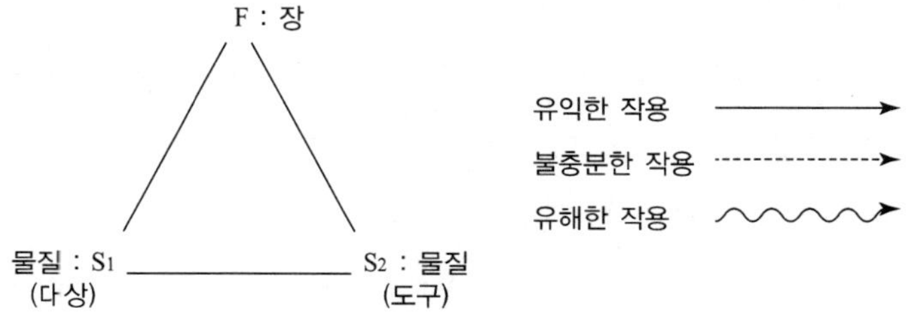

그림 5.16 물질-장 모델의 기본형과 상호작용 선의 종류

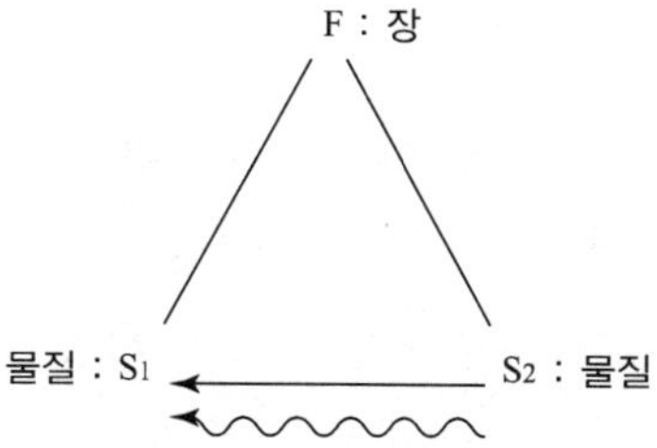

그림 5.17 모순 문제의 물질-장 모델

여기서 '개선하고 싶은 특성', '악화되는 특성'을 동시에 갖고 있는 모순 문제의 물질-장 모델은 그림 5.17과 같이 그린다.

〈⑤ 물질-장 모델의 사례: 밥솥〉

밥 짓는 경우 모델로 생각해 본다. 밥을 S_1, 밥솥을 S_2, 가스불의 열을 장 F_1이라 한다. 여기서 솥으로 밥을 지으면 밥맛이 없다든지 시간이 너무 걸린다면, 그것들을 불충분한 작용으로 간주하고, 다른 해결책을 찾아본다. 새로운 장으로 압력 F_2를 가하면 빨리 맛있게 밥을 지을 수 있다. 맛없다와 같은 불충분 작용만으로 하면 가스불의 열장 F_1을 고주파열장이나 전기의 고주파 열장 F_3로 바꾼다. 또는 밥 S_1을 다른 쌀 S_3로 변경한다. 그림 5.18은 이들의 작용 예이다.

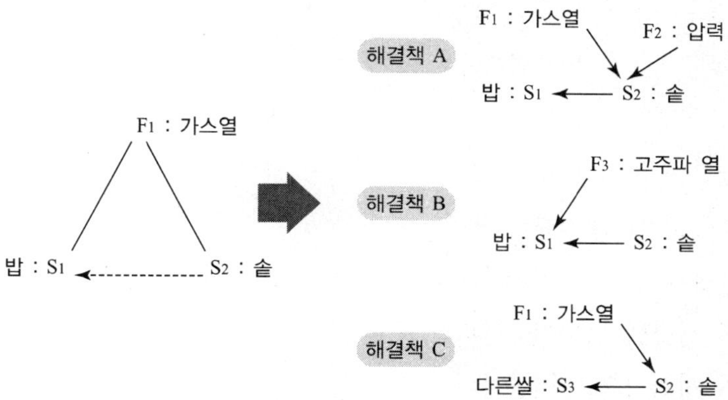

그림 5.18 밥솥의 물질-장 모델의 작용 예

2) 76가지 표준해

다음으로 76가지 표준해(標準解)에 관하여 개략적인 소개를 한다. 76종류의 숫자는 알트슐러가 발표한 것이며, 다렐 만이 그의 저서 《트리즈 실천과 효용(1) 체계적 기술 혁신》에서 더 가미하였다. 입문자에게 사용하기 어려운 해법은 이 표준해일지도 모른다. 만일 표준해의 상세한 내용을 더 깊이 알고 싶은 사람은 상기 저서를 참고하기 바란다.

76가지 표준해의 체계는 크게 4개로 분류되고, 각각은 세분화된다.

A. 불완전한 '물질－장'에 대하여

B. 측정・검출 문제에 대하여

C. 유해한 효과에 대하여

C_1 기존 물질을 변경한다.

C_2 장을 변경한다.

C_3 신물질을 도입한다.

C_4 새로운 장을 도입한다.

C_5 신물질과 장을 도입한다.

C_6 하위 시스템으로 이동한다.

C_7 상위 시스템으로 이동한다.

D. 불충분 또는 과잉 관계에 대하여

D_1 기존의 물질을 변경한다.

D_2 장을 변경한다.

D_3 신물질을 도입한다.

D_4 새로운 장을 도입한다.

D_5 신물질과 장을 도입한다.

D_6 하위 시스템으로 이동한다.

D_7 상위 시스템으로 이동한다.

여기서 76가지 표준해의 사례를 몇 가지 소개한다.

〈⑥ 76가지 표준해의 사례: 전자레인지〉

가정용 전자레인지는 76가지 표준해의 하나이다. '대상 물질의 고유 진동수에 장의 주파수를 일치시킨다.'를 뒷받침할 수 있는 사례이다.

이 발명 표준해는 당연히 비즈니스의 경우에도 사용할 수 있다. 예를 들어서 1999년 일본 경영품질상 수상 기업인 리코(주)는 전자레인지의 기능으로부터 힌트를 얻어서 '고객의 주파수(요구)에 일치시키기 위하여, 고객의 잠재 요구 파악과 상품화를 철저히 한다.'라는 것을 경영의 중요 과제로 실천하였다.

〈⑦ 76가지 표준해의 사례: 전자레인지용 금속 냄비〉

N사가 개발한 전자레인지에서 사용 가능한 금속 냄비는 트리즈로 해석하면 다음과 같이 될 것이다.

표준해의 '장을 변경한다.'와 '신물질을 도입한다.'로부터 발상한다. 구체적으로 관련 현상을 연구하여 전자레인지의 조리 용이성(제어성 향상)을 개선하거나, 스테인리스에 신물질인 알루미늄을 부가시켜 높은 열전도성을 실현시킨다든지 함으로써 가능했다고 생각한다(그림 5.19).

76가지 표준해: 장을 변경한다.

대상 물질의 고유 진동수에 장의 주파수를 일치시킨다.
⇨ 전자레인지의 원리

76가지 표준해: 장을 변경한다.

제어 안 됨/제어가 불충분한 장을 더 제어하기 쉬운 장으로 치환한다. ⇨ 냄비의 관련 형성을 연구한다.

76가지 표준해: 신물질을 도입한다.

특수 성질을 갖는 신물질을 도입한다.
⇨ 스테인리스+알루미늄의 2중 냄비

그림 5.19 전자레인지에서 사용할 수 있는 금속 냄비에 트리즈를 적용한 사례

5.3.3 기술 진화 트렌드

알트슐러 등은 무질서한 것처럼 보이는 기술 발전에도 규칙적인 진화 패턴이 있다는 것을 발견했다. 이 기능은 기존 설계에 대하여 개량·진화의 힌트를 주었다. 지금 하려는 설계를 '구성 부품, 물질, 그것들의 역할' 형태로 표현하고, 그 역할을 어떻게 변화시킬 것인가를 결정한다. 그리고 표 5.2에서 응용할 수 있을 것 같은 방법을 선택한다.

▶표 5.2 14개 기술 진화 트렌드

NO	기술 진화
1	신물질을 도입한다.
2	개량 물질을 도입한다.
3	유사물의 단일–이중–복수 구조의 진화
4	이물질의 단일–이중–복수 구조의 진화
5	물질이나 물체를 세분화한다.
6	공간을 세분화한다.
7	표면을 세분화한다.
8	가동성을 향상시킨다.
9	리듬을 조화시킨다.
10	작용을 조화시킨다.
11	제어성을 향상시킨다.
12	선 구조의 기하학적 진화
13	입체 구조의 기하학적 진화
14	트리밍을 증대시킨다.

S커브나 상품의 수명 사이클과 마찬가지로 기술은 어떤 패턴을 따라서 진화한다. 그 진화 트렌드의 방향성을 파악함으로써 새로운 발명으로 결실을 맺을 수 있다. 현재는 아직 불가능한 기술이지만, 획기적인 발명으로 실현 가능성도 높아지고, 혁신적인 기술로 연결된다고 생각된다.

예를 들면 표 5.2에서 보여준 '14개 기술 진화 트렌드' 중에서 건물의 문짝은 '가능성'을 보여주는 것으로써 '1개의 문, 양옆으로 여는 문, 자바라 문, 감아올리는 문, 에어 커튼, 광 커튼'으로 진화한다. 이것을 힌트로 새로운 아이디어를 창출한다.

5.3.4 물리 효과(역추적 사전)

이 기능은 실현하고 싶은 기능을 달성하기 위해서, 활용할 수 있는 물리 효과를 찾아내는 '역추적 사전'이다. 세계적으로 훌륭한 과거의 발명에까지도 도달할 수 있다. 우수하다는 기술자라도 겨우 20~20종류 정도의 원리·법칙밖에 생각해 내지 못하는 존재이지만, 이 사전은 수천 개의 원리와 법칙이 집약된 데이터베이스이다. 그림 5.20에 물리 효과의 데이터베이스 사례를 보여주고 있다.

아르키메데스의 원리 에어 리프트 효과 파스칼의 법칙 베르누이의 정리 로렌스 힘 와이젠베르그 효과 압전소자에 가해지는 가로방향의 초음파 진동 온도차 적용에 의한 윤환 폐쇄상에서의 흐름 관성 강자성 응축 균질 유동 매체의 인공 중력 고체의 열팽창	자기 왜곡 자력 자유대류 승화 증기 양수 효과 증발 침투 정전 유도 대류 탄성체의 변형 초음파 기체류 중 충격파 초음파 진동의 자기 변형 여기 초음파 모관 효과 초유동 전기 침투류	도전성유체 (MHD)가속열기계 효과 열자기 대류 효과 열대류의 불안정 효과 기포의 이용 모세관 압력 모세관 효과 모세관 효과(모세관의 표면장력 영향) 모세관효과(모세관의 직경의 영향) 융해 생성물 중의 초음파 모관 효과 나선 누두(漏斗) 효과

그림 5.20 물리 효과의 데이터베이스 사례

IMC사의 데이터베이스 소프트웨어인 TOPE 3.0물리 효과를 예로 들면, 자신이 실현하고 싶은 기능을 선택할 경우, 그 기능을 실현해줄 수 있는 자연과학 법칙·원리나 물질 특성들이 애니메이션과 함께 표시된다.

TOPE 등의 트리즈 소프트웨어를 갖고 있지 못해도, 최근에는 특허청의 특허 데이터베이스, 야후나 구글의 검색 엔진 등을 활용하여도 거의 유사한 검색이 가능하다.

5.3.5 트리밍

트리즈의 해법 중에서 '삭감해 본다.'는 단순하지만, 그것을 해결책으로 짜 맞추는 것은 단순하지 않다. 트리밍(부품 수 삭감)은 '기능·속성 분석' 모델이 기본적인 출발점이다. 트리밍의 주목적은, 꼭 필요하지 않으면서 비용을 상승시키는 구성 요소를 시스템에서 삭제하는 것이다. 그래서 어느 구성 요소가 트리밍 대상인가, 어느 순서로 그것을 검토해야 하는가를 결정할 필요가 있다.

또는 VE의 기본적인 사고 방법은 제품이나 서비스의 기능과 비용의 균형을 개선함으로써 가치 향상을 도모하는 것이다. 공식과 그 수단(①부터 ④)은 다음과 같다

V(가치) = F(기능) / C(비용)

① 기능은 그 상태로 유지하고, 비용을 낮추어 가치를 올린다.

② 비용은 그 상태로 유지하고, 기능을 높여 가치를 올린다.
③ 비용을 낮추고 기능을 올려서 가치를 올린다.
④ 비용과 기능을 모두 올려서 가치를 올린다.

결국 트리밍은 '① 기능은 그 상태로 유지하고, 비용을 낮추어서 가치를 올리는 것'을 위한 수단이라고 말할 수 있다. 그러나 동시에 트리밍을 효율적으로 하기 위해서, 발상을 도울 수 있는 몇 가지 질문을 하여 보는 것이 효과적이다. 트리즈의 다른 해법을 기준으로 실시해도 좋지만, 여기서는 알기 쉽도록 하기 위해서 다렐 만의 저서에서 주장하고 있는 질문을 소개한다.

① 이 부분으로부터 제공되는 기능이 필요한가?
② 시스템 중 또는 주위에 있는 다른 어떤 것으로 이 기능을 나타낼 수 없을까?
③ 기존 자원으로 이 기능을 나타낼 수 없을까?
④ 낮은 비용의 대체품으로 이 기능을 나타낼 수 없을까?
⑤ 이 부분은 다른 부분에 대하여 상대적으로 움직일 필요가 있을까?
⑦ 이 부분은 구성되어 있는 것들과 일체화가 가능할까?

〈⑧ 트리밍 사례: 프린터 부품 수의 삭감〉

후지 제록스의 사례: VE의 기능 모형 분석(제품 분석)을 통해서 프린트 부품을 트리밍하여 부품 수를 삭감하였다. 부품 수는 많지 않지만 양산 부품이기 때문에 효과금액은 큰 액수가 되었다.

구체적으로는 먼저 기능 모형을 그리고, '시스템 중 또는 주위에 있는 다른 어떤 것으로 이 기능을 나타낼 수 없을까?', '이 부품은 조합되어 있는 것과 일체화할 수 있지 않을까?' 등으로 생각하여 보았다. 그 결과 그림 5.21의 부품 'STUD'의 기능을 'CHARGE'가 함께하도록 함으로써 삭감 가능하였다. 트리밍 후의 기능 모델은 삭감 후의 그림이다. 실무에서는 보통 이 정도로 그리면 된다. 여기서 중요 대상이 아닌 부품은 검토 대상에서 제외되었다.

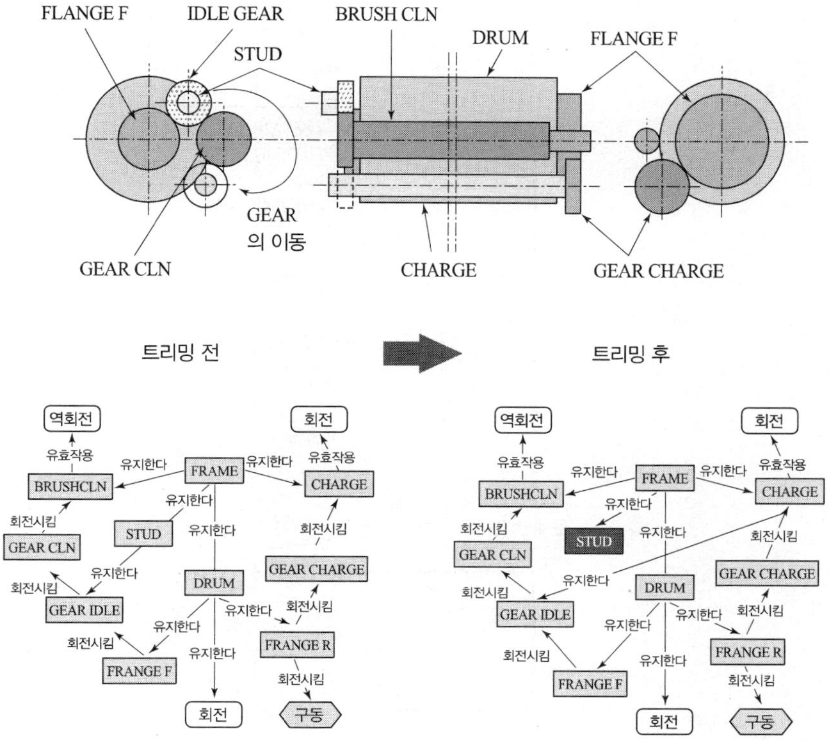

그림 5.21 프린터 부품의 트리밍 개요와 기능 모델

5.3.6 아리즈(발명 문제 해결의 알고리즘)

아리즈(ARIZ)는 발명 문제 해결의 알고리즘을 의미하는 러시아어의 머리글자를 영어로 바꾼 것이다. 알트슐러는 "어떤 곤란한 경우라도 다룰 수 있도록 복잡한 문제를 먼저 적절히 정의하고, 해결할 수 있도록 하고 싶다."라고 아리즈의 사고 알고리즘을 고안했다. 수십 종의 질문에 순서대로 대답하면서 해결책까지 도달시키려는 것이다. 결국 상급자를 위한 트리즈 해법의 활용 체크리스트 또는 매뉴얼이라고 해도 좋을 것이다.

실제로 사용해 보면, 기술자가 기법으로 사용할 수 있도록 보급시키기까지는 상당히 어려웠다. 입문자는 이런 사고방식도 있구나 하는 정도로 이해만 해도 좋다. 아리즈는 장기간 연구와 실천으로 검증된 결과로서, 새로운 발명 원리나 지식 데이터베이스가 여러 번 혼합 개량된 것이다. 매년 개정된 연도 표기를 한다(ARIZ85C 등). 그림 5.22에 아리즈 사고 과정의 개요를 나타내었다.

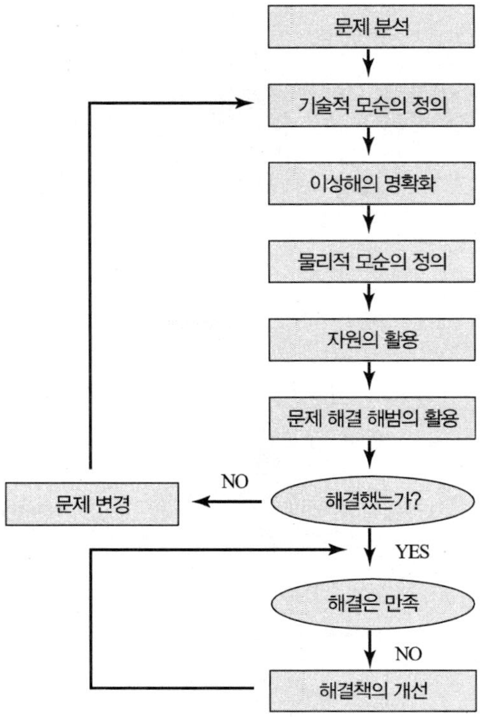

그림 5.22 ARIZ85C의 사고 과정의 예

5.3.7 9-화면법

9-화면법은 시스템 운영자, 멀티스크린이라 부른다. '시간과 공간' 가운데에서 생각하는 개념으로서, 현재와 시스템 수준밖에는 생각하지 못하는 사고 경향(심리적 타성)을 극복하는 해법이다. 시야를 연속적으로 '확대·축소'하면서 사물을 본다고 하는 생각이다. 새로운 관점을 제공하여 주므로 매우 효과적이다.

9-화면법은 문제 정의의 경우뿐만 아니라 시간과 공간의 관점을 가미한 발상법이다. 단순한 해법이므로 기술 분야로부터 경영 관리의 문제까지 분야를 불물하고 효과가 있다.

〈⑨ 9-화면법의 사례: 휴대전화〉

여러분 대부분이 가지고 있는 휴대전화를 시스템으로 받아들였을 때에 과거, 미래 및 하위 시스템, 상위 시스템의 가능성을 정리하면 그림 5.23과 같이 발상이 가능하고, 부족한 관점(觀點)을 보충할 수 있다.

그림 5.23 휴대전화에 관한 9-화면법 사례

5.3.8 최종 이상해, 셀프-X, 자원

이상성을 정의하면 다음과 같이 표현할 수 있다.

이상성 =(인식된) 효용 / (비용+유해)

만일 시스템을 무한대로 진화시키면, 시스템은 좋아지고 나쁜 것은 없어지게 된다. 그와 같은 진화의 상태를 '최종 이상해(IFR: Ideal Final Result)'라고 부른다.

'수확체감의 법칙'에 의하면, 현재 시스템을 출발점으로 할 경우에는 열심히 지속적 개선을 할지라도 시스템 내의 개선에서 그치게 되고, 효과는 서서히 작아지게 된다. 또한 개선을 위해서 시스템이 복잡해지는 것이 일반적이다.

이에 관해서 최종 이상해로부터 출발할 경우에는 비용을 들이지 않으며 해롭지 않게 달성시킬 수 있는 기능은 무엇일까라고 생각함으로써 무한의 '자원'과 '셀프-X'의 사고방식을 활용할 수 있게 된다. 또는 그것을 실현할 수 있다(그림 5.24).

최종 이상해는 어떻게 해서 문제 정의가 가능할까? 다렐 만이 제시한 표 5.3과 같이 최종 이상해의 문제 정의의 질문 항목을 순서대로 실시하면 좋다.

"비용을 들이지 않고, 또한 해롭지 않게 달성시키는 기능은 무엇일까?"라고 생각할 때, '자체로 그 기능을 달성할 수 있는 문제는 자체로 해결한다.'는 의미의 '셀프-X'를 활용하면 효과적이다. 표 5.3에 나타낸 것과 같이 '셀프 크리닝', '셀프 제거', '셀프 윤할'처럼

X에 기능을 부여해 본다. 다시 표 5.4의 예와 같이 "주위에 있는 '자원'을 이용할 수 없을까?"라고 생각해 본다.

▶표 5.3 최종 이상해의 문제 정의 질문 항목

NO	최종 이상해의 문제 정의 질문 항목
1	시스템의 최종 목표(도전적 기능)는 무엇인가?
2	최종 이상해(IFR)는 무엇인가?(최종 목적을 비용 없고 또한 유해 작용 없이 제공)
3	무엇이 이 IFR을 달성하는 데 방해하는가?
4	그것을 방해하는 이유는 무엇인가?
5	어떻게 하면 방해하는 것을 없앨 수 있는가?
6	어떤 자원이 도움이 될까?
7	다른 누가 이 문제를 해결한 일이 있는가?
특허로부터 추출된 '셀프-X'의 관련 기능 군	
조절, 시험, 청소, 위치 결정, 교정, 개폐, 보정, 밀폐, 제거, 점착, 개시/정지, 점등, 충전, 소화, 연마, 기타	

참고문헌: 다렐 만 외, 《트리즈 실천과 효용 (1) 체계적 기술 혁신》

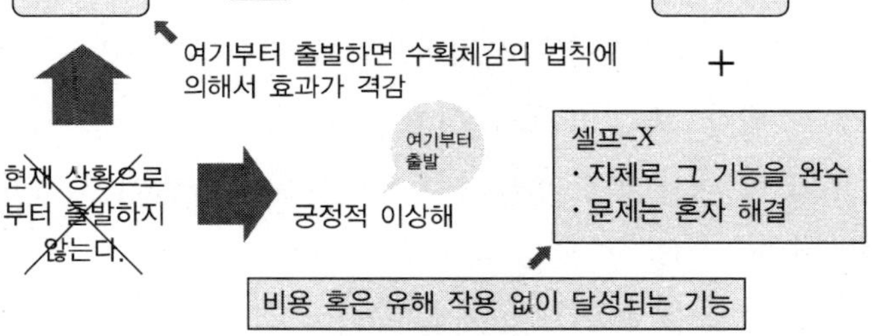

그림 5.24 최종 이상해, 자원, 셀프-X의 개념

▶**표 5.4** 자원의 예

NO	자원의 예
공간 1	지구의 질량, 모발, 물, 증기, 얼음, 소금, 연기, 공기 등
시간	해시계(그림자), 반향(反響)
인터페이스	태양 주기, 달, 별, 지구자장, 일광, 구름, 비, 번개, 자외선, 적외선 등
기계적	공작기계, 단조, 방전 가공, 전자빔 용접 등
화학적	아실화, 알킬화, 아미노화, 연소 처리 등
물질	각종 금속과 합금, 고분자, 반도체 등
인간	크기, 키, 모습, 생리, 고유 진동수, 펄스, 감각 등

참고문헌: 다렐 만 외, 《트리즈 실천과 효용 (1) 체계적 기술 혁신》

〈⑩ 셀프-X의 사례: 광촉매를 응용한 청소〉

건물의 벽을 정기적으로 청소하는 데는 유지비용이 필요하다. 따라서 벽을 청소하는 비용을 낮추기 위해 어떻게 하면 좋을까? 일반적으로는 고압 제트 물줄기로 오염 물질을 떨어뜨리든가, 세제로 세척하는 것 등을 생각할 것이다.

최종 이상해는 무엇일까를 생각한다. '셀프-X'의 사고방식인 '셀프 클리닝'으로 벽을 열화시키지 않고 가능한 방법이 없을까 하고 생각해 본다. 그래서 '자원'으로 무엇인가를 이용할 수 있을까도 생각한다. 예를 들면 자외선을 '자원'으로 TiO_2에 적용함으로써, 미생물이나 오염물을 분해할 수 있는 '광 촉매' 기술을 개발한다(그림 5.25).

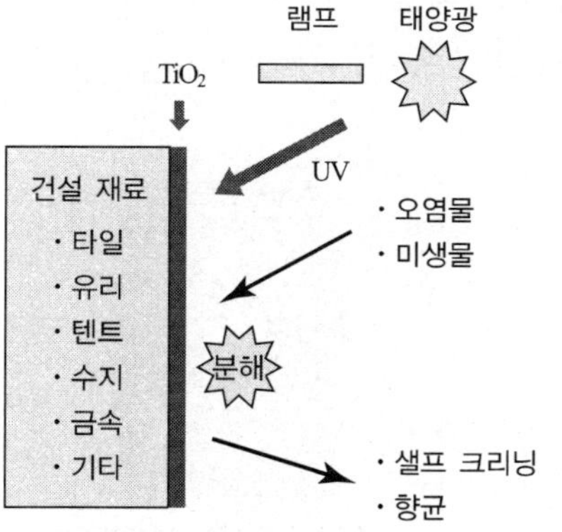

그림 5.25 '셀프 크리닝' 발상의 예

이와 관련하여 광촉매의 원리를 간단히 설명하면 다음과 같다.

① 광 촉매(TiO_2)에 빛(자외선)이 닿으면 그 표면으로부터 전자가 나온다.

② 이때 산화력을 갖게 되고, 공기 중의 OH− 등으로부터 전자를 뺏는다.

③ 이때 전자를 뺏긴 OH는 매우 불안전하게 되고, 주위의 유기물질로부터 전자를 뺏는다.

④ 전자를 뺏긴 유기 물질은 분해되어서 이산화탄소와 물로 변하여 대기 중으로 발산된다.

5.3.9 '난쟁이'의 도움으로 모델링

'난쟁이'의 도움으로 모델링하는 방법은 심리적 타성을 타파하는 해법으로서 약간 수준 높은 방법이다. 알트슐러는 먼저 이상해를 생각해서 난쟁이들이나 마법 입자(USIT의 파티클법으로 활용)의 시선으로 물건을 생각한다든지, 난쟁이들이나 마법 입자에게 맡기든가 하여 해결책을 찾으려한 셈이다. 난쟁이들이나 마법 입자의 행동을 해석하든지, 그들의 성질을 생각한다든지 하는 것이다. 필요에 따라서 분자, 원자 레벨까지 작게 생각하여 본다.

예를 들면 다음과 같은 금속핀(스타트)이 없는 타이어의 문제(그림 5.26)가 있다.

'노면이 얼어 있는 시기에는 금속 핀이 꼽혀진 타이어로 교체하였다.'

이 문제에서 이상해를 생각해 보면, 해결책을 난쟁이들이나 마법입자에게 맡겨보는 것처럼 한다. 결국 타이어(내부, 측벽, 상부, 하부, 기타) 중에 난쟁이들이 있어서 얼음이나 눈에 대하여 각각의 손이나 발을 사용한다든지, 손을 잡든지 하여서 미끄러짐을 격감시키려 한다고 생각할 수 있다.

그렇게 생각하고 있으면, 예를 들어서 미크론 수준의 마찰 재료를 고려하면 좋을 것이라는 아이디어가 떠오른다. 하나의 예로써 미크론 수준의 무수한 유리섬유 신소재를 개발하여 타이어 속에 매립하면 좋겠다고 하는 생각이 떠오르게 될 것이다.

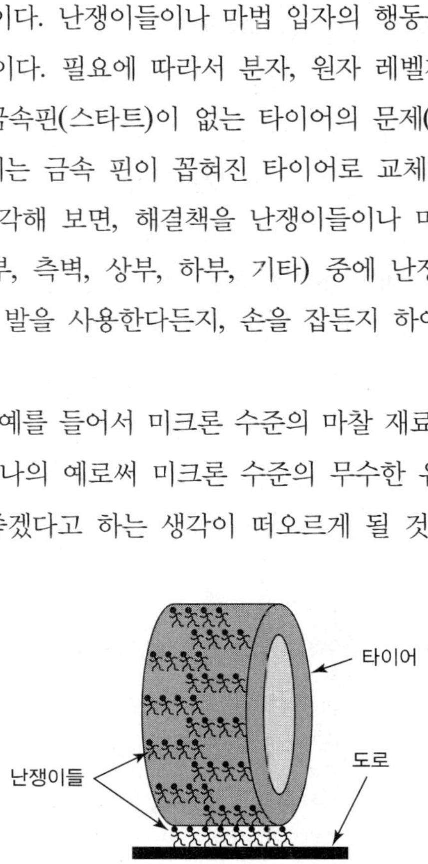

그림 5.26 '난쟁이'의 도움으로 모델링하는 사고방식

5.4 해결안의 평가

5.4.1 해결안 평가의 사고 방법

아쉽게도 트리즈에는 해결안에 대한 평가 기법이 제시되어 있지 않기 때문에 기존의 경영 관리 기법을 사용하면 좋을 것이라 생각된다. 여기서는 시스템 사고 케프너－트리거법(KT법: Kepner-Tregoe) 중에서 결정 분석이나 리스크 분석을 활용하면 좋다. 그 이유는 단순하고 우선순위 부여도 되어 설득력 있는 수법이기 때문이다.

5.4.2 결정 분석

여기서는 아이디어 자체 평가는 아니지만 수법으로써 이해를 빠르게 하기 위해 모두에게 익숙한 잉크제트 프린터 구입 시의 평가를 표 5.5와 같이 하였다. 결정 분석은 어떤 목

▶표 5.5 결정 분석 사례(W: 무게, S: 점수) (계속)

목표	A사 제품 프린터			B사 제품 프린터			C사 제품 프린터		
필수 조건 평가 항목	정보	GO/NOGO		정보	GO/NOGO		정보	GO/NOGO	
1. 화질 1,2000dpi ×600dpi	1,440*720	GO		1,200*1,200	GO		1,200*600	GO	
2. 가격 10만 원 이하	72,800	GO		75,800	GO		71,800	GO	
희망 조건 평가 항목	정보	S	W×S	정보	S	W×S	정보	S	W×S
1. 화질	1,440*720 =1.036k+ (상세 재현력)	10	100	1,200*1,200 =1440k	10	100	1,200*600 720k	9	90
2. 실제 판매 가격	72,800	7	63	75,800	10	90	71,800	8	72
3. 속도(흑백)	0.32 ppm	6	54	0.35 ppm	10	90	0.34 ppm	9	81
4.속도(컬라)	0.35 ppm	10	80	0.33 ppm	8	64	0.06 ppm	6	48
5. 운전 비용(흑백)	32원/A4	9	61	30원/A4	10	70	47원/A4	7	49
6. 운전 비용(컬라)	201원/A4	8	48	201원/A4	10	60	201원/A4	9	54

▶표 5.5 결정 분석 사례(W: 무게, S: 점수)

목표	A사 제품 프린터			B사 제품 프린터			C사 제품 프린터		
7. 내수성	약	6	30	중	7	35	내수 강화	10	50
8. 내환경(소음)	49 dB	6	30	42 dB	10	50	49 dB	6	30
9. 크기(W×H×L)	425*165*282	10	40	446*185*355	8	32	467*218*313	6	24
10. 서비스 체제	소모품 등 입수 쉬움	8	32	소모품 등 입수 약간 어려움	6	26	소모품 등 입수 매우 쉬움	10	40
합계	510		510	615		615	538		538

표를 어떤 조건으로 달성하려고 하고 있는가를 명확히 하는 것이 중요하다. 조건을 필수 조건(MUST)과 희망 조건(WANT)으로 구별하고, 다시 목표치의 중요도를 부여하고, 경쟁에 이긴 안을 선택할 필요가 있다. '정말이야!'라고 무릎을 치면서 안을 선택할 수 있어야만 한다.

먼저 화질과 가격을 필수 조건으로 설정하였다. 다음 평가 항목으로 상세 비교를 위해서 화질을 우선순위 No.1로 하고, 가격을 No.2로 각각 설정하였다. 다음으로 속도나 서비스까지 포함시켜서 10항목 정도 비교 항목을 설정한다. 각 비교 항목에는 가중치를 설정하여 각각의 점수를 매겨 놓는다. 그것들을 합계하면 합계 점수로 된다.

표 5.5의 사례에서는 B사의 프린터를 선택하여 구입하였다. 트리즈에 의하여 창출된 많은 아이디어도 이렇게 판단하면 좋다고 생각된다. 여기에서 중요한 요소가 평가 기준이다. 표 5.6에 아이디어뿐만 아니라 일상적인 판단에 필요한 평가 항목과 평가기준을 예시하였다.

▶표 5.6 평가항목과 평가기준의 예(계속)

평가 항목	내용	평가기준
1. 성능	• 생산 능력의 크기 • 자기 진단 성능	• 택트 타임 초 • 생산 수 개/월
2. 경제성	• 투자회수의 용이성 • ROI • 계획 비용	• 투자회수연수 년 • ROI %
3. 실현성	• 납기 · 대체 제조처 • 기술적 난이도와 대체안 • 해외 공장으로 이식성(규격 등)	• 납기 개월

▶표 5.6 평가항목과 평가기준의 예

평가 항목	내용	평가기준
4. 신뢰성	• 설비 가동률의 양호성 • 제품의 품질	• 설비가동률 % • MTBF/MTBA H • 제품의 수율 %
5. 면적 효율	• 시스템의 점유면적	• 점유 면적 m^2
6. 범용성(유용성)	• 기계 변종의 용이성 • 타제품으로 전용성 • 배치 변경의 용이성	• 준비 시간 분
7. 안전성	• 안선 설계의 고려	• 비상정지S/W 수 개 • 보호구 덮개 유무
8. 환경보호 대책	• 소음 진동 대책 • 클린/노이즈 레벨 • 정전기 레벨	• 소음 레벨 db • 클린도 class • 정전기 class
9. 유지 보수성	• 보수, 보전의 용이성	• 정기 점검 빈도 회/년 • 고장 수리 시간 분
10. 조작성	• 조작의 용이성	• 조작 미스 발생의 가부 • 고장 복구 방법은 간단한가
11. 서비스	• 문제 발생 시 서비스 체제 • 부품의 호환성	• 교환 부품의 납기 일 • 서비스맨 신속성 H
12. 독자성	• 타사와 차별화 가능한지 ?	• 신 메커니즘 개소 • 제어방식 · 정도 • 코스트퍼포먼스

5.4.3 위험(risk) 분석

어떤 안이 결정되면 다시 실행 안의 리스크를 평가할 필요가 있다. 그림 5.27에 위험 분석의 사고 방법도 나타내었다. 위험 분석에서는 위험 산정 시에 피해 규모와 발생 확률이 중요하다. 또한 위험평가에서는 '보유', '삭감', '회피', '이전' 등의 관점으로 생각한다.

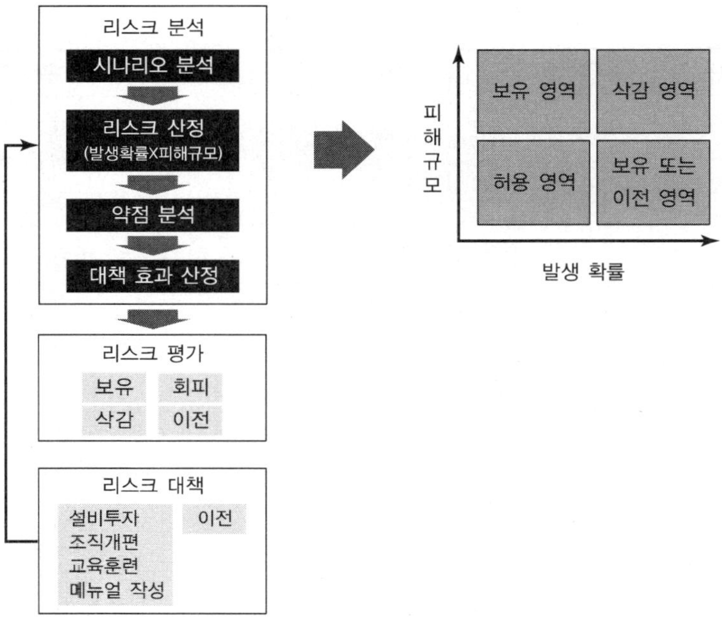

그림 5.27 위험 분석의 사고 방법

연습문제

5.1 건물 출입구의 회전 유리문에 손가락을 다치는 사고가 자주 발생하고 있다. 손가락이 다치지 않게 할 수 있는 가장 간단하고 경제적인 해결책을 찾아라.

5.2 냉장고의 문틈에서 냉기가 스며 나오고 있다. 이 때문에 냉장고에 저장된 음식물이 상하고 많은 전기가 소모되고 있다.
냉기가 스며 나오지 않게 하는 가장 간단하고 경제적인 해결책을 찾아라.

5.3 지하철역에서 대형화재가 발생하여 많은 연기가 발생하고 있다.
지하철역에 있는 많은 사람들이 극히 위험하다.
이 문제를 해결할 수 있는 가장 효과적인 방법을 찾아라.

5.4 가스는 일반적으로 금속성 가스통에 저장되어 있다. 가스통에 가스가 조금밖에 남지 않으면 가스를 다시 채워야 한다. 하지만 가스의 양을 측정하는 것은 현실적으로 어려운 문제이다. 이 문제를 해결할 수 있는 효과적인 방법을 찾아라.

5.5 들판에서 젖소가 풀을 먹고 있다. 그런데 젖소가 쇠못을 먹어버렸다.
쇠못을 빨리 제거하지 않으면 젖소가 위험하다.
이 문제를 해결할 수 있는 효과적인 방법을 찾아라.

5.6 불고기 집에서 고기를 굽고 있다. 고기를 굽다보면 석쇠에 고기가 자주 들어붙는 문제가 발생되고 있다. 이 문제를 해결하기 위한 효과적인 방법을 찾아라.

5.7 진공청소기로 카펫에 묻어 있는 먼지를 청소하고 있다. 카펫 깊숙이 묻어있는 먼지를 제거하기 위하여 흡입력이 높은 고진공청소기가 필요하다. 그런데 고진공으로 청소기를 작동시키면 진공청소기의 흡입구에 카펫이 흡착되는 문제가 발생한다. 이 문제를 해결하기 위한 효과적인 방법을 찾아라.

5.8 충청남도 서산 A지구 방조제의 길이는 6400 m 였다. 양쪽에서 방조제를 쌓아 오던 중 가운데 270 m를 남겨놓고 초속 8 m의 엄청난 급류 때문에 공사가 중단되었다(1984). 이 때문에 해상장비와 육상장비 어느 것으로도 급류를 막을 수 없었다. 이 문제를 해결하기 위한 효과적인 방법을 찾아라.

CHAPTER

06

기술적 모순과 물리적 모순의 해결

6.1 기술적 모순과 모순행렬

기술적 모순은 기술속성 간의 모순을 의미한다. 알트슐러는 4만 개 이상의 특허를 분석하여 39개의 기술속성 간에 1,250개 유형의 기술적 모순이 있음을 파악하였다. 기술속성은 공학설계의 관점에서 보면 공학적 설계변인(design parameter)과 동일하다. 모순표는 39개 설계변인 간의 모순을 제거하기 위해 적용할 수 있는 발명원리를 나타낸 표이다. 알트슐러는 기술적 모순의 해결에 사용할 수 있는 40개의 발명원리를 제시하였다.

6.1.1 공학적 설계변인과 모순행렬표

알트슐러는 공학적 설계변인을 39개로 분류하였다. 표 6.1은 설계변인을 나타낸 것이다. 예를 들어, '이동물체의 중량'은 움직이는 물체의 중량의 크기가 설계변인이고, 설계자는 중량을 증가 또는 감소시키는 방향으로 설계변인을 결정한다. 39번의 생산성은 공학설계의 매우 중요한 설계변인으로 재료, 부품의 선택 등을 포함한다. 공학설계에서 고려한 모든 설계변인은 표 6.1의 39개 설계변인 중의 하나로 분류할 수 있다.

설계변인은 물리적·기하학적 변인, 비기술적 망소형(望小形) 변인, 비기술적 망대형(望大形) 변인으로 분류할 수 있다. 물리적·기하학적 변인은 물리적 성질이나 기하학적 형상과 관련된 속성을 나타낸다. 망소형 파라미터는 값이 적을수록 좋은 속성이다. 망대형 파라미터는 값이 클수록 좋은 속성이다. 표 6.2는 표 6.1의 변인을 속하는 범주에 따라 분류한 것이다.

▶표 6.1 39개 공학적 설계변인

번호	설계변인(Design parameter)	번호	설계변인(Design parameter)
1	이동 물체의 중량 (Weight of moving object)	21	동력(Power)
2	정지 물체의 중량 (Weight of nonmoving object)	22	에너지의 낭비(Waste of energy)
3	이동 물체의 길이 (Length of moving object)	23	물질의 낭비 (Waste of substance)
4	정지 물체의 길이 (Length of nonmoving object)	24	정보의 손실 (Loss of information)

▶표 6.1 39개 공학적 설계변인(계속)

번호	설계변인(Design parameter)	번호	설계변인(Design parameter)
5	이동 물체의 면적 (Area of moving object)	25	시간의 낭비 (Waste of time)
6	정지 물체의 면적 (Area of nonmoving object)	26	물질의 양 (Amount of substance)
7	이동 물체의 부피 (Volume of moving object)	27	신뢰도(Reliability)
8	정지 물체의 부피 (Volume of nonmoving object)	28	측정 정확도 (Accuracy of measurement)
9	속도(Speed)	29	제조 정확도 (Accuracy of manufacturing)
10	힘(Force)	30	물체에 작용하는 유해 요인 (Harmful factors acting on object)
11	장력, 압력(Tension, pressure)	31	유해 부작용 (Harmful side effects)
12	형상(Shape)	32	제작성(Manufacturability)
13	물체의 안정성(Stability of object)	33	사용 편리성 (Convenience of use)
14	강도(Strength)	34	수리성(Repairability)
15	이동 물체의 내구성 (Durability of nonmoving object)	35	순응성(Adaptability)
16	정지 물체의 내구성 (Durability of moving object)	36	장치의 복잡성 (Complexity of device)
17	온도(Temperature)	37	제어의 복잡성 (Complexity of control)
18	휘도, 선명함(Brightness)	38	자동화 수준(Level of automation)
19	이동 물체의 에너지 소비 (Energy spent by moving object)	39	생산성(Productivity)
20	정지 물체의 에너지 소비 (Energy spent by nonmoving object)		

▶표 6.2 공학적 설계변인의 분류

집 단	설계변인
물리적 기하학적 변인	중량(1.2), 길이(3,4), 영역(5,6), 부피(7,8), 속도(9), 힘(10), 응력 또는 압력(11), 형상(12), 온도(17), 밝기(18), 전력(21)
비기술적 망소형 변인	활동기간(15,16), 하위 시스템에 의한 에너지 소비(19,20), 에너지 낭비(22), 물질의 낭비(23), 정보의 손실(24), 시간낭비(25), 물질의 양(26), 하위 시스템에 작용하는 유해인자(30), 유해한 부작용(31), 복잡도(36), 제어복잡성(37)
비기술적 망대형 변인	하위 시스템의 안정성(13), 강도(14), 신뢰도(27), 측정의 정확도(28), 제조정확도(29), 제조성(32), 사용편리성(33), 수리 용이성(34), 적응성(35), 자동화 수준(38), 생산성(39)

6.1.2 모순행렬표

모순행렬표는 표 6.3과 같이 39개의 설계변인 간의 모순을 해결하는 발명원리의 번호를 제시하는 39×39행렬표이다. 모순행렬표의 세로축은 개선되는 설계변인, 가로축은 악화되는 설계변인과 대응시켜 모순을 해결하는 발명원리를 찾을 수 있다. 모순행렬표의 발명원리는 알트슐러가 개발한 '40가지 발명원리'를 적용 우선순위별(왼쪽 위에서 오른쪽 아래 방향의 순으로 우선순위가 높음)로 나타낸 것이다. 기술적 모순은 39개 설계변인 간에 나타나는 모순이다. 예를 들어, 이동하는 물체의 중량 증가(1)와 에너지낭비 감소(22)는 기술적 모순 상태이다. 즉, 이동하는 물체의 중량을 증가시키려면 에너지 낭비도 동시에 증

▶표 6.3 모순행렬표(일부분)

악화되는 변인 / 개선되는 변인		1 이동 물체의 중량	2 정지 물체의 중량	…	22 에너지 낭비	…	38 자동화의 수준	39 생산성
1	이동 물체의 중량				6, 2, 34, 19			
2	정지 물체의 중량							
38	자동화 수준							
39	생산성							

가할 수밖에 없는 기술적 모순 상태이다. 표 6.3에서 이 모순의 해결을 위해 사용할 수 있는 발명원리를 찾으면 발명원리 6, 2, 34, 19를 찾을 수 있다. 이들 발명원리를 적용하여 모순을 해결할 수 있는 아이디어를 발상하여 문제를 해결한다.

6.1.3 모순행렬표의 활용

모순행렬표와 40가지 발명원리의 사용 시 다음의 절차를 따르는 것이 좋다.

(1) 개선할 속성을 결정하고, 이 속성을 모순행렬표상의 39개 설계변인 중 하나가 되도록 만든다.

(2) 다음의 질의에 답한다.

㉠ 이 속성을 전통의 방법을 사용하여 개선할 수 있는 방법은 무엇인가?

㉡ 전통의 방법을 사용하여 개선할 경우 어떤 속성이 악화될 것인가?

(3) 단계2의 '나' 항에 대응하는 모순행렬표상의 설계변인을 선택한다.

(4) 모순행렬표의 해당 행(개선되는 변인)과 열(악화되는 변인)이 만나는 발명원리를 확인한다.

모순행렬표와 40가지 발명원리는 문제의 해답을 바로 알려주는 것은 아니다. 해를 탐색하는 유망한 방향을 제시한다. 문제를 해결하기 위해서는 발명원리가 제시하는 내용을 해석하고 주어진 문제의 상황에 적용할 수 있는 아이디어를 발상해야한다. 사람들은 일반적으로 유추사고를 통해 문제를 해결한다. 대개 당면한 문제를 친숙하고 이미 해답이 존재라는 문제의 범주와 연관시키려고 노력한다. 올바른 유추를 하게 되면 유용한 해에 도달할 수 있다. 유사문제에 대한 지식은 교육, 전문가로서의 경험, 삶의 경험의 결과이다.

만일 지금까지 전혀 경험해 보지 않았던 문제를 해결해야 한다면 어떻게 할 것인가? 이런 상황에서는 표준적인 문제의 해결방안을 찾는 실마리를 제공한다고 할 수 있다. 모순행렬표를 활용하여 기술적 모순을 타협하지 않고 해결할 수 있는 아이디어를 유추할 수 있다면 40가지 발명원리를 활용한 문제해결은 아주 편리하고 효과적인 방법이다. 그렇지만 실제 문제를 기술적 모순으로 추상화하는 것이 쉬운 것이 아니며, 어느 정도 숙련되더라도 모든 문제를 이 기법만으로 해결하는 것도 한계가 있으므로 다른 트리즈 기법과 연계하여 문제를 해결하는 것이 바람직하다.

6.2 발명원리 40가지와 활용

알트슐러의 40가지 발명원리는 표 6.4와 같다. 표 6.4는 발명원리의 명칭과 발명원리의 구체적인 내용인 세부 발명원리, 대응하는 영문 명칭을 나타낸 것이다.

▶표 6.4 40가지 발명원리와 세부원리

발명원리명	세부원리	영문
1. 분할	A. 물체를 독립된 부분으로 나눈다. B. 물체를 분해가 쉽도록 설계한다. C. 물체의 분할 수준을 증가시킨다.	Segmentation
2. 추출	A. 방해하는 부분(또는 성질)을 물체로부터 분리하거나 물체의 필요한 부분(또는 성질)만 골라낸다.	Taking out
3. 국부적 품질	A. 물체의 구조를 균질상태에서 비균질상태로 바꾼다. 외부환경(또는 외부영향)을 균질상태에서 비균질상태로 바꾼다. B. 물체의 각 부분을 작동에 가장 적합한 상태로 만든다. C. 물체의 각 부분을 유용한 기능을 수행하도록 만든다.	Local Quality
4. 비대칭	A. 물체의 형상을 대칭에서 비대칭 형태로 변경한다. B. 물체가 비대칭인 경우에는 비대칭 정도를 증가시킨다.	Asymmetry
5. 결합(병합)	A. 동일하거나 유사한 물체를 더 가깝게 하거나 병합한다. 동일하거나 유사한 부분을 병렬로 작동하도록 만든다. B. 작동을 연속적이거나 병렬로 만들어 시간 내에 함께 수행하도록 한다.	Merging
6. 범용성	A. 부품이나 물체가 다수의 기능을 수행하도록 만들어 다른 부품의 필요성을 제거한다.	Universality
7. 포개기 구조	A. 한 물체를 다른 물체의 내부에 넣고, 다른 물체를 또다시 이 물체의 내부에 넣는다. B. 물체를 다른 물체의 빈 공간을 지나도록 한다.	Nested doll
8. 무게보상	A. 물체를 부력이나 상승력을 갖는 다른 물체에 결합시켜 지지한다. B. 물체를 상승력을 갖는 환경(공기역학, 부력)과 상호 작용시켜 지지한다.	Counterweight
9. 예비반대활동	A. 요구되는 작용의 반작용을 미리 수행한다. B. 작용의 반대 방향으로 힘을 갖는 물체를 미리 충전한다.	Preliminary Counteraction

▶표 6.4 40가지 발명원리와 세부원리(계속)

발명원리명	세부원리	영문
10. 예비활동	A. 요구되는 작용을 미리 수행한다. B. 물체를 최상의 동작위치에 미리 두고 공급에 필요한 시간낭비를 피한다.	Preliminary Action
11. 사전완충	A. 물체의 낮은 신뢰성을 보상하기 위해 미리 안전조치를 취한다.	Compensation
12. 등위화	A. 물체를 올리지도 내리지도 않는다.	Equipotentiality
13. 반대로 하기	A. 요구되는 작용을 거꾸로 한다. B. 고정부품은 움직이게, 유동부품은 고정시킨다. C. 물체를 돌려라, 뒤집어라.	Reverse
14. 회전타원체 구형화	A. 물체의 형태를 직선에서 곡선으로, 평판 또는 입방체에서 구면구조로 바꾼다. B. 롤러, 볼, 나선형을 사용한다. C. 직선운동을 회전운동으로 바꾼다.	Sphericity
15. 동적 수준	A. 물체의 특성이나 외부환경을 각 동작단계마다 최상이 되도록 가변시킨다. B. 물체를 서로 상대적으로 움직이도록 분리한다. C. 물체를 가변되게 또는 움직이게 한다.	Degree of Dynamism
16. 초과/부족	A. 원하는 것을 정확히 얻기 위해 비싼 대가를 치르기보다 "조금 더" 또는 "조금 덜" 하는 방법으로 해결한다.	Excess or Shortage
17. 차원 변화	A. 물체의 배치 또는 운동을 1차원에서 2차원, 2차원에서 3차원으로 바꾼다. 또는 그 반대로 한다. B. 단층 대신에 다층 어셈블리로 한다. C. 물체를 기울이거나 돌린다. D. 반대 면을 사용한다.	Change Dimension
18. 진동	A. 물체가 진동 운동하게 한다. B. 진동주파수를 초음파대역까지 증가시킨다. C. 물체의 고유 진동수 및 공진을 이용한다. D. 압전 진동기를 이용한다. E. 초음파 진동 및 전자기장을 이용한다.	Oscillation
19. 주기적 활동	A. 지속적 작용에서 주기적 작용으로 바꾼다. B. 작용이 이미 주기적이면 주파수를 바꾼다. C. 작용과 그다음 작용 사이의 시간 간격을 이용한다.	Periodic Actions

▶**표 6.4** 40가지 발명원리와 세부원리(계속)

발명원리명	세부원리	영문
20. 유익작용의 지속	A. 물체의 모든 부품이 휴식 없이 완전가동 상태로 동작되게 한다. B. 동작중단이나 간헐적 동작을 없앤다.	Steady Useful Action
21. 급속 통과	A. 가장 위험하고 유해한 영향에서 벗어나기 위해 진행률을 증가시킨다.	Rushing Through
22. 유해를 유익으로 전환	A. 좋은 효과를 위해 유해한 효과를 이용한다. B. 두 유해한 효과를 결합해서 유해효과를 제거한다. C. 유해한 효과를 증가시켜 더 이상 유해하지 않게 한다.	Turn a Minus into a Plus
23. 피드백	A. 피드백을 도입한다. B. 이미 피드백이 있으면 크기나 영향을 바꾼다.	Feedback
24. 매개체 사용	A. 작용을 전달하거나 통과하는 매개체를 도입한다. B. 물체를 손쉽게 제거할 수 있는 물체와 임시로 결합한다.	Mediator Intermediary
25. 셀프서비스/자가조직	A. 물체 스스로 보완 작용을 하고 유지 보수할 수 있게 한다. B. 낭비에너지, 물질을 이용한다.	Self-service
26. 복제의 사용	A. 이용하기 불편하고, 복잡하고, 비싸고, 깨지기 쉬운 원본 대신에 복사물을 이용한다. B. 광학적 복사물을 이용한다. C. 적외선 또는 자외선 광학적 복사물을 이용한다.	Copying
27. 저가의 일회용품	A. 비싸고 수명이 긴 물체를 값싸고 수명이 짧은 또는 일회용으로 바꾼다.	Cheap Short Life
28. 기계적인 부분 대용	A. 기계적 장치를 광학, 음향, 미각과 같은 시스템으로 바꾼다. B. 물체와 상호작용할 전기적, 자기적, 전자기적 장(Field)을 이용한다. C. 필드의 상호작용 및 강자성 입자를 이용한다.	Redesigning
29. 공압과 유압	A. 대상물의 고체요소 대신에 기체와 액체요소를 사용한다. B. 대상물의 중량을 감소시키기 위해 아르키메데스힘(Archimedes forces)을 사용한다. C. 부압(negative pressure) 또는 대기압(atmosphere pressure)을 사용한다. D. 액체와 기체의 가벼운 성질을 결합한 것으로 거품을 사용한다.	Pneumatics and hydraulics system

▶표 6.4 40가지 발명원리와 세부원리(계속)

발명원리명	세부원리	영문
30. 유연한 겉모양과 박막	A. 통상의 구조물 개신에 유연한 얇은 막 및 필름을 사용한다. B. 유연한 얇은 막 및 필름을 사용하여 물체를 격리시킨다.	Flexible Members and Thin Films
31. 다공성 소재	A. 물체를 다공성으로 만들거나 다공성물질(삽입물, 코팅)을 사용한다. B. 물질에 있는 구멍을 이용한다.	Porous Materials
32. 색상 변경	A. 물체 또는 환경의 책을 바꾼다. B. 물체 또는 환경의 투명도를 바꾼다.	Changing Color
33. 균일성	A. 재료의 물성을 일치시킨다.	Homogeneity
34. 부분의 폐기·재생	A. 기능을 수행하자마자 물체의 일부를 버린다. B. 동작 중에 물체의 팽창된 부위를 복원한다.	Rejection and Regeneration
35. 파라미터와 물성의 변경	A. 물체의 물리적 상태(Phase)를 바꾼다(고체, 액체, 기체). B. 물체의 농도 또는 밀도를 바꾼다. C. 물체의 유연성 정도를 바꾼다. D. 물체의 온도를 바꾼다.	Changing Properties
36. 상전이 이용	A. 상변화 관련된 현상을 이용한다. 즉 밀도, 부피 변화, 변형열, 온도를 이용한다.	Use of Phase Changes
37. 열팽창	A. 재료의 열팽창 또는 수축을 이용한다. B. 열팽창계수의 차이를 이용한다.	Thermal Expansion
38. 강한 산화제	A. 일반 공기를 산소가 풍부한 공기로 바꾼다. B. 일반 공기를 순수 산소로 바꾼다. C. 공기를 산소공기 또는 산소로 이온화한다. 이온화된 산소를 이용한다. D. 산소를 오존으로 바꾼다.	Oxidant
39. 불활성 환경·진공	A. 현재의 환경을 불활성 환경으로 바꾼다. B. 프로세스를 진동상태에서 수행한다.	Insert Environment
40. 복합재료	A. 단일재질을 복합재질로 바꾼다.	Composite Materials

예 6.1 페트병 용적 증가

페트(Pet)용기의 용적을 증가시키는 문제를 해결하기로 한다. 페트병은 가볍고 부서지지 않는 우수한 용기이다. 페트병의 용적을 증가시키는 것이 이 회사에서 해결해야 할 중요한 문제이다. 페트병의 용적을 증가시키는 방법을 제안해 보자.

단계 1: 개선 속성의 결정 및 개선 설계변인의 선정

- 개선하고자 하는 속성: 페트병의 용적 증가
- 개선 설계변인: 7. 이동 물체의 부피

단계 2: 질의와 답

- 전통의 방법을 사용하여 개선하는 방법: 페트병의 크기 증가
- 악화되는 속성 및 설계변인: 페트병의 공간점유

단계 3: 악화 설계변인의 선택

- 31. 유해 부작용

단계 4: 모순행렬표에서 발명원리 찾기

- 7행과 31열이 교차하는 셀에 있는 발명원리는 17, 2, 40, 1이다.
- 각 발명원리의 세부내용은 다음과 같다.

번호	발명원리	세부원리	비고
1	17. 차원 변화	A. 물체의 배치 또는 운동을 1차원에서 2차원, 2차원에서 3차원으로 바꾼다. 또는 그 반대로 한다. B. 단층 대신에 다층 어셈블리로 한다. C. 물체를 기울이거나 돌린다. D. 반대 면을 사용한다.	
2	2. 추출	A. 방해하는 부분(또는 성질)을 물체로부터 분리하거나 물체의 필요한 부분(또는 성질)만 골라낸다.	
3	40. 복합재료	A. 단일재질을 복합재질로 바꾼다.	
4	1. 분할	A. 물체를 독립된 부분으로 나눈다. B. 물체를 분해가 쉽도록 설계한다. C. 물체의 분할 수준을 증가시킨다.	

단계 5: 셀에 있는 발명원리를 우선순위별로 아이디어 발상에 도움이 되는 구절을 참고하여 강제연상으로 아이디어를 내어 기술적 모순의 문제를 해결.

- 셀에 있는 발명원리를 17→2→40→1의 번호로 검토한다.

발명원리	세부원리	아이디어
2. 추출	A. 방해하는 부분(또는 성질)을 물체로부터 분리하거나 물체의 필요한 부분(또는 성질)만 골라낸다.	• 발상 1: 마신 후에 페트병의 측면이 녹도록 한다. 예를 들면, 마신 후 페트병을 흙에 묻으면 분해해서 토양에 섞일 수 있는 재료로 한다. • 발상 2: 마신 후에는 페트병의 측면 부분이 유연하게 찌그러드는 것이 용이하여 공간을 차지하지 않는 형상으로 변경한다. 예를 들면, 측면 부분을 강화 종이와 같은 것으로 하는 등.
40. 복합재료	A. 단일재질을 복합재질로 바꾼다.	• 발상 1에 결합시킨다.
1. 분할	A. 물체를 독립된 부분으로 나눈다.	• 발상 3: 마신 후에 페트병을 굽힐 수 있는 형상으로 한다.

위의 아이디어에 착안하여 그림 6.1과 같은 자바라형 용기를 만들었다.

그림 6.1 페트병과 자바라 물통

6.3 비즈니스 발명원리와 활용

트리즈는 특허에 대한 연구에서 시작한 것으로 대부분의 원리와 방법은 기술 영역에 축적된 지식에 근간을 둔 것이다. Mann(2004)은 기능모형과 분석, 기술 진화의 추세, 분리의 원리, 발명원리 등의 주요 트리즈 기법을 비즈니스와 경영 분야로 확장하였다. 표 6.5는 Mann이 분류한 5개의 비즈니스 업무부문과 대응하는 31개의 비즈니스 파라미터를 나타낸 것이다.

▶표 6.5 31개의 비즈니스 파라미터

업무부문	비즈니스 파라미터
연구개발 (R&D)	R&D 능력(R&D specification, capacity, and means)
	R&D 비용(R&D cost)
	R&D 시간(R&D time)
	R&D 위험도(R&D risk)
	R&D 인터페이스(R&D interface)
생산 (Production)	생산 능력(Production specification, capacity, and means)
	생산 비용(Production cost)
	생산 시간(Production time)
	생산 위험도(Production risk)
	생산 인터페이스(Production interface)
공급 (Supply)	공급 능력(Supply specification, capacity, and means)
	공급 비용(Supply cost)
	공급 시간(Supply time)
	공급 위험도(Supply risk)
	공급 인터페이스(Supply interface)
서비스 (Support)	서비스 능력(Support specification, capacity, and means)
	서비스 비용(Support cost)
	서비스 시간(Support time)
	서비스 위험도(Support risk)
	서비스 인터페이스(Support interface)
고객 (Customer)	고객 수요(Customer revenue, demand, feedback)
	정보의 양(Amount of information)
	커뮤니케이션 흐름(Communication flow)
	시스템에 영향 주는 유해인자(Harmful factors affecting systems)
	시스템이 생성한 유해인자(System-generated harmful factors)
	편리성(Convenience)
	적응성과 다능성(Adaptability and versatility)
	시스템 복잡성(System complexity)
	통제 복잡성(Control complexity)
	긴장/스트레스(Tension/stress)
	안정성(Stability)

비즈니스 파라미터들 간의 모순해결을 위한 모순표는 부록에 제시하였다. 모순표상의 발명원리는 표 6.4와 동일하다 비즈니스 모순표와 발명원리는 다음의 절차에 따라 활용한다.

(1) 개선해야 할 속성을 결정하고, 이 속성이 모순표의 31가지의 변인 중 하나가 되도록 만든다.

(2) 다음의 질문에 응답한다.

㉠ 전통의 방법을 사용하여 해당 속성을 개선할 수 있는 방법은 무엇인가?

㉡ 전통적 방법을 사용하는 경우에 악화되는 속성은 무엇인가?

(3) 단계 2의 '나' 항에 대응하는 모순 행렬표상의 설계변인을 선택한다.

(4) 모순표의 해당 행과 열이 교차하는 칸에서 발명원리를 찾는다.

예 6.2 제품의 개발기간 단축

지속적으로 신제품을 출시해야 하는 기업의 입장에서 신제품 개발기간의 단축과 비용절감은 매우 중요하다. 제품의 개발기간 단축은 바람직한 속성이다. 그러나 자동차와 같이 복잡한 제품은 제품개발 사이클을 단축하는 것이 매우 어렵다. 또한 제품 복잡도에 따라 제품개발비용도 함께 증가한다.

비즈니스 발명원리를 활용하여 이 문제를 해결하는 방법을 찾아보자. 먼저 문제를 다음과 같은 모순 문제로 모형을 변경한다.

1. 시스템 복잡도와 R&D 시간의 모순
2. 시스템 복잡도와 R&D 비용의 모순

첫 번째의 모순문제를 해결하기 위해서 모순표에서 발명원리번호를 다음과 같이 찾았다.

5, 6, 25, 10, 2, 37

이들 발명원리와 세부원리로부터 다음과 같은 아이디어를 얻을 수 있다.

발명원리	세부원리	아이디어
5. 결합	A. 동일하거나 유사한 물체를 더 가깝게 하거나 병합한다. 동일하거나 유사한 부분을 병렬로 작동하도록 만든다.	• 유사한 컴포넌트나 하위 시스템을 병렬로 개발한다. • 방해하지 않는 컴포넌트나 하위 시스템을 병렬로 개발한다.
6. 범용성	A. 부품이나 물체가 다수의 기능을 수행하도록 만들어 다른 부품의 필요성을 제거한다.	• 부품을 단순화하고 부품 수를 감소시킨다.

발명원리	세부원리	아이디어
25. 셀프서비스와 자가조직	A. 물체 스스로 보완 작용을 하고 유지 보수할 수 있게 한다. B. 낭비에너지, 물질을 이용한다.	• 은퇴한 작업자의 경험이 필요한 곳에 그들을 재고용한다. • 다른 조직에서 작업 부하가 적은 작업자를 임시로 빌려온다.
10. 예비 활동	A. 요구되는 작용을 미리 수행한다. B. 물체를 최상의 동작위치에 미리 두고 공급에 필요한 시간낭비를 피한다.	• 핵심개발활동을 시작하기 오래전에 이들 작업을 위한 작업자를 미리 선발하여 준비시킨다.
2. 추출	A. 방해하는 부분(또는 성질)을 물체로부터 분리하거나 물체의 필요한 부분(또는 성질)만 골라낸다.	• 부서 간의 장벽을 허물고 강력한 권한을 위임받은 제품개발팀을 구성한다.
37. 열팽창	A. 재료의 열팽창 또는 수축을 이용한다. B. 열팽창계수의 차이를 이용한다.	

두 번째의 모순문제의 해결을 위해 비즈니스 모순표에서 발명원리를 찾으면 다음과 같다.

5, 2, 35, 1, 29

발명원리 5, 2에 대해서는 앞에서 검토하였다. 이제 발명원리 35, 1, 29에 대해서 살펴보자.

발명원리	세부원리	아이디어
35. 파라미터와 성질 변경	A. 물체의 물리적 상태(Phase)를 바꾼다(고체, 액체, 기체). B. 물체의 농도 또는 밀도를 바꾼다. C. 물체의 유연성 정도를 바꾼다. D. 물체의 온도를 바꾼다.	• 가상적인 시제품과 컴퓨터 시뮬레이션을 더 많이 사용한다.
1. 분할	A. 물체를 독립된 부분으로 나눈다. B. 물체를 분해가 쉽도록 설계한다. C. 물체의 분할 수준을 증가시킨다.	• 제품의 하위 시스템 사이의 의존성을 감소시킨다. • 모듈 설계를 증진시킨다.
29. 공압과 유압	A. 대상물의 고체요소 대신에 기체와 액체요소를 사용한다. B. 대상물의 중량을 감소시키기 위해 아르키메데스힘을 사용한다. C. 부압 또는 대기압을 사용한다. D. 액체와 기체의 가벼운 성질을 결합한 것으로 거품을 사용한다.	• 제품개발팀에 대해서 유연한 조직구조를 사용하고, 팀구조를 제품개발이 다른 단계로 돌파하도록 조정한다.

위의 과정으로 총 11개의 아이디어를 얻을 수 있고, 이들 아이디어를 구체화하고 종합하여 최종의 개선안을 도출한다.

6.4 물리적 모순과 분리원리

6.4.1 물리적 모순의 의미

물리적 모순은 동일한 변인이 동일한 시간과 공간에서 배타적 상태(자기대립)로 되지 않으면 안 되는 경우를 말한다. 즉, 어떤 설계변인 C가 높은 값을 가져야 하지만 동시에 낮은 값을 가져야 하는 경우가 여기에 해당하는 것으로 물리적으로 불가능한 상황에 있어야 함을 의미한다고 할 수 있다.

모순표에서 동일한 변인이 교차하는 부분이 물리적 모순이 발생하는 상황을 나타낸다. 물리적 모순은 물리적으로 불가능한 현상이므로 발명원리가 존재하지 않으며, 모순표에 빈칸으로 남아 있다. 물리적 모순의 예를 들면 다음과 같다. 과거에 프레젠테이션에서 사용했던 지시봉은 길어야 하지만 길면 휴대가 불편하다. 즉, 개선할 특성도 길이이며 동시에 악화되는 특성도 길이로서 지시봉은 길어야 하지만 동시에 길지 않아야 하므로 물리적 모순 상태이다. 또 다른 예로서 바늘이 있다.

바늘에 실을 끼우기 위해서는 바늘귀의 구멍이 커야 하지만 쉽게 꿰매기 위해서는 바늘귀가 작아야 한다. 즉, 바늘귀는 크면서 동시에 작아야 하므로 물리적 모순이 발생한다. 물리적 모순 상황은 다음과 같이 기술할 수 있다.

핵심 하위 시스템 (A)는 첫 번째 요구사항 (B)를 만족시키기 위해서 (C)를 가지거나 (C)가 되어야 한다. 핵심 하위 시스템 (A)는 두 번째 요구사항 B'을 만족시키기 위해서 (C)를 갖지 않거나 (C)가 되지 않아야 한다.

물리적 모순은 대개 반대되는 물리적, 기하학적, 기능적 특성이 요구되는 경우에 발생한다. 표 6.6은 물리적 모순이 발생할 수 있는 각종의 특성을 정리한 것이다.

▶표 6.6 물리적 모순 특성

물리적 특성	기하학적 특성	기능적 특성
(크다/작다)	길다/짧다	던지다/잡다
밀도	대칭/비대칭	당기다/밀다
전도성	평행/교차	뜨겁다/차다
온도	얇다/두껍다	빠르다/느리다
시간	둥글다/둥글지 않다	움직이다/고정되다
점성	날카롭다/무디다	강하다/약하다
힘	좁다/넓다	부드럽다/단단하다
마찰력	수평/수직	싸다/비싸다
…	…	<반대어 사전 참고>

예 6.3 전선제조공정

일정 굵기의 전선을 만들 때 먼저 전선을 액체 에나멜에 담근 다음 금형을 통해 여분의 에나멜을 제거한다. 전선의 굵기가 일정하게 되도록 하기 위해서는 금형이 뜨거운 상태에 있어야 한다. 그러나 전선이 금형 속에서 일정 시간 이상 머물게 되면 금형의 뜨거운 온도 때문에 에나멜이 금형에 붙어 전선이 움직일 수 없게 된다. 이런 경우 공정을 중지하고 전선을 잘라낸 후에 금형을 청소해야 한다. 즉, 일정 굵기의 전선을 제조하기 위해서는 금형이 뜨거워야 하지만 에나멜이 금형에 붙는 것을 방지하기 위해서는 금형이 차가워야 하는 물리적 모순이 발생한다.

6.4.2 물리적 모순의 해결

대부분의 모순 문제는 기술적 모순의 형태로 나타난다. 그러나 문제를 더 상세히 분석하면 겉으로 드러난 기술적 모순의 근본원인이 물리적 모순임을 확인하게 된다. 물리적 모순을 해결하기 위해서는 분리의 원리를 적용한다. 표 6.7은 물리적 모순을 해결하는 11가지 방법을 예시와 함께 나타낸 것이다.

▶표 6.7 물리적 모순의 해결방법

방법	예
1. 상충된 성질의 공간 분리	• 채광(mining) 과정에서 발생하는 먼지를 가라앉히기 위해서는 작은 물방울이 필요하다. 그러나 물방울을 작게 하면 안개가 만들어지는 문제가 발생한다. 이 문제의 해결을 위해서 큰 물방울이 작은 물방울을 둘러싸도록 하는 방법이 제안.
2. 상충된 성질의 시간 분리	• 비행 상태(이륙, 비행, 착륙)에 따라 날개의 형상을 변경할 수 있는 비행기.
3. 동종/이종의 시스템이나 요소를 상위 시스템으로 결합함	• 주물의 냉각을 막기 위하여 사각형 주물을 롤러 컨베이어 위에서 마주 대어 연결. • 개인용 컴퓨터를 네트워크로 통합하여 전체 그룹이 하나의 프린터나 쌍방의 인터넷 연결을 가능하게 함.
4. 시스템을 반대 시스템 또는 시스템과 반대 시스템의 결합으로 전환	• 지혈을 위하여 다른 혈액형의 피를 이용함.
5. 전체 시스템을 성질 “B”를 갖도록 하고, 하위 시스템이 성질 “반-B”를 갖도록 함	• 복잡한 형상의 물체를 잡기 위한 바이스 클램프 바이스를 구성하는 세부요소들은 딱딱하나 전체 클램프는 유연하게 모양이 변할 수 있음.
6. 마이크로 수준에서 작동하도록 시스템을 변화	• 광산에서 쓰는 공압시스템에 압축가스 대신에 액화가스의 사용을 제안.
7. 시스템의 일부분이나 환경의 상(Phase)의 상태를 변경	• 기계적인 기중기 대신 열적인 기중기를 이용. 열팽창 계수가 틀린 두 개의 물질을 이용하여 열적인 기중기를 만듦. 열을 가하면 두 개의 물질 사이에 공간이 생김.
8. 시스템의 일부분의 상을 두 개의 상태를 갖도록 함(이 부분이 작업 환경에 따라 한 상태에서 다른 상태로 전이함)	• 니티놀(니켈과 티탄의 합금, 열 조건에 따라 본래의 모양으로 변하는 성질이 있음)을 이용한 열 교환기, 열이 올라가면 열 교환기의 모양이 늘어나서 냉각면적을 늘림.
9. 상전이에 동반되는 현상을 사용	• 얼음 조각들을 이용하여 냉동 화물(frozen load)을 이송하는 기계(얼음은 마찰력을 감소시킴).
10. 단일상(single-phase) 대신 두개상(double-phase)을 갖는 물질로 대체	• 광택 방법, 납이 녹아 있는 액체와 강자성체의 연마물질을 혼합한 물질을 사용함.
11. 물리-화학적 전이: 분해/합성, 이온화/재결합 등의 물질의 형성/소멸	• 나무의 암모니아 플라스틱화, 암모니아염을 입힌 나무는 마찰이 있으면 분해됨.

기술적 모순의 원인이 되는 물리적 모순을 찾기 위해서는 모순현상을 다음 세 단계에 따라 분석한다.

- 단계 1: 상충하는 기능을 찾고, 기능모형을 작성한다.
- 단계 2: 물리적 모순을 파악한다.
  물리적 모순은 동일한 물체에 유용한 활동과 유해한 활동이 공존하는 경우에 발생한다.
- 단계 3: 모순이 발생하는 영역을 파악한다.
  모순이 발생하는 "영역"에는 공간적 영역과 시간적 영역의 두 가지가 있다. 물리적 모순의 해결에 적용할 분리의 원리를 선정하기 위해서는 이 영역의 파악이 필요하다.

예 6.4 약액충진 앰풀의 밀봉

앰풀은 약액을 밀봉하여 보관하는 데 사용한다. 약액을 채운 앰풀의 끝 부분은 화염을 쪼여 밀봉한다. 이 과정에서 화염을 강하게 쪼이면 밀봉은 잘되지만 열의 영향을 받아 앰풀 속에 들어있는 약액의 품질이 나빠진다. 반대로 약액의 품질이 나빠지는 것을 방지하기 위해 화염을 약하게 쪼이면 약액의 품질은 유지되지만 밀봉이 불충분하게 된다. 화염이 강하면서 동시에 약해야 하는 물리적 모순이 발생된다. 그림 6.2는 앰풀의 제조공정을 나타낸 것으로 빈 앰풀에 약액을 채우고 버너를 사용하여 밀봉한다. 위의 세 단계를 적용하여 모순이 발생하는 영역을 찾는다.

- 단계 1: 상충하는 기능을 찾고, 기능모형을 설정한다.
  앰풀은 밀봉하되 약액은 손상되어서는 안 된다. 화염은 유리를 녹여 앰풀을 밀봉하지만 약액품질을 저하시킨다. 이 상황을 기능모형으로 작성하면 그림 6.3과 같다.

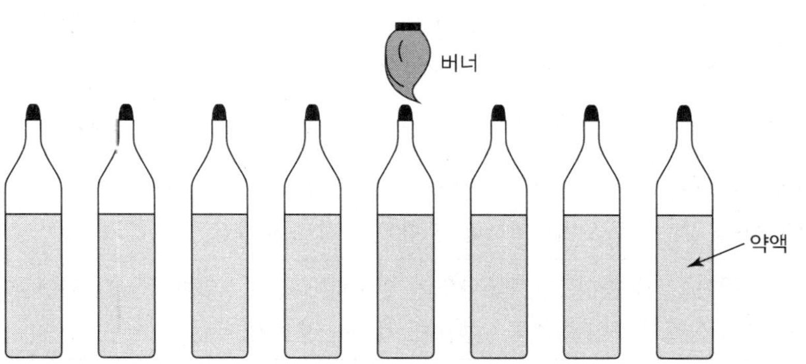

그림 6.2 앰풀 제조공정

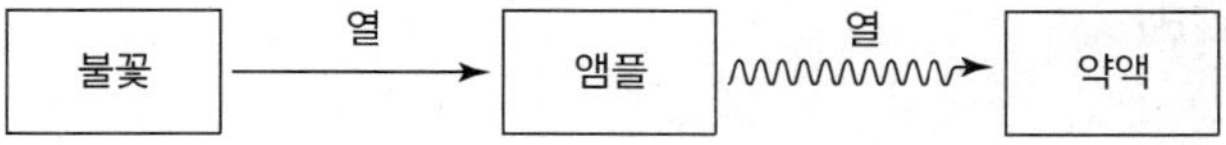

그림 6.3 앰플 제조의 기능모형

- 단계 2: 물리적 모순을 파악한다.

유용활동 "가열하여 앰플을 밀봉함"과 유해활동 "가열하여 약액을 변질시킴"이 앰플에 공존한다. 그러므로 물리적 모순은 다음과 같다.

- 앰플을 녹여서 밀봉하기 위해서는 충분히 뜨겁게 해야 한다.
- 앰플은 뜨거워서는 안 된다. 뜨겁게 되면 약액의 성질이 변한다.

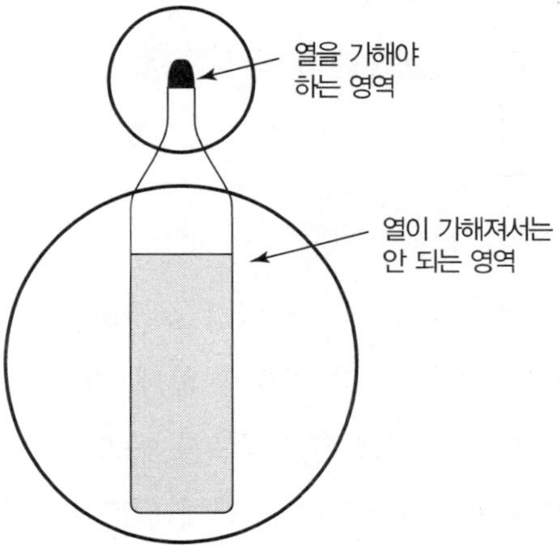

그림 6.4 물리적 모순이 발생하는 위치

- 단계 3: 모순현상이 일어나는 영역을 파악한다.
  - 위치성질. 앰플의 밀봉을 위해서는 앰플의 끝 부분에만 열을 가하면 된다. 반면에 약액의 변질을 방지하기 위해서 앰플의 아랫부분을 가열해서는 안 된다.
  - 시간성질. 앰플 밀봉공정의 유용기능 "열을 가하여 앰플을 밀봉"과 유해기능 "열이 약액을 변질"이 동일한 시간에 발생한다.

앰플 제조공정의 물리적 모순은 시간적으로는 동일한 시점에 발생하고 있으나 위치적으로는 서로 다른 영역에서 발생하고 있다.

6.4.3 분리의 원리

물리적 모순을 해결하기 위해서는 분리의 원리를 적용한다. 분리의 원리에는 공간의 분리, 시간의 분리, 컴포넌트 간의 분리, 부분과 전체의 분리 등이 있다.

1) 공간의 분리

공간의 분리는 "물체의 한 부분이 성질 P를 가지는 반면에 다른 부분은 반대 성질 −P를 가진다"는 것을 의미한다. 공간의 분리를 적용하기 위해서는 모순이 일어나는 영역을 먼저 파악해야 한다. 예 5.4의 모순영역은 그림 6.4와 같이 모순이 발생하는 위치가 분리되어 있다. 따라서 공간을 분리하여 앰풀의 끝 부분은 뜨겁게 하고, 아랫부분은 차게 유지할 수 있으면 물리적 모순을 해결할 수 있다.

공간의 분리를 적용한 예로는 일회용밴드, 음료수캔, 깔때기, 산악용자전거의 바퀴 등이 있다.

예 6.5 음료수용 캔

음료수 캔은 운반하고, 쌓아두기 위해서는 일정 수준의 강도를 갖고 있어야 한다. 그러나 음료를 마시는 데는 캔이 강도를 가질 필요가 없다. 캔을 잡고 마실 때는 단단한 캔은 바람직하지는 않다. 캔의 상부와 테이블부는 강도를 높게 해야 하지만, 본체 부분은 알루미늄 박판 상태만으로 충분하다(공간의 분리). 캔에 담긴 주스를 밀봉상태로 유지하면 강도를 충분히 유지할 수 있으며, 마실 때에는 캔이 딱딱하다는 것을 그다지 느끼지 않는다.

참고: 상부와 테이블부는 알루미늄으로 하고 본체 부분을 페트로 만든 음료용기(일명 '페트캔')도 있다.

2) 시간의 분리

시간의 분리는 "일정 기간에는 성질 P를 가지고, 다른 기간에는 반대의 성질 −P를 가지는 것"을 의미한다. 시간의 분리를 적용하기 위해서는 모순의 시간적 성질을 파악해야 한다. 유용활동과 유해활동이 충돌이 있으면 유용활등과 유해활동의 발생기간을 확인한다. 그런 다음에 작용해야 하는 유용기능의 수행기간과 제거해야 하는 유해기능의 작동기간을 파악해야 한다. 이들 두 기간을 완전하게 분리할 수 있다면 물리적 모순을 해결할 수 있다. 시간의 분리를 적용한 예로는 캡슐형 알약, 비행기의 날개, 접이식 컴퓨터 키보드 등이 있다.

예 6.6 비행기의 날개

비행기의 날개는 이륙할 때와 비행할 때의 형상이 다르다. 비행기의 이륙을 쉽게 하기 위해서는 날개의 면적을 크게 해야 하지만, 속도를 빠르게 하기 위해서는 작게 해야 한다. 비행기의 날개는 크면서 동시에 작아야 한다. 비행기의 날개가 커야 하는 기간(이륙)과 작아야 하는 기간(비행)을 완전히 분리할 수 있다. 이 문제는 시간의 분리를 적용하여 이륙 시에는 날개의 면적을 크게 하고 비행 중에는 날개의 면적을 작게(좁게) 되도록 설계한다. 비행기의 날개는 이륙과 비행에 따라 형상이 변경된다.

예 6.7 빌딩기초공사용 파일

빌딩을 건축할 때에는 빌딩의 하중을 지반에 전달하는 파일기초공사를 한다. 기초공사에는 파일을 이용한다. 파일을 잘 박히도록 하기 위해서는 끝이 뾰족해야 한다. 그러나 파일의 끝이 뾰족하면 지지력이 떨어진다. 지지력을 향상시키기 위해서는 파일의 끝이 뭉툭해야 한다. 그러나 끝이 뭉툭한 파일은 박기 어렵다. 이런 모순의 해결방안으로 끝이 둥근 모양의 파일을 사용한다(타협안).

파일을 쉽게 박기 위해서는 끝이 뾰족해야 하지만 지지력을 좋게 하기 위해서는 뭉툭해야 한다. 이 상황은 끝이 뾰족해야 하는 기간과 끝이 뾰족해야 하는 기간이 완전하게 분리되어 있다. 파일을 박는 동안에는 끝이 뾰족하고, 다 박은 후에는 바닥 부분이 팽창되도록 파일을 설계한다.

3) 구성품들의 분리

구성품들의 분리는 "한 구성품은 성질 P를 가지는 반면에 다른 구성품은 반대의 성질 −P를 갖는 것"을 의미한다. 모순과 관련하여 해당 구성품이 가질 수 있는 성질을 하나로 제한할 수 있는 경우에 다른 성질을 갖는 다른 구성품을 도입한다.

예 6.8 벤치바이스 개선

전통의 벤치바이스는 정규형상의 물체를 잡을 수 있도록 설계되어 있다. 불규칙적인 형상의 물체를 잡기 위해서는 특수한 집게를 장착해야 한다. 불규칙한 형상의 집게를 제작하기 위해서는 많은 시간과 비용이 소요된다. 벤치바이스의 집게는 부품을 꽉 죄기 위해서는 형상이 고정되어야 하고, 부품의 형상에 적응하기 위해서는 형상이 유연해야 한다. 이 모순을 해결하기 위해서 벤치바이스시스템과 집게를 구성하는 구성품 간의 반대성질에 대한 분리의 원리를 적용한다. 소재를 느슨하게 채운 두 개의 셀을 바이스집게의 위아래에 고정시킨다. 작업물은 셀 사이에 넣고 누른다. 셀이 작업물을 감싸면 진공펌프를 사용하여 셀이 작업물과 동일한 형상이 되도록 하여 작업물을 단단히 고정시킨다. 이와 같은 설계를 사용함에 따라 생산성을 향상되었고, 특수한 치공구를 제작하지 않아도 되도록 했다.

4) 전체와 부분의 분리

이 원리는 구성요소들이 모여 전체로 하나가 되는 경우에 적용할 수 있다. 개개 구성요소가 성질 P를 가지고 전체는 −P의 성질을 갖도록 하여 문제를 해결한다. 자전거 체인, 다트 게임판, 단어 'YES'로 만든 'NO' 등은 전체와 부분의 분리를 적용한 예이다.

예 6.9 자전거 체인

자전거의 페달의 회전력을 바퀴에 전달하는 방법으로 벨트나 톱니바퀴를 사용할 수 있다. 벨트는 유연성이 있어서 페달과 바퀴 간에 어느 정도 거리가 있어도 회전력을 전달할 수 있으나 완전하게 전달할 수는 없다. 톱니바퀴를 사용하면 완전하게 전달할 수는 있으나 유연성이 없어 가까운 위치가 아니면 동력 전달이 쉽지 않다. 자전거의 동력 전달장치는 벨트의 유연성과 톱니바퀴의 경직성을 동시에 가져야 하는 물리적 모순 상태에 있다. 이 모순의 해결을 위해 전체와 부분 간의 분리의 원리를 적용한다. 자전거 체인의 링 하나하나(부분)는 단단하지만, 체인 자체(전체)는 풍부한 유연성을 갖고 있어 벨트의 유연성과 톱니바퀴의 경직성을 동시에 갖추고 있다.

5) 상황(조건)의 분리

특정의 상황에서는 요구사항이 존재하고, 다른 상황에서는 요구사항이 존재하지 않는 경우에는 상황에 따른 분리의 원리를 적용할 수 있다.

예 6.10 부엌의 배수구

부엌의 배구수는 배수되는 물은 통과시키고, 고형물은 통과시키지 않아야 한다. 부엌 배수구의 거름망은 물은 통과하고 음식물 찌꺼기와 같은 고형물은 통과하지 못하도록 작은 구멍이 많이 뚫려있다. 즉, 물질의 크기에 따라 다르게 반응한다.

연습문제

6.1 '일회용밴드'를 문제 → 물리적 모순 → 해결의 과정으로 설명하라.

6.2 '산악용 자전거 바퀴'를 문제 → 물리적 모순 → 해결의 과정으로 설명하라.

6.3 '캡슐형 알약'을 문제 → 물리적 모순 → 해결의 과정으로 설명하라.

6.4 '다트 게임판'을 문제 → 물리적 모순 → 해결의 과정으로 설명하라.

6.5 다이빙 선수는 새로운 다이빙 자세를 개발하고 연습을 해야 한다. 문제는 다이빙에 성공하지 못하면 선수들이 부상을 입을 수 있다는 것이다. 높은 위치에 있는 다이빙대에서 뛰어내려 수면에 부딪히는 순간에 물은 단단한 상태에 있다. 다이빙 선수는 새로운 자세를 만들 수 있을 것이라고 생각하지만 부상을 입어 경기에 나가지 못할지도 모른다는 두려움을 갖고 있다. 이 문제를 해결하는 아이디어를 찾으라.

6.6 가구회사에서 유치원에 가구를 팔았다. 그러나 아이들이 가구의 페인트를 벗기거나 긁어놓아 금방 헌 가구가 되어버린다는 불평을 하고 있다. 이 문제의 해결방안을 찾으라.

6.7 어떤 공장에서 두께 2 mm의 타원형 유리판을 수천 개 제조해 달라는 주문을 받았다. 우선 유리를 사각형의 판으로 자른 다음 모서리를 갈아서 타원형을 만들었으나 유리판이 매우 얇아 제조과정에서 많은 수의 유리판이 깨졌다. 작업자는 더 두꺼운 유리판으로 제작해야 한다고 하고 있다. 이 문제의 해결방안을 찾으라.

6.8 길이 4인치, 직경 4인치의 용수철을 눌러 책의 안쪽에 놓고 용수철이 풀리지 않게 책을 덮어야 한다. 또한 용수철은 언제든지 펴져야 한다(용수철을 눌러 장치 안에 넣고 뚜껑을 덮어야 하는 상황과 유사하다). 어떤 엔지니어가 줄로 용수철로 묶는 방법을 제안하자 다른 엔지니어가 용수철을 묶어두면 기능을 할 수 없다고 했다. 이 문제의 해결방안을 찾으라.

6.9 공간의 분리를 적용한 예를 들라(책의 예는 제외).

6.10 시간의 분리를 적용한 예를 들라(책의 예는 제외).

6.11 구성품들의 분리를 적용한 예를 들라(책의 예는 제외).

6.12 전체와 부분 간의 분리를 적용한 예를 들라(책의 예는 제외).

6.13 상황(조건)의 분리를 적용한 예를 들라(책의 예는 제외).

CHAPTER 07

발명 원리의 이해

7.1 40가지 발명 원리

40가지 발명 원리	
1. 분할의 원리	21. 고속 처리의 원리
2. 분리의 원리	22. 해로움을 이로움으로 전환
3. 국소적 성질의 원리	23. 피드백의 원리
4. 비대칭의 원리	24. 매개체의 원리
5. 결합의 원리	25. 셀프 서비스의 원리
6. 범용성의 원리	26. 복제의 원리
7. 포개기의 원리	27. 값싼 일회용품
8. 평형추	28. 기계 시스템의 대체
9. 사전 반대 조치의 원리	29. 공기식 또는 수압식 구조물 활용
10. 선행 조치의 원리	30. 유연한 막 또는 얇은 필름
11. 사전 예방의 원리	31. 다공질 재료
12. 높이 맞추기의 원리	32. 색상 변경의 원리
13. 반대로 하기의 원리	33. 동질성의 원리
14. 구형화의 원리	34. 폐기 및 재생의 원리
15. 역동성의 원리	35. 속성 변경
16. 과부족 조치의 원리	36. 상전이의 활용
17. 차원 바꾸기의 원리	37. 열 팽창
18. 기계적 진동의 활용	38. 강산화제의 사용
19. 주기적 작동의 원리	39. 불활성 환경의 사용
20. 유익한 작용의 지속	40. 복합 재료의 사용

발명 원리	1. 분할의 원리
서브 원리	1. 시스템을 개개의 부분으로 분할한다. 2. 시스템을 용이하게 조립, 분해할 수 있도록 한다. 3. 시스템의 분할 정도를 강하게 한다.
요점	'5. 결합'의 반대 원리이다. 시스템을 작은 단위로 분할하여 처리를 원활하게 하려는 것이다. 분할 정도는 원자, 분자까지 생각한다.
도해 사례	정보 누설이나 화재 등의 위험 대책으로서 복수의 데이터 센터에 보관한다. 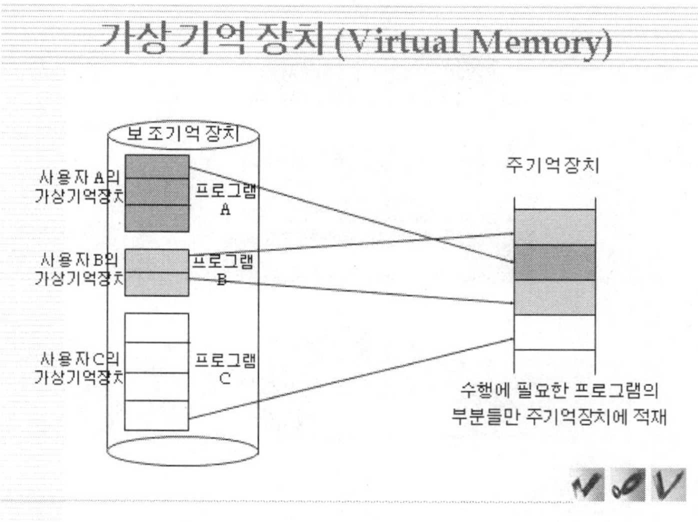
기타 사례	• 자동차 등의 엔진의 복수 피스톤 • 관 시스템을 분리할 수 있도록 하는 연결 손(방법) • 복수 칼날이 있는 카트리지식 면도기

발명 원리	2. 분리의 원리
서브 원리	시스템에 복수의 기능이 있고, 불필요한 기능이나 유해한 기능이 있을 때 그것들을 분리한다.
요점	‘5. 결합’의 반대 원리이다. 간세포에만 방사선을 조사하여서 다른 세포와 분리시키도록 생각하는 방법이다.
도해 사례	장애인을 위한 장애인 전용 택시 
기타 사례	• 자동차의 에어백 • 레스토랑의 금연 코너 • 예비 학교의 특진 클래스

발명 원리	3. 국소적 성질의 원리
서브 원리	1. 물체나 시스템이나 그 주위의 물건을 균일한 것으로부터 비균일한 것으로 바꾼다. 2. 시스템의 각 부분을 국소적으로 최적화시킨 상태에서 기능이 가능하도록 한다. 3. 시스템이나 물체의 각 부분이 유용한 기능을 실행할 수 있도록 한다.
요점	청소기의 흡입구를 다다미용, 채탄용, 좁은 틈새용 등 청소하는 장소, 물건에 따라서 구분하는 것과 같은 사고 방법이다.
도해 사례	깨끗한 화장실 관리를 하기 위하여 변기나 문 등을 은나노 코팅한다. 
기타 사례	• 표면처리/코팅 • 냉장고 내부의 냉동실 • 지우개 부착된 연필

발명 원리	4. 비대칭의 원리
서브 원리	1. 물체나 시스템의 대칭성에 비대칭성을 도입한다. 2. 외부의 비대칭에 맞추어서 물체나 시스템의 형태를 바꾼다. 3. 비대칭의 정도를 증가시킨다.
요점	비대칭으로 디자인함으로써 아름답거나 작업을 재미있게 하게 한다.
도해 사례	잘못 삽입하는 것을 방지하기 위해서 비대칭으로 설계한 PC 등의 커넥터 
기타 사례	• 열쇠 • 오른손, 왼손용 장갑 • 여러 개의 다른 측정 눈금을 표시하도록 하는 기준

발명 원리	5. 결합의 원리
서브 원리	1. 동일 또는 복수의 물체, 조작 혹은 기능을 연결한다. 2. 복수의 물체, 조작 혹은 기능을 동시에 동작하도록 연결 또는 조합시킨다.
요점	'1. 분할, 2. 분리'의 반대이다. 작은 글자와 큰 글자를 갖는 형광펜의 조합 등이다.
도해 사례	복수 날의 면도기 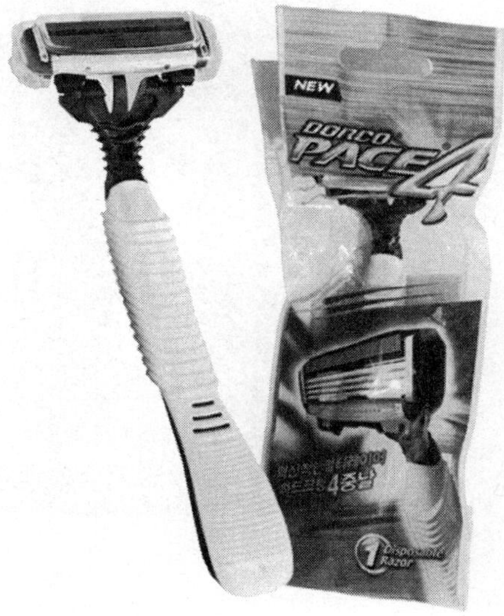
기타 사례	• 다색 잉크 카트리지 • 다초점 렌즈 안경 • 셀 생산 방식

발명 원리	6. 범용성의 원리
서브 원리	물체나 시스템에 복수의 기능을 갖게 함으로써 다른 시스템의 필요성을 없앤다.
요점	일석이조의 사고방식이다. 가전제품의 다기능 제품에서 많이 볼 수 있다.
도해 사례	알람 라디오  [사진=인사이트미디어]
기타 사례	• 그릴이 부착된 전자레인지 • 자명종 시계가 부착된 라디오 • 샤-보(볼펜과 샤프펜)

발명 원리	7. 포개기의 원리
서브 원리	1. 물체 혹은 시스템을 다른 것의 내부에 넣는다. 2. 물체 혹은 시스템이 열린 구멍을 통해서 다른 물건에 빠지도록 된다.
요점	인형 속에 다른 인형을 여러 단계로 포개 넣은 러시아 인형이 전형적 형태이다.
도해 사례	러시아 인형(마토료시카) 
기타 사례	• 백화점 등의 점포 내에 전문점 등의 별도 점포를 놓는다. • 은행 내에 설치된 현금 지급기 • 인터넷에서 개인 상점을 낼 때에 인터넷 몰을 이용한다.

발명 원리	8. 평형추
서브 원리	1. 물체 혹은 시스템의 중량을 경감시키기 위해서 다른 물체와 조합한다. 2. 공기의 힘, 유체의 힘, 부력, 기타의 힘을 이용한다.
요점	천칭이 전형적인 사례이다. 또는 비행선은 비행기의 양력과 다르게 공기보다 더 가벼운 가스를 사용하여서 조용하게 부력을 얻고 있다.
도해 사례	리니어 모터카는 자기 부상력을 이용하고 있다. 차량의 초전도 자석이 고속으로 통과하면 자동적으로 지상의 부상/안내 코일로 전류가 흘러서 전자석으로 되고, 차량을 위로 올려서 부상한다. 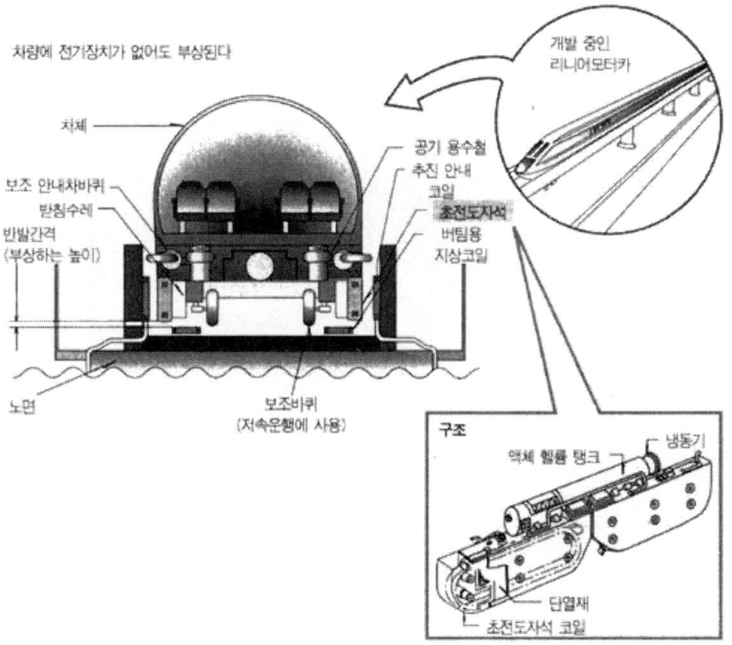
기타 사례	• 열기구 • 비행기나 수중익선 • 자동차의 타이어

<table>
<tr><th>발명 원리</th><th>9. 사전 반대 조치의 원리</th></tr>
<tr><td>서브 원리</td><td>1. 미리 반대 작용을 해서 유해한 효과를 감소시킨다.
2. 물체에 반대 응력을 미리 부여해서 유해 응력을 상쇄시킨다.</td></tr>
<tr><td>요점</td><td>문제가 발생하기 이전에 문제의 소지를 없앤다.</td></tr>
<tr><td>도해 사례</td><td>보리는 줄기와 잎들만 성장하게 되면 뿌리 발육이 되지 않는다. 보리를 밟아두면 줄기와 잎의 성장은 일시 중지되지만, 그 뿌리의 발육이 좋아져서 서리 피해에 강해진다.
</td></tr>
<tr><td>기타 사례</td><td>• 자동차 타이어 호일의 방진 대책
• 항균 가공을 실시한 구두
• 방축(防縮) 가공을 시행한 직물</td></tr>
</table>

발명 원리	10. 선행 조치의 원리
서브 원리	1. 유용한 작용을 그것이 필요로 되기 전에 도입한다. 2. 물체 또는 시스템을 미리 배치하여 놓고, 가장 편리한 때와 장소에서 동작할 수 있도록 한다.
요점	사전에 동작 등의 작용을 실시하여 놓고, 소정의 기능을 원활하게 실행시키려는 사고 방법이다. 예약이나 타이머도 이것에 상당한다.
도해 사례	오븐이나 오븐토스터, 그릴에서 조리할 때, 미리 내부 온도를 각각의 목적에 맞는 온도까지 올려놓고, 내부 온도를 균일하게 함으로써 타는 것을 방지한다. 
기타 사례	• 미리 풀칠해 놓은 봉투 • 빼내기 쉽도록 깁스 내에 미리 삽입해 놓은 절단기 • 제조라인의 반 조립품

발명 원리	11. 사전 예방의 원리
서브 원리	물체의 신뢰성이 잠재적으로 낮은 경우, 긴급 백업을 동원한다.
요점	최악의 경우를 고려한 위험 대응책의 고안 방법이다.
도해 사례	비행기 사고가 났을 때 승객들의 신속한 대피를 위하여 에어 슬라이딩 보드(공기 미끄럼틀)를 보관하고 있다. 
기타 사례	• 스페어 타이어 • 비행기의 산소흡입기 • 무정전 전원장치

발명 원리	12. 높이 맞추기의 원리
서브 원리	물체를 들어 올리거나 내릴 필요가 없도록 작업 조건을 바꾼다.
요점	공장에서 스프링으로 지지한 부품 공급 시스템과 같은 것을 나타낸다. 부품의 무게에 따라서 스프링이 신축하고, 항상 일정 높이에서 부품을 공급한다. 식당의 트레이 공급 장치도 같은 고안방법이다.
도해 사례	자동차 정비용 리프트 
기타 사례	• 수리 공장에서 자동차를 올리지 않기 위해서 정비사가 내려가서 작업하는 움푹 파인 구(溝) • 원형의 회전식 장치에 차를 고정시킴으로써 간단히 차의 방향을 옆이나 반대로 할 수 있다. • 운하의 수문을 배의 높이에 맞춘다.

<table>
<tr><th>발명 원리</th><th>13. 반대로 하기의 원리</th></tr>
<tr><td>서브 원리</td><td>1. 문제 해결 방향과 반대 작용을 사용한다.
2. 물체, 시스템 혹은 과정을 반대로 한다.</td></tr>
<tr><td>요점</td><td>기존의 발상과 반대로 실행하는 고안 방법이다. 활용 빈도가 높은 원리이다.</td></tr>
<tr><td>도해 사례</td><td>놀이 공원의 써핑보드 연습장
</td></tr>
<tr><td>기타 사례</td><td>• 다수의 금속 구슬을 뿌려서 부착시킨 쇼트피닝 금속 부품
• 도예용의 회전 롤러
• 약제를 도포하지 않고, 흰개미의 사료에 약을 혼합해서 죽인다.
• 헬스기구인 런닝 머신</td></tr>
</table>

발명 원리	14. 구형화의 원리
서브 원리	1. 직선의 끝 또는 평면을 곡면으로 바꾼다. 2. 롤러, 볼, 나선, 돔을 사용한다. 3. 직선 운동과 회전 운동의 사이에서 서로 바꾼다든지 원심력을 사용한다.
요점	직선이나 평면적인 발상으로부터 입체적인 발상을 촉진시키는 고안 방법이다.
도해 사례	세탁물의 탈수 방법으로서, 세탁기의 가운데에서 옷을 회전시키며 건조하는 드럼 세탁기 
기타 사례	• 돔 형태의 건물 옥상 • 볼펜의 볼 • 원심력을 이용한 액체 도포 장치(스핀코터)

발명 원리	15. 역동성의 원리
서브 원리	1. 시스템이나 물체의 특성, 프로세스 등을 변경하여서 최적의 동작 조건을 찾는다. 2. 시스템이나 물체를 분할하여서 상대적으로 운동 가능하게 한다. 3. 시스템이나 물체가 부동 또는 유연하지 못한 경우에 가동성이나 적응성을 증가시킨다.
요점	물건을 움직이기 쉽도록 하는 구조로 하는 것. 자유도를 증가시키는 것.
도해 사례	• 액정 모니터를 필요 방향으로 자유자재로 변경 가능한 비디오 카메라 • 비디오카메라나 디지털카메라의 자동초점 기능 
기타 사례	• 형상 기억 합금, 형태 안정 섬유(셔츠) • 접는 우산 • 접는 휴대전화/노트북 PC • 접혀지는 빨대

발명 원리	16. 과부족 조치의 원리
서브 원리	정확히 실행하기 곤란한 경우에 '약간 적게' 또는 '약간 많게'로 문제해결의 정도를 가결정해 놓고, 그 문제를 해결한다.
요점	처음부터 100 %를 목표로 하는 것이 아니고 90 %, 95 %와 같이 대략적으로 생각하면 잘된다는 고안 방법이다.
도해 사례	부품의 조립 작업을 할 경우, 축 삽입 또는 삽입될 부품에 테이퍼를 만들어 놓으면, 대략적으로 위치를 잡아도 간단히 축 삽입이 가능하게 된다. 예를 들면 프린터 회로 기판의 부품 발의 삽입부도 테이퍼가 되어 있다. 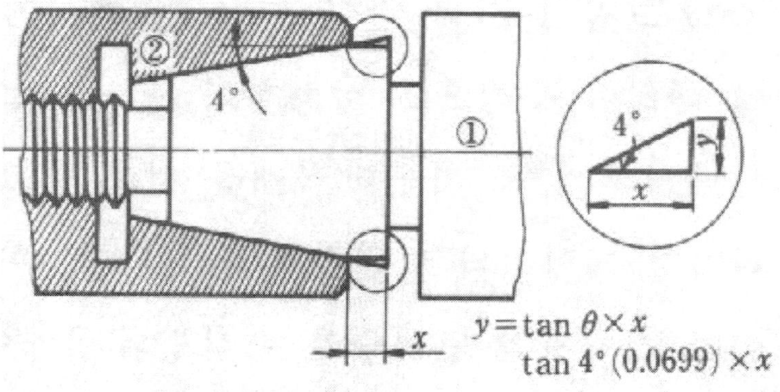
기타 사례	• 기계 가공에서 초벌 가공 후의 마무리 가공 • 마스킹테이프로 표면을 덮고, 페인팅 후에 테이프를 떼어내면 과잉의 페인트는 떼어진다. • 발생 빈도가 높은 순서로 문제 해결

<table>
<tr><th>발명 원리</th><th>17. 차원 바꾸기의 원리</th></tr>
<tr><td>서브 원리</td><td>1. 물체를 2차원 또는 3차원으로 이동한다.
2. 물체를 단층뿐만 아니라 다층으로 배열한다.
3. 물체 또는 시스템의 반대 측을 사용한다.</td></tr>
<tr><td>요점</td><td>유리창에서 다층 필름을 부착함으로써 수십 배의 강도를 갖도록 해서 방범 기능을 높이려는 것과 같은 고안 방법</td></tr>
<tr><td>도해 사례</td><td>도심의 맨션이나 백화점 등에서는 주차 공간을 확보하기 위해서 엘리베이터나 3차원 회전 방식으로 다층 주차하는 고안 방법이다.
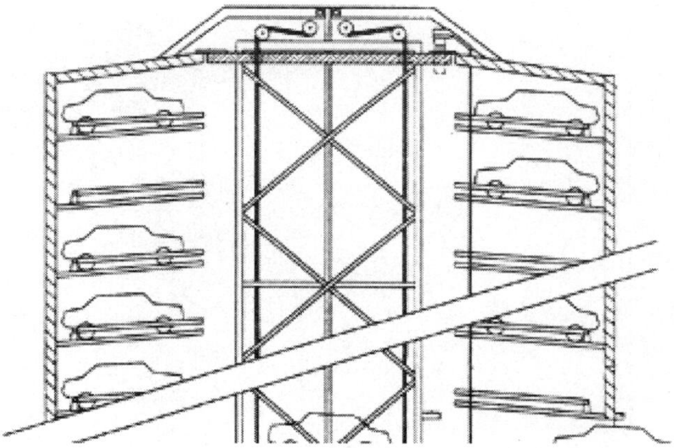</td></tr>
<tr><td>기타 사례</td><td>• 배달용 사발을 다층으로 운반할 수 있는 배달상자
• 나선상의 전화선
• 양면으로 전자 부품을 실장(實裝)한 프린터 회로 기판</td></tr>
</table>

발명 원리	18. 기계적 진동의 활용
서브 원리	1. 물체를 발진 또는 진동시킨다. 2. 진동수를 초음파 레벨까지 증대시킨다. 3. 물체의 공진 주파수나 압전 진동을 이용한다. 4. 초음파나 전자계 진동을 조합시켜서 사용한다.
요점	주로 초음파 등의 기계적 진동을 이용하는 고안 방법이다.
도해 사례	손목시계나 카메라의 자동 초점 구동 기구 등에 이용되는 초음파 모터(plate type)의 구조와 원리를 아래 그림에 나타내었다. 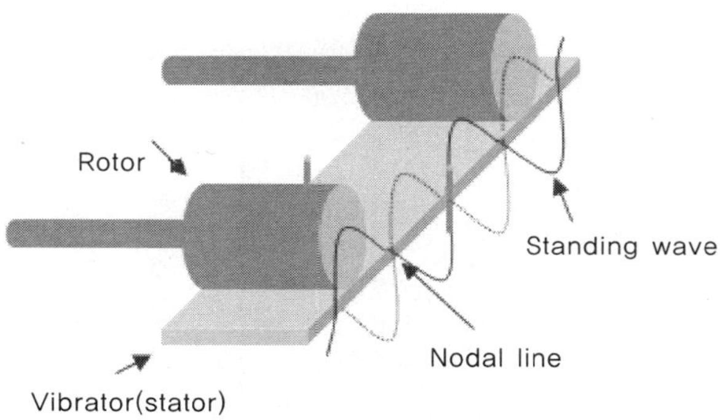
기타 사례	• 소형 모터를 내장하여 손끝에 미세 진동을 줌으로써 심장 박동수를 낮추어서 이완 효과를 가져다주는 볼펜 • 초음파 세정 • 수정 발진기가 시계를 구동

<table>
<tr><th>발명 원리</th><th>19. 주기적 작동의 원리</th></tr>
<tr><td>서브 원리</td><td>1. 연속 작용을 주기적 또는 펄스 작용으로 바꾼다.
2. 주기적 동작의 주기의 정도나 빈도를 바꾼다.
3. 동작 간의 일시 정지를 이용하여 다른 동작을 실행한다.</td></tr>
<tr><td>요점</td><td>산보의 예로서, 일정 리듬(주기)으로 걷는 것은 재미없다. 속보로 걷기도 하고, 천천히 걷기도 하고, 생략하기도 한다든지 하는 것과 같은 것으로 생각하면 좋다.</td></tr>
<tr><td>도해 사례</td><td>회전하는 물로써 물 절약이 가능하고 잔디의 손상을 줄이는 스프링클러
</td></tr>
<tr><td>기타 사례</td><td>• 주기적 동작을 가변적 동작으로 한 마사지 의자
• 맥동 물줄기를 이용한 워터제트 욕조
• 충전식 전지</td></tr>
</table>

발명 원리	20. 유익한 작용의 지속
서브 원리	1. 물체 또는 시스템의 모든 부분이 항상 충분한 부하로 움직이도록 한다. 2. 쓸데없는 단속적 동작을 모두 제거한다.
요점	회전수를 일정하도록 하기 위해서 활용하는 변속기나 롤러 모양으로 감은 재료를 자동 공급하는 고안 방법이다.
도해 사례	스테이플러의 침은 스프링의 힘에 의해서 연속 공급된다. 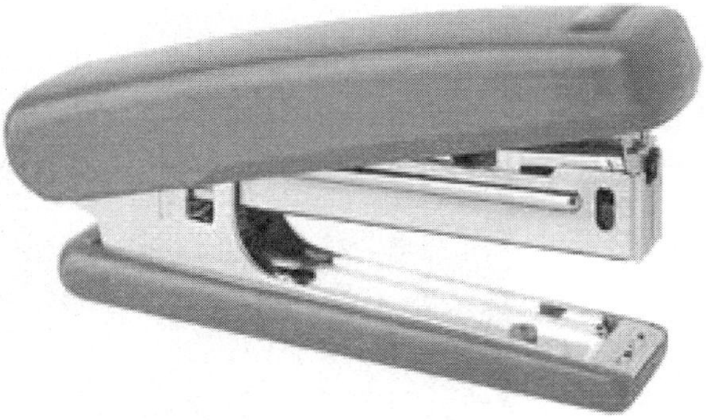
기타 사례	• 심장 페이스메이커 • 동시 작업을 시키기 위한 자동 조립기용 유니트 부품(로터리 인덱스 테이블) • 순간접착제

<table>
<tr><th>발명 원리</th><th>21. 고속 처리의 원리</th></tr>
<tr><td>서브 원리</td><td>매우 고속으로 동작시켜서 유해한 부작용을 제거한다.</td></tr>
<tr><td>요점</td><td>빵이나 주먹밥과 같이 부드러운 식품을 천천히 절단하면 변형되지만, 고속으로 절단하면 변형되지 않고 깨끗이 절단된다.</td></tr>
<tr><td>도해 사례</td><td>초고속 물 분출 절단기(waterjet 절단기)
</td></tr>
<tr><td>기타 사례</td><td>• 플라스틱을 빨리(열이 재료 가운데로 전달되는 속도보다 더 빠르게) 잘라서 변형을 피한다.
• 알루미늄 등을 한 번에 최종 형상으로 성형하는 임팩트 성형
• 우유 등 식품의 고온 고속 살균 처리
• 초음파 나이프
• 레이저 절단기</td></tr>
</table>

발명 원리	22. 해로움을 이로움으로 진화
서브 원리	1. 유해한 환경을 바꾸어서 유용한 효과를 획득한다. 2. 유해한 환경을 중화 또는 제거하기 위해서, 다른 물체 또는 동작을 부가한다. 3. 유해한 요인을 유해하지 않게 될 때까지 증대시킨다.
요점	예방접종에 독이 있는 왁친을 사용하거나, 심장병 약으로 니트로글리세린을 사용하는 것과 같이, 독으로 독을 제어하려는 고안 방법이다.
도해 사례	강풍 지역에서는 풍력 발전소가 유효하게 된다. 
기타 사례	• 폐열 발전 • 접착력이 약한 포스트잇 • 유전(油田) 화재를 다이너마이트 폭풍으로 소화하는 방법

<table>
<tr><th>발명 원리</th><th>23. 피드백의 원리</th></tr>
<tr><td>서브 원리</td><td>1. 피드백을 도입하여 프로세스나 작용을 개선한다.
2. 피드백을 전부 사용하고 있는 경우, 요구 조건의 변동에 적응할 수 있도록 한다.</td></tr>
<tr><td>요점</td><td>기준치에 대하여 높은가 낮은가를 검출함으로써 기준치에 근접하도록 제어한다.</td></tr>
<tr><td>도해 사례</td><td>스팀 보일러의 피드백 제어의 사례

스팀 보일러는 물이 상태 변화할 때의 열에너지 출입을 이용한 것이다. 버너에서 가열된 물이 수증기로 기화하고, 이 수증기가 방열기에서 액화가 일어난다.
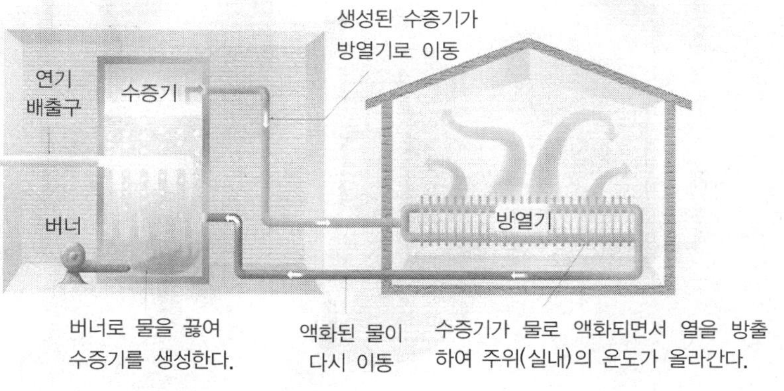</td></tr>
<tr><td>기타 사례</td><td>• 인재 육성책으로써 인사 평가 결과를 본인에게 피드백
• 연소 안정화를 위해서 적외선 센서를 사용한 열화상 피드백
• 열전대(서모스타트)</td></tr>
</table>

<table>
<tr><th>발명 원리</th><th>24. 매개체의 원리</th></tr>
<tr><td>서브 원리</td><td>1. 물질, 시스템 또는 작용의 사이에 중개를 도입한다.
2. 일시적으로 중개물을 도입하고, 그 기능을 달성한 후에 간단히 제거할 수 있도록 한다.</td></tr>
<tr><td>요점</td><td>부동산 중개업자나 결혼 중매도 이 원리에 해당한다.</td></tr>
<tr><td>도해 사례</td><td>첼로는 활을 매개체로 연주한다.
</td></tr>
<tr><td>기타 사례</td><td>• 부엌용 장갑이나 냄비 받침
• 인터넷 옥션
• 화학 반응에 이용하는 촉매</td></tr>
</table>

<table>
<tr><th>발명 원리</th><th>25. 셀프 서비스의 원리</th></tr>
<tr><td>서브 원리</td><td>1. 보조 지원 기능을 부가하여서 물체가 셀프 서비스하도록 한다.
2. 폐기자원, 폐 에너지, 폐기물질을 이용한다.</td></tr>
<tr><td>요점</td><td>원하는 기능이 자동적으로 달성되도록 만드는 고안 방법이다. 셀프-X와 같은 고안 방법이 된다.</td></tr>
<tr><td>도해 사례</td><td>자외선에 의해서 오염물을 분해하는 자동 클리닝 기능이 부착된 에어컨과 자동세척 기능이 부가된 전기밥솥
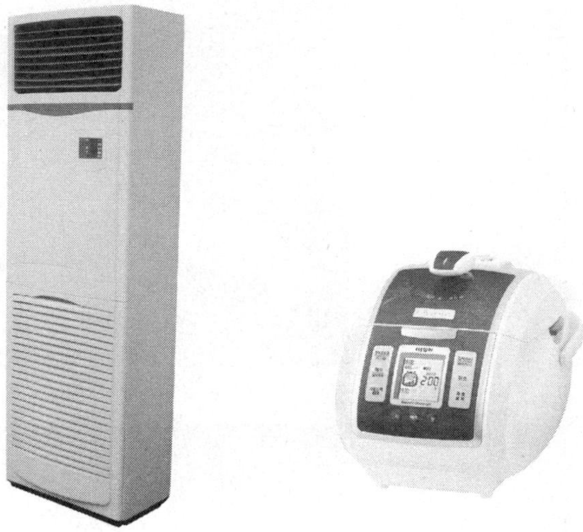</td></tr>
<tr><td>기타 사례</td><td>• 자동으로 심이 나오는 샤프펜
• PC의 자동 보존 기능
• 열쇠로 열 때 발생되는 진동을 전기로 변환시킴으로써 전지가 불필요한 방범경보기
• 폐열 이용 발전(코제너레이션)</td></tr>
</table>

발명 원리	26. 복제의 원리
서브 원리	1. 고가이며 깨지기 쉬운 물건 대신에 단순하고 저렴한 복제품을 사용한다. 2. 물건 또는 프로세스를 광학적인 복제품으로 바꾸어 놓는다. 3. 시광학적 복제품이 이미 사용되고 있을 경우에는 적외선 또는 자외선 복제품을 사용한다.
요점	실제 풍경이나 인물 등을 보는 대신에 사진이나 영상을 보내는 방법이다.
도해 사례	위험한 동물의 크기를 측정하기 위해서는 동물을 한 화면으로 촬영한다.  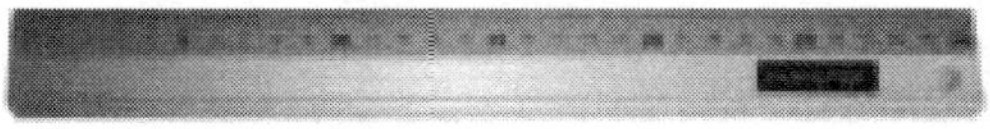 눈금자
기타 사례	• 인공 잔디, 자동차나 항공기의 시뮬레이션 • 자동차 등을 알루미늄 스폿 용접으로 대체하거나, 전극을 회전시켜서 마찰열로 용접한다. 대폭적인 에너지 절약형 마찰 용접임 • VTR에 의한 연수

발명 원리	27. 값싼 일회용품
서브 원리	고가인 물건이나 시스템을 저렴하고 단수명인 물건으로 바꾼다.
요점	쓰고 버리는 회로(回路), 일회용 카메라 등이 대표적인 고안 방법이다.
도해 사례	저렴하므로 한 번 쓰고 버리는 종이컵이나 치간치솔 등  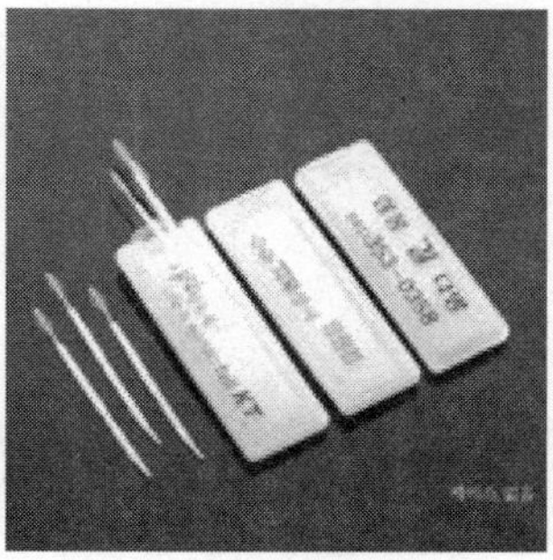
기타 사례	• 접시, 젓가락, 숟가락, 이쑤시개 • 일회용 라이터, 티슈 • 호텔의 칫솔, 빗, 치약, 화장품

<table>
<tr><th>발명 원리</th><th>28. 기계적 시스템의 대체</th></tr>
<tr><td>서브 원리</td><td>1. 기계적 수단을 시각, 청각, 미각, 촉각, 후각의 수간으로 바꾼다.
2. 전기적, 자기적, 전자기적인 장을 이용해서 물체 또는 시스템과 상호작용시킨다.</td></tr>
<tr><td>요점</td><td>기존의 기계적 시스템을 다른 방법으로 바꾼 것이다. 최근 가전제품에 많이 응용되고 있는 방식이다.</td></tr>
<tr><td>도해 사례</td><td>종래의 바늘식 레코드를 레이저광선을 이용한 CD, MD 등의 광디스크로 대체
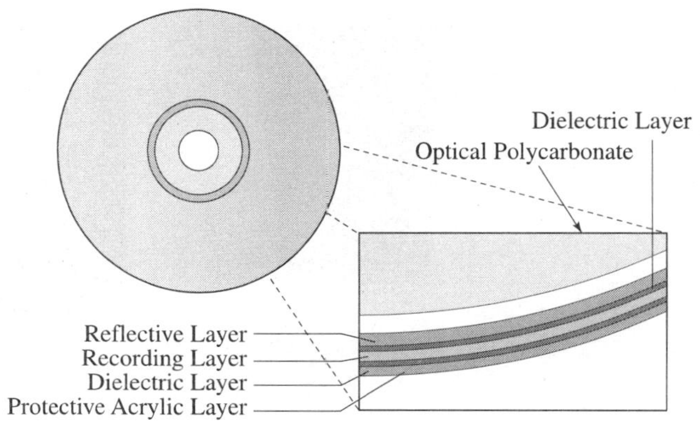

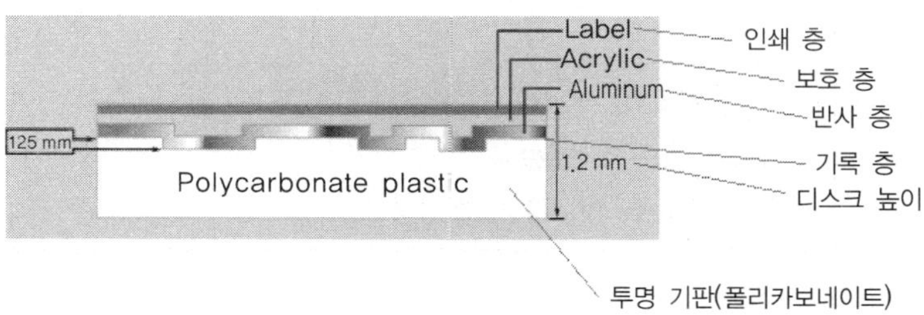
</td></tr>
<tr><td>기타 사례</td><td>• 비밀 ID로서 지문, 눈의 망막, 정맥
• 적외선 취사기
• MRI(자기공명화상) 검사</td></tr>
</table>

발명 원리	29. 공기식 또는 수압식 구조물 활용
서브 원리	고체 부분 대신에 기체 및 액체 등의 유체를 이용
요점	공기압, 유압, 기타 가스나 유체로 치환하여 이용하는 고안 방법이다.
도해 사례	신체의 부상을 경감시키기 위해서 공압을 이용한 자동차의 에어백 
기타 사례	• 에어커튼, 돔 구장 • 발 크기에 맞추기 위한 젤을 채운 구두

발명 원리	30. 유연한 막 또는 얇은 필름
서브 원리	1. 딱딱한 구조 대신에 유연한 껍질이나 박막을 사용 2. 유연한 껍질 및 박막을 사용하여서 물체 또는 시스템을 유해한 환경으로부터 분리한다.
요점	페인팅을 필름으로 대체, 강도 향상이나 자외선 예방을 위하여 유리에 필름을 가공하는 것과 같은 고안 방법이다.
도해 사례	충격을 흡수시키기 위한 유연 구조의 계란 포장재료 
기타 사례	• 라미네트 가공 • 정수기의 유해물질을 제거하는 막 • 홍차나 일본차의 티백

발명 원리	31. 다공질 재료
서브 원리	1. 물체를 다공질로 하든가, 다공질 요소를 더한다. 2. 물체가 이미 다공질인 경우에는, 그 구멍에 유용한 것을 더한다.
요점	스펀지, 종이 기저귀 등과 같은 다공질 재료에 필요한 기체나 유체를 부가하는 고안 방법이다.
도해 사례	연료 전지의 연료인 수소의 저장 방법으로서, 그 자체 체적의 약 1,000배의 수소를 저장할 수 있는 수소 흡수 저장 합금 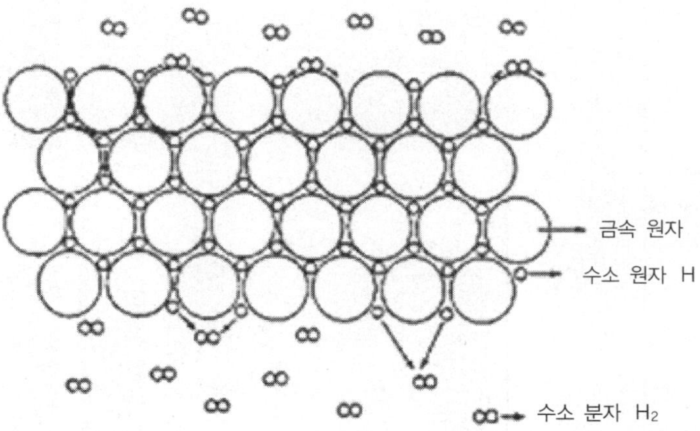 수소가 흡장 · 방출되는 기구
기타 사례	• 제품을 경량화하기 위한 펀칭 금속 • 몸을 씻는 스펀지 • 기름이 흡수된 다공질 소결 금속으로 만든 축수(軸綬)

발명 원리	32. 색상 변경의 원리
서브 원리	1. 물체 또는 그 주위의 색을 바꾼다. 2. 물체 또는 그 주위의 투명도를 바꾼다. 3. 물선이 쉽게 보이도록 하기 위해서 유색 첨가물을 더한다.
요점	선글라스나 자동차의 자외선을 차단하는 용도로 사용되는 '빛 투과 조절 유리'는 이 원리의 고안 방법이다.
도해 사례	리트머스 시험지는 산성에서 적색, 알칼리성에 청색으로 변한다. 나팔꽃은 산성비에서 색이 변하므로 자연계의 리트머스 시험지라고도 불린다. 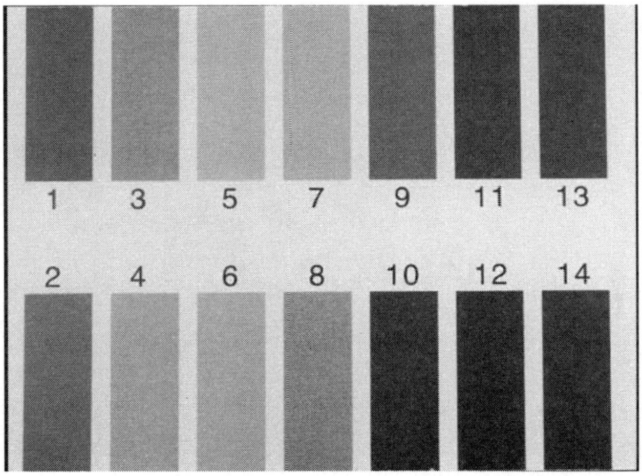
기타 사례	• 위장 복장 • 투명 반창고 • 도난품 발견용 자외선 표식

<table>
<tr><th>발명 원리</th><th>33. 동질성의 원리</th></tr>
<tr><td>서브 원리</td><td>상호 작용하는 물체를 같은 재료 또는 같은 특성을 갖는 재료로 만든다.</td></tr>
<tr><td>요점</td><td>냉수로 만들려면 얼음이 사용되며, 얼음은 녹아서 물로 된다. 이와 같이 동질 또는 동일 재료로 바꾸는 고안 방법이다.</td></tr>
<tr><td>도해 사례</td><td>생분해성 플라스틱은 흙속에서 분해하는 재료를 이용한다.
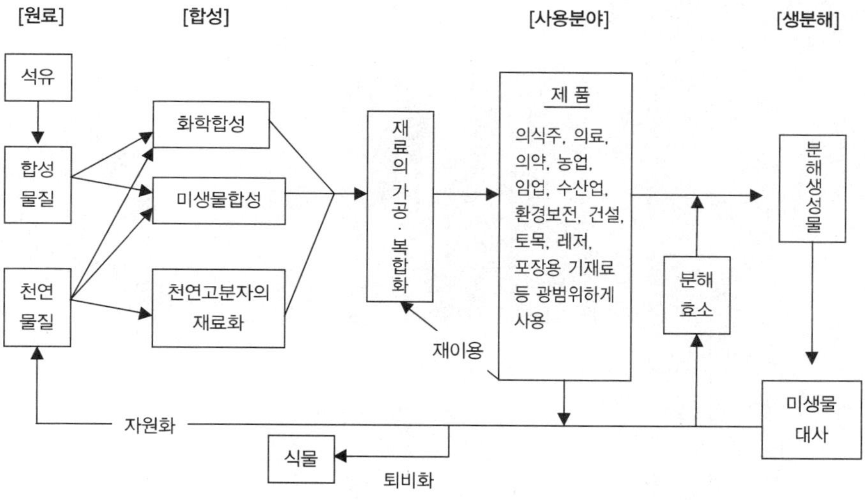
</td></tr>
<tr><td>기타 사례</td><td>• 마찰 용접
• 빙수
• 분류 수거 대상인 캔 음료의 알루미늄 뚜껑</td></tr>
</table>

<table>
<tr><th>발명 원리</th><th>34. 폐기 및 재생의 원리</th></tr>
<tr><td>서브 원리</td><td>1. 기능이 완료된 물체 또는 시스템의 부분을 용해, 증발 등에 의해서 없앤다.
2. 물체 또는 시스템의 소모 또는 분해된 부분을 동작 중에 회복시킨다.</td></tr>
<tr><td>요점</td><td>간단한 예로서, 문방구의 지우개 기능이나 리사이클의 기본적인 고안 방법이다.</td></tr>
<tr><td>도해 사례</td><td>약품이나 식품의 캡슐 그리고 세탁 시 사용하는 세탁용제 캡슐은 그 기능을 다하면 용해되어 없어진다.
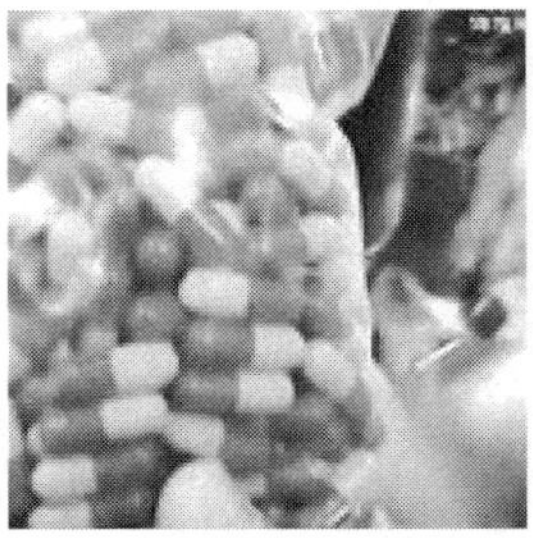</td></tr>
<tr><td>기타 사례</td><td>• 로스트왁스 정밀주조
• 생분해성 용기
• 연삭반의 연석</td></tr>
</table>

발명 원리	35. 속성 변경
서브 원리	1. 물체의 기체, 액체, 고체 등 물리적 상태를 변경한다. 2. 농도나 균일성을 바꾼다. 3. 유연성의 정도를 바꾼다.
요점	모양이나 조건을 바꾸는 방법이다.
도해 사례	• 녹은 얼음을 흡수하여 미끄럼을 방지하는 스노타이어 • 눈길이나 빙판길이 미끄러운 것은 녹은 물의 수막이 원인이다. 물을 흡수하는 다공질 고무를 이용한다. 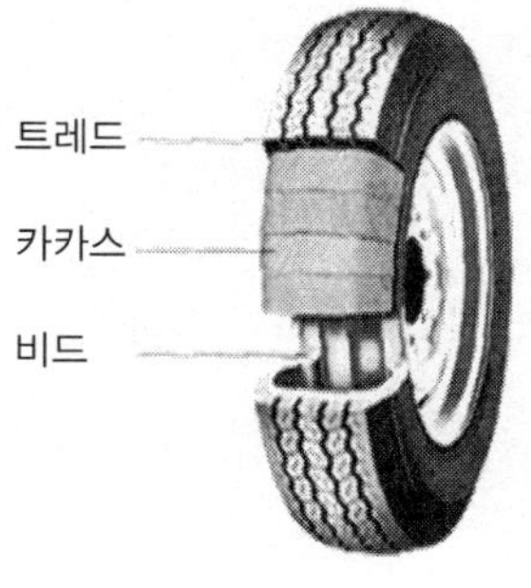 바이어스(BIAS) 타이어 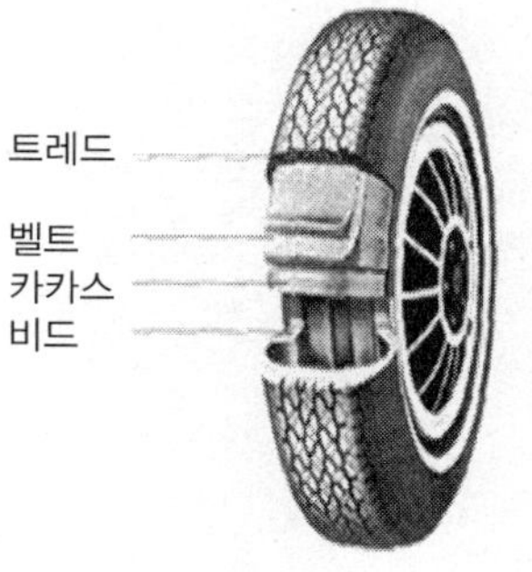 래디얼(RADIAL) 타이어
기타 사례	• 드라이아이스 • 농축주스 • 압력솥

발명 원리	36. 상전이의 활용
서브 원리	체적의 변화, 열 손실이나 흡수 등 상변화 도중에 발생하는 현상을 이용한다.
요점	열에 의해서 형태가 변하는 형상 합금도 이 상변화의 고안 방법이다.
도해 사례	기화열 및 응축열을 사용하는 히트 펌프 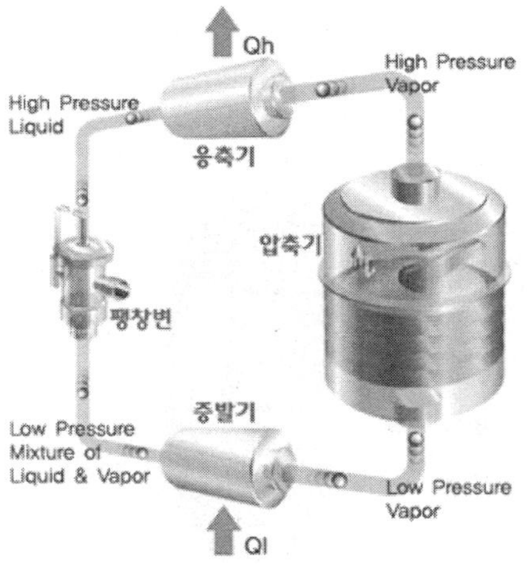
기타 사례	• 수은온도계 • 액체가 비등 온도에서 비등 분사하는 버블젯 프린터 • 초전도

발명 원리	37. 열팽창
서브 원리	1. 재료의 열팽창이나 열수축을 이용한다. 2. 다른 열팽창계수를 갖는 복수의 재료를 사용한다.
요점	전기장판 등의 열전대나 잡화, 식품 등의 열수축 포장에서와 같이 열팽창을 이용한다.
도해 사례	알코올이나 수은이 온도계에 사용되는 것은 열팽창률이 거의 일정하기 때문이다.  
기타 사례	• 형상기억합금 • 전기배선의 절연 등을 위해서 표면을 싸고 있는 히트 튜브 • 열전대에 사용되는 바이메탈

<table>
<tr><th>발명 원리</th><th>38. 강산화제의 사용</th></tr>
<tr><td>서브 원리</td><td>1. 대기 중의 공기를 산소 농도가 많은 공기로 바꾼다.
2. 순수한 산소를 사용한다.
3. 전리방사선을 사용한다.
4. 이온화 산소나 오존을 사용한다.</td></tr>
<tr><td>요점</td><td>인공호흡으로서 입으로 산소를 공급한다든지, 피로회복을 위해서 산소를 흡입하는 방법이다.</td></tr>
<tr><td>도해 사례</td><td>고압산소치료기를 사용하여 환자를 치료한다.
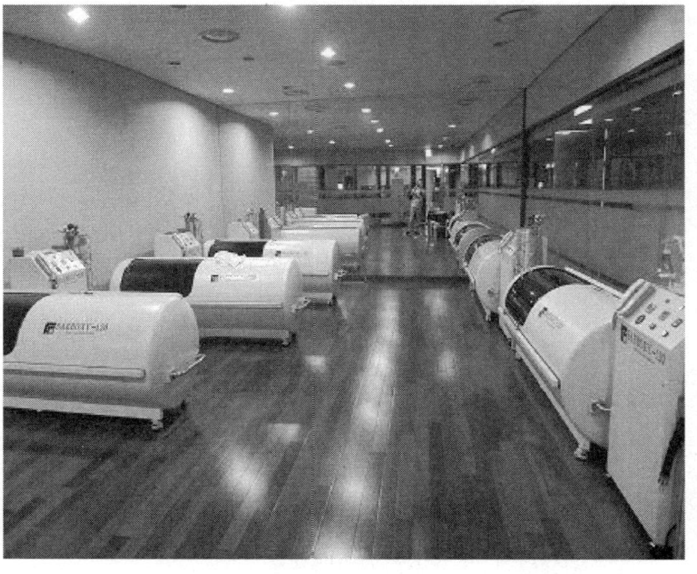</td></tr>
<tr><td>기타 사례</td><td>• 고온 용접에 순수한 산소를 이용한다.
• 식품에 방사선을 조사하여 보존 기간을 연장한다.
• 오존을 사용하여 오염물질을 제거한다.</td></tr>
</table>

발명 원리	39. 불활성 환경의 사용
서브 원리	1. 보통의 환경을 불활성 환경으로 바꾼다. 2. 중성 부품이나 불활성 요소를 물체나 시스템에 더한다.
요점	아르곤가스를 전구 속에 봉입함으로써 가열된 필라멘트의 열화를 방지하는 고안 방법이다.
도해 사례	식품의 방부 대책으로 질소가스를 봉입한다.(아래 그림은 질소가스 충전기이다.) 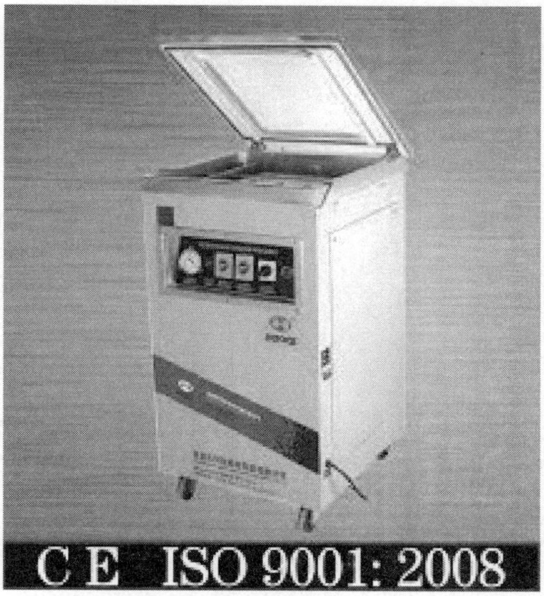
기타 사례	• 불활성 가스 용접(MIG용접) • 질소가스 소화기 • 난연제를 건축 재료에 첨가한 내화 재료

발명 원리	40. 복합 재료의 사용
서브 원리	균일재료를 복합재료로 바꾼다.
요점	골프채의 복합 샤프트는 가볍고, 축 방향의 큰 유연성, 뒤틀림의 높은 강도를 가지도록 복합재료를 사용한다고 하는 고안 방법이다.
도해 사례	TV, DVD, PC, 위성, 인터넷 등을 활용한 멀티미디어에 의한 교육방법 
기타 사례	• 스키 웨어 • 글라스 파이버 플라스틱 • 테프론 가공

연습문제

7.1 접이식 침대는 보관할 때는 접어서 창고에 보관한다. 또한 야외에서 사용할 때는 펼치게 된다. 이는 어떠한 분리의 원리에 해당하는가?

7.2 하나의 스패너를 사용하여 다양한 크기의 볼트를 조이려고 한다. 이때 발생하는 물리적 모순은 무엇인가? 볼트를 죄는 스패너의 입구를 조절하도록 한다면 이는 어떤 분리의 원리를 적용한 것인가?

7.3 번지점프를 할 때 사용하는 줄은 탄력이 있어야 하고 또한 튼튼해야 한다. 만약 큰 고무줄을 사용하는 경우, 탄력은 있지만 쉽게 끊어진다. 굵은 동아줄을 쓰는 경우 탄력이 문제가 된다. 이를 해결하기 위하여 가느다란 고무줄을 다발로 엮어 번지점프 줄로 사용한다. 이는 어떤 분리의 원리에 해당하는가?

7.4 유리제품을 원하는 모양으로 만들려면 유동성이 있어야 한다. 하지만 제품으로 사용할 때는 단단해야 한다. 이 모순은 어떤 분리의 원리를 이용하여 해결할 수 있는가?

7.5 장치 속에 용수철을 압축한 상태로 조립해야 하는 공정이 있다. 설치 공간이 좁기 때문에 손이나 집개를 이용하여 용수철을 압축한 상태로 조립하는 것은 불가능하다. 이 문제의 물리적 모순을 찾아라. 또한 이 문제의 해결 원리는 무엇인가?

7.6 어떤 공장에서 1 mm 두께의 판유리를 대량으로 주문받았다. 그런데 유리가 너무 얇기 때문에 가장자리를 원형으로 하는 공정에서 불량이 많이 생겼다. 이 문제의 물리적 모순을 찾아라. 또한 이 문제의 해결 원리는 무엇인가?

7.7 주조된 부품의 표면을 모래분사 방식으로 연마하고 있다. 그런데 이 방법은 분사된 모래가 부품의 틈새에 끼이는 문제가 자주 발생하였다. 이 문제의 물리적 모순을 찾아라. 또한 문제 해결의 방법은 무엇인가?

7.8 바늘에 실을 쉽게 끼우려면 바늘구멍이 커야 한다. 그러나 천을 꿰매려면 바늘귀는 작아야 한다. 이는 물리적 모순이다. 현재의 바늘은 타협의 방법으로 이 문제를 해결하고 있다. 이 문제를 TRIZ 분리의 원리를 사용하여 시도해 보라.

7.9 한겨울에 3미터나 되는 얼음으로 덮여 있는 북극해를 가로질러 화물을 운반하려고 한다. 옛날부터 쇄빙선은 화물선을 위해 얼음으로 덮인 수로를 여는 데에 사용되었다. 쇄빙선은 겨우 시속 2 km로 나아간다. 빠를수록 좋지만 우리는 쇄빙선의 속도를 최소한 시속 6 km 정도로 높

이려고 한다. 다른 대체적인 운송수단은 사용할 수 없다. 쇄빙선은 어떻게 설계해야 좋은가? 단, 쇄빙선은 오늘날의 산업에 이용할 수 있는 것 중에서 가장 효율적인 엔진을 가지고 있다고 가정한다.

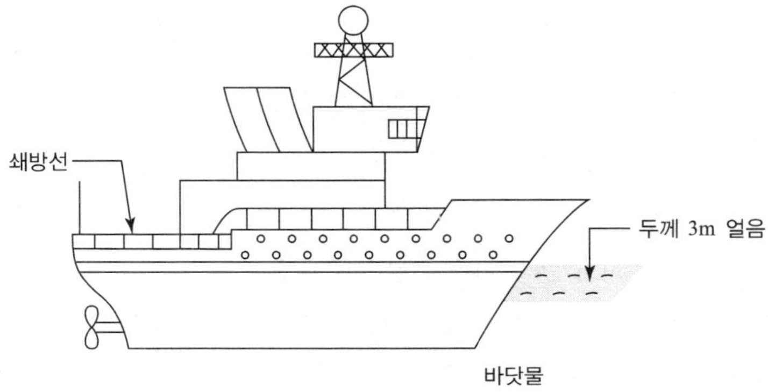

7.10 한 제조공장에서 직경 10인치, 길이 2인치의 작은 크기로 유리필터를 만들고 있다. 그 공장은 지름 1피트, 길이 2피트의 커다란 유리필터를 만들어 달라는 주문을 받았다. 각 필터의 미세한 구멍들을 단면 전체에 걸쳐 동일하게 분산시켜야 한다. 그러자 관리자는 이 주문에 난감한 표정을 지었다. "어떻게 하면 이런 새로운 필터를 경제적으로 만들 수 있을까?" 작은 구멍들은 바르게 뚫려 있으면서도 그 구멍을 균등하게 분포해야 한다.

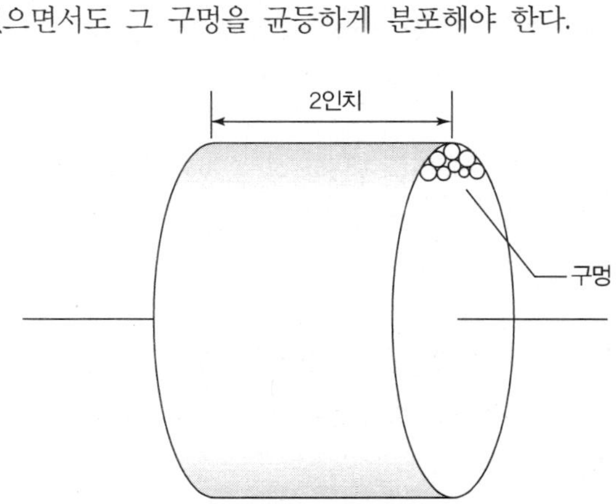

CHAPTER 08

기술시스템의 진화

8.1 기술시스템의 진화

기술시스템은 사회의 변화 요구를 만족시키고 경쟁에서 생존하기 위해 지속적으로 변화한다. 기술시스템은 변증법적 논리에 의한 진화와 우발적 창조에 의한 출현의 두 가지 형태에 의해 발전한다. 변증법적 논리는 하나의 사상이 지속적으로 발전하면 이에 상응하는 엔트로피가 증가하고, 엔트로피가 일정 수준 이상이 되면 반대의 엔트로피를 지닌 다른 사상이 나타나게 되며, 두 개의 장점을 합치면서 융합되어 새로운 사상으로 발전한다는 논리이다. 기술시스템도 이와 같은 논리로 발전해 왔다.

기술의 진화는 기술시스템의 일반적인 발전 방향을 의미하는 기술진화의 법칙과 기술시스템 진화의 세부단계를 의미하는 기술진화라인으로 구분할 수 있다.

기술시스템 진화의 법칙은 알트슐러가 발견한 '제품을 포함한 수많은 기술시스템은 결코 우발적으로 진화하지 않고 반드시 어떤 일정한 패턴에 따라서 진화한다'고 하는 기술시스템 진화 원리에 기반을 두고 있다. 기술시스템 진화법칙은 표 8.1과 같이 8가지 법칙이 있다.

▶표 8.1 기술시스템 진화법칙

번호	기술시스템 진화법칙
1	이상성 증가의 법칙(Law of increasing Ideality)
2	구성요소 불규칙 발전 법칙(Law of uneven development of parts)
3	상위 시스템으로 이행 법칙(Law of transition to a supersystem)
4	시스템 구성요소 완전성의 법칙(Law of completeness of parts of a system)
5	시스템 에너지 전도성의 법칙(Law of energy conductivity in a system)
6	리듬 조화의 법칙(Law of harmonization of rhythms)
7	미시 수준으로 이행 법칙(Law of transition from macro to micro level)
8	물질-장 개재 증가의 법칙(Law of increasing substance-field involvement)

기술시스템은 성능이 더 나은 시스템으로, 적은 자원을 투입하고 제조할 수 있는 시스템으로, 다수 개의 기능이 결합된 시스템으로 발전하도록 직접적이거나 시장의 힘을 통해 압력을 받고 있다. 기술시스템의 진화법칙은 진화과정에서 시스템 요소들 사이 또는 시스템과 환경 사이에 있는 의미 있고 안정적이며 반복되는 상호 작용들이라 할 수 있다.

기술진화라인은 기술시스템 진화의 세부단계를 말한다. 기술진화라인에는 표 8.2와 같이 14가지의 법칙이 있다.

▶표 8.2 14가지 진화라인

번호	진화라인	번호	진화라인
1	신물질의 도입	8	가동성의 향상
2	개량물질의 도입	9	리듬의 조화
3	유사물의 단일 ⇨ 이중 ⇨ 다중	10	작용의 조화
4	이질물의 단일 ⇨ 이중 ⇨ 다중	11	제어성의 향상
5	물질 또는 물체의 세분화	12	선구조와 기하학적 진화
6	공간의 세분화	13	입체구조의 기하학적 진화
7	표면의 세분화	14	트리밍(trimming)의 증대

예 8.1 자동차의 진화

지난 100년 동안 자동차는 공기역학적 요구조건, 새로운 재료와 시스템의 가용성(예: 에어백, 잠금방지, 브레이크), 구동기구의 변화(예: 전륜구동, 작지만 강력한 엔진), 소비자의 기호, 설계자의 예술적 감각 등에 의해 설계가 변화되어 왔다. 흔적도 없이 사라진 변화도 많이 있었지만, 일부는 진화 발전하였고 3~5년마다 새로운 설계 경향이 나타나고 있다.

8.2 기술 진화의 법칙

8.2.1 이상성 증가의 법칙

이상성 증가의 법칙은 '기술시스템은 이상성의 수준을 높이는 방향으로 진화한다'는 것을 의미한다. 이상성은 시스템의 유익작용의 합을 시스템의 유해작용의 합으로 나눈 비율이다. 유익작용에는 기술시스템이 기능함으로써 발생하는 가치 있는 결과가 모두 포함되며, 유해작용에는 기술시스템의 비용, 시스템이 점유하고 있는 공간, 시스템이 소비하는 에너지, 시스템이 만들어 내는 소음과 폐기물 등이 포함된다.

앞에서 정의한 바와 같이 이상적 최종해(IFR)는 유익작용은 크고 유해작용이 0인 상태이다. 이상성 증가의 법칙은 이상적 최종해에 도달하는 방향으로 기술시스템이 진화함을 의미한다.

예 8.2 개인용 컴퓨터의 진화

개인용 컴퓨터는 소형화, 경량화되면서 CPU의 성능 향상, 메모리의 대용량화 등을 실현하고 있다. 비용 면에서도 과거에 비해 상당히 저렴하게 되었다. 개인용 컴퓨터는 이상성 증가의 법칙을 충실하게 따른 형태로 발전되어 온 제품이다(그림 8.1).

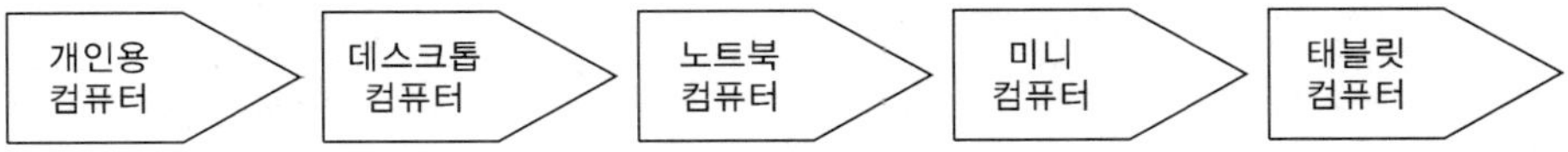

그림 8.1 개인용 컴퓨터의 진화(소형화/경량화)

8.2.2 구성요소 불규칙 발전 법칙

기술시스템 전체로 보면 발전은 단조롭게 진행되는 것처럼 보인다. 그러나 시스템의 구성요소들을 보면 각기 서로 다른 속도로 발전한다. 이러한 현상은 시스템의 복잡도가 높을수록 두드러지게 나타난다. 시스템 구성요소의 성능이 균등하지 않으면 시스템의 갈등이 나타나고 이러한 갈등을 해결하기 위한 신기술의 개발이 필요하게 되며 이에 따라 시스템의 진화가 촉진된다.

예를 들어, 화물선의 운반능력이나 엔진의 출력은 크게 향상되었으나 브레이크 시스템의 발전속도는 운반능력이나 엔진출력의 발전속도에 비해 늦다. 개인용 컴퓨터의 CPU의 처리 속도, 메모리의 용량 등은 비약적으로 발전하고 있으나 입력방식의 발전은 상대적으로 늦은 편이다.

예 8.3 자동차의 불규칙 발전

자동차의 주요 구성요소인 구동계와 제어계의 진화단계를 살펴보자.

- **구동계**: 타이어는 처음부터 고무 계통으로 만들어졌으며, 원리도 형상도 그대로이다. 엔진 또한 가솔린 엔진이 기본이며 원리는 불변이다(최근에 전기구동형의 엔진이 출현함). 자동차의 구동계는 현재 성숙기 단계에 와 있다.
- **제어계**: 자동차 내비게이션은 과거에는 없었으나 지금은 발전 속도가 매우 빠른 제품이다. 자동차의 제어계는 성장기 단계에 있다.

8.2.3 상위 시스템으로 변화 법칙

상위 시스템으로 변화의 법칙은 '시스템은 자신의 발전 한계에 도달하면 상위 시스템의 하위 시스템으로 변화한다'는 것이다. 이와 같은 방식으로 원래 시스템은 새로운 시스템의 하위 시스템으로 바뀌는 것이다.

단일 시스템은 하나의 기능을 수행하도록 설계한 시스템이다. 이중(다중) 시스템은 두 개(두 개 이상)의 단일 시스템으로 구성된다. 이중 시스템의 기능은 단일 시스템의 기능과 동일할 수도 있고 그렇지 않을 수도 있다. 렌즈를 예를 들어 살펴보자. 단일 시스템은 단일 렌즈이다. 두 개의 렌즈는 이중 시스템(망원경, 현미경, 안경)을 구성하고, 3개 이상의 렌즈는 다중 시스템(성능이 우수한 망원경이나 현미경)을 구성한다,

이중 시스템과 다중 시스템으로의 변화는 진화라인법칙 중의 하나이기도 하다.

예 8.4 이중 시스템과 다중 시스템

- **이중 시스템:** 가위(두 개의 칼), 안경, 쌍안경, 총열이 두 개인 사냥총, 반도체 다이오드, 술이 든 캔디 등
- **다중 시스템:** 책, 다색 잉크펜, 다중 서랍캐비닛, 트랜지스터, 다중 실린더를 가진 엔진, 다층 케이크 등

8.2.4 시스템 구성요소 완전성의 법칙

자동차의 기술시스템은 에너지원으로 '엔진', 시스템 기능을 실행하는 '동작기관', 엔진에서 동작기관에 에너지를 전달하는 '전달장치', 그리고 전달장치를 통하여 시스템을 제어 또는 조작하는 '제어장치'의 4가지 기술요소를 갖고 있어야 한다. 그림 8.2는 독립적인 기술시스템의 일반적인 구조를 나타낸 것이다.

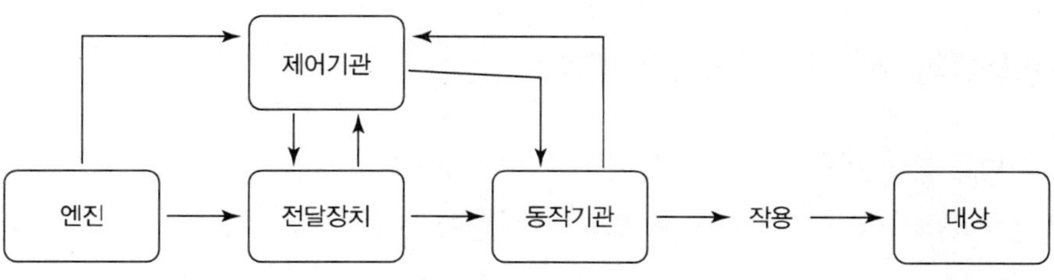

그림 8.2 자동차의 기술시스템의 구조

4가지 기술요소 하나라도 빠져 있거나 불충분한 기술시스템은 시장 경쟁에서 생존하기 어려우므로 이를 보완해야 한다. 자동차를 비롯한 모든 기술시스템은 4가지 기술요소는 반드시 갖추고 충분히 기능해야 한다. 시스템 구성요소 완정성의 법칙은 시스템을 구성하는 이들 4가지 기술요소가 완전하게 되는 방향으로 기술시스템이 진화한다는 법칙이다.

예 8.5 시스템구성요소 완전성 법칙

개인용 컴퓨터는 전원부(엔진), 디스플레이(동작기관), 버스(전달장치), CPU(제어기관)가 4가지 기술요소이다. 이 4가지 구성요소는 각각 완전하게 되는 방향(성능, 신뢰도 등의 향상)으로 진화함으로써 개인용 컴퓨터는 진화해 가고 있다(그림 8.3).

디지털카메라의 초점조절시스템의 경우에 엔진은 전원, 동작기관은 렌즈세트, 전달장치는 초점조절기구, 제어기관은 마이크로프로세서이다(그림 8.4)

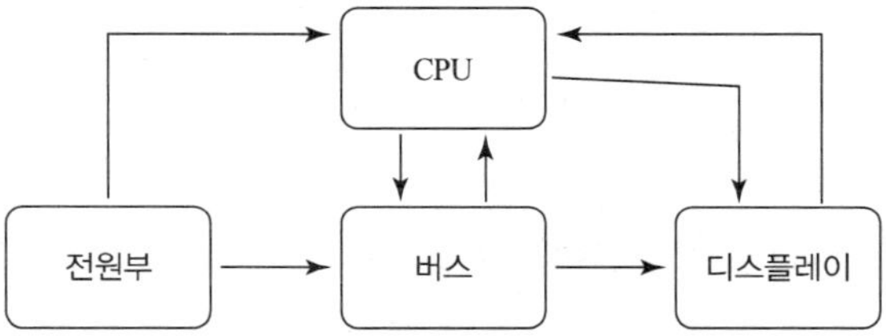

그림 8.3 개인용 컴퓨터의 기본 기술요소

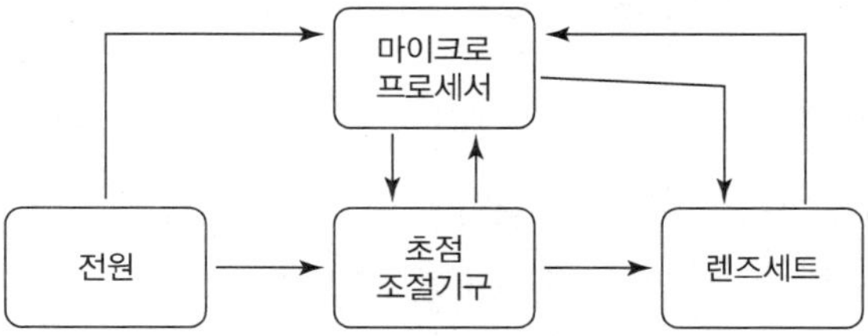

그림 8.4 디지털카메라의 기술요소

8.2.5 시스템의 에너지 전도성의 법칙

기술시스템은 엔진계에서 동작기관계로 에너지 전달의 효율을 높이는 방향으로 진화한다. 이를 시스템의 에너지 전도성의 법칙이라 한다. 에너지는 샤프트나 기어와 같은 '물질', 자계와 같은 '장' 혹은 대전입자의 흐름이라는 '물질-장'을 통해 전달된다. 시스템의 에너지 전도성의 법칙은 '에너지 전달단계의 감소'와 '제어하기 쉬운 에너지 형태로 전환'이라는 두 가지 진화라인 중에서 적어도 하나와 관련된다. 제어하기 가장 어려운 에너지는 중력이며, 기계에너지, 열에너지, 전자기에너지의 순으로 제어하기 쉽다(그림 8.5).

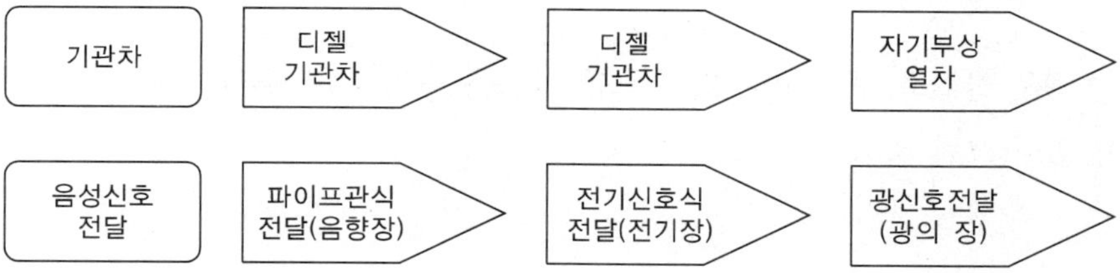

그림 8.5 에너지 전도성의 법칙(기관차, 음성신호)

8.2.6 리듬 조화의 법칙

기술시스템이 최적의 성능을 갖기 위해서는 구성요소들의 작용주기가 동기화되어야 한다. 기술시스템은 구성요소(부품)가 갖고 있는 리듬(규칙적인 반복)이나 자연주파수를 일치시키는 방향으로 진화한다. 이를 리듬조화의 법칙이라 한다. 리듬조화가 정상적이지 않으면 기술시스템의 구성요소들이 서로 방해하는 작용을 하여 성능이 저하될 수 있다.

시스템 개발단계에서 리듬조화의 법칙은 다음과 같이 적용할 수 있다.

- 구성요소들 간의 주기적인 동작과 변인의 조화
- 공진의 사용
- 바람직하지 않는 주기적 동작의 제거

시스템 구성요소들 간의 조화는 고유 진동수나 다른 동적 특성과 관련이 있을 뿐만 아니라 구성요소들의 작용 순서와도 관련이 있다.

리듬조화의 법칙을 응용할 때에는 다음 세 가지 법칙을 적용한다.

- **법칙 1**: 기술시스템의 장비나 설비의 고유 진동수를 장의 작용과 일치하도록 조정하거나 혹은 의도적으로 일치하지 않도록 함으로써 문제를 해결할 수 있다.
- **법칙 2**: 여러 기술시스템에서 장의 진동수를 서로 일치하도록 조정하거나 혹은 의도적으로 일치하지 않도록 한다.
- **법칙 3**: 두 가지의 작용이 서로 양립할 수 없는 경우에 한 작용은 다른 작용이 정지하

고 있을 때 작용하도록 한다. 즉, 한 가지 작용이 정지상태에 있을 때 다른 작용을 작동하게 함으로써 두 작용이 동시에 작용할 수 없다는 문제를 해결할 수 있다.

8.2.7 미시 수준 이행 법칙

기술시스템은 물질로 구성되어 있다. 모든 물질은 여러 기자 물리적 구조를 갖는 계층구조로 되어 있다(그림 8.6)

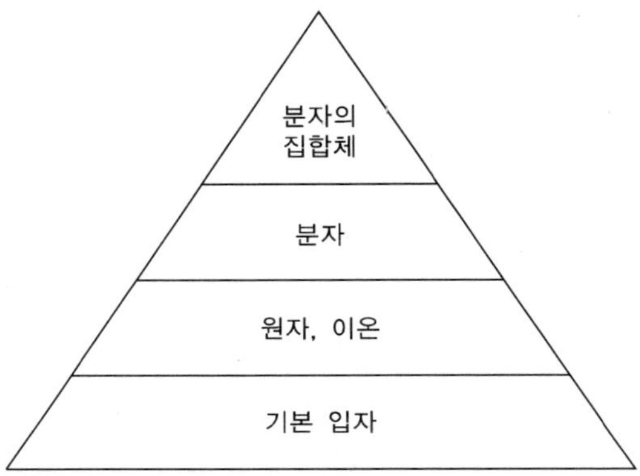

그림 8.6 물질의 계층구조

진화과정에서 기술시스템은 거시에서 미시 수준으로 진화한다. 예를 들어, 축, 레버, 기어 등과 같은 거시 물체가 수행했던 기능을 분자, 원자, 이온, 기본 입자와 같은 미시물체가 수행하도록 임무를 위임해 간다.

미시 수준으로의 이행법칙은 '기술시스템은 미시 수준 구조의 사용이 증가하는 방향으로 진화한다'는 것을 의미한다. 미시 수준으로의 이행 법칙에 따라 발전해 온 대표적인 사례가 전자공학이다. 진공관으로 가득 찬 전자제품이 트랜지스터 그리고 LSI로 발전해 온 과정이 이 법칙을 설명하는 좋은 예이다.

예 8.6 금속가공기술의 진화

금속가공기술의 진화를 미시 수준으로 이행법칙으로 설명할 수 있다.

- **전통적인 금속가공기술:** 밀링, 드릴링, 연마 등은 절단도구를 제거할 재료에 대고 힘을 가하여 제거할 부분을 분자의 집합체인 결정격자 단위로 가공한다.

- **전기와 전기화학:** 금속에 대한 화학 용액의 부식(etching)반응을 이용하여 금속을 제거한다.
- **플라즈마(plasma) 불꽃 절단가공:** 원자 수준의 도구인 고온 플라즈마가 작업부품을 녹여 작업 부분을 절단한다.
- **레이저와 전자빔(beam) 가공:** 기본 입자 도구인 강력한 광선빔과 고속 전자빔으로 물질을 증발시킨다.

미시 수준으로의 이행은 두 가지 경우로 구분할 수 있다. 첫 번째는 거시 수준 구조가 수행했던 기능들을 미시 수준 구조가 인수하는 것이며, 두 번째는 미시 수준 구조가 거시 수준 구조의 물리적 특성과 행동양태를 제어하는 방법이다.

예를 들어 기계적인 절단도구를 레이저가 방출하는 광자로 대체하는 것은 첫 번째 경우이고, 밝은 빛에 노출되었을 때 검어지는 광변색렌즈는 제조과정에서 염화은 결정을 유리에 첨가하는 방법을 사용한 것으로 두 번째 경우이다.

8.2.8 물질-장 개재 증가의 법칙

물질-장 개재 증가의 법칙은 '물질-장 모형이 완전하지 않은 시스템은 완전성을 향하여 진화한다'는 것을 의미한다. 또한 장이 기계장이나 온도장에서 전기장, 자기장으로 진화하는 경향을 의미한다.

예 8.7 카메라의 기록방식

카메라는 필름이라는 물질1(S_1)에 광량이라는 물질2(S_2)를 부여하여 화상을 필름에 태워 기록한다. 사진은 화상이 기록된 필름을 화학적으로 처리하여 현상함으로서 화학장(F_{CH})이 작용하는 시스템이다. 카메라는 촬영상황에 따라 충분하고 정확하게 광량을 필름에 부여하여 선명한 화상을 얻을 수 있도록 하는 방향으로 진화하여 왔다. 또한 사용하는 장을 화학장에서 전기장으로 변경하여 자기매체(S_1)에 전기장(F_E)을 통해 광량(S_2)를 기록하여, 선명한 디지털 화상을 얻는다. 이것이 디지털카메라이다.

8.2.9 기술시스템의 진화법칙: 추가

1) 동적특성과 제어성 증가 방향으로 진화

기술시스템은 정적인 것에서 동적인 것으로 진화한다. 동적특성이 높아지면 이에 따른 제어의 필연성도 생기므로 제어성도 높아진다.

예를 들어, 의자는 보통의 의자에서 상하로 조정할 수 있는 의자로, 다시 전후좌우 가변식의 의자로 진화하였다, 최근에는 운전자의 체형(자세)에 맞게 형상이 자동 제어 되는 의자를 자동차에 장착하고 있다. 비행기의 착륙장치는 고정된 착륙장치에서 비행 중에는 접어 넣고 착륙할 때는 펼쳐지도록 진화하였다.

2) 인간 개입 감소 방향으로의 진화

기술은 인간이 보다 지적인 작업을 하도록 진화한다. 이 진화법칙은 단순한 반복작업과 같이 중요성이 낮은 기능을 기술시스템이 수행하도록 하는 방향으로 진화하는 것을 나타낸다.

세탁기나 청소기 등과 같은 가전제품은 주부의 사소한 일을 대폭적으로 감소시켰고 이에 따라 주부는 자신의 시간을 지적 활동에 사용할 수 있게 되었다. 모든 자동화기는 인간의 노동력을 사용하지 않게 하여 비용을 감소시키기 위한 것이다.

8.3 기술진화라인

8.3.1 신물질의 도입

두 물체 간의 작용을 개선해야 하는 경우에 신물질을 기술시스템에 도입한다. 도입하는 장소는 물체의 내부, 외부 물체의 주변 환경, 물체 사이 등이 있다(그림 8.7).

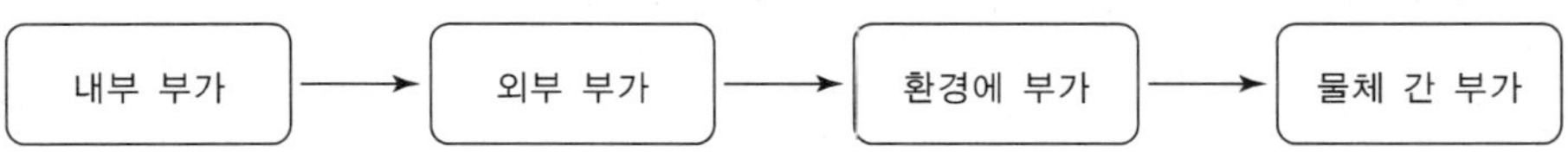

그림 8.7 신물질 도입에 의한 진화라인

예 8.8 자동차 바퀴의 진화

자동차의 바퀴는 강성체인 외측 바퀴 주위에 압축공기를 채운 고무타이어가 부착되어 있다. 자동차 바퀴는 다음과 같이 물질을 부가함으로써 다양한 기능 향상을 실현한다(그림 8.8).

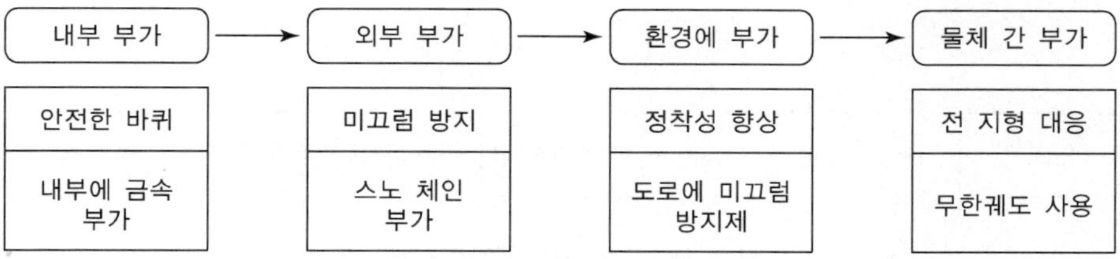

그림 8.8 자동차 바퀴의 진화

8.3.2 개량물질의 도입

두 물체 간의 작용을 개선해야 하는 경우에 각종의 장치를 부가하되 두 물체에서 얻을 수 있는 물질을 개량하여 사용한다. 도입하는 장소는 물체의 내부, 외부, 물체의 주변 환경, 물체 사이 등이 있다(그림 8.9).

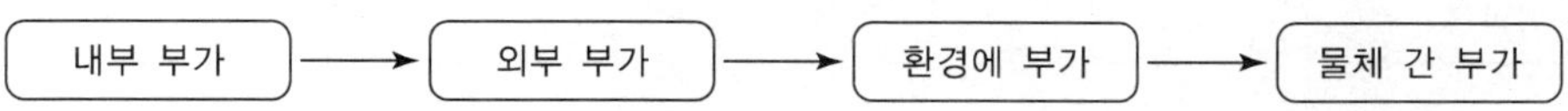

그림 8.9 개량물질의 도입에 의한 진화라인

예 8.9 드릴의 진화

드릴봉은 나선상의 홈이 파진 봉을 끝 부분은 절단용 칼날이며, 절삭으로 생겨난 조각은 나사선을 타고 배출된다. 드릴은 개량물질을 도입함으로써 다음과 같이 개선된다(그림 8.10).

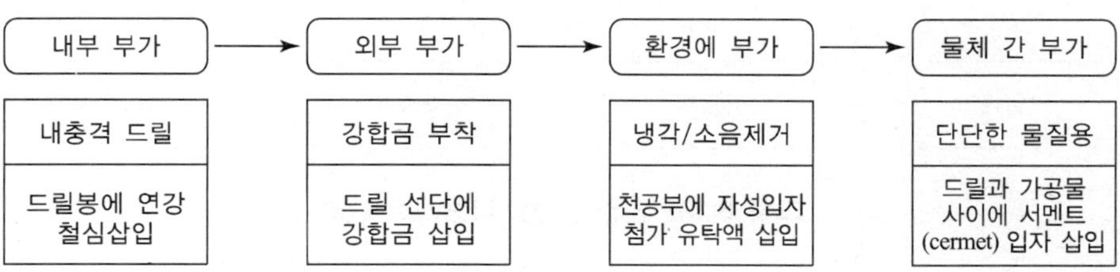

그림 8.10 드릴의 진화

8.3.3 유사물질의 단일, 이중 및 다중계로의 이행

물체가 요구기능을 충분히 수행하지 못하는 경우에 유사물체를 부가하여 개선한다. 단일계에서 이중계를 거쳐 다중계로 이행하며, 다중계에 포함된 물체의 수는 점점 증가한다. 또한 상위 수준으로 이행함에 따라 복수의 다중계가 하나의 단일계를 이루게 된다(그림 8.11).

그림 8.11 복합다중계로의 진화라인

예 8.10 프로펠러의 진화

프로펠러는 단일계에서 복합다중계로 다음과 같이 진화하였다.

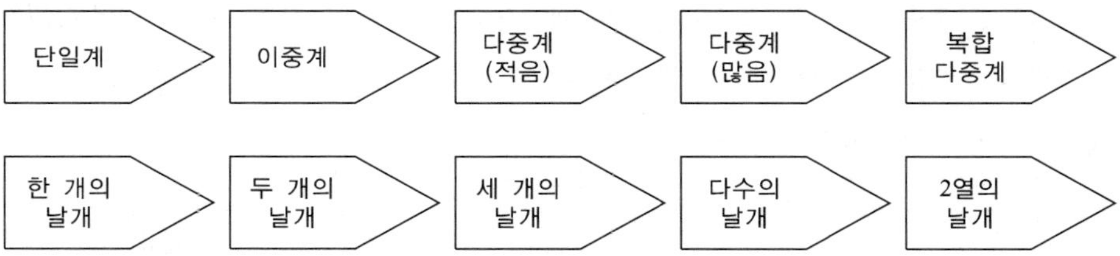

그림 8.12 프로펠러의 진화

8.3.4 이질물의 단일, 이중, 다중계로의 이행

시스템의 구성요소만으로는 요구기능을 충분히 수행하지 못할 경우에 새로운 물체를 도입하여 요구기능을 실현할 수 있다. 기능이 더욱 개량되면 개개의 물체가 통합되어 하나의 범용시스템이 되어 구성요소의 모든 기능을 수행하게 된다.

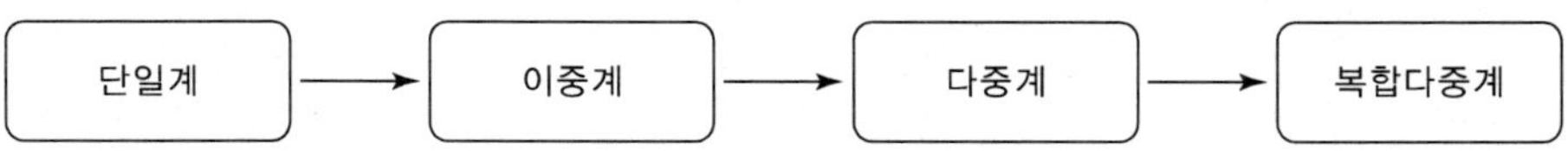

그림 8.13 단일, 이중, 다중계로 진화

예 8.11 광원의 진화

나전구에 덮개나 반사판을 부가하여 일정하고 부드러운 광원을 얻을 수 있으며, 특정 부분을 조사할 수 있다.

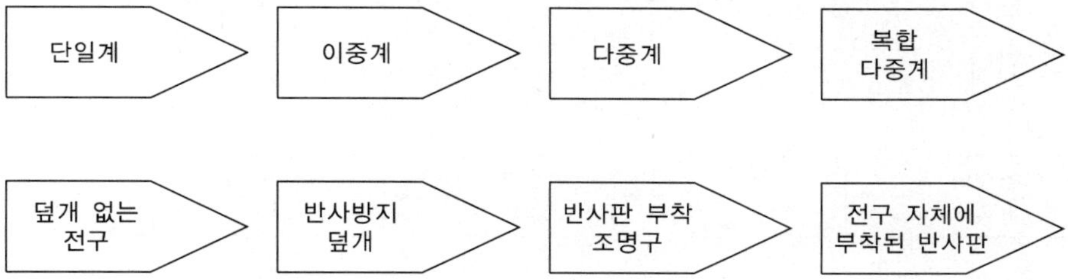

그림 8.14 전구의 진화

8.3.5 물질 또는 물체의 세분화

한 덩어리로는 효과가 크지 않고 동작의 신뢰도가 낮기 때문에 가능하면 세분화시켜 신뢰성을 높인다. 한 덩어리를 몇 개의 부분으로 분할 또는 분말로 교체한다. 분말의 다음 단계는 분자나 원자, 즉 유체나 플라즈마로 세분화한다.

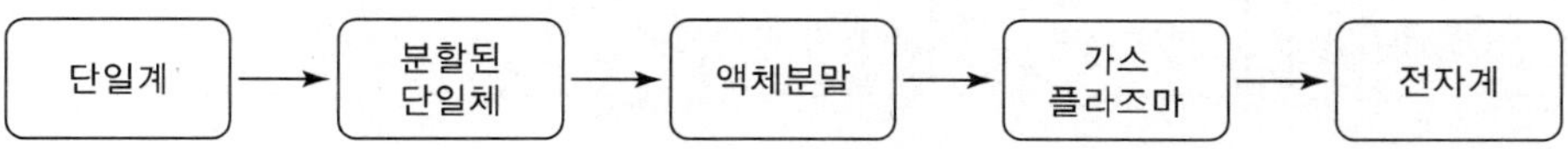

그림 8.15 물질 또는 물체의 세분화

예 8.12 인쇄기구의 진화

활자를 별개의 블록으로 만들어 인쇄했던 것을 전자식으로 제어되는 핀에 의해 문자의 형태가 만들어진다.

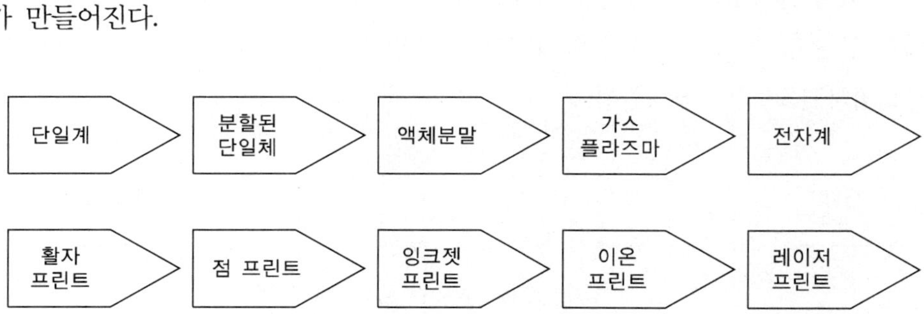

그림 8.16 인쇄기구의 진화

8.3.6 공간의 세분화

기술시스템을 개발할 때에는 공간을 세분화하여 점차 효과적으로 활용하게 된다. 단일체의 물질에 다른 물질이나 동공을 도입하고, 복수 개로 분할한다. 가운데가 빈 구조의 동공부의 개수가 증가하면 동공부의 개개 크기는 감소한다. 각각의 동공에 활성물질인 전자계가 도입된다.

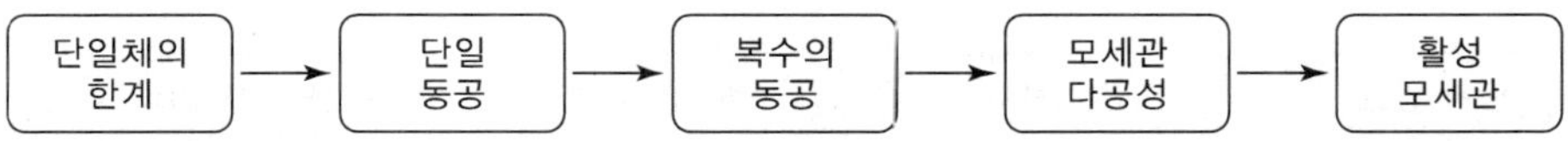

그림 8.17 공간의 세분화

예 8.13 다리미 바닥면의 진화

다리미의 바닥면은 개구부가 없는 기술에서 투명 바닥면으로 진화하였다.

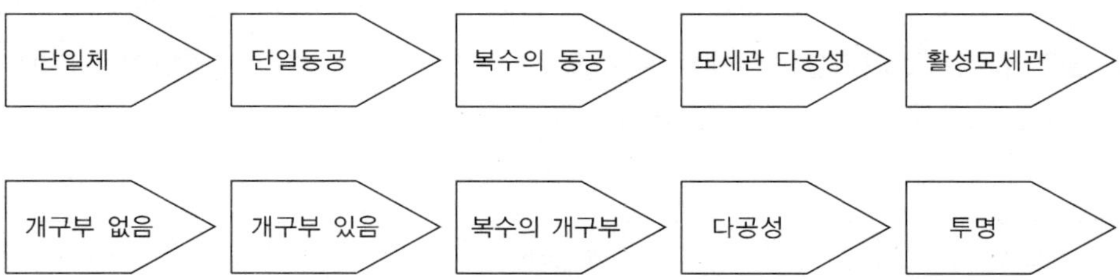

그림 8.18 다리미 바닥면의 진화

8.3.7 표면의 세분화

기술시스템을 개발할 때 표면을 세분화시켜 유익작용의 효율을 증가시킬 수 있다. 표면에 돌기를 만들고, 돌기의 개수를 증가시키면 표면이 거칠어진다. 또한 거친 표면에 활성물질을 도입하면 표면이 활성화된다.

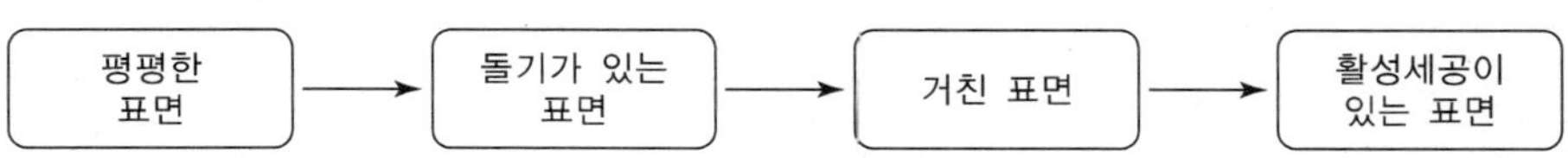

그림 8.19 표면의 세분화

예 8.14 자동차 타이어의 진화

표면이 매끈한 타이어는 노면과의 마찰력이 약하므로 표면에 커다란 돌기를 부착하여 마찰력을 개선한다. 그러나 타이어가 무거워지기 때문에 속도를 내는 데 장애가 된다. 타이어 표면에 작은 돌기를 부착하면 아스팔트 지면과의 접지력이 충분하고, 속도도 향상된다. 경주용 자동차의 타이어 표면은 점착성 고무가 피복되어 있어 미끄럼이 방지된다. 이런 형의 타이어는 회전할 때의 저항이 적고 고속주행이 가능하다.

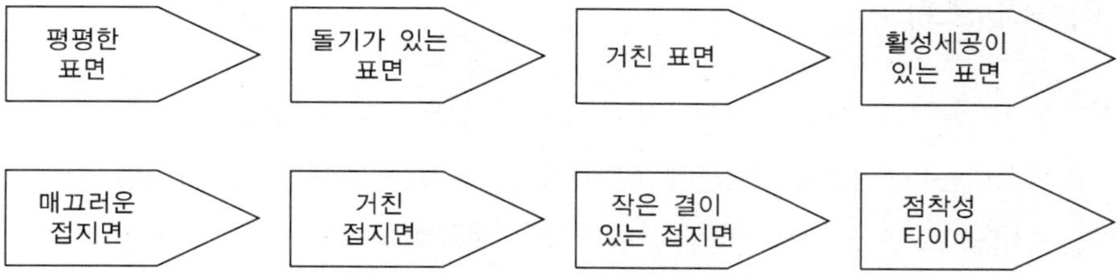

그림 8.20 자동차 타이어의 진화

8.3.8 가동성의 향상

강성요소를 갖고 있는 기술시스템은 움직임에 대한 적응능력이 부족하므로 강성요소를 보다 유연하고 동적인 것으로 진화시킨다. 강성구조에 조인트가 부착되고, 개수가 증가하며, 유연성을 갖는 시스템이 된다. 기술시스템의 요소를 분자, 전자 수준에서 개발함으로써 최고의 유연성을 얻는다.

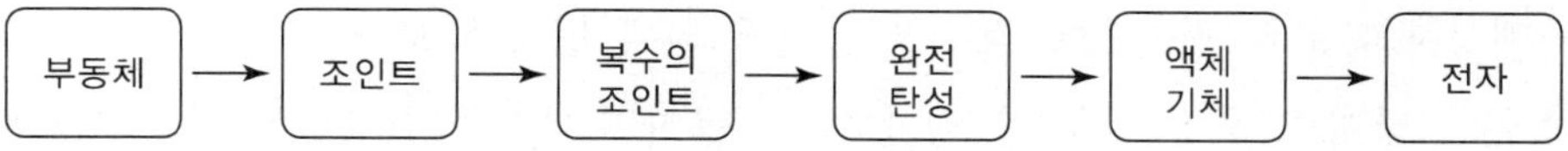

그림 8.21 가동성 향상으로 진화

예 8.15 문의 진화

한 개의 여닫이문을 경첩으로 고정시킨 시스템이 두 개의 문짝을 경첩으로 부착한 문으로 진화했다. 접이식 문은 복수의 판을 연결한 것으로 진화한 것이며, 감아올리기 식 문은 더욱 가는 복수의 판을 가로로 연결한 것이다. 에어커튼은 기체를 사용한 문이며, 적외선 잠금장치는 전자빔을 사용하여 문을 통과하는 물체를 감지한다.

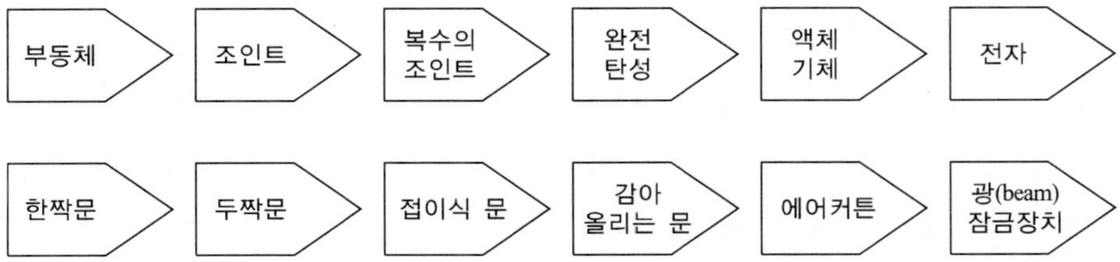

그림 8.22 문의 진화

8.3.9 리듬의 조화

기술시스템이 최적의 성능을 갖기 위해서는 구성요소들의 작용주기들이 동기화되어야 한다. 기술시스템은 구성요소(부품)가 갖고 있는 리듬(규칙적인 반복)이나 자연주파수를 일치시키는 방향으로 진화하며, 이를 리듬조화의 법칙이라 한다. 이 원리를 위반하면 기술시스템의 구성요소들이 서로 방해할 수 있고 성능이 저하된다.

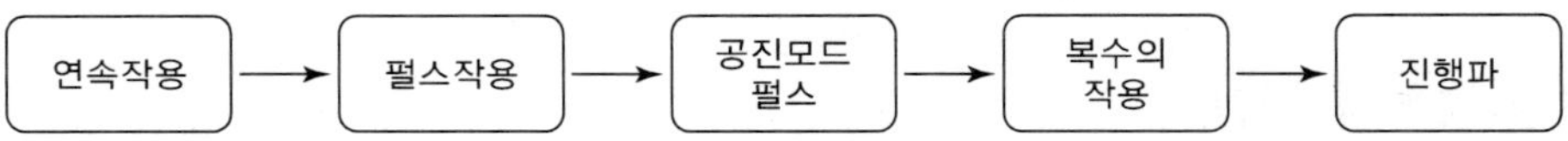

그림 8.23 리듬조화에 의한 진동

예 8.16 진공청소기의 진화

진공청소기는 바닥에 개구부가 있는 상자구조로 개구부로 공기가 흡입되어 먼지를 표면에서 제거한다. 펄스를 사용하여 먼지를 표면으로부터 쉽게 분리하여 제거한다. 펄스의 주파수를 대상물의 고유 진동수에 맞추면 공진에 의해 먼지를 보다 효율적으로 분리할 수 있다. 또한 워터제트, 회전브러시를 결합하여 사용하면 대상물의 표면을 더욱 깨끗하게 할 수 있다. 압전소자를 사용하여 진공청소기의 바닥에 부착된 작은 돌기에 진행파를 유도하면 돌기가 대상물에서 먼지가 일어나도록 한다. 이 청소기로 융단이나 카펫을 청소하면 표면뿐만 아니라 안쪽 깊숙이까지 깨끗하게 할 수 있다.

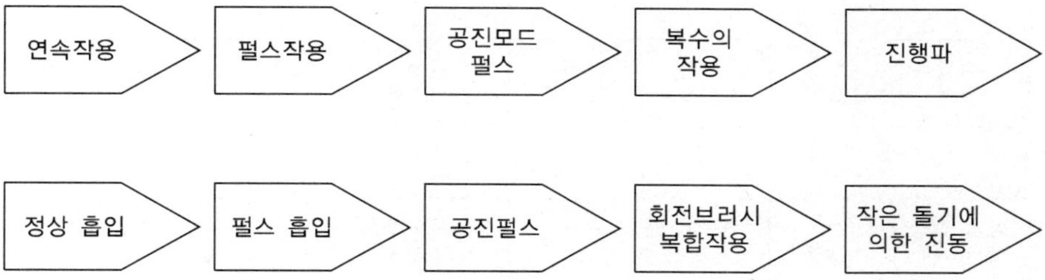

그림 8.24 진공청소기의 진화

8.3.10 작용의 진화

설계변인 값을 동작조건에 따라 변경해야 하는 기술시스템은 단계적으로 값을 변경하는 시스템에서 연속적으로 변경할 수 있는 시스템으로 진화한다. 즉, 설계변인의 값을 시스템의 동작조건에 최대한 정확하게 맞추는 것이 가능하도록 진화한다.

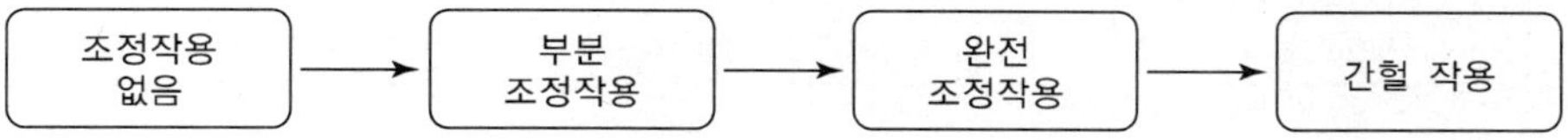

그림 8.25 작용 조화로의 진화

예 8.17 냉각시스템의 진화

자동차의 엔진은 냉각수가 든 재킷 내에 설치되어 있으며, 가열된 냉각수는 라디에이터에서 팬의 송풍을 받아 냉각된다. 초창기 시스템은 엔진이 최적 온도에 도달하기 이전에도 팬이 작동하도록 되어 있었다. 다음에는 엔진이 저온일 때에는 작동하지 않도록 부분적으로 조정하는 팬으로 진화했다. 또한 자동온도조정장치를 부착하여 엔진이 저온일 때는 액체가 엔진 주위를 뒤덮지 않고, 온도가 높아진 다음에 냉각이 시작되는 시스템으로 진화했다. 엔진은 저온에서 부드럽게 시동되지 않는 문제를 해결하기 위해 전기를 사용하는 예열기로 냉각액을 미리 가열하여 시동할 수 있는 시스템으로 진화했다.

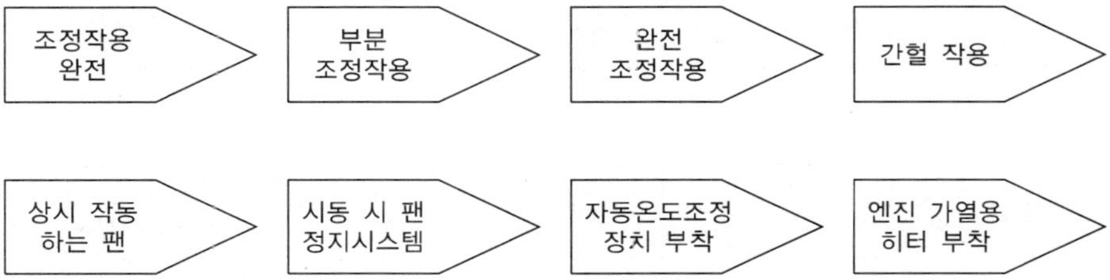

그림 8.26 엔진 냉각시스템의 진화

8.3.11 제어성의 향상

사람이 기술시스템에 개입하지 않고 작동하도록 설계한다. 최신의 기술시스템은 조작자가 개입하지 않고 자동으로 작동하도록 설계된다.

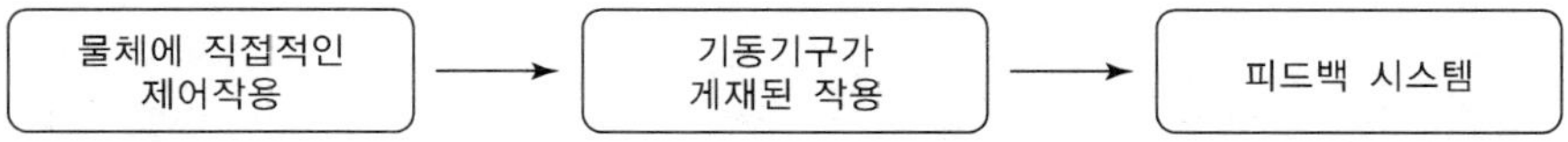

그림 8.27 제어성 향상으로 진화

예 8.18 작동장치의 진화

수동으로 스위치를 조작하여 구동시키는 작동장치에 릴레이(기동장치)를 장착하여 반자동으로 진화하며, 광다이오드를 사용한 피드백시스템을 도입하여 감응장치(센서)로부터 신호를 사용하여 자동으로 제어되는 시스템으로 진화한다.

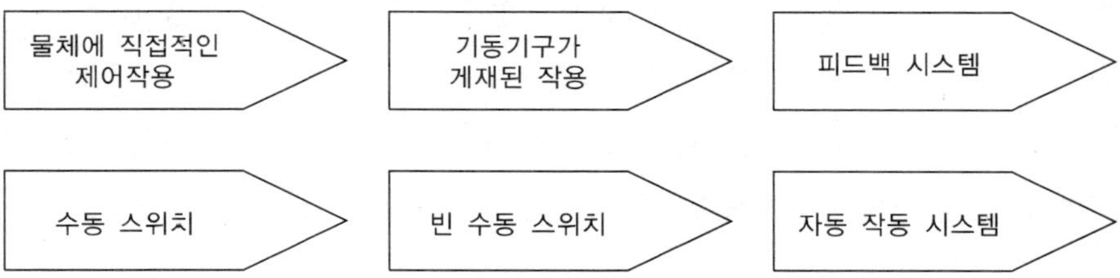

그림 8.28 작동장치의 진화

8.3.12 선구조의 기하학적 진화

기술시스템의 점구조는 선구조로 다음에는 2차원 곡선, 3차원 곡선으로 진화한다.

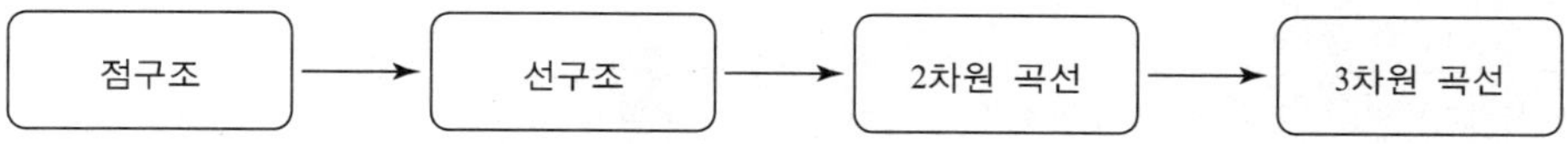

그림 8.29 선구조의 기하학적 진화

예 8.19 전구의 진화

필라멘트 전구는 점광원이다. 더 효율적인 전구는 직선상의 광원이다. 직선광원을 U자형으로 하면 광원의 크기가 작아진다. 복잡형상의 전구는 작으면서도 발광면적은 크다.

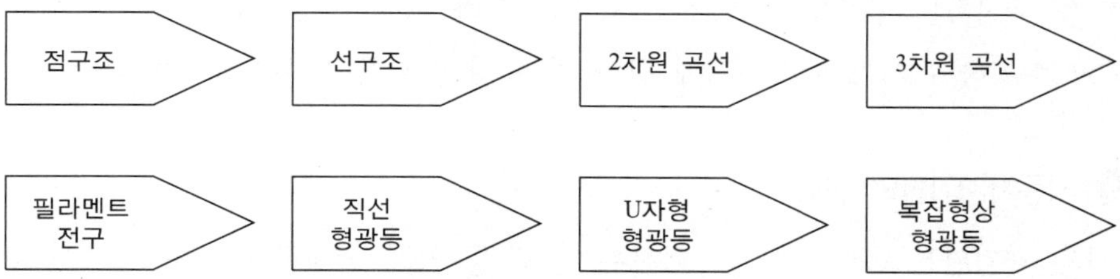

그림 8.30 전구의 진화

8.3.13 입체구조의 기하학적 진화

기술시스템의 작용면의 형상은 평면에서 원통면, 구면, 복합면으로 진화한다.

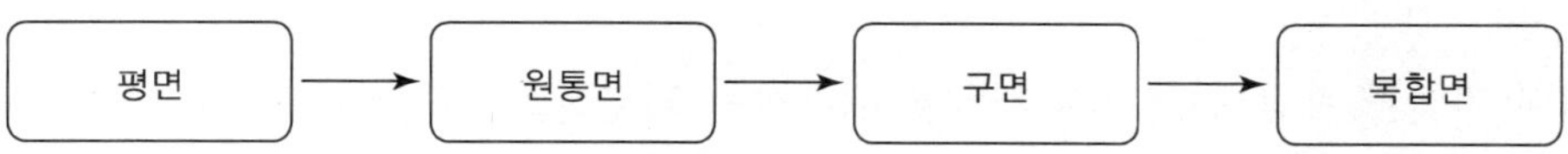

그림 8.31 입체구조의 기하학적 진화

예 8.20 연료탱크의 진화

사각기둥형 연료탱크 평면 금속판을 리벳 또는 용접으로 접합한다. 원통형으로 만들면 같은 양의 재료로 더 큰 용량의 연료탱크를 제작할 수 있다. 구형(求刑)의 연료탱크는 같은 양의 재료로 만들 때 용량이 최대이며, 내부압력에 강한 구조이다. 또한 자동차 등의 빈 공간에 탑재할 목적으로 공간현상에 맞는 형상의 연료탱크를 고분자 물질을 사용하여 제작한다.

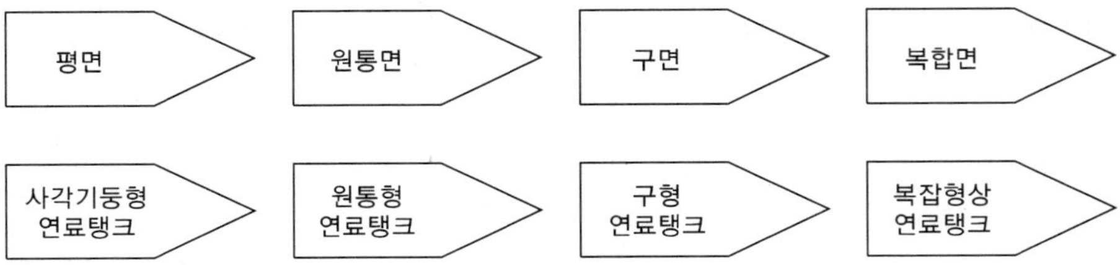

그림 8.32 연료탱크의 진화

8.3.14 트리밍(trimming)의 증대

기술시스템을 개발할 때 부품의 수를 가능하면 최소화하려는 경향이 있다. 이에 따라 기술시스템을 구성하는 부품의 수는 점차 감소해 간다. 중요하지 않은 부품은 제거하고, 해당 부품이 수행하던 기능은 시스템에 남아 있는 다른 부품이 수행하도록 한다.

예 8.21 자동차계기판의 진화

자동차의 계기판은 속도, 엔진의 회전수, 온도 등 차의 상태를 나타내는 각종 계기들이 부착되어 있다. 계기판은 계기를 조합하여 계기의 개수가 감소되고, 계기의 표시장치를 한 곳으로 모으고, 전면유리에 표시하는 형태(head up display)로 진화한다.

8.4 기술시스템 진화의 활용

차세대 기술과 제품 콘셉트의 개발을 위해서는 기술시스템의 진화단계를 파악하고 기술진화의 법칙과 진화라인을 활용하여 혁신의 방향을 설정한다. 혁신의 방향이 설정되면 다수 개의 설계콘셉트를 개발할 수 있으며, 이들 설계콘셉트를 평가하여 최종의 설계방안을 얻는다.

1) 단계 1: 시스템의 진화단계 분석

기술시스템의 일생은 요람기, 성장기, 성숙기, 쇠퇴기로 구분할 수 있다. 요람기의 발명은 대개 3, 4, 5수준이고, 성장기의 발명은 대개 1, 2수준이나 발명의 개수가 많다. 성숙기에는 발명의 수준은 낮지만 산업표준 형태의 발명 개수가 많다는 특성이 있다.

이 단계에서는 발명활동 분석을 통해 주어진 기술시스템의 현재 상태를 파악하여 "기존 기술을 개선하는 것이 바람직한가, 아니면 새로운 기술을 개발하는 것이 더 나은가?"에 대한 답을 해야 한다. 현 기술시스템의 진화단계는 다음의 절차로 파악한다.

① 시스템의 주요 성능파라미터를 파악하여 정한다.
② 선정한 파라미터와 관련된 특허를 수집한다.
③ 특허에 기술된 내용을 분석하여 해당 특허의 수준을 결정한다.
④ 평균적인 발명수준과 발명수를 시간축에 대하여 그래프를 그린 다음 S곡선의 형태를 비교하여 현 기술시스템의 진화단계를 확인한다.
⑤ 해당 기술에 대해 향후 개발해야 할 발명을 수준을 정한다.

현 기술시스템의 진화단계에 따라 다음의 활동을 할 수 있다.

- **요람기인 경우.** 이 단계에서는 새로운 아이디어로 새로운 제품을 만들 필요가 있기 때문에 주요 혁신을 기대할 수 있다.
- **성장기인 경우.** 시스템의 개선에 주안점을 두고 재료의 강도, 연료의 효율 등과 같은 물리적 한계를 개선한다.
- 기존 시스템을 개선할 새로운 시스템을 탐색한다.

2) 단계 2: 가능성이 높은 혁신의 선택

이 단계에서는 진화의 법칙과 진화라인을 사용하여 해당 제품에 대한 기술진화의 방향을 선정하고, 새로운 아이디어를 발상한다.

예 8.22 유체분석기용 제어기 개발

A사는 유체분석기에 사용하는 제어기를 개발하여 시장에 진입할 계획을 하고 있다. 유체분석은 파이프라인에서 액체시료를 채취하여 특수용기에 넣고, 이 용기를 유체분석기에 넣어 분석하는 것이 일반적이다. 시장조사 결과에 의하면 고객들은 사용에 불편이 없는 제어기를 원하고 있다.

개발팀에서는 상황에 적합한 진화법칙과 진화라인을 탐색하였다. 그 결과 상위 수준 시스템으로 전이법칙으로의 진화가 적합한 것으로 파악하였다. 즉, 보조기능을 수행하는 컴포넌트의 주기능을 수행하는 컴포넌트와 통합하는 방향으로 개발전략을 세우게 되었다. 유체분석에서 파이프라인은 주기능이고, 유체분석기는 보조기능이다. 이에 착안하여 유체분석기를 파이프라인에 통합하는 방향으로 기술개발의 방향을 설정하고 개발을 시작할 수 있었다.

3) 단계 3: 설계콘셉트 개발

이 단계에서는 단계 2에서 선정한 기술개발의 방향에 따라 진화의 다음 단계로 전이하는 데 따라 발생하는 시스템 갈등문제를 해결하는 다수 개의 설계콘셉트를 개발한다.

예 8.23 착용 가능 컴퓨터의 개발

컴퓨터는 독립적인 장치로서 장소를 옮겨서 사용할 수 있으나 대개 위치를 고정하고 사용해야 한다. 많은 사람들은 이동하면서 컴퓨터에 접속하여 사용할 수 있기를 원한다(예: 걷거나 방 안에 누워서 천정을 보며 컴퓨터에 접속함).

상위 수준 시스템으로 전이법칙을 적용하여 주기능을 수행하는 의복과 보조기능을 수행하는 컴퓨터를 통합하는 방향으로 진화 방향을 설정하고 착용 가능한 컴퓨터시스템(wearable computer)을 개발하기로 하였다.

컴퓨터는 고성능 집적회로를 사용하기 때문에 많은 열을 발생시킨다. 열은 컴퓨터와 사용자에게 모두 해로운 영향을 줄 수 있으므로 집적회로의 칩은 냉각해야 하고, 열을 발산시켜야 한다. 냉각팬, 히트싱크, 히트파이프와 같은 냉각장치는 부피가 커서 입을 수 있는 컴퓨터에 적용하는 데 부적합하다. 입을 수 있는 컴퓨터를 일상용품으로 제조하기 위해서는 이와 같은 시스템 갈등을 해결할 수 있는 설계콘셉트를 개발해야 한다.

4) 단계 4: 설계콘셉트 선택과 기술기획

이 단계에서는 단계 3에서 개발한 설계콘셉트들을 평가기준에 따라 평가하여 최적의 설계콘셉트를 선정하고, 구체적인 설계를 위한 기술계획을 수립한다. 평가기준은 일반적으로 제품의 요구기능으로부터 도출한 설계목표를 기반으로 한다.

예 8.24 결정행렬법을 활용한 최적 콘셉트의 선택

최적의 설계콘셉트를 선택하기 위해서는 평가기준을 객관적으로 설정하고, 평가기준에 따라 콘셉트들을 평가하여 결정한다. 결정행렬법은 설계콘셉트의 평가에 사용할 수 있는 유용한 방법들 중의 하나이다.

다음은 위성방위시스템의 설계콘셉트로 제시된 5개의 대안에 대해서 결정행렬법을 활용하여 최적의 콘셉트를 결정한 결과이다.

· 대안 1: 레이더교란용 위성의 사용
· 대안 2: 중요 하위 시스템을 중복 설계한 위성
· 대안 3: 다중방위메커니즘을 갖춘 시스템
· 대안 4: 외부 표면을 강화한 위성
· 대안 5: 이동원격 지상기지에 의해 제어되는 시스템

이들 설계콘셉트들을 시스템의 설계목표인 생존능력, 비용 최소, 신뢰도, 운용수명, 보전성의 다섯 가지 기준으로 결정행렬을 작성하였다.

▶**표 8.3** 결정행렬

평가 기준 / 대안	생존 능력	비용 최소	신뢰성	운용 수명	보전성	합계
	100	80	80	60	40	
대안 1	9	4	7	5	6	2,320
대안 2	5	7	9	8	6	2,540
대안 3	6	5	6	7	4	2,140
대안 4	5	8	6	5	8	2,240
대안 5	7	2	8	8	4	2,140

표 8.3의 결과로부터 두 번째 대안인 '중요 하위 시스템을 중복 설계한 위성'이 가장 높은 점수를 받아 최적의 콘셉트로 선택된다.

연습문제

8.1 다음의 진화라인과 관련되는 제품의 예를 들라.

a. 신물질의 도입

b. 개량물질의 도입

c. 유사물의 단일 ⇨ 이중 ⇨ 다중이행

d. 이질물의 단일 ⇨ 이중 ⇨ 다중이행

e. 물질 또는 물체의 세분화

f. 공간의 세분화

g. 표면의 세분화

h. 가동성의 향상

i. 리듬의 조화

j. 작용의 조화

k. 제어성의 향상

l. 선구조와 기하학적 진화

m. 입체구조의 기하학적 진화

n. 트리밍의 증대

8.2 다음의 제품에 해당하는 진화의 법칙을 설명하라.

디지털카메라, 세탁기, TV, 냉장고, 휴대폰, 칫솔, 면도기

8.3 시스템구성요소 완전성의 법칙에 따른 다음 제품들의 기술시스템의 4가지 기본 기술요소는 무엇인가?

PC, 디지털카메라, 에어컨, 세탁기, TV, 냉장고, 전자레인지

CHAPTER 09

ARIZ와 USIT

9.1 ARIZ(아리즈)

9.1.1 ARIZ의 특징과 역사

ARIZ는 발명적 문제해결 알고리즘(Algorithm for Inventive Problem Solving)을 의미하는 러시아어 머리글자의 영문표기이며, 'ARIZ'라 부른다. ARIZ는 트리즈의 기법들을 통합한 문제해결 알고리즘이다. ARIZ는 개별 트리즈 기법으로 해결하기 어려운 복잡한 문제를 해결할 때 적용할 수 있는 사고프로세스이다. ARIZ는 1956년에 처음 발표되었다. 이후 수많은 문제를 해결하는 과정에서 개정을 거듭하여 1985년에 ARIZ-85C로 최종판이 발표되었다. ARIZ-85C가 발표된 이후에도 이에 대한 연구가 계속되어 ARIZ-92가 아이디에이션 사에 의해 발표되었다.

ARIZ는 전통 트리즈 방법인 모순해결, 물질-장 분석과 표준해, 기능분석과 효과집 활용 등과 다면사고(재능사고), 최종 이상해, 자원분석 등의 추가적인 개념과 기법들을 통합하여 문제분석과 해결과정을 체계화한 알고리즘이다.

ARIZ의 특징은 다음의 세 가지로 정리할 수 있다.

첫째, 기술시스템의 이상성 향상을 목표로 하는 사고프로세스이다. ARIZ는 트리즈 활용자를 위한 문제해결의 알고리즘으로 이상성의 향상을 목표로 하는 사고프로세스이다.

둘째, 복잡한 문제의 모순해결을 목표로 한다. ARIZ는 트리즈의 모순행렬표나 분리의 원리와 같은 표준기법만으로는 해결할 수 없는 복잡한 문제, 즉 시스템 수준의 개선이나 개발에 관한 문제 등의 모순해결에 효과적인 사고 프로세스이다.

셋째, 현재 보유하고 있는 자원을 활용한 문제해결을 목표로 한다. 문제를 해결할 때 새로운 재료나 설비의 도입과 같은 신규 자원을 도입하는 것이 아니라 현재 가지고 있는 자원을 효과적으로 활용하는 것을 전제로 하는 문제해결방법론이다.

9.1.2 ARIZ-85C의 문제해결 프로세스

ARIZ-85C는 크게 9개부와 40개의 단계로 되어 있다. 또한 44개의 주석, 11개의 규칙, 2개의 표, 9개의 기술적 모순 도식모형과 예, 11개의 물리적 모순 해결원리와 예도 포함되어 있다. 표 9.1은 ARIZ-85C의 구성을 나타낸 것이다.

ARIZ는 복잡한 문제의 해결에 적용하는 알고리즘이다. 이 방법을 적용하기 위해서는

80시간 이상의 트리즈 기본 개념 및 방법론에 대한 사전공부가 필요하다고 한다. ARIZ는 순차적이고 기계적으로 단계를 따라가는 것이 아니라 문제를 충분히 검토하고 분석하여 문제해결과정의 논리적 오류를 수정하며 문제를 해결하는 절파로 구성되어 있다.

▶표 9.1 ARIZ-85C의 구성

단계	세부단계
1. 문제 분석	1.1 최소변경문제 정의 1.2 모순요소들 정의 1.3 기술적 모순의 도식모형 작성 1.4 심화분석을 위한 도식모형 선정 1.5 문제모형 요약 1.7 1차 표준해결법 적용 검토(심화된 기술적 모순 상황)
2. 문제모형 분석	2.1 작용영역(OZ) 정의 2.2 작용시간(OT) 정의 2.3 물질-장 자원의 정의
3. 물리적 모순과 이상최종해 정의	3.1 IFR-1의 정의(심화된 기술적 모순) 3.2 IFR-1의 심화(이상최종해 해결자원 선정) 3.3 거시 수준 물리적 모순 정의 3.4 미시 수준 물리적 모순 정의 3.5 IFR-2의 정의(물리적 모순, 솔루션 모형) 3.6 2차 표준해결법 적용 검토(물리적 모순)
4. 물질-장 자원의 활용	4.1 현명소인(SLP, small little people) 모형 모의실험 4.2 IFR로부터 한 발짝 물러나기 4.3 물질 자원들을 결합시켜 활용하기 4.4 빈 공간 활용하기 4.5 유도자원 활용하기 4.6 전기장 활용하기 4.7 장과 해당 장에 민감한 물질 활용하기
5. 지식베이스 적용	5.1 표준해결법 적용(3차) 5.2 유사문제 적용 5.3 물리적 모순 해결에 분리원리 적용 5.4 물리적 모순 해결에 물리적 효과 및 현상 적용
6. 문제 변경/교체	6.1 기술적 해결안으로 전환 6.2 여러 문제들이 결합된 문제인지 확인 6.3 문제 변경 6.4 최소변경문제 재정의(상위 시스템 이행 법칙)

▶표 9.1 ARIZ-85C의 구성(계속)

단계	세부단계
7. 물리적 모순 해결방법 분석 및 해결안 평가	7.1 해결 콘셉트 점검 7.2 해결 콘셉트 예비평가 7.3 특허를 검색하여 해결콘셉트의 우선순위 점검 7.4 해결 콘셉트를 실행할 때 발생할 수 있는 하위문제 추정
8. 해결안의 적용	8.1 상위 시스템의 변화에 대한 평가 8.2 도출 해결안의 새로운 적용 탐색 8.3 다른 문제에 해결 콘셉트 적용
9. 문제해결프로세스 분석	9.1 이론적 문제 해결과정과 실제문제 해결과정 비교 9.2 도출된 해결 콘셉트와 트리즈 지식 비교

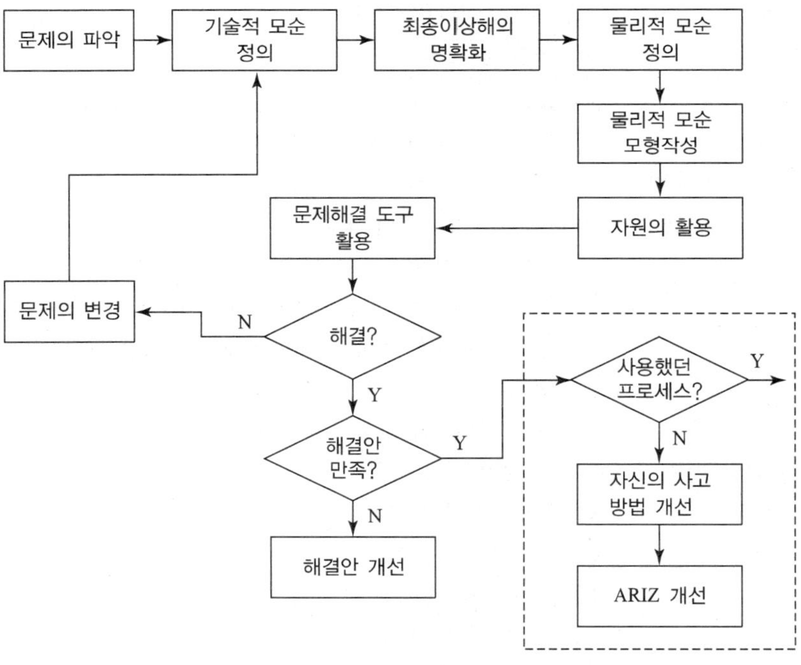

그림 9.1 ARIZ-85C의 흐름도

그림 9.1은 ARIZ-85C의 문제해결 흐름도를 나타낸 것이다. 이 흐름도를 보면 반복과정을 통해서 논리적 오류를 지속적으로 수정하는 방법으로 문제를 해결한다는 것을 알 수 있다. 또한 이 과정에서 발산되는 각종의 아이디어를 항상 기록하여 문제해결의 실마리를

삼을 수 있도록 한다.

예 9.1 전파수신에 간섭을 일으키지 않는 피뢰침의 개발

군사시설에 사용되는 전파망원경을 낙뢰로부터 보호하기 위하여 피뢰침을 설치하였는데 전파방해가 발생하였다. 이 경우에 전파망원경의 전파수신감도가 떨어지는 문제가 발생한다. 이 문제의 해결방안을 ARIZ85를 활용하여 해결해 보자.

1) 단계 1: 문제 분석

1.1 최소변경문제 정의(최소한의 시스템의 변화로 문제해결방안 찾기)

- '전파를 수신'하기 위한 기술시스템은 '전파망원경의 안테나, 전파, 번개, 피뢰침'으로 구성되어 있다.

1.2 모순요소들의 정의

- 생성물(product): 번개, 전파
- 도구(tool): 전도성 막대

1.3 기술적 모순의 도식모형 작성

- 기술적 모순 1: 많은 수의 전도성 막대
- 기술적 모순 2: 적은 수의 전도성 막대

1.4 도식모형 선정

- '전파망원경'이라는 기술시스템의 기본 기능은 '전파의 수신'이다. 따라서 '전파의 수신'에 가장 적절한 '기술적 모순 2'를 선정한다.

1.5 모순 심화

- '전도성 막대가 적다'는 상황 대신에 '전도성 막대가 전혀 없다'고 생각 한다.

1.6 문제 모형 작성

- '번개와 안테나는 있지만 전도성 막대는 없다.'
- '전도성 막대는 번개로부터 안테나를 보호'하지만 '안테나는 전도성 막대 때문에 성능이 떨어진다.' '전도성 막대가 하나도 없는 상황'에서는 '안테나의 성능이 감소되지 않지만', '안테나는 번개로부터 보호되지 않는다.'
- '전도성 막대가 하나도 없어서' '안테나의 성능이 감소되지 않으면서도' '번개로부터 안테나를 보호할' 어떤 X-요소가 필요하다.

1.7 표준해의 적용

- 1-1-6 최소한의 조치
- 1-2-2 제3의 물질을 내부에서 도입
- 5-1-16 일시적 도입
- 5-1-2 도구 대신 생성물 사용

2) 단계 2: 자원 분석

2.1 작용영역(OZ)의 정의

- 안테나 보호문제의 경우 작용영역은 기존의 전도성 막대가 차지했던 공간이다. 현재 문제에서는 전도성 막대가 하나도 없는 경우를 고려하므로 실제 작용영역은 빈 기둥 혹은 공기기둥으로 정의한다.

2.2 작용시간(OT)의 정의

- 안테나 보호문제의 경우 작용시간은 번개가 치는 T1과 번개가 치기 전까지의 시간 혹은 다음 번개가 치기 전까지의 시간 T2로 나누어진다.

2.3 물질－장 자원의 정의

- 안테나 보호문제에 있어 전도성 막대가 하나도 없는 상황을 고려하고 있다. 따라서 주위 환경에 있는 물질과 장만을 고려하면 된다. 이 경우 주위 환경에는 공기, 바람, 구름, 빛, 습기 등이 있다.

3) 단계 3: 최종이상해와 물리적 모순의 정의

3.1 최종이상해 IFR-1 도출

- X-요소는 시스템을 복잡하게 하지 않고 동시에 추가적인 유해작용 없이 '번개가 치는 시간 T1 혹은 다음 번개가 치는 시간 T2 전에 '전도성 막대가 차지하는 공간'에서 '안테나의 전파수신을 방해하지 않으면서도' '전도성 막대가 없어서 번개를 유인하지 못하는 점'을 해결할 수 있는 것이어야만 한다.

3.2 도출된 IFR-1의 심화

- 안테나 보호문제에서 전도성 막대가 전혀 없는 상황이므로 도구가 없는 상태이다. IFR-1을 좀 더 구체적으로 표현하기 위하여 X-요소는 '공기' 또는 '공기막대'라는 단어로 대체할 수 있다.

3.3 거시 수준의 물리적 모순 규명

- ‘공기기둥’은 ‘작용시간’ 동안 ‘번개를 차단’하기 위해 ‘전도성이 있어야’하고 ‘전파를 흡수하지 않기’ 위해 ‘전도성이 없어야’ 한다.
- 공기기둥은 번개가 칠 경우에는 전도성이 있어야 하고, 번개가 없는 경우는 전도성이 없어야 한다.
- 번개는 매우 드물게 발생하고 매우 짧은 시간이다. 진화법칙 ‘리듬조화의 법칙’이 적용되어 공기기둥이 전도성이 되는 시기는 번개와 같은 시간이 되어야 한다. 다음은 번개가 치는 동안에 공기기둥이 전도체로 되고 번개가 사라진 후에는 전도성이 사라지게 하는 방안을 찾는 것이다.

3.4 미시 수준의 물리적 모순의 규명

- ‘번개 차단을 위한 전도성을 가지기’ 위해 ‘번개가 치는 동안’ ‘공기기둥’은 ‘자유전하가 있어야’ 하며 동시에 ‘전파가 흡수되는 것을 방지하기’ 위해 ‘공기기둥’은 ‘자유전하가 없어야’ 한다.

3.5 IFR-2 도출

- ‘공기기둥 속의 중립분자’는 ‘번개 치는’ 동안 스스로 ‘자유전하가 되어야’하며 ‘번개가 친 후’에는 스스로 ‘중립분자가 되어야’ 한다.

3.6 표준해를 적용하여 물리적 모순 해결

- 표준해를 적용하여 문제가 해결되지 않으면 단계 4로 간다. 만약 표준해를 적용하여 문제가 해결되었다면 단계 7로 갈 수 있다.

4) 단계 4: 자원 활용

4.1 현명소인(난장이) 모형

- 현명소인 모형을 사용하여 모순의 모형을 그림으로 나타낸다.
- 현명소인들이 모순 없이 주어진 조건에 따라 활동하게 한다.

4.2 이상해에서 한 발짝 물러나기

- 이상해결책보다 조금 부족한 상황을 상상한다.
- 두 요소가 붙어 있는 상황이면 약간 떨어진 상태를 상상한다.

4.3 물질-장 자원의 활용

- 신물질을 도입하지 않으면서 신물질을 만드는 방안을 생각한다.
- 공간의 상태를 바꾸면 물성이 나온다.

4.4 공간, 공기의 활용
- 공기와 빈 공간의 결합이 저밀도 공기를 만든다.
- 낮은 공기압에서는 전기 절연성이 파괴된다.

4.5 파생된 자원의 활용
- 기존의 자원을 분해/결합 또는 새로운 장으로 전환해 보라.

4.6 전자기장 이용
- 전자기장을 활용하는 방안을 찾아본다.

4.7 장과 그 장에 민감한 물질 활용하기
- 자기장－강자성체, 자외선－형광, 열－형상기억합금, 열－초전도

5) 단계5: 지식DB의 활용

※ 대부분 단계 4에서 해결책이 나온다. 그러나 답을 찾지 못한 경우 단계 5로 진행하고 반대의 경우 단계 7로 간다. 단계 5는 각종 과학/기술지식을 활용하는 보다 높은 수준의 단계이다.

5.1 표준해의 사용
- 표준해를 활용하여 IFR-2와 파트 4의 물질-장 자원을 활용한 해결방안을 찾는다.
- 단계 4.6 이전에는 기존의 물질-장 자원만을 사용한다.
- 단계 4.6의 기존 물질-장 자원으로 안 되면 변형된 물질-장을 도입한다.

5.2 유사문제 활용
- ARIZ를 사용한 기존의 문제해결방안을 참고한다.
- 유사한 물리적 모순 해결 예를 찾아서 참고한다.
- 발명문제 해결책들의 물리적 모순의 같은 경우가 많다.

5.3 물리적 모순 해결에 분리의 원리 적용
- 분리의 원리를 적용하여 본다.

5.4 물리적 모순 해결에 과학지식 적용
- 주변의 전문가, 전문서적, 인터넷 등을 참고하여 전문지식을 높인다.

6) 단계 6: 문제의 재구성

※ 문제의 해결책을 찾지 못한 경우 문제의 표현을 달리하여 다른 시각으로 분석한다. 원점으로 돌아가 문제의 본질을 다시 분석한다.

6.1 기술적해결안으로 전환

· 문제해결책이 나온 경우 기술적해결책으로 전환하라. 이 단계에서 작동원리, 개략적인 설계도를 작성한다. 필요한 경우 축소모형을 제작하여 타당성을 종합적으로 분석한다.

6.2 문제의 유형(단일 또는 복합) 분석

· 문제가 여러 가지 결합된 경우이면 분리하여 각각 분석한다.

6.3 문제 변경

· 문제가 해결되지 않은 경우, 단계 1.4를 다른 기술적 모순으로 변경하는 방안을 찾는다.

6.4 최소문제 재진술

· 문제가 해결되지 않은 경우 단계 1.1로 되돌아가 상위 시스템에서 최소문제를 재진술한다.

7) 단계 7: 물리적 모순 해결방안 분석

※ 해결책의 수준을 점검하는 단계이다. 물리적인 모순은 이상적인 해결책으로 되어야 한다. 보다 새로운 방안이 있는지를 여러 각도로 다시 한 번 분석한다.

7.1 콘셉트해결안의 점검

· 해결책의 결과를 점검하고 보다 좋은 방안이 있는지를 생각해 본다.

· 외부로부터 신물질이나 장을 도입하지 않는 해결책인가를 생각해 본다.

7.2 콘셉트해결안의 평가

· 전반적인 해결안의 수준의 정도를 평가한다.

7.3 특허등록 가능성 검토

· 관련 해결책에 대한 특허조사를 통하여 신규성의 검토

7.4 해결안의 적용에 따른 추가 문제 분석

· 상용화의 문제들이 무엇인지를 분석한다.

8) 단계 8: 도출된 해결안의 적용

※ 다른 유사문제의 해결에 적용될 수 있는지를 검토한다.

8.1 상위 시스템의 변경 정도 검토

8.2 해결안의 유용성 평가

8.3 다른 문제 해결에 활용

9) 단계 9: 문제해결과정 분석

※ 개인의 창의력 증진을 위하여 진행과정을 철저하게 분석한다.

9.1 이론적인 해결과정과 실제 해결과정의 비교
9.2 도출된 해와 트리즈 지식과의 비교

9.1.3 ARIZ-92

ARIZ-85C 이후의 아리즈는 알트슐러 이외의 트리즈전문가에 의해서 버전 개선이 되어 왔다. ARIZ-92는 아이디에이션 사에서 개발한 것으로 ARIZ-92의 기본 프로세스는 그림 9.2와 같다. ARIZ-92의 상세 단계의 수는 약 100개 정도이다. 아리즈를 사용할 경

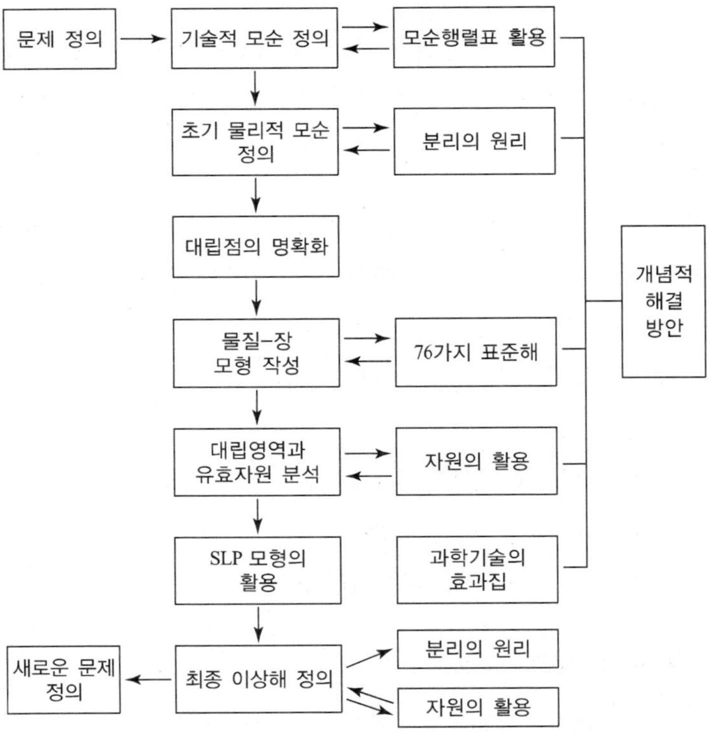

그림 9.2 ARIZ-92의 기본 프로세스

우에 어느 버전을 활용하여 문제를 해결할 것인가를 미리 결정해야 한다. 최신의 버전을 사용하는 것이 효과적이라고 생각하는 것이 자연스럽지만 새로운 버전의 아리즈일수록 복잡하고 단계의 수도 많다.

예 9.2 주사앰플 제조

Y제약회사는 제조공정에 심각한 문제를 안고 있다. 약액을 넣은 후 앰플의 끝 부분을 밀봉하기 위해 화염을 쪼이게 되는데 화염을 강하게 하면 밀봉은 잘되지만 열의 영향을 받아 앰플 속의 약액의 품질이 나빠진다. 반대로 약액의 품질을 유지하기 위해 화염을 약하게 하면 약액의 품질은 유지되지만 밀봉이 불충분하게 된다. 그림 9.3은 앰플의 제조공정을 나타낸 것이다.

그림 9.3 앰플 제조공정

1) 단계 1(기술적 모순의 정의)

문제를 기술적 모순으로 정의한다.

- TCI: 화염을 강하게 하면 앰플의 밀봉은 충분하게 되지만 약액의 품질이 나빠진다.
- TC2: 화염을 약하게 하면 약액의 품질은 유지되지만 앰플의 밀봉이 불충분하게 된다.

단계1에서 아이디어를 발상하기 위해서는 모순해결을 위한 모순행렬표를 활용한다. 이 단계에서 만족할 만한 아이디어가 나오면 종료하고, 본질적인 문제해결에 이르지 못했다고 판단한 경우는 다음 단계로 진행한다.

2) 단계 2(초기 물리적 모순의 정의)

모순행렬표에서 좋은 아이디어를 도출하지 못하였다면 문제를 물리적 모순의 문제로 변경하는 방향으로 시도해본다.

- (앰풀의 밀봉을 충분하게 하기 위해서는) 화염은 강하게 하는 것이 바람직하지만, (약액의 품질을 유지하기 위해서는) 화염은 약하게 하지 않으면 안 된다.
- PC: 화염은 강하게 하는 것이 바람직하지만 약하게 하지 않으면 안 된다.

3) 단계 3(대립점의 명확화)

충돌이 일어나는 영역을 그림 9.4와 같이 구체적으로 정한다.

단계 3은 물질-장 분석을 위한 준비단계라 할 수 있다. 단계 2에서 정의한 물리적 모순을 분석하여 충돌이 일어나는 영역이나 시간구간을 정한다.

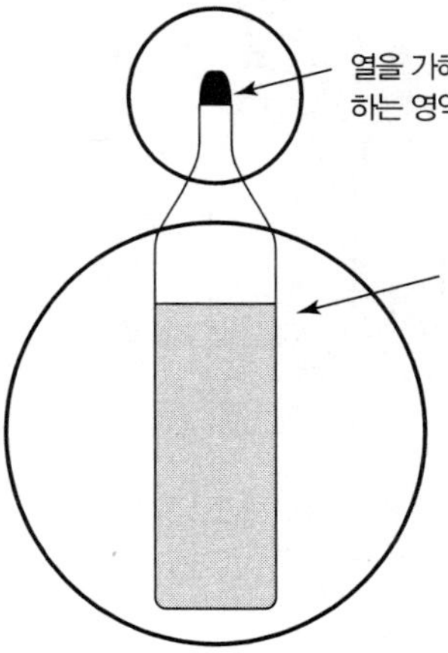

그림 9.4 충돌영역의 명확화

4) 단계 4(물질-장 모형의 작성)

단계 3에서 명확하게 된 충돌영역을 기반으로 문제를 '불충분한 유익기능'과 '유해작용의 발생'이라는 관점으로 사고를 변경한 다음 물질 S1과 물질 S2 및 에너지장을 정의하여 물질-장 모형을 작성한다. 단계 3의 충돌영역에 대해서 물질-장 삼각모형을 작성하면 그림 9.5와 같다.

물질-장 삼각모형을 분석하여 해결안에 이용할 수 있는 76가지의 표준해를 도출하고, 이것으로부터 문제해결에 유효한 아이디어를 유추 발상한다.

(a) 대립영역 1 (b) 대립영역 2

그림 9.5 앰풀의 물질-장 모형

5) 단계 5(충돌영역과 자원의 분석)

충돌영역은 실제로 충돌이 발생하고 있는 물리적 장소이다. 이 단계에서는 충돌영역에 존재하는 자원을 파악한다. 유효자원은 유익작용을 증가시켜 유해작용을 감소시키는 데 도움을 주는 자원이다. 여러 각도에서 자원을 파악하여 누락이 발생하지 않도록 해야 한다. 얼핏 보면 유해하다고 생각되는 자원도 대립영역 내에서 유해작용의 감소 및 유익작용의 증가에 도움을 주는 경우가 있으므로 유효한 자원이 될 수 있는 것이 무엇인가를 명확하게 판단하는 것은 트리즈의 중요한 사고방식이다.

- 대립영역 1에서 이용할 수 있는 자원: 공기, 열, 물 등
- 대립영역 2에서 이용할 수 있는 자원: 공기, 화염 등

이 단계에서도 만족할 만한 아이디어가 나오지 않은 경우에는 다음 단계로 진행한다.

6) 단계 6(현명소인 모형의 활용)

현명소인 모형은 의인화법에 의한 아이디어 발상 기법으로 창조기법의 하나인 시네틱스법의 의인화 유추, 즉 개선이나 개량하고 싶은 개체에 인간의 감정을 이입하여 아이디어를 유추발상시키는 방법과 유사한 기법이다.

7) 단계 7(최종이상해의 정의)

지금까지 유해한 구성요소였던 것(여기서는 강한 화염 등)이 이용 가능한 자원(여기서는 물, 공기 등) 및 현명소인의 행동에 의한 현상과는 다른 행동을 하게 된다. 이러한 상황을 단계 6의 현명소인 모형으로 묘사할 수 있으면 이상최종해의 정의를 쉽게 할 수 있다.

8) 단계 8(물리적 모순의 재정의)

최종이상해를 물리적 모순으로 변환한다. 여기서 물리적 모순은 초기의 물리적 모순과 비교하여 보다 본질적인 특성으로 변경된다(여기서는 화염에서 열로 변경). 다시 정의한 물리적 모순은 초기의 물리적 모순과 비교하여 완성도가 높고 더 상세한 수준에서 정의된다.

이 단계에서 다시 분리의 원칙이나 과학기술효과집을 활용하여 아이디어 발상을 하는 것이 좋다.

· (앰플의 밀봉을 충분히 하기 위해서는) 열은 바람직하지만
· (약액의 품질을 유지하기 위해서는) 열은 바람직하지 않다.
· PC: 열은 바람직하지만, 바람직하지 않다.

9) 단계 9(유해요인의 제거)

유해작용을 제거하는 방법(표준해)을 활용하여 유해작용을 제거한다.

9.2 USIT

9.2.1 USIT 성립 배경과 사고 방법

USIT는 주로 그림 9.5에 나타낸 것과 같은 흐름으로 보급되어왔다. 알트슐러의 제자가 이스라엘로 이주하여 SIT를 확립하였고, 그 후 ASIT(이스라엘의 체계적 발명 사고법)라고 불리고 있다. 또한 SIT를 기초로 포드 사의 에드 시카푸스(Ed Sickafus)가 개량하여서 USIT(Unified Structured Inventive Thinking: 통합적 구조화 창의적 사고법)로 명명하였다. 트리즈를 간이화하여 핸드북이나 소프트웨어를 사용하지 않고 신속한 문제 해결, 복수의 해결책 개념의 생성을 강조하며 확대하고 있다. 미국에서는 1995년경부터, 일본에서는 나카가와 교수가 1999년부터 연수를 개시하여 확대하고 있다.

USIT의 효용성은 사고 과정의 모든 장면에서 해결안 개념이 얻어지는 것이다. 도해한 것뿐만 아니라 문장 또는 언어를 비유로 함으로써, 명확한 사고(思考)를 촉발한다. USIT는 해결안 개념을 철저히 추구한다. 해결안 개념은 정성적인 분석으로부터 도출되고 물리, 화학, 생물학, 수학의 기본에 근거하고 있다.

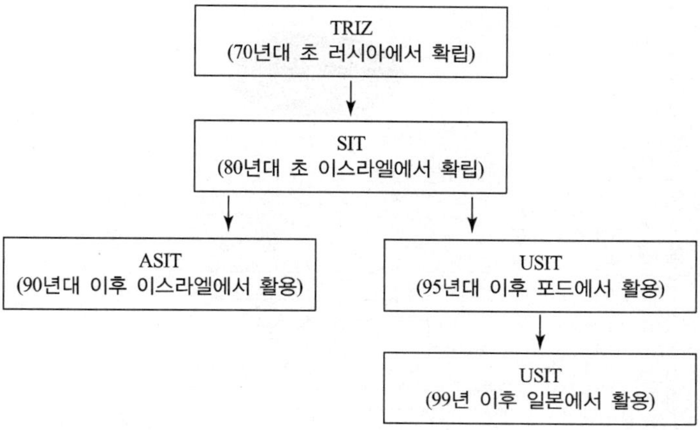

그림 9.5 USIT의 역사

USIT를 활용하기 어렵게 하는 경우는 다음과 같으므로 주의하는 것이 좋다.

① 애매하거나 추상적인 문제 상태로 그냥 활용하면 결과도 애매하게 되기 쉽다.
② 그 분야의 기초적 전문 지식이 없는 경우
③ 그 분야의 전문가만으로 생각하려는 경우
④ 기존의 기술, 지식, 사고에 집착하는 경우

9.2.2 USIT의 체계

그림 9.6은 USIT의 과정과 트리즈와의 관련성을 종합한 체계도이다. USIT의 과정 전체가 트리즈로 말하자면 아리즈의 알고리즘에 해당한다.

문제 정의에서는 문제를 구성하는 대상을 가능하다면 그 메커니즘을 알 수 있도록 도해한다. '왜-왜'를 반복하면서 획기적 개선의 방법이나 KT법에 의한 문제 정의와 동일하게 근본 원인을 정의한다.

개선 개량에는 폐세계법(閉世界法, 9.4.1에서 상세 해설)이, 신개념 창출에는 파티클(particle)법이 알맞다. 폐세계법에서는 현 시스템의 대상과 대상 간의 기능 분석을 시행한다. 트리즈의 기능 분석이나 물질-장 분석 등에 해당한다. 다시 변화를 그래프로 표현한다. 파티클법에서는 '난쟁이'의 도움으로 모델링하는 방법을 활용하고 있다. 결국 난쟁이가 되어서 생각하는 것이다.

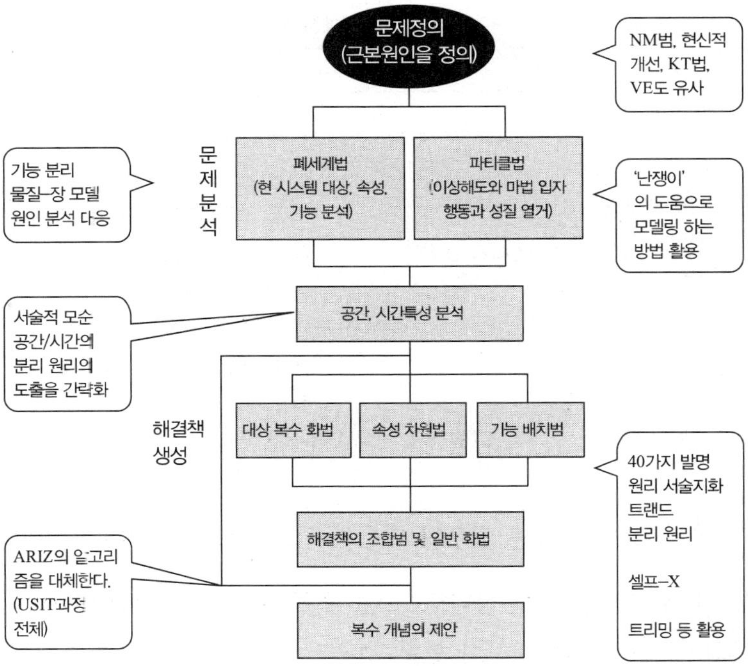

그림 9.6 USIT의 체계

공간 · 시간 분석에서는 문제의 특성을 공간과 시간의 그래프로 표현하고, 공간과 시간에 있어서 '특이성' 또는 '특징적 성질'을 찾아낸다. 그럼으로써 물리적 모순의 분리 원리에 연결시킨다.

해결책의 개념 생성에서 에드 시카푸스는 기능 연결법을 추가해서 4가지를 제창하고 있다. 그림 9.6은 3가지로 집약하여서 기능 연결법을 해결책의 조합법으로 바꾸어 놓았다. 해결책의 일반화법으로는 각 구체 대책을 일반적 표현으로 바꾸어서 다른 아이디어가 나오기 쉽도록 한다. 해결책을 만드는 방법은 40가지 발명 원리, 76가지 표준해, 진화 트렌드 등의 혁신적인 개선 방법을 변화시킨 방법이라고 생각해도 좋다.

9.2.3 USIT의 흐름도

USIT의 흐름도는 그림 9.7과 같다. 문제 정의에서는 '왜-왜'전개로 근본 원인을 분명히 정하고, 정확히 문제를 설정하는 것이 중요하다. 그러기 위해서 도해함으로써 바람직하지

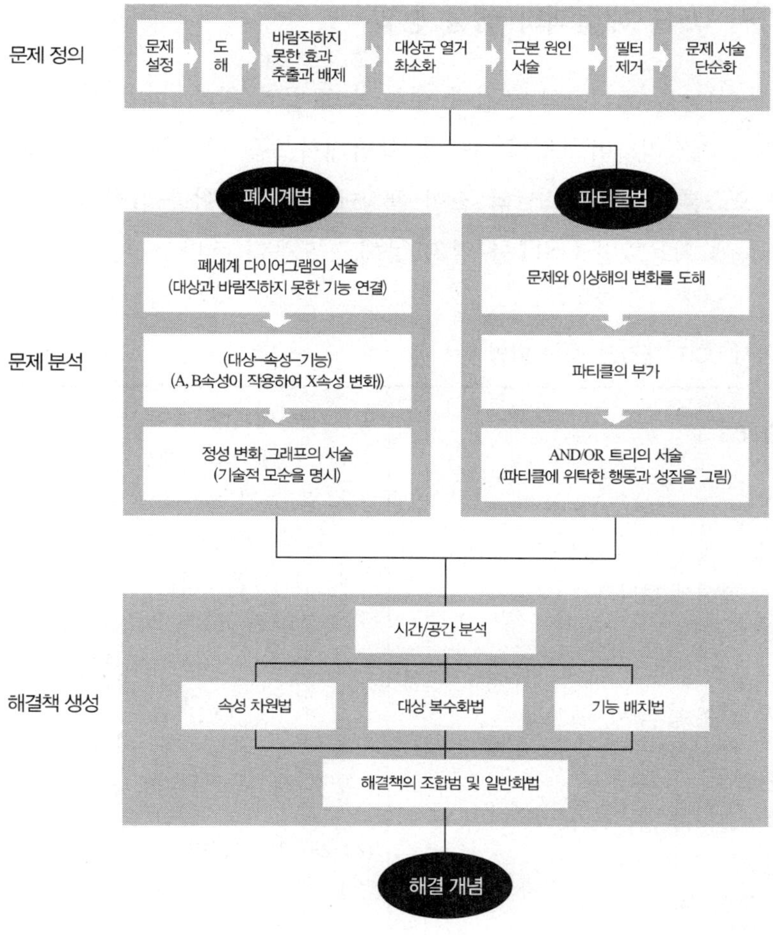

그림 9.7 USIT의 플로차트

않은 효과를 제거하고 대상군을 열거한다. 필터를 제거한다는 것은 사고를 정지시키는 제약 조건인 고객 요구, 기술의 내용, 수치, 비용, 납기 등을 제외한다는 것을 의미한다.

문제가 정의되면 2가지 분석법의 이용이 가능하다. 첫 번째 방법은 폐세계법으로 고정된 대상(폐세계)에 대해서 실행한다. 두 번째 방법은 파티클법이며, 이상해와 문제 상황을 비교하면서 생각하는 접근 방법이다.

해결안의 생성 방법은 시간·공간 분석(물리적 모순에 상당), 4가지 방법 및 개념의 일반화를 필요에 따라서 활용한다. USIT의 주요 목표는 효율이다. 시간을 낭비해서는 안 된다.

9.2.4 32가지 USIT 해결책의 생성 방법

나카가와 교수 등은 트리즈의 해결책 생성 방법(발명 원리, 발명 표준해, 진화 트렌드 및 분리 원리)을 재정리하여, USIT 구조로 통합해서 5종 32항목으로 간략하게 하였다(표 9.2). 이것을 오스본의 체크리스트와 같이 책상에서 아이디어를 발산하거나, 팀에서 아이디어를 내는 등에 활용하면 USIT를 알지 못해도 도움이 된다.

▶표 9.2 32가지 USIT 해결안 생성 방법

(1) 대상 복수화법 1. 없앤다. 2. 다수(2, 3, …… 무한대)로 3. 분할(1/2, 1/3, …… 1/무한대) 4. 복수를 종합해서 하나로 5. 신규 도입/변용 6. 환경으로부터 도입 7. 고체로부터 분체, 액체, 기체로 **(2) 속성 차원법** 1. 유해 속성을 사용 안 한다. 2. 유용 속성을 사용한다. 3. 유용을 강조, 유해를 억제 4. 공간 속성을 도입, 속성을 공간 변화로 5. 시간 속성을 도입 속성을 시간 변화로 6. 상(相)을 바꾼다. 내부 구조를 바꾼다. 7. 미세(마이크로) 레벨의 속성 8. 시스템 전체의 성질 · 기능	**(3) 기능 배치법** 1. 기능을 다른 대상으로 2. 복합 기능을 분할, 분담 3. 2개 기능을 통합 4. 신기능을 도입 5. 기능을 공간적으로 변화, 이동/진동 6. 기능을 시간적으로 변화 7. 검출 · 측정의 기능 8. 적응 · 조정 · 제어의 기능 9. 다른 물리 원리로 **(4) 해결책 조합법** 1. 기능적으로 조합 2. 공간적으로 조합 3. 시간적으로 조합 4. 구조적으로 조합 5. 원리 레벨로 조합 6. 슈퍼 시스템으로 이동 **(5) 해결책 일반화법** 1. 용어의 일반화와 구체화 2. 해결책의 계층적인 체계

9.3 문제의 정의

문제 정의에서 기술해야 하는 항목을 그림 9.8에 보여주었다. 즉, 이 사례의 문제 개요는 다음과 같다.

'게이트 밸브는 높은 공작 정밀도가 요구된다. 제조의 최종 단계에서 밸브의 누설 검사를 할 필요가 있다. 게이트 밸브의 실제 용도는 석유나 가스 등이다. 검사를 간단히 하기 위해서 물을 사용한다. 고압을 걸었을 때 소량의 누수가 있는지 어떤지를 1분간에 2~3방울 정도까지 확인하고 싶다.'

문제 정의 사례 : 게이트 밸브의 누수 검출

문제 설정 : 고압 게이트 밸브의 검사에는 물을 사용한다.
소량의 누수(분당 2~3방울 정도)를 검출하고 싶다.

도해

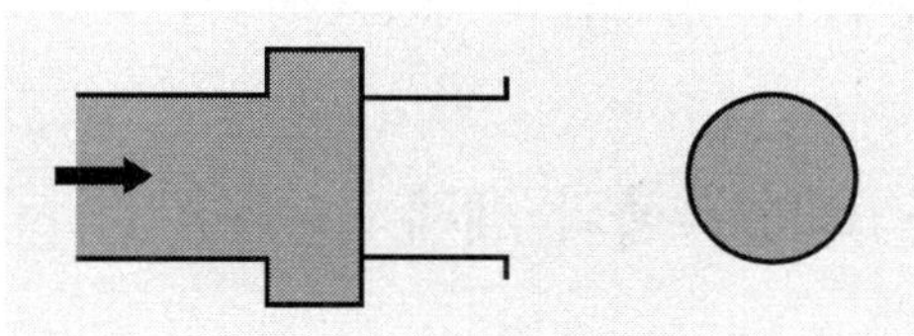

대상 : 게이트 밸브 본체, 게이트 플레이트, 물(밸브 내), 물(물방울)
근본원인 : 물이 투명하다.
최소한의 대상 : 물(물방울)

그림 9.8 게이트 밸부의 누수 검출

다음의 각 항목에서 그림 9.8의 내용을 상세히 설명한다.

9.3.1 대상·기능·속성

대상은 '그 자체로 존재하고, 다른 대상과 접촉할 수 있고, 기능을 가질 수 있는 것'이다. 예를 들면 비행기, 못, 연필, 전자, 엔진, 공기, 광자, 정보 등이다. 대상이 아닌 것은 구멍, 열, 무게(중력), 자기, 색 등이다.

기능은 '속성을 변경하거나 변경을 방해하는 것'을 의미한다. 예를 들면 고도를 변경한다, 수를 변경한다, 위치를 고정한다, 힘에 반작용한다, 색을 변경한다, 열용량을 증가시킨다 등이다. 속성은 '대상을 특징짓고 구별하는 것'이다. 속성은 하나의 대상 전체에 존재하는 것도 있고, 또는 그중에 존재하는 것도 있다. 속성은 어느 종류의 일반적인 언어로 서술된 성질이다. USIT에서는 모든 문제로부터 수, 규격, 치수 등을 제거하고 연구하기 때문에 특성치나 정량치는 속성으로 사용되지 않는다. 예를 들면 형상, 맛, 무게, 크기, 밀도, 탄성, 색, 내부 에너지 등이 속성이다. 속성이 아닌 것은 적색, 20 kg, 5 °C, 12.4인치 등이다.

9.3.2 문제의 설정과 도해

문제 설정에서는 문제를 목표, 과제, 제약 상황 등으로 나누어서 1~2줄의 문장으로 정의한다. 도해는 문제 상황이 쉽게 파악되게 한다. 또한 문제의 메커니즘을 알 수 있도록 간결한 개념도로 그린다. 이렇게 해서 문제의 상황을 정확히 판단할 수 있도록 한다. 만일 문제가 이해하기 어려울 경우에는 납득할 수 있을 때까지 몇 번이고 이 과정을 반복한다.

9.3.3 바람직하지 않은 효과 추출과 배제

문제의 설정과 도해에 의해 검토함으로써 바람직하지 않은 효과를 추출한다. 추출된 효과들에 우선순위를 부여하고, 그중에서 1개를 선택한다. 그 후 문제 설정과 도해에 의한 서술을 수정하고, 불필요하며 바람직하지 못한 효과를 검토 대상에서 제외한다.

9.3.4 대상군의 열거와 최소화

먼저 문제를 표현하기 위해 필요한 대상군을 열거한다. 다음으로 최소 필요 대상만으로 압축한다. 특히 바람직하지 못한 효과가 존재하는 대상과 대상의 관련 부분에 주의한다.

9.3.5 근본 원인 서술

문제를 정확히 정의하기 위해서는 근본 원인의 추출이 지름길이다(그림 9.9). 각 대상을 상세히 체크하여 바람직하지 못한 효과의 원인을 찾아내면, 몇몇 원인이 분명히 밝혀지게 된다. 다음으로 각 원인을 바람직하지 못한 효과로 간주하고, 다시 근본 원인을 '왜–왜'

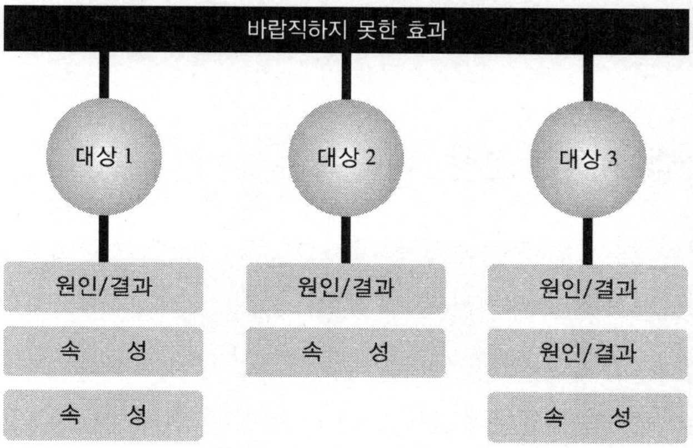

그림 9.9 근본 원인의 분석법

전개하여 밝혀낸다. 각 원인의 가장 아래는 속성 표현으로 종료한다. 가장 아랫부분 전후의 각 속성이 근본 원인의 하나가 될 수 있다.

9.3.6 필터 제거

필터 제거라는 것은 아이디어 창출을 정지시키는 제약 조건이 되는 '고객 요구, 경영 관리의 요구, 기술의 내용, 수치, 비용, 납기' 등을 제외하는 것을 의미한다.

9.3.7 문제 서술의 단순화

문제를 정확히 정의하는 과정으로, 문제의 서술을 단순화하여 간다. 그 목적은 기술적으로 상세히 서술된 것을 더 '일반화(추상화)'된 서술로 변화시키는 것이다. 이것을 잘하면 많은 아이디어를 창출할 수 있다.

9.4 문제 분석

9.4.1 폐(閉)세계법에 의한 분석

폐세계법은 고정된 대상(폐세계)에 관하여 적용하는 방법이다. 폐세계법의 분석은 최소로 필요한 대상에 한정하여 수행한다(그림 9.10) 먼저 폐세계 다이어그램을 작성하고, 그 후 바람직하지 못한 효과에 관해서 상세히 체크하고, 정성 변화 그래프를 작성한다. 일반적으로 개선과 개량에는 폐세계법이 적합하다고 알려져 있다.

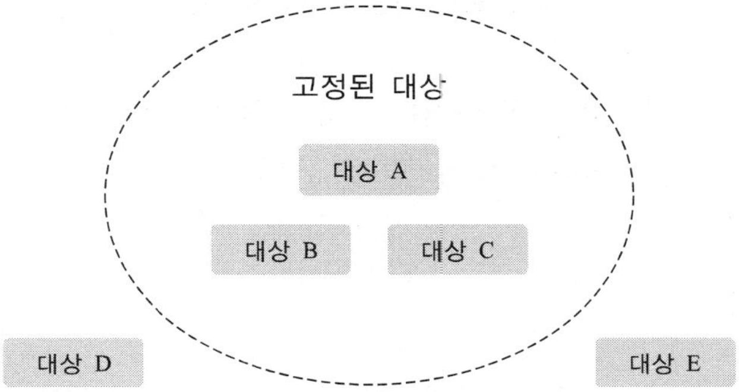

그림 9.10 폐세계의 개념

좀 더 알기 쉽게 말하면, 폐세계법은 현재의 문제와 관련된 속성·기능에 관해서 분석하는 방법이다. 또한 열거된 속성/기능이 어떻게 영향을 미치고 있는지, 어떻게 하면 좋은지 등도 분석한다.

폐세계 다이어그램의 구성은 그림 9.11과 같이 서술하고, 그 법칙은 다음과 같다.

① 가장 중요한 대상을 최상위에 놓는다(대상 A).
② 종속적 다이어그램을 기능 링크를 사용하여 최상위 대상과 연결한다.
③ 만일 그 상위 대상을 제거하면, 이 대상의 기능이 불필요하게 된다.
④ 하향의 가지는 허용되지만, 상향의 가지는 허용되지 않는다.
⑤ 기능은 바람직한 기능이 아니면 안 된다. 예를 들면 B가 A를 생성한다, B가 A의 특성을 변화시킨다, B가 A를 제거한다 등. 만일 A가 제거되면 B는 불필요하게 된다.
⑥ 모든 대상의 다양한 속성을 열거하고, 관련될 것 같은 것은 무엇이든 옆에 기록한다.

그림 9.12가 폐세계 다이어그램의 구체적인 예이다. 여기에서는 '누수의 상황을 알려

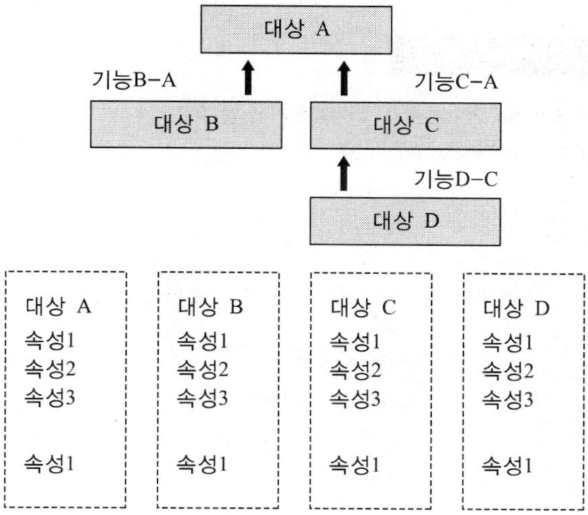

그림 9.11 폐세계 다이어그램의 구성

준다.'를 '정보(대상 A)'로 하고 있다. 그래서 '물(대상 B)'의 속성 중 생각되는 것만 열거하였다.

다음으로 그림 9.13과 같이 정성 변화 그래프를 그렸다. '바람직하지 못한 효과' 또는 '목적으로 하는 기능'을 세로축으로 하고, 가로축에는 폐세계 대상의 '활성화 속성'을 선정하여 그래프를 작성한다. '바람직하지 못한 효과'는 축의 위 방향을 '악화하는' 방향으로 작성하고, '목적으로 하는 기능'은 축의 위 방향을 '개선하는' 방향으로 한다. 좌측의

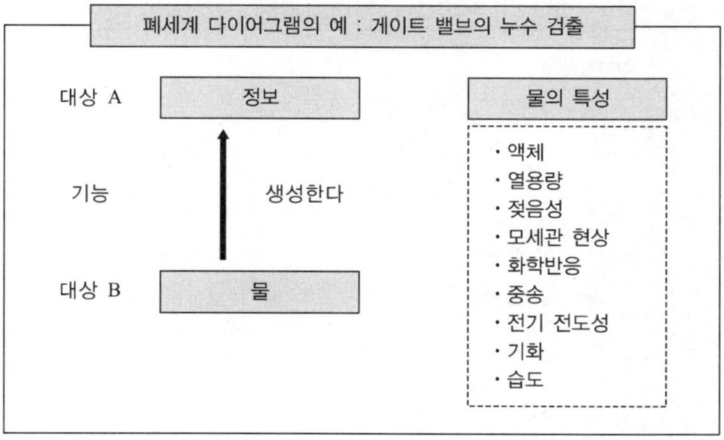

그림 9.12 폐세계 다이어그램의 구체적인 예

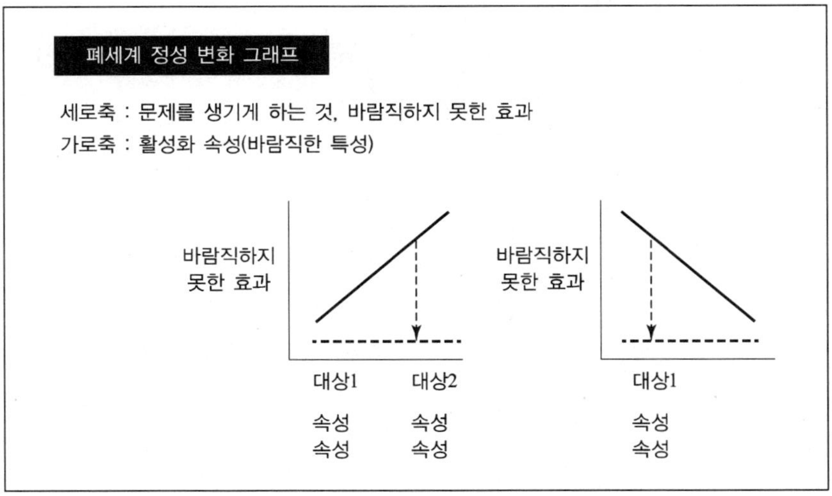

그림 9.13 폐세계법의 정성 변화 그래프

그래프에서는 속성을 증가시키면 바람직하지 못한 효과가 증가하고, 우측의 그래프에서는 속성을 감소시키면 바람직하지 못한 효과가 증가한다. 이것은 기술적 모순에 해당된다.

이 그림에서 상세한 숫자는 의식하지 말고 주로 상관관계의 경향을 알 수 있으면 좋은 것이다. 문제를 해결하는 데에 어떤 속성을 어느 방향으로 변화시키면 좋은가를 알게 되는 것이다.

그림 9.14는 문제 정의에 사용한 사례의 정성 변화 그래프의 예이다. 상단에는 구하고

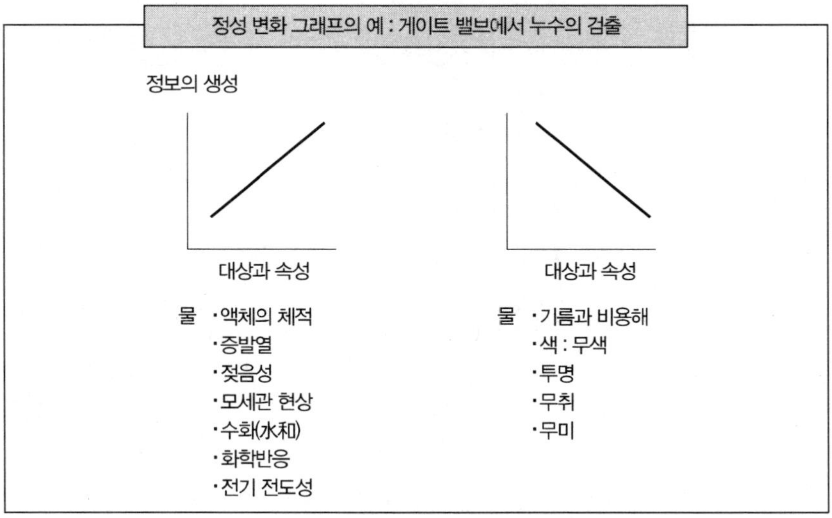

그림 9.14 정성 변화 그래프의 예

싶은 효과를 서술한다. 그 예로는 '정보의 생성'으로 하고, '목적으로 하는 기능'을 세로축에 놓는다. 하단의 좌측에서 물의 속성을 예를 들면 '액체의 체적을 증가시키면 정보의 생성 효과가 올라간다.(누수가 있음을 알 수 있다.)'라고 생각해서 서술하고 있는 것이다. 하단의 우측에서 물의 속성은 '투명 정도가 증가되면 정보의 생성 효과가 내려간다.(누수가 있음을 느낄 수 없다.)'라고 된다.

9.4.2 파티클(particle)법에 의한 분석

파티클법은 '난쟁이'의 도움으로 모델링하는 방법을 파티클(마법입자)로 바꾸어 부름으로써 추상성을 증가시킨다. 파티클은 '임의의 성질을 갖는 임의의 행동이 가능한 마법의 물질/장'이라고 정의한다. 여기서 '장'이라는 것은 힘, 상호 작용, 장소, 에너지 등을 지칭한다.

이 파티클이 어떤 행동을 해주면 좋은지, 어떤 성질을 가져주면 좋은가를 생각한다. 필요에 따라서 분자, 원자 레벨까지 작아진다. 새로운 개념 창출에는 파티클법이 알맞은 방법이라고 한다. 파티클은 '무엇이든지 가능한 마법의 물질 또는 장'이지만, 최종적으로는 자연의 법칙에 따라서 실현된다.

구체적으로 그림 9.15의 파티클법의 문제 정의의 예에 관하여 확인해보자. 문제의 개요

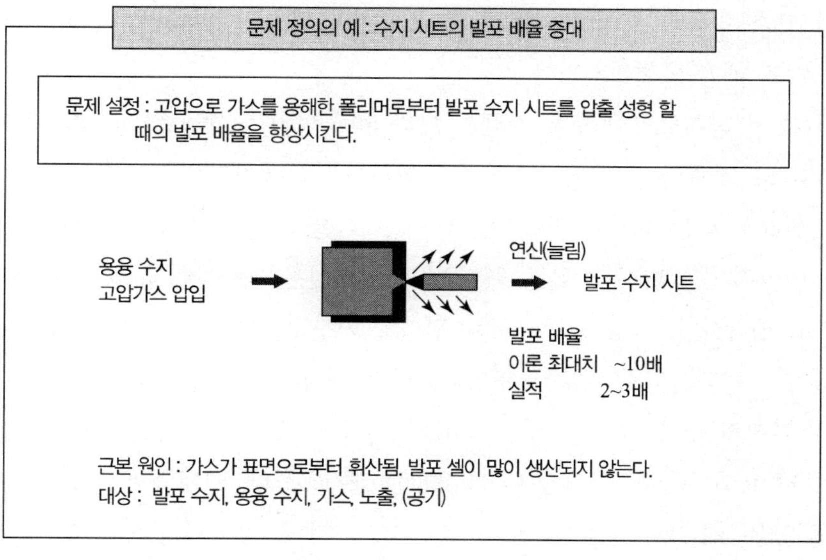

그림 9.15 파티클법의 문제 정의 예

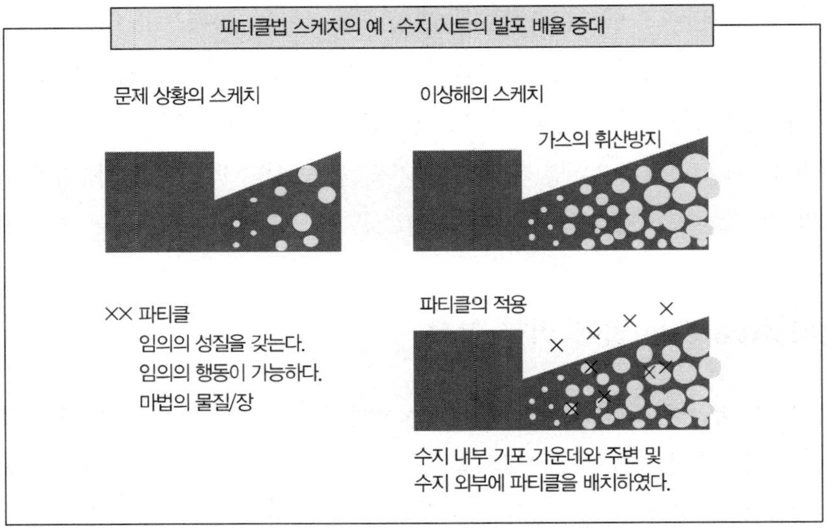

그림 9.16 파티클법의 스케치의 예

를 설명하면 아래와 같다.

발포 수지 시트를 만드는 경우에 발포성을 향상시키는 문제이다. 가열하여 용융 폴리머를 노즐로부터 압출하고 인장하면서 연속적인 시트를 만들 때, 용융 폴리머 속에 고압으로 가스를 용해시켜 넣는다. 압출되면서 표층이 냉각되어 가스가 내부에 갇히게 되고, 압력이 개방되면서 가스는 폴리머 내에 기포로 되며, 쿠션감이 있는 다공질 시트로 성형된다. 이렇게 해서 발포 배율을 향상시킨다.

그림 9.16에서 파티클법의 도해 사례를 나타낸다. 먼저 이상해로부터 출발하여 현상 문제에까지 거꾸로 거슬러 올라가서 생각하기 위하여, 그 메커니즘을 잘 알 수 있도록 도해하여 본다. 필요로 하는 효과를 창출하는 데에, 파티클에게 맡겨 그 시선으로 생각한다. 문제 상황과 이상해에서 변화가 있는 위치(발포하고 싶은 개소)에 X 표시를 하고, 이것을 파티클이라고 생각한다. 그림 9.16에서는 수지의 외부 표면에도 배치하고 있다. 그 이유는 그 부분은 가스가 휘산되지 않도록 변화되었다고 생각하기 때문이다.

다음으로 분석의 상세 내용을 AND/OR의 논리 구조도(행동/성질 다이어그램)로 그린다. 이 AND/OR의 구조를 그림 9.17의 사례에 표시하였다. 그것들의 요소가 동시에 일어날 필요가 있는 경우에는 AND로 하고, 어느 것이 일어나도 좋으면 OR로 한다. AND/OR 구조 최상위에는 이상해를 기록한다. 선택 폭이 넓으므로 복합문 사용을 추천한다. 다음 레벨에서 복합문을 절마다로 분해하고, 각 절이 AND/OR 구조의 새로운 가지

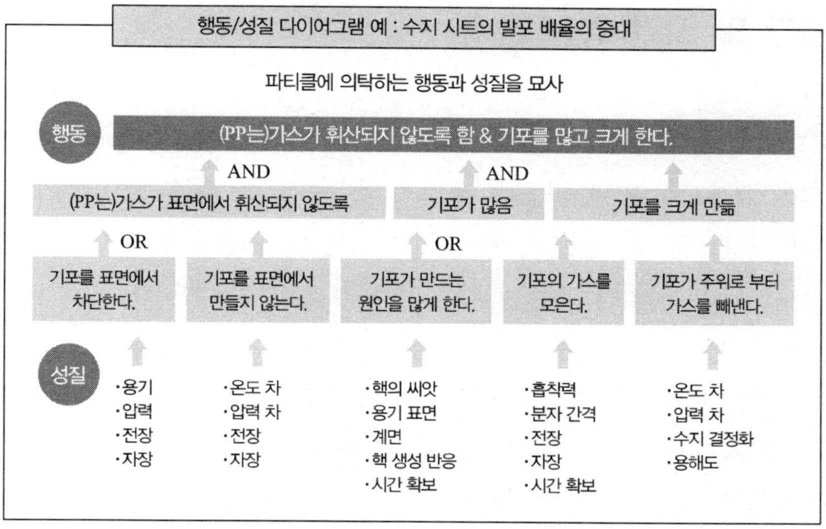

그림 9.17 행동/성질 다이어그램 예

의 선두가 되도록 기록한다. 이상해의 스케치로부터 시작해서 각 절을 차례로 상세히 체크하고, 이 절의 요구 행동을 달성하기 위해서 파티클은 그림 가운데에서 어떤 행동을 하고 있는가를 자문자답하여 본다. 그것들을 파티클의 '행동'으로 하여 AND/OR 구조에 3~4단 정도로 기록해 넣는다. 그리고 각각 가지의 최하단에 필요한 성질(속성)을 기록한다.

특히 유념해야 할 것은, 파티클의 초기화와 종료 처리를 서술하면 해결책의 개념을 만들기 쉽다고 하는 것이다. '문제를 스케치하는 도중에 서술되어 있는 장소에서, 파티클은 어떻게 하여 발생했는가?' 그리고 '일을 끝냈을 때에 파티클에게는 어떤 일이 발생했는가?'라고 하는 관점에서 한 번 더 생각해 본다(그림 9.18).

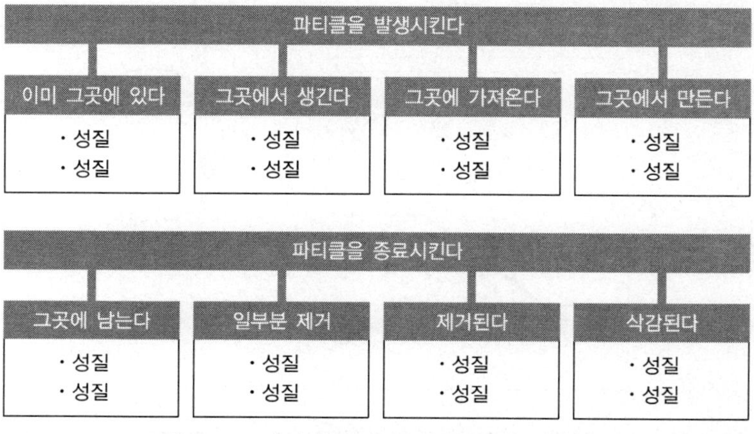

그림 9.18 파티클의 발생과 종료의 논리 트리

9.5 공간 및 시간 특성 분석

공간·시간 특성 분석은 고유 분석이라고도 한다. 공간과 시간에 관계하는 시스템의 특징을 정성적인 그래프로 표현한다. 세로축에 '기능' 또는 '효과'를 잡고, 가로축에 시스템의 특징을 표시하는 공간과 시간에 관한 좌표를 잡는다. 선형일 필요는 없다. 공간·시간 특성 분석은 트리즈의 물리적 모순(분리 원리)의 기본이 되는 것이다. 그림 9.19 및 그림 9.20에서 전술한 문제 설정의 예를 공간·시간으로 특성 분석하였다.

즉, 그림 9.20에는 수지의 밀도(표면과 내부)와 기포의 특성이 서술되어 있다. 또한 상단 우측의 공간 특성 그래프는 생성막의 두께 방향 단면에서 본 특성도 표시되어 있다.

이들 스케치에서 고유 특성이 발견되면, 그 대체 안을 고찰하여 새로운 해결안을 모색한다. 예를 들면 다음과 같이 생각하여 본다.

① 만일 기능이 분리되면 그것들을 반대로 하고, 겹쳐서 합하거나 혹은 복합화하여 본다.
② 만일 기능이 겹쳐서 합해져 있다면, 그것들을 반대로 하고, 분리하며, 또는 복합화하여 본다.
③ 만일 기능이 복합화되어 있다면 그것들을 반대로 하고, 통합하고, 또는 겹쳐서 합한다. 다시 그들의 주기성을 만들고, 변경하고, 깨트려 본다.

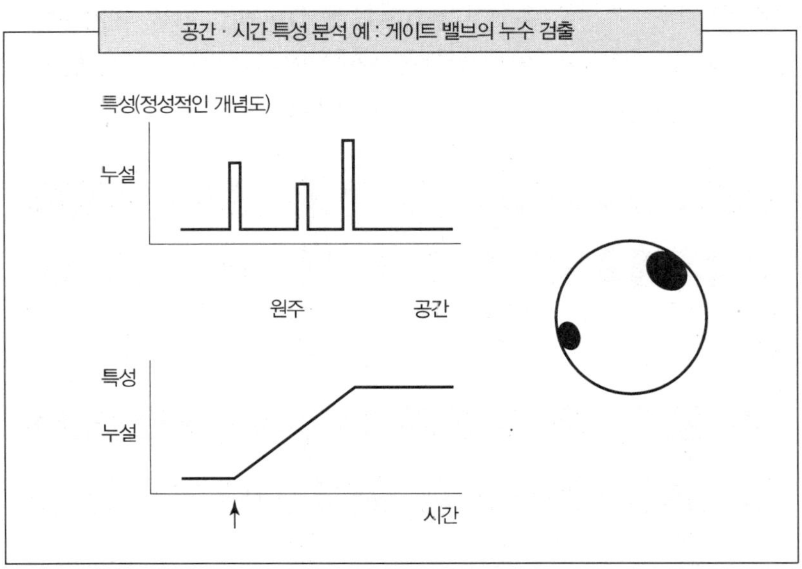

그림 9.19 공간 · 시간 특성 분석의 예: 게이트 밸브의 누수 검출

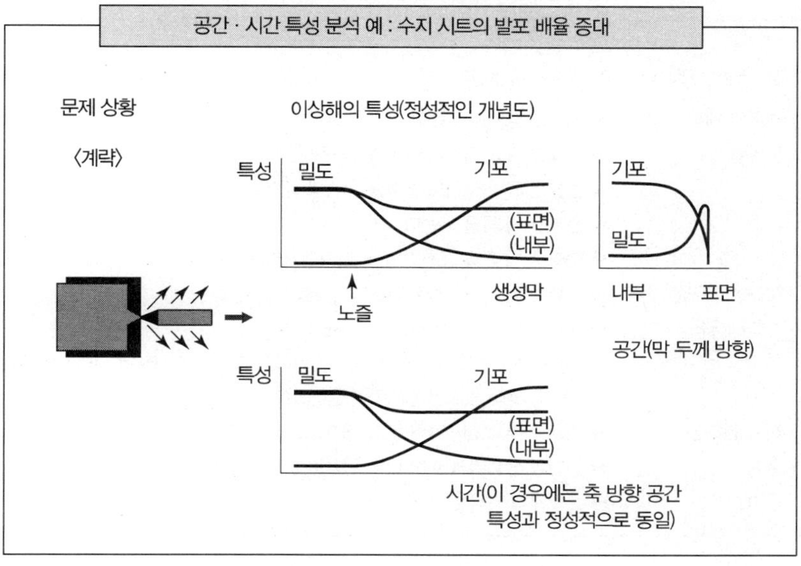

그림 9.20 공간 · 시간 특성 분석의 예

9.6 해결안의 생성 방법

다음 4종류의 해법을 문제에 따라 구분하여 사용하면 좋다.

9.6.1 속성 차원법

속성 차원법은 속성에 초점을 맞추는 것이다. 페세계법의 정성 변화 그래프와 파티클법의 AND/OR 해법에 의하여 관련 속성을 밝혀줌으로써, 속성 차원법으로 해결책 개념을 창출한다. 속성 차원법은 속성을 활성화 또는 비활성화하거나, 시간과 공간의 변환 등을 바꾸어 줌으로써 아이디어를 창출한다. 속성 차원법의 본질은 대상의 여러 가지 속성을 시간이나 공간의 차원에서 변화시키는 것이다.

그림 9.21에 앞의 과제에 대해서 속성 차원법으로 아이디어 창출 사례를 나타내었다.

공간 · 시간 특성 분석 예: 수지 시트의 발포 배율 증대

속성 차원법: 대상의 여러 속성을 유효하게 이용한다.

- 액체의 체적 → 시간을 정해서 모은다.
- 증발열 → 가열한 봉을 접촉시켜서 증발시킨다.
  → 증발열에 의한 온도 변화를 열전대 등으로 측정한다.
  → 증발 시의 음을 듣는다.
  → 증발 시의 음을 소형 마이크로 확대시켜서 듣는다.
- 젖음성, 모세관 현상 → 티슈종이를 접촉해서 젖어 있는가를 확인한다.
- 수화(水和) → 수화에 의해서 발색하는 것을 사용한다.
  예: 황산동 수용액을 스며들게 한 종이를 고온 건조시켜서 시험지를 만든다. 물이 있으면 수화하여 청색으로 된다.
- 전기 전도성 → 미소 간격의 전극을 만든다. 물이 있으면 통전한다.
- 중성 → 산성과 중성에서 색이 다른 시험지를 사용한다.
- 습기 → 온도계의 원리를 사용한다.

그림 9.21 속성 차원법의 예: 게이트 밸브의 누수 검출

9.6.2 대상 복수 화법

대상 복수화법은 대상에 초점을 맞추어 다양한 용도의 새로운 대상을 생성 가능하도록 한다. 구체적으로는 '대상을 삭제(트리밍)한다, 다수로 한다, 분할(1/2, 1/3 등)한다, 복수를 1개로 통합한다, 새로운 것을 도입한다, 자원을 도입한다, 형태를 변화(고체에서 액체 등으로)시킨다' 등이다. 이것은 영에서 무한대까지를 대상으로 한다. 그림 9.22는 그 예를 나타내고 있다.

9.6.3 기능 배치법

기능 배치법은 기능에 초점을 맞춘 것이다. 조작 기능의 교체, 변경, 겹쳐서 합함, 분리, 복합 등을 행하여 본다.

기능 배치법의 예로서는 다음과 같이 신변에 가까운 문제가 이해하기 쉬울 것이다. PC에 패스워드를 입력할 때 손가락은 키보드를 누르고, 키보드는 문자로 신호 변환하며, 문자는 패스워드로 신호 변화한다. 여기서 키보드 누르는 기능을 패스워드로 이동시키면 지문 인증 등의 발상이 가능하다.

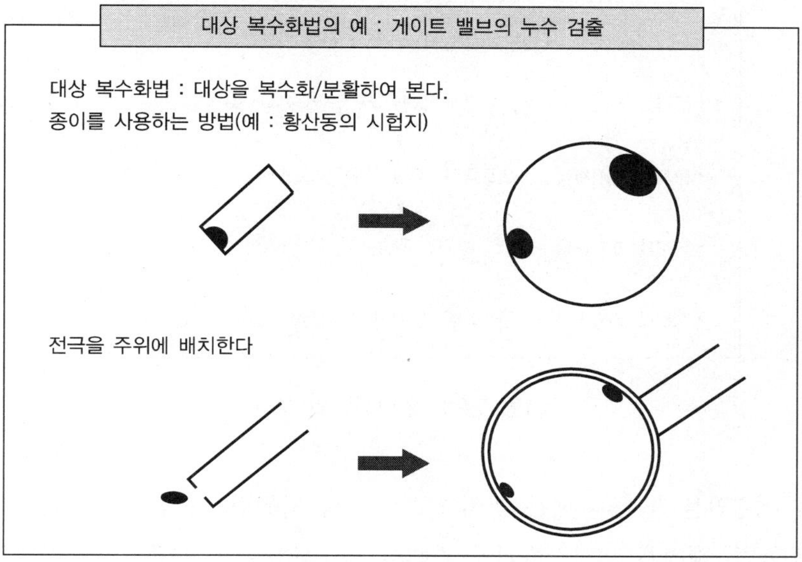

그림 9.22 대상 복수화법의 예

9.6.4 해결책의 조합법

해결책의 조합법으로는, 복수의 해결책을 다양한 관점으로 조합시킴으로써 각각의 해결책이 갖는 장점을 살리고, 단점을 보충한다. 보다 더 새롭고도 적절한 해결책을 창출하는 것이다. 방법으로는 넓은 의미로 해석이 가능하고, 예를 들면 다음과 같은 방법을 포함한다.

(1) 해결책을 기능적으로 조합시킨다.
(2) 해결책을 공간적으로 조합시킨다.
(3) 해결책을 구조적으로 조합시킨다.

즉, 에드 시카푸스가 고안한 기능 연결법도 있지만, 해결책의 조합법은 기능 연결법을 확장한 것이므로 더욱 더 넓은 범위를 포함하고 있다.

9.6.5 해결책의 일반화법

일반화(추상화)법은 구체적인 대책을 추상적인 표현으로 바꾸어서 다른 아이디어가 발상되기 쉽게 한다. 창출된 개념을 기본으로 하여 새로운 아이디어를 촉발시킨다. 그림 9.23에 그 구체적인 사례를 나타내었다.

〈일반화(추상화)의 목적 전개 사례〉

• 문자를 쓰다 → 연필, 만년필, 볼펜, 새 깃털, 콘티, 묵

⬇

• 문자를 표시화다 → 프로젝터, 백판, OHP, 포스터

⬇

• 정브를 표현하다 → TV, VTR, 광고, 포스터, Web

⬇

• 정브를 전달하다 → 전자메일, 인터넷, 휴대전화, 편지

그림 9.23 일반화법의 사례

지금까지 해결안을 도출해 내는 방법으로서 속성 차원법, 대상 복수화법, 기능 배치법, 해결책의 조합법, 해결책의 일반화법에 관해서 서술하였지만, 물론 그런 방법들에 사로잡힐 필요는 없다. 어렵게 표현된 방법의 명칭에 집착하지 말고, 각 방법의 사례를 모방해서 구체적 문제에 적용시켜 아이디어를 창출한다. 배우기보다는 익숙해지는 것이다.

9.7 USIT는 팀에 의한 문제 해결 활성화

USIT는 개인보다는 팀에서 활용하면 효과적인 것 같다. 즉, USIT의 성립 과정에서 포드 사 팀에서 활용하여온 점, 트리즈와 같이 소프트웨어를 사용하지 않아도 좋다는 점, 문제 설정부터 해결책 상성까지의 ARIZ에 상당하는 알고리즘을 애써서 사용하지 않고 사용할 수 있다는 점이 USIT의 특징이기 때문이다.

실무에 활용하는 상황에서 비교적 단기간에 문제 해결책이나 아이디어를 발상할 수 있다. 이 점 때문에 USIT는 금후 확대 보급이 예상된다. 전문가들의 경험에 의하면 약 2~3시간씩 아이디어 창출 회합을 3회 개최하고, 회합과 회합 사이에 숙제를 정리한다든지 함으로써 수십 건 내지 수백 건의 아이디어를 창출할 수 있다고 한다.

속성 차원법이나 대상 복수화법 등의 용어와 의미를 이해하기 어려운 점이 문제라고 생각된다. 그렇지만 모델에 따라서 아이디어 창출을 계속하면 쉽게 USIT를 습득할 수 있다.

종래의 브레인스토밍으로는 단편적인 아이디어 창출만 가능하였지만, USIT를 활용함으

로써 수없이 다양한 아이디어 창출이 가능하다. 이것이 아이디어 창출 회의나 참가 팀 구성원들을 활성화시키고, 재미있게 만든다. 특허 창출 회의 등에 활용하면 특허의 망라성(網羅性) 확대가 기대되며 출원 분야의 누락 방지도 된다.

연습문제

9.1 많은 열 교환 장치들은 뜨거운 표면으로 평행하게 흐르는 유체(액체나 기체)를 사용한다. 유체가 표면을 따라 흐르므로, 표면은 더 뜨거워지고, 유체와 표면 사이의 온도차가 줄어들기 때문에 열 교환 능력이 줄어든다. 표면과 유체 사이에 열을 전달하기 위한 보다 나은 방법을 개발하라.

9.2 1931년 5월 피카드(Auguste Piccard)는 그의 동료 파울 킵퍼(Paul Kipfer)와 함께 최초로 성층권까지 유인 기구(氣球)비행을 하였다. 그들은 15,838미터 고도까지 올라갔다. 피카드의 성층 기구는 기체 기구와 알루미늄으로 만든 밀폐된 승객실로 구성되어 있었다. 기구의 배기 밸브 조절 케이블이 승객실 천장을 통과해야 한다. 승객실 안쪽의 공기를 유지하기 위해서, 케이블과 천장 판 사이에 틈새가 존재하지 않아야 한다. 하지만 이것은 케이블의 자유로운 움직임을 방해할 것이다. 시험했던 여러 가지 장치들은 믿을 수 없었다. ARIZ를 사용하여 피카드가 발견한 해결책을 재발명해 보라.

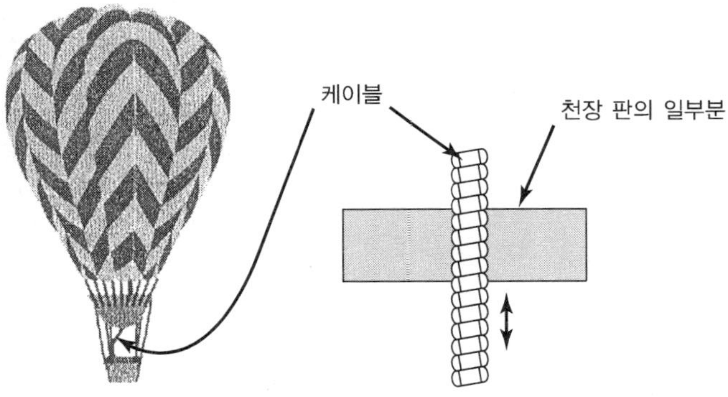

그림 9.24 객실에서 배기 밸브를 조절하기 위해서 케이블이 천장 판을 통과한다.

9.3 단단하고 긴 나일론 관으로 만든 두 개의 공기라인이 로봇 집게를 움직인다. 하나의 공기 라인은 집게손가락을 움직이고, 다른 공기라인은 집게를 회전시키는 공기식 모터를 움직인다. 라인들은 실패 위쪽과 ±270도 회전하는 집게에 단단하게 고정되어 있다. 집게의 회전이 나일론 관의 비틀림을 일으켜, 집게 운동에 높고 다양한 비틀림 저항을 가져오고, 결과적으로 집게의 위치 정확도를 떨어뜨린다. 부드러운 PVC 관은 집게와 연결된 위치에서 빠른 피로 파괴를 보인다. 단단한 나일론 관을 사용하면서 비틀림 저항을 낮출 수 있는 방법은 없을까?

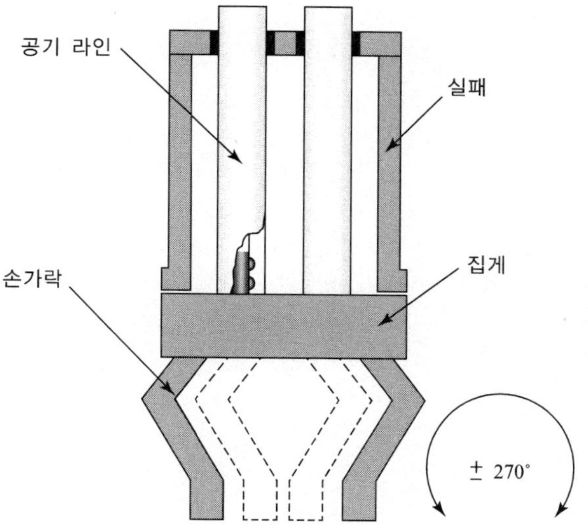

그림 9.25 나일론 공기관이 집게의 위치 정확성에 영향을 준다.

9.4 열팽창 계수가 IC칩 재료와는 다른, 회로기판 위에 IC칩을 탑재한다. 이것이 열팽창 응력을 일으켜, 연결 부분에 금이 가게 할 수 있다. 열팽창 속도가 달라서 생기는 좋지 않은 결과를 줄일 수 있는 방법을 찾으라.

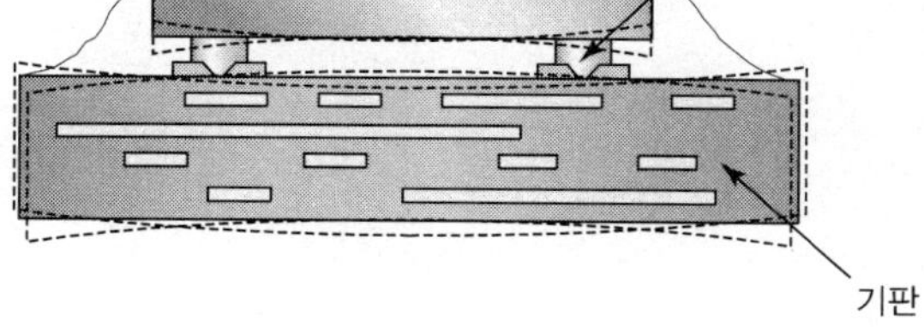

그림 9.26 전통적인 IC칩 탑재

9.5 웜 구동의 효율은 접촉면의 마찰 계수와 웜의 나사 각에 의해 결정된다. 나사 각을 증가시켜서 효율을 개선할 수 있다. 그러나 나사 각을 증가시키는 것은 주어진 웜/바퀴 직경 대비 웜 구동의 변속률을 떨어뜨린다. 이러한 갈등 요구조건을 만족시킬 수 있는 웜 구동 개념을 개발하라.

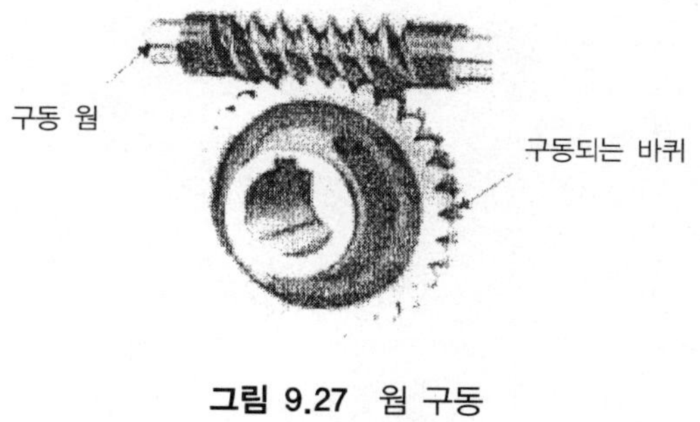

그림 9.27 웜 구동

Appendix

부록

부록 A: 모순 매트릭스

부록 B: 과학기술효과의 종류

부록 C: 자연계의 장

부록 D: TRIZ를 활용한 제품설계

부록 E: 발명문제 해결을 위한 표준접근법

부록 A 모순 매트릭스

모순 행렬표(1/5)		한 특성을 개선하려 할 때 악화되는 다른 특성									
개선하려는 특성(↓)		1	2	3	4	5	6	7	8	원리	
1	이동하는 물체의 무게		–	15,8 29,34	–	29,17	–	29,2 40,28	–	분할	1
2	정지한 물체의 무게	–		–	10,1 29,35	–	35,30 13,2	–	5,35 14,2	분리	2
3	이동하는 물체의 길이	8,15 29,34	–		–	15,174	–	7,17 4,35	–	국소적 성질	3
4	정지한 물체의 길이	–	35,28 40,29	–		–	17,7 10,40	–	35,8 2,14	비대칭	4
5	이동하는 물체의 면적	2,17 29,4	–	14,15 18,4	–		–	7,14 17,4	–	결합	5
6	정지한 물체의 면적	–	30,2 14,18	–	26,7 9,39	–		–	–	범용성/다용도	6
7	이동하는 물체의 부피	2,26 29,40	–	1,7 4,35	–	1,7 4,17	–		–	포개기	7
8	정지한 물체의 부피	–	35,101 9,14	19,14	35,8 2,14	–	–	–		평형추	8
9	속도	2,28 13,38	–	13,14 8	–	29,30 34	–	7,29,34	–	사전 반대 조치	9
10	힘	8,1 37,18	18,13 1,28	17,19 9,36	28,10	19,101 5	1,18 36,37	15,9 12,37	2,36 18,37	선행 조치	10
11	장력/압력	10,36 37,40	13,29 10,18	35,103 6	35,1 14,16	10,15 36,28	10,15 36,37	6,35 10	35,24	사전 예방	11
12	모양	8,10 29,40	15,10 26,3	29,345, 4	13,14 10,7	5,34 4,10	–	14,4 15,22	7,2 35	높이 맞추기	12
13	구성의 안정성	21,35 2.39	26,39 1,40	13,15 1,28	37	2,11 13	39	28,10 19,39	34,28 35,40	반대로 하기	13
14	강도	1,8 40,15	40,26 27,1	1,15 8,35	15,14 28,26	3,34 40,29	9,40 28	10,15 14,7	9,14 17,15	구형화	14
15	이동하는 물체의 작동 시간	5,19 34,31	–	2,19 9	–	3,17 19	–	10,2 19,30	–	역동성	15
16	정지한 물체의 작동 시간	–	6,27 19,16	–	1,40 35	–	–	–	35,34 38	과부족 조치	16
17	온도	36,22 6,38	22,35 32	15,19 9	15,19 9	3,35 39,18	35,38	34,39 40,18	35,6 4	차원 바꾸기	17
18	밝기	19,1 32	2,35 32	19,32 16	–	19,32 26	–	2,13 10	-	기계적 진동	18

모순 행렬표(1/5)		한 특성을 개선하려 할 때 악화되는 다른 특성									
개선하려는 특성(↓)		1	2	3	4	5	6	7	8	원리	
19	이동하는 물체의 소비 에너지	12,18 28,31	-	12,28	-	15,19 25	-	35,13 18	-	주기적 작동	19
20	정지한 물체의 소비 에너지	-	19,9 6,27	-	-	-	-	-	-	유익한 작용 지속	20
21	동력	8,36 38,31	19,26 17,27	1,10 35,37	-	19,38	17,32 13,38	35,6 38	30,6 25	고속 처리	21
22	에너지의 손실	15,6 19,28	19,6 18,9	7,2 6,13	6,38 7	15,26 17,30	17,7 30,18	7,18 23	7	전화위복	22
23	물질의 손실	35,6 18,31	35,6 22,32	14,29 10,39	10,28 24	35,2 10,31	10,18 39,31	1,29 30,36	3,39 18,31	피드백	23
24	정보의 손실	10,24 35	10,35 5	1,26	26	30,26	30,16	-	2,22	매개체	24
25	시간의 손실	10,20 37,35	10,20 26,5	15,2 29	30,24 14,5	26,4 5,16	10,35 17,4	2,5 34,10	35,16 32,18	셀프 서비스	25
26	물질의 양	35,6 18,31	27,26 18,35	29,14 35,18	-	15,14 29	2,18 40,4	15,20 29	-	복제	26
27	신뢰성	3,8 10,40	3,10 8,28	15,9 14,4	15,29 28,11	17,10 14,16	32,35 40,4	3,10 14,24	2,35 24	일회용품	27
28	측정의 정확성	32,35 26,28	28,35 25,26	28,26 5,16	32,28 3,16	26,28 32,3	26,28 32,3	32,13 6	-	기계 시스템의 대체	28
29	제조의 정확성	28,32 13,18	28,35 27,9	10,28 29,37	2,32 10	28,33 29,32	2,29 18,36	32,23 2	25,10 35	공기/수압식 구조	29
30	외부로부터의 해로운 인자	22,21 27,39	2,22 13,24	17,1 39,4	1,18	22,1 32,28	27,2 39,35	22,23 37,35	34,39 19,27	유연막/박막	30
31	물체에 의해 생긴 해로운 인자	19,22 5,39	35,22 1,39	17,15 16,22	-	17,2 18,39	22,1 40	17,2 40	30,18 35,4	다공질 재료	31
32	제조의 용이성	28,29 15,16	1,27 36,13	1,29 13,17	15,17 27	13,1 26,12	16,40	13,29 40	35	색깔 변경	32
33	사용의 편의성	25,2 13,15	6,13 1,25	1,17 13,12	-	1,17 13,16	18,16 15,39	1,16 35,15	4,18 39,31	동질성	33
34	보수성	2,27 35,11	2,27 35,11	1,28 10,25	3,18 31	15,13 32	16,25	25,2 35,11	1	폐기 및 재생	34
35	적응성(적합성)	1,6 15,8	19,15 29,16	35,1 29,2	1,35 16	35,30 29,7	15,16	15,35 29	-	속성 변경	35
36	기구의 복잡성	26,30 34,36	2,26 25,39	1,19 26,24	26	14,1 13,16	6,36	34,26 6	1,16	상전이	36
37	조절의 복잡성	27,26 28,13	6,13 28,1	16,17 26,24	26	2,13 18,17	2,39 30,16	29,1 4,16	2,18 26,31	열팽창	37
38	자동화의 수준	28,26 18,35	28,26 35,10	14,13 17,28	23	17,14 13	-	35,13 16	-	강산화제	38
39	용량/생산성	35,26 24,37	28,27 15,3	18,4 28,38	30,7 14,26	10,26 34,31	10,35 17,7	2,6 34,10	35,37 10,2	불활성 환경	39
										복합 재료	40

모순 행렬표(2/5)		한 특성을 개선하려 할 때 악화되는 다른 특성									
개선하려는 특성(↓)		9	10	11	12	13	14	15	16	원리	
1	이동하는 물체의 무게	2,18 15,38	8,10 18,37	10,36 37,40	10,14 35,40	1,35 19,39	28,27 18,40	5,34 31,35	-	분할	1
2	정지한 물체의 무게	-	8,10 19,35	13,29 10,18	13,10 29,14	26,39 1,40	28,2 10,27	-	2,27 19,6	분리	2
3	이동하는 물체의 길이	13,4 8	17,10 4	1,8 35	1,8 10,29	1,8 15,34	8,35 29,34	19	-	국소적 성질	3
4	정지한 물체의 길이	-	28,10	1,14 35	13,14 15,7	39,37 35	15,14 28,26	-	1,40 35	비대칭	4
5	이동하는 물체의 면적	29,30 4,34	19,30 35,2	10,15 36,28	5,34 29,4	11,2 13,39	3,15 40,14	6,3	-	결합	5
6	정지한 물체의 면적	-	1,18 35,36	10,15 36,37	-	2,38	40	-	2,10 19,30	범용성/다용도	6
7	이동하는 물체의 부피	29,4 38,34	15,35 36,37	6,35 36,37	1,15 29,4	28,10 1,39	9,14 15,7	6,35 4	-	포개기	7
8	정지한 물체의 부피	-	2,18 37	24,35	7,2 35	34,28 35,40	9,14 17,15	-	35,34 38	평형추	8
9	속도		13,28 15,19	6,18 38,40	35,15 18,34	28,33 1,18	8,3 26,14	3,19 35,5	-	사전 반대 조치	9
10	힘	13,28 15,12		18,21 11	10,35 40,34	35,10 21	35,10 14,27	19,2	-	선행 조치	10
11	장력/압력	6,35 36	36,35 21		35,4 15,10	35,33 2,40	9,18 3,40	19,3 27	-	사전 예방	11
12	모양	35,15 34,18	35,10 37,40	34,15 10,14		33,1 18,4	30,14 10,40	14,26 9,25	-	높이 맞추기	12
13	구성의 안정성	33,15 28,18	10,35 21,16	2,35 40	22,1 18,4		17,9 15	13,27 10,35	39,3 35,23	반대로 하기	13
14	강도	8,13 26,14	10,18 3,14	10,3 18,40	10,30 35,40	13,17 35		27,3 36	-	구형화	14
15	이동하는 물체의 작동 시간	3,35 5	19,2 16	19,3 27	14,26 28,25	13,3 35	27,3 10		-	역동성	15
16	정지한 물체의 작동 시간	-	-	-	-	39,3 35,23	-	-		과부족 조치	16
17	온도	2,28 36,30	35,10 3,21	35,39 19,2	14,22 19.32	1,35 32	10,30 22,40	19,13 39	19,18 36,40	차원 바꾸기	17
18	밝기	10,13 19	26,19 6	-	32,30	32,3 27	35,19	2,19 6	-	기계적 진동	18
19	이동하는 물체의 소비 에너지	8,35	16,26 21,2	23,14 25	12,2 29	19,13 17,24	5,19 9,35	28,35 6,18	-	주기적 작동	19
20	정지한 물체의 소비 에너지	-	36,37	-	-	27,4 29,18	35	-	-	유익한 작용 지속	20
21	동력	15,35 2	26,2 36,35	22,10 35	29,14 2,40	35,32 15,31	26,10 28	19,35 10,38	16	고속 처리	21
22	에너지의 손실	16,35 38	36,38	-	-	14,2 39,6	26	-	-	전화위복	22

모순 행렬표(2/5)		한 특성을 개선하려 할 때 악화되는 다른 특성									
개선하려는 특성(↓)		9	10	11	12	13	14	15	16	원리	
23	물질의 손실	10,13 28,38	14,15 18,40	3,36 37,10	29,35 3,5	2,14 30,40	35,28 31,40	28,273, 18	27,16 18,38	피드백	23
24	정보의 손실	26,32	-	-	-	-	-	10	10	매개체	24
25	시간의 손실	-	10,37 36,5	37,36 4	4,10 34,17	35,3 22,5	29,3 28,18	20,10 28,18	28,20 10,16	셀프 서비스	25
26	물질의 양	35,29 34,28	35,14 3	10,36 14,3	35,14	15,2 17,40	14,35 34,10	3,35 10,40	3,35 31	복제	26
27	신뢰성	21,35 11,28	8,28 10,3	10,24 35,19	35,1 16,11	-	11,28	2,35 3,25	34,27 6,40	일회용품	27
28	측정의 정확성	28,13 32,24	32,2	6,28 32	6,28 32	32,35 13	28,6 32	28,6 32	10,26 24	기계 시스템의 대체	28
29	제조의 정확성	10,28 32	28,19 34,36	3,35	32,30 40	30,18	3,27	3,27 40	-	공기/수압식 구조	29
30	외부로부터의 해로운 인자	21,22 35,28	13,35 39,18	22,2 37	22,1 3,35	35,24 30,18	18,35 37,1	22,15 33,28	17,1 40,33	유연막/박막	30
31	물체에 의해 생긴 해로운 인자	35,28 3,23	35,28 1,40	2,33 27,18	35,1	35,40 27,39	15,35 22,2	15,22 33,31	21,39 16,22	다공질 재료	31
32	제조의 용이성	35,13 8,1	35,12	35,19 1,37	1,28 13,27	11,13 1	1,3 10,32	27,1 4	35,16	색깔 변경	32
33	사용의 편의성	18,13 34	28,13 35	2,32 12	15,34 29,28	32,35 30	32,40 3,28	29,3 8,25	1,16 25	동질성	33
34	보수성	34,9	1,11 10	13	1,13 2,4	2,35	11,1 2,9	11,29 28,27	1	폐기 및 재생	34
35	적응성(적합성)	35,10 14	15,17 20	35,16	15,37 1,8	35,30 14	35,3 32,6	13,1 35	2,16	속성 변경	35
36	기구의 복잡성	34,10 28	26,16	19,1 35	29,13 28,15	2,22 17,19	2,13 28	10,4 28,15	-	상전이	36
37	조절의 복잡성	3,4 16,35	30,28 40,19	35,36 37,32	27,13 1,39	11,22 39,30	27,3 15,28	19,29 39,25	25,34 6,35	열팽창	37
38	자동화의 수준	28,10	2,35	13,35	15,32 1,13	18,1	25,13	6,9	-	강산화제	38
39	용량/생산성	-	28,15 10,36	10,37 14	14,10 34,40	35,3 22,39	29,28 10,18	35,10 2,18	20,10 16,38	불활성 환경	39
										복합 재료	40

모순 행렬표(3/5)		한 특성을 개선하려 할 때 악화되는 다른 특성									
개선하려는 특성(↓)		17	18	19	20	21	22	23	24	원리	
1	이동하는 물체의 무게	6,29 4,38	19,1 32	35,12 34,31	–	12,361 8,31	6,2 34,19	5,35 3,31	10,24 35	분할	1
2	정지한 물체의 무게	28,19 32,22	19,32 35	–	18,19 28,1	15,19 18,22	18,19 28,15	5,8 13,30	10,15 35	분리	2
3	이동하는 물체의 길이	10,15 19	32	8,35 24	–	1,35	7,2 35,39	4,29 23,10	1,24	국소적 성질	3
4	정지한 물체의 길이	3,35 38,18	3,25	–	–	12,8	6,28	10,28 24,35	24,26	비대칭	4
5	이동하는 물체의 면적	2,15 16	15,32 19,13	19,32	–	19,10 32,18	15,17 30,26	10,35 2,39	30,26	결합	5
6	정지한 물체의 면적	35,39 38	–	–	–	17,32	17,7 30	10,14 18,39	30,16	범용성/다용도	6
7	이동하는 물체의 부피	34,39 10,18	2,13 10	35	–	35,6 13,18	7,15 13,16	36,39 34,10	2,22	포개기	7
8	정지한 물체의 부피	35,6 4	–	–	–	30,6	–	10,39 35,34	–	평형추	8
9	속도	28,30 36,2	10,13 19	8,15 35,38	–	19,35 38,2	14,20 19,35	10,13 28,38	13,26	사전 반대 조치	9
10	힘	35,10 21	–	19,17 10	1,16 36,37	19,35 18,37	14,15	8,35 40,5	–	선행 조치	10
11	장력/압력	35,39 19,2	–	14,24 10,37	–	10,35 14	2,36 25	10,36 3,37	–	사전 예방	11
12	모양	22,14 19,32	13,15 32	2,6 34,14	–	4,6 2	14	35,29 3,5	–	높이 맞추기	12
13	구성의 안정성	35,1 32	32,3 27,15	13,19	27,4 29,18	32,35 27,31	14,2 39,6	2,14 30,40	–	반대로 하기	13
14	강도	30,10 40	35,19	19,35 10	35	10,26 35,28	35	35,28 31,40	–	구형화	14
15	이동하는 물체의 작동 시간	19,35 39	2,19 4,35	28,6 35,18	–	19,10 35,38	–	28,27 3,18	10	역동성	15
16	정지한 물체의 작동 시간	19,18 36,40	–	–	–	16	–	27,16 18,38	10	과부족 조치	16
17	온도		32,30 21,16	19,15 3,17	–	2,14 17,25	21,17 35,38	21,36 29,31	–	차원 바꾸기	17
18	밝기	32,35 19		32,1 19	32,35 1,15	32	13,16 1,6	13,1	1,6	기계적 진동	18
19	이동하는 물체의 소비 에너지	19,24 3,14	2,15 19		–	6,19 37,18	12,22 15,24	35,24 18,5	–	주기적 작동	19
20	정지한 물체의 소비 에너지	–	19,2 35,32	–		–	–	28,27 18,31	–	유익한 작용 지속	20
21	동력	2,14 17,25	16,6 19	16,6 19,37	–		10,35 38	28,27 18,38	10,19	고속 처리	21
22	에너지의 손실	19,38 7	1,13 32,15	–	–	3,38		35,27 2,37	19,10	전화위복	22

모순 행렬표(3/5)		한 특성을 개선하려 할 때 악화되는 다른 특성									
개선하려는 특성(↓)		17	18	19	20	21	22	23	24	원리	
23	물질의 손실	21,36 39,31	1,6 13	35,18 24,5	28,27 12,31	28,27 18,38	35,27 2,31		–	피드백	23
24	정보의 손실	–	19	–	–	10,19	19,10	–		매개체	24
25	시간의 손실	35,29 21,18	1,19 26,17	35,18 19,18	1	35,20 10,6	10,5 18,32	35,18 10,39	24,26 28,32	셀프 서비스	25
26	물질의 양	3,17 39	–	34,29 16,18	3,35 31	35	7,18 25	6,3 10,24	24,28 35	복제	26
27	신뢰성	3,35 10	11,32 13	21,11 27,19	36,23	21,11 26,31	10,11 35	10,35 29,19	10,28	일회용품	27
28	측정의 정확성	6,19 28,24	6,1 32	3,6 32	–	3,6 32	26,32 27	10,16 31,28	–	기계 시스템의 대체	28
29	제조의 정확성	19,26	3,32	32,2	–	32,2	13,32 2	35,31 10,24	–	공기/수압식 구조	29
30	외부로부터의 해로운 인자	22,33 35,2	1,19 32,13	1,24 6,27	10,2 22,37	19,22 31,2	21,22 35,2	33,22 19,40	22,10 2	유연막/박막	30
31	물체에 의해 생긴 해로운 인자	22,35 2,24	19,24 39,32	2,35 6	19,22 18	2,35 18	21,35 2,22	10,1 34	10,21 29	다공질 재료	31
32	제조의 용이성	27,26 18	28,24 27,1	28,26 27,1	1,4	27,1 12,24	19,35	15,34 33	32,24 18,16	색깔 변경	32
33	사용의 편의성	26,27 13	13,17 1,24	1,13 24	–	35,34 2,10	2,19 13	28,32 2,24	4,10 27,22	동질성	33
34	보수성	4,10	15,1 13	15,1 28,16	–	15,10 32,2	15,1 32,19	2,35 34,27	–	폐기 및 재생	34
35	적응성(적합성)	27,2 3,35	6,22 26,1	19,35 29,13	–	19,1 29	18,15 1	15,10 2,13	–	속성 변경	35
36	기구의 복잡성	2,17 13	24,17 13	27,2 29,28	–	20,19 30,34	10,35 13,2	35,10 28,29	–	상전이	36
37	조절의 복잡성	3,27 35,16	2,24 26	35,38	19,35 16	19,1 16,10	35,3 15,19	1,18 10,24	35,33 27,22	열팽창	37
38	자동화의 수준	26,2 19	8,32 19	2,32 13	–	28,2 27	23,28	35,10 18,5	35,33	강산화제	38
39	용량/생산성	35,21 28,10	26,17 19,1	35,10 38,19	1	35,20 10	28,10 29,35	28,10 35,23	13,15 23	불활성 환경	39
										복합 재료	40

모순 행렬표(4/5)		한 특성을 개선하려 할 때 악화되는 다른 특성									
개선하려는 특성(↓)		25	26	27	28	29	30	31	32	원리	
1	이동하는 물체의 무게	10,35 20,28	3,26 18,31	3,11 1,27	28,27 35,26	28,35 26,18	22,21 18,27	22,35 31,39	27,28 1,36	분할	1
2	정지한 물체의 무게	10,20 35,26	19,6 18,26	10,28 8,3	18,26 28	10,1 35,17	2,19 22,37	35,22 1,39	28,1 9	분리	2
3	이동하는 물체의 길이	15,2 29	29,35	10,14 29,40	28,32 4	10,28 29,37	1,15 17,24	17,15	1,29 17	국소적 성질	3
4	정지한 물체의 길이	30,29	–	15,29 28	32,28	2,32 10	1,18	–	15,17 27	비대칭	4
5	이동하는 물체의 면적	26,4	29,30 6,13	29,9	26,28 32,3	2,32	22,33 28,1	17,2 18,39	13,1 26,24	결합	5
6	정지한 물체의 면적	10,35 4,18	2,18 40,4	32,35 40,4	26,28 32,3	2,29 18,36	27,2 39,35	22,1 40	40,16	범용성/다용도	6
7	이동하는 물체의 부피	2,6 34,10	29,30 7	14,1 40,11	26,28	25,28 2,16	22,21 27,35	17,2 40,1	29,1 40	포개기	7
8	정지한 물체의 부피	35,16 32,18	35,3	2,35 16	–	35,10 25	34,39 19,27	30,18 35,4	35	평형추	8
9	속도	–	18,19 29,38	11,35 27,28	28,32 1,24	10,28 32,25	1,28 35,23	2,24 35,21	35,13 8,1	사전 반대 조치	9
10	힘	10,37 36	14,29 18,36	3,35 13,21	35,10 23,24	28,29 37,36	1,3 40,18	13,3 36,24	15,37 18,1	선행 조치	10
11	장력/압력	37,36 4	10,14 36	10,13 19,35	6,28 25	3,35	22,2 37	2,33 27,18	1,35 16	사전 예방	11
12	모양	14,10 34,17	36,22	10,40 16	28,32 1	32,30 40	22,1 2,35	35,1	1,32 17,28	높이 맞추기	12
13	구성의 안정성	35,27	15,32 35	–	13	18	35,24 30,18	35,40 27,39	35,19	반대로 하기	13
14	강도	29,3 28,10	29,10 27	11,3	3,27 16	3,27	18,35 37,1	15,35 22,2	11,3 10,32	구형화	14
15	이동하는 물체의 작동 시간	20,10 28,18	3,35 10,40	11,2 13	3	3,27 16,40	22,15 33,28	21,39 16,22	27,1 4	역동성	15
16	정지한 물체의 작동 시간	28,20 10,16	3,35 31	34,27 6,40	10,26 24	–	17,1 40,33	22	35,10	과부족 조치	16
17	온도	35,28 21,18	3,17 30,39	19,35 3,10	32,19 24	24	22,33 35,2	22,35 2,24	26,27	차원 바꾸기	17
18	밝기	19,1 26,17	1,19	–	11,15 32	3,32	15,19	35,19 32,39	19,35 28,26	기계적 진동	18
19	이동하는 물체의 소비 에너지	35,38 19,18	34,23 16,18	19,21 11,27	3,1 32	–	1,35 6,27	2,35 6	28,26 30	주기적 작동	19
20	정지한 물체의 소비 에너지	–	3,35 31	10,26 23	–	–	10,2 22,37	19,22 18	1,4	유익한 작용 지속	20
21	동력	35,20 10,6	4,34 19	19,24 26,31	32,15 2	32,2	19,22 31,2	2,35 18	26,10 34	고속 처리	21
22	에너지의 손실	10,18 32,7	7,18 25	11,10 35	32	–	21,22 35,2	21,35 2,22	–	전화위복	22

모순 행렬표(4/5)		한 특성을 개선하려 할 때 악화되는 다른 특성									
개선하려는 특성(↓)		25	26	27	28	29	30	31	32	원리	
23	물질의 손실	15,18 35,10	6,3 10,24	10,29 39,35	16,34 31,28	35,10 24,31	33,22 30,40	10,1 34,29	15,34 33	피드백	23
24	정보의 손실	24,26 28,32	24,28 35	10,28 23	–	–	22,10 1	10,21 22	32	매개체	24
25	시간의 손실		35,38 18,16	10,30 4	24,34 28,32	24,26 28,18	35,18 34	35,22 18,39	35,28 34,4	셀프 서비스	25
26	물질의 양	35,38 18,16		18,3 28,40	13,2 28	33,30	35,33 29,31	3,35 40,39	29,1 35,27	복제	26
27	신뢰성	10,304	21,28 40,3		32,3 11,23	11,32 1	27,35 2,40	35,2 40,26	–	일회용품	27
28	측정의 정확성	24,34 28,32	2,6 32	5,11 1,23		–	28,24 22,26	3,33 39,10	6,35 25,18	기계 시스템의 대체	28
29	제조의 정확성	32,26 28,18	32,30	11,32 1	–		26,28 10,36	4,17 34,26	–	공기/수압식 구조	29
30	외부로부터의 해로운 인자	35,18 34	35,33 29,31	27,24 2,40	28,33 23,26	26,28 10,18		–	24,35 2	유연막/박막	30
31	물체에 의해 생긴 해로운 인자	1,22	3,24 39,1	24,2 40,39	3,33 26	4,17 34,26	–		–	다공질 재료	31
32	제조의 용이성	35,28 34,4	35,23 1,24	–	1,35 12,18	–	24,2	–		색깔 변경	32
33	사용의 편의성	4,28 10,34	12,35	17,27 8,40	25,13 2,34	1,32 35,23	2,25 28,39	–	2,5 12	동질성	33
34	보수성	32,1 10,25	2,28 10,25	11,10 1,16	10,2 13	25,10	35,10 2,16	–	1,35 11,10	폐기 및 재생	34
35	적응성(적합성)	35,28	3,35 15	35,13 8,24	35,5 1,10	–	35,11 32,31	–	1,13 31	속성 변경	35
36	기구의 복잡성	6,29	13,3 27,10	13,35 1	2,26 10,34	26,24 32	22,19 29,40	19,1	27,26 1,13	상전이	36
37	조절의 복잡성	18,28 32,9	3,27 29,18	27,40 28,8	26,24 32,28	–	22,19 29,28	2,21	5,28 11,29	열팽창	37
38	자동화의 수준	24,28 35,30	35,13	11,27 32	28,26 10,34	28,26 18,23	2,33	2	1,26 13	강산화제	38
39	용량/생산성	–	35,38	1,35 10,38	1,10 34,28	18,10 32,1	22,35 13,24	35,22 18,39	35,28 2,24	불활성 환경	39
										복합 재료	40

모순 행렬표(5/5)		한 특성을 개선하려 할 때 악화되는 다른 특성									
개선하려는 특성(↓)		33	34	35	36	37	38	39		원리	
1	이동하는 물체의 무게	35,3 2,24	2,27 28,11	29,5 15,8	26,30 36,34	28,29 26,32	26,35 18,19	35,3 24,37		분할	1
2	정지한 물체의 무게	6,13 1,32	2,27 28,11	19,15 29	1,10 26,39	25,28 17,15	2,26 35	1,28 15,35		분리	2
3	이동하는 물체의 길이	15,29 35,4,7	1,28 10	14,15 1,16	1,19 26,24	35,1 26,24	17,24 26,16	14,4 28,29		국소적 성질	3
4	정지한 물체의 길이	2,25	3	1,35	1,26	26	–	30,14 7,26		비대칭	4
5	이동하는 물체의 면적	15,17 13,16	15,13 10,1	15,30	14,1 13	2,36 26,18	14,30 28,23	10,26 34,2		결합	5
6	정지한 물체의 면적	16,4	16	15,16	26,1	29,26 4	35,34 16,24	10,6 2,34		범용성/다용도	6
7	이동하는 물체의 부피	15,13 30,12	10	15,29	26,1	29,26 4	35,34 16,24	10,6 2,34		포개기	7
8	정지한 물체의 부피	–	1	–	1,31	2,17 26	–	35,37 10,2		평형추	8
9	속도	32,28 13,12	34,2 28,27	15,10 26	10,28 4,34	3,34 27,16	10,18	–		사전 반대 조치	9
10	힘	1,28 3,25	15,1 11	15,17 18,20	26,35 10,18	36,37 10,19	2,32	3,28 35,37		선행 조치	10
11	장력/압력	11	2	35	19,1 35	2,36 37	35,24	10,14 35,37		사전 예방	11
12	모양	32,15 30	2,13 1	1,15 29	16,29 1,18	15,13 39	15,1 32	17,263 4,10		높이 맞추기	12
13	구성의 안정성	32,35 30	2,35 10,16	35,30 34,2	2,35 22,26	35,22 29,23	1,8 35	23,35 40,3		반대로 하기	13
14	강도	32,40 25,2	27,11 3	15,3 32	2,13 25,28	27,3 15,40	15	29,35 10,14		구형화	14
15	이동하는 물체의 작동 시간	12,27	29,10 27	1,35 13	10,4 29,15	19,29 39,35	6,10	35,17 14,19		역동성	15
16	정지한 물체의 작동 시간	1	1	2	–	25,34 6,35	1	20,10 16,38		과부족 조치	16
17	온도	26,27	4,10 16	2,18 27	2,17 16	3,27 35,31	26,2 19,16	15,28 35		차원 바꾸기	17
18	밝기	28,26 19	15,17 13,16	15,1 19	6,32 13	32,15	2,26 10	2,25 16		기계적 진동	18
19	이동하는 물체의 소비 에너지	19,35	1,15 17,28	15,17 13,16	2,29 27,28	35,38	32,2	12,283 5		주기적 작동	19
20	정지한 물체의 소비 에너지	–	–	–	–	19,35 16,25	–	1,6		유익한 작용 지속	20
21	동력	26,35 10	35,2 10,34	19,17 34	20,19 30,34	19,35 16	28,2 17	28,35 34		고속 처리	21
22	에너지의 손실	35,32 1	2,19	–	7,23	35,3 15,23	2	28,10 29,35		전화위복	22

모순 행렬표(5/5)		한 특성을 개선하려 할 때 악화되는 다른 특성									
개선하려는 특성(↓)		33	34	35	36	37	38	39		원리	
23	물질의 손실	32,28 2,24	2,35 34,27	15,10 2	35,10 28,24	35,18 10,13	35,10 18	28,35 10,32		피드백	23
24	정보의 손실	27,22	–	–	–	35,33	35	13,23 15		매개체	24
25	시간의 손실	4,28 10,34	32,1 10	35,28	6,29	18,28 32,10	24,28 35,30	–		셀프 서비스	25
26	물질의 양	35,29 25,10	2,32 10,25	15,3 29	3,13 27,10	3,27 29,18	8,35	13,29 3,27		복제	26
27	신뢰성	27,17 40	1,11	13,35 8,24	13,35 1	27,40 28	11,13 27	1,35 29,38		일회용품	27
28	측정의 정확성	1,13 17,34	1,32 13,11	13,35 2	27,35 10,34	26,24 32,28	28,2 10,34	10,34 28,32		기계 시스템의 대체	28
29	제조의 정확성	1,32 35,23	25,10	–	26,2 28	–	26,28 18,23	10,18 32,39		공기/수압식 구조	29
30	외부로부터의 해로운 인자	2,25 28,39	35,10 2	35,11 22,31	22,19 29,40	22,19 29,40	33,3 34	22,35 13,24		유연막/박막	30
31	물체에 의해 생긴 해로운 인자	–	–	–	19,1 31	2,21 27,1	2	22,35 18,39		다공질 재료	31
32	제조의 용이성	2,5 13,16	35,1,25 ,11,9	2,13 15	27,26 1	6,28 11,1	8,28 1	35,1 10,28		색깔 변경	32
33	사용의 편의성		12,26 1,32	15,34 1,16	32,26 12,17	–	1,34 12,3	15,1 28		동질성	33
34	보수성	1,12 26,15		7,1 4,16	35,1,25 13,11	–	34,35 7,13	1,32 10		폐기 및 재생	34
35	적응성(적합성)	15,34 1,16,7	1,16 7,4		15,29 37,28	1	27,34 35	35,28 6,37		속성 변경	35
36	기구의 복잡성	27,9 26,24	1,13	29,15 28,37		15,10 37,28	15,1 24	12,17 28		상전이	36
37	조절의 복잡성	2,5	12,26	1,15	15,10 37,28		34,21	35,18		열팽창	37
38	자동화의 수준	1,12 34,3	1,35 13	27,4 1,35	15,24 10	34,27 25		5,12 35,26		강산화제	38
39	용량/생산성	1,28 7,10	1,32 10,25	1,35 28,37	12,17 28,24	35,18 27,2	5,12 35,26			불활성 환경	39
										복합 재료	40

부록 B 과학기술효과의 종류

기능	물리적 효과	화학적 효과	기하학적 효과
냉기의 축적		기체 수화물의 분해, 수소화물, 수소, 흡열반응, 용해	
역학적 에너지의 축적	관성, 변형, 자이로스코프 효과, 상전이		
열의 축적	복사, 상전이	수소, 운반 반응	
하나의 물질에 다른 물질을 적용		운반 반응, 수산화 상태, 수소화물을 가진, 산화반응, 광변색 현상, 감전발색, 분자 자기조립, 액체막, 박막 플라즈마 도포, 친수성-소수성	
물질의 농도 변화		운반 반응, 흡착-탈착, 화학적으로 속박된 상태로 변이, 화학적 평형의 바이어스, 반투막, 액체막, 착이온	
밀도의 변화	자기와 전장 하에서 밀도와 유체점성의 변화	기체 수산화물	
거리의 변화			타원
전기성의 변화		수화작용, 산화물의 환원, 염의 용해, 자체전달 고온합성(SHS), 화학적 평형의 바이어스, 산화에 의한 일렉트리제이션, 전기크롬, 착이온, 친수층	
자성의 변화		수화작용, 송이, 자체전달 고온합성(SHS)	
질량 변화		운반 반응, 열화학적 방법, 화학적 속박 상태로 전이, 수화물 상태로 전이, 수소화물 상태로 전이, 발열반응	
광학적 특성의 변화		산화물의 환원, 색깔의 변화, 광발생, 투명도의 변화, 분자층	

기능	물리적 효과	화학적 효과	기하학적 효과
형상의 변화	합금과 고분자에서 형상 기억 효과	운반 반응, 열화학적 과정, 기체 수산화물, 수소화물, 용융-응고	
면적의 변화			단일면체(뫼비우스 띠)
크기의 변화	열팽창, 합금과 고분자에서 형상 기억 효과, 변형, 자기변형, 전기변형, 압전효과		
표면 특성의 변화	마찰, 흡착, 퍼짐, 바우싱거 효과, 방전, 역학적 진동과 음향 진동, 자외선		
속도의 변화	관성, 수착	기체 수산화물, 전기분해	
체적의 변화	상전이, 자장과 전장하에서 밀도와 유체점성의 변화, 열복사, 전장에 의한 이온화, 자외선, 퍼짐, 바우싱거 효과, 열전현상, 열자기 현상, 광자기 현상, 공동현상, 광변색 현상, 고유 광효과	운반 반응, 압축된 기체의 용해, 수화물 상태로 전이, 수산화물상태로 전이, 열화학 반응, 화학적 속박 상태로 전이, 발열반응, 용해	타원
두 물건 사이의 간격 조절	열팽창, 전기변형, 자기변형, 압전효과		
분산 입자의 운동 조절	정전기장, 전기와 자기장, 광압		
고체(물질)의 변위 조절	열팽창, 전기와 자기 변형, 압전효과, 기억형상 효과, 자기장, 액체와 기체에 의해 발생된 압력, 역학적 진동, 원심력, 음향 충격과 수중 충격, 전자기 유도, 전하의 상호작용, 광압	기체 수화물, 수산화물, 전기분해	구면체, 브러시, 부드러운 몸체
액체와 기체의 변위 조절	세관의 증발, 모세관의 압력, 삼투현상, 전기삼투, 톰슨 효과, 베르누이 효과, 파동 운동, 원심력, 와이센베르크 효과		
전자기장의 조절	가리기, 매질의 전기 전도도 변화, 전자기장을 조건으로 하여 물체의 형상 변화		

기능	물리적 효과	화학적 효과	기하학적 효과
마찰의 조절	존슨-라벡 효과, 복사, 액체, 고리층의 안정성 효과, 진동, 마찰이 없는 크라겔스키 효과	전기분해	
액체 표면의 조절	관성, 충격		
열의 흐름 조절	열관		
빛의 흐름 조절	광 수축과 반사, 광전현상, 광자기현상, 광탄성, 케르 효과, 페러데이 효과, 건 효과		
물체의 변형	관성, 원심력, 변형, 포인팅 효과, 알렉산드로프 효과, 합금에서 기억 형상 효과, 고분자에서 기억형상 효과, 열팽창, 상전이, 자기장, 적외선 방출		
물체(물질)의 파괴	알렉산드로프 효과, 기억 형상 효과, 공동현상, 역학적 진동, 유전성 깨짐, 전기 방전, 음향 충격과 수중 충격, 공명, 초음파, 결맞는광, 변형, 압력	운반 반응, 열화학적 반응, 수소화 반응, 산화물의 파괴, 연소, 폭발, 액화, 화학적 균형의 바이아스, 산화, 착이온	
물질의 조제	열팽창, 세관 다공질 재질, 유체 압축장치, 압전효과, 코로나 방전	기체 수화물	
고체의 고착	마찰, 세관 다공질 재질, 자석의 사용, 강자성 분말과 자기장의 사용	전기분해	구면체, 편심기, 브러시, 부드러운 몸체
다른 물질 내부에 하나의 물질이 놓임		운반 반응, 기체의 화학적 속박, 기체 수화물, 압축된 기체 내에서, 수소화물 내에서, 흡착제 내에서, 용해, 착이온, 액체막, 분자 자기조립	
물질의 정체와 획득되는 순수물질	전하의 상호작용, 코로나 방전	기체 수화물, 오존, 전기분해, 운반 반응, 압축된 기체로부터 추출, 수소화물로부터 추출, 분자 자기조직화, 액체막, 착이온	

기능	물리적 효과	화학적 효과	기하학적 효과
열의 재생	열관		
물질의 분리	관성력, 세관 다공질 재질, 초음파, 음향 파동, 압전효과, 원심력, 일렉트릿, 코로나 방전, 자기장, 흡착, 확산, 삼투현상, 전기삼투, 전기이동	운반 반응, 화학적으로 속박된 기체의 추출, 압축된 기체로부터 추출, 오존화물로부터 추출, 수소화물로부터 추출, 산화제로부터 환원, 화학적인 평형의 바이아스, 흡수체, 소수성과 친수성 물질, 반투막, 착이온, 액체막	
분무 물질	전하의 상호작용, 압전효과, 일렉트릿, 코로나 방전		브러시
역학적 에너지의 억압	세관 다공질 재질, 공동현상, 외형, 역학적 진동, 전자기 유도, 압전효과, 전기분해		원, 타원, 브러시, 부드러운 몸체
안정화 온도	상전이, 퀴리점, 외형, 전자기 유도, 강자성 분말		
열적 스위치	열관		
열에너지에서 역학적 에너지로의 변환	기억 형상 효과, 열팽창, 상전이, 열관 퀴리점을 지난 전이		
압력(힘)의 발생	관성, 알렉산드로프 효과, 상전이, 열팽창, 원심력, 자기 유체 밀도 변화, 기억 형상 효과, 수중 충격파, 수중 방전 충격파, 자기와 전기유변 유체에서 압력 기울기, 폭발, 음향충격파와 수중 충격파, 삼투현상, 자기장, 금속의 팽윤	기체 수화물의 분해, 수소화물의 분해, 액체 오존의 분해, 금속의 비강화	
냉기의 발생(시스템으로 열에너지 도입)	열관, 세관 다공질 재질, 상전이, 줄-톰슨 효과, 일렉트릿, 강자성, 랑끄 효과, 자기열 효과, 열전기, 뒤포 효과, 코로나 방전, 스터링 원리	기체 수화물의 분해, 수소화물, 흡열반응, 용해	

기능	물리적 효과	화학적 효과	기하학적 효과
열의 발생(시스템으로 열에너지 도입)	마찰 열관, 역학적 진동, 적외선, 전자기 유도, 표면 효과, 유전체, 강자성, 전기 방전, 물질에 의한 복사선 흡수, 전기 가열, 열전기, 뒤포 효과	기체 수화물과 수소의 연소, 수소화물, 발열반응, 강한 산화제, 오존의 분해, 자체전달 고온합성(SHS)	
전자기 에너지의 발생	전기 방전, 조셉슨 효과, 유도 복사, 터널 효과, 냉광, 건 효과, 체렌코프-바비로프 효과		
물질의 감소하는 활동도		기체의 화학적 속박, 수화물 상태로 전이, 압축된 기체 내에서, 수소화둘 내에서, 용융-응고, 흡착제 내에서, 착이온	
액체와 혼합한 기체	역학적 진동, 일렉트릿, 확산		
연소의 강화		오존	
불균일 물질들의 연결	기억 형상 효과	수화물과 수소화물의 사용, 용접, 용융/응고, 분자 자기 조립	
전기 에너지에서 역학적 에너지로 변환	압전 효과		
두 물질에서 하나의 물질로 결합		운반 반응, 열화학적 반응, 기체의 화학적 속박, 기체 수화물, 산화반응, 발열 반응, 열화학적 반응, 용해, 활성 물질의 결합, 오존화, 착이온, 광변색 현상	
다른 물질을 통해 하나의 물질 운반	상전이, 세관 다공질 재질, 삼투 현상, 확산	운반반응, 수화물과 수소화물, 금속을 통과한 수소, 열역학 반응, 화학적 평형의 바이아스, 흡수, 반투막, 액체막, 착이온	
역학적 에너지의 운반	변형, 진동, 알렉산드로프 효과, 파동		

기능	물리적 효과	화학적 효과	기하학적 효과
빛 에너지의 운반	광전도, 유도 복사		
전기적 에너지의 운반	전자기 유도, 전도도, 초전도성		
열 운반	열관, 복사, 열전도도, 대류		
정전기의 철회	코로나 방전	직물에 금속입힘, 오존, 친수성 코팅	

• 검출과 측정 문제

기능	물리적 효과	화학적 효과	기하학적 효과
가속도	역학적 진동, 압전효과		
기체와 액체의 양	공동현상		
공기 간축	간섭, 가시광, 자외선과 냉광 물질		
취성	압전효과		
소비율	공동현상, 역학적 진동		
기체의 압축률	유전 투과물		
코로나 방전	오존		
결함	분자의 빈 공간, 전기저항, 엑스선, 초음파		
밀도와 점성	아르키메데스 힘, 역학적 진동, 초음파		
변위	일렉트릿, 간섭, 광 반사, 광 방출, 열 복사, 변형, 엑스레이, 냉광, 전기장과 자기장의 변화, 도플러 효과		
거리	일렉트릿		
힘	관성, 압전효과		
마찰	관성		
습도	코로나 방전, 자외선		
누전	외형		
준위	아르키메데스 힘, 역학적 진동		
질량	역학적 진동, 자기 유체, 음향 파동		
역학적 변형력	가시광		
압력	역학적 진동, 전하의 상호작용, 압전효과, 일렉트릿, 코로나 방전	젤	구면체
펄스 작용	압전 효과		
복사	음향광학 효과, 열팽창, 광효과, 냉광, 광소성 효과		
거칠기	박편, 난류, 베르누이 효과		
연삭	코로나 방전		

기능	물리적 효과	화학적 효과	기하학적 효과
크기	코로나 방전, 전기 저항, 가시광, 무아레 효과		
온도	열팽창, 상전이, 가시광, 퀴리점을 지난 전이		
장력	자기장		
초음파		겔	
자외선		광변색 현상	
진공	코로나 방전		
진동			구면체
가시광		광변색 현상	
체적	전기 저항, 광반사, 수축 계수의 변화, 광자기 현상, 광전 현상, 편광, X-선 복사, 핵자기 공명, 상자성공명, 퀴리점을 지난 전이, 홉킨즈 효과, 바크하우젠 효과, 자연 진동수의 측정, 초음파, 홀효과		
소모	역학적 진동		
엑스선		오존, 방사변색 현상	

부록 C 자연계의 장

장	종류	물성
기계장 (Mechanical field)	• 압력 • 압력의 차이 • 압축력 • 장력 • 회전우력(torque) • 운동력, 속력, 추진력, • 회전우력, 위치에너지: 직선운동, 추진운동, 회전 운동, 순환 운동, 분출력 • 동적 마찰력 • 정적 마찰력 • 복원력 • 진동: 운전 진동, 공명, 정상파, 초저주파, 음파, 초음파 • 유동: 정상 유동, 베르누이 효과, 불안정운동 • 추진력(알력) • 충격파 • 표면력 • 표면 장력 • 모세관 현상 • 삼투력 • 확산 • 흡수력 • 흡착력 • 반데르발스의 힘 • 힘의 차이	• 기하학적 특성: 크기, 모양, 부피, 중심, 궤도 • 밀도, 중량 • 자연 주파수 • 이동성 • 탄성 • 취성(Brittleness) • 마모 • 변형성, 가단성, 연성 • 구조 • 약체 특성: 압축 불가능성, 점성 • 기체 특성: 압축 가능
열장 (Thermal Field)	• 온도 • 열 • 냉각 • 온도 차이	• 온도 • 열용량 • 특수 열, 온도에 따른 특수 열 • 상변화점: 융점, 비등점, 고체 변태점, 퀴리 온도, 3중점, 임계점

장	종류	물성
열장 (Thermal Field)		• 변형열: 융해열, 기화열 • 열전도 • 열저항
화학장 (Chemical Field)	• 화학 반응: 합성, 분해, 대체(단일 대체 및 이중 대체) • 화학 반응 조정: 촉매 작용, 억제 • 잠재 전극: 활성 물질, 불활성물질, 잠재 전극의 차이 • 반응을 일으키기 위해 필요한 에너지 • 반응으로 발생할 수 있는 에너지 • 냄새 • 맛	• 합성 • 구조 • 활동도(잠재 전극 및 전기화학 시리즈 중의 위치) • 산화수 • 수소 이온 농도 • 제조나 분해 가능성 • 대체 가능성 • 촉매나 억제제로서 화학 반응 조정 가능성 • 불활성 물질 • 반응을 일으키기 위해 필요한 에너지 • 반응으로 발생할 수 있는 에너지 • 냄새 • 맛
장	종류	물성
전기장 (Electric Field)	• 전하, 정전기 장, 특이한 전기 잠재력: 배전, 전하 밀도, • 표면 전하 밀도, 방전, 코로나 방전 • 전류: 직류, 교류, 전류 밀도 • 전기 추진력 • 전해액을 통과하는 전류: 전기분해, 전기 도금, 전기영동	• 저항력 • 반전도력 • 용량, 용량 리액턴스 • 유도, 유도 저항 • 공진 주파수 • 유전체(유전체 상수 및 절연파괴 장)
자기장 (Magnetic Field)	• 자기장 • 자기장의 차이	• 대자율(강자성, 상자성 혹은 반자성) • 자성체의 상대적 투자율 • 퀴리점
전자기장 (Electromagnetic Field)	• 전파 • 극초단파 • 적외선 • 가시광선(무지개색)	• 파장 • 색상 • 광택 • 광도

장	종류	물성
전자기장 (Electromagnetic Field)	• 자외선 • 엑스선 • 감마선	• 투명성 • 방사율 • 반사 • 굴절 • 산란 • 편광 • 이미지 형성(집중, 확대)

부록 D TRIZ를 활용한 제품설계

'창조'를 돕는 도구가 있다. 만약 경쟁기업에서 이 도구를 능숙하게 잘 사용한다면 어떻게 대항할 수 있겠는가? 혁신적 문제해결 기법이자 혁신적 사고 프로세스인 TRIZ가 창조를 돕는 도구로 부상하고 있다. TRIZ를 활용하여 좋은 품질의 제품을 빠르고 싸게 개발하는 방안을 살펴보고자 한다.

좋은 품질의 제품을 빠르고 싸게 개발하여 시장에 선보일 필요가 있다. 좋은 품질의 제품이란 안정적이고, 내구성이 좋으며, 매력적이고, 납득할만한 가격을 갖고 있어야 한다. 이 가운데 매력적이고 납득할만한 가격은 기업이 일방적으로 획득할 수 있는 것이 아니라 고객이 판단하는 부분이다. 고객들에게 제품의 품질이 매력적이기 위해서는 단순하게 고객의 기대를 채우는 차원을 넘어 고객 감동을 통해 마음에 쏙 들어야 하는 만큼, 제품개발 시부터 고객감동의 품질을 실현하는 데 주력해야 할 것이다. 많은 성공한 기업들은 양질의 제품을 빠르고 싸게 개발함으로써 이익을 창출했다. 최근 들어 TRIZ를 활용하여 제품개발에 공을 들이는 기업이 늘어나고 있다.

1. 제품개발의 일반적인 절차

제품개발은 아이디어의 확실한 개념화로부터 시작해서 다양한 개발과 실험을 거쳐 완제품에 이르게 된다. 제품개발의 절차를 설명하면 다음과 같다.

▶표 제품개발의 절차

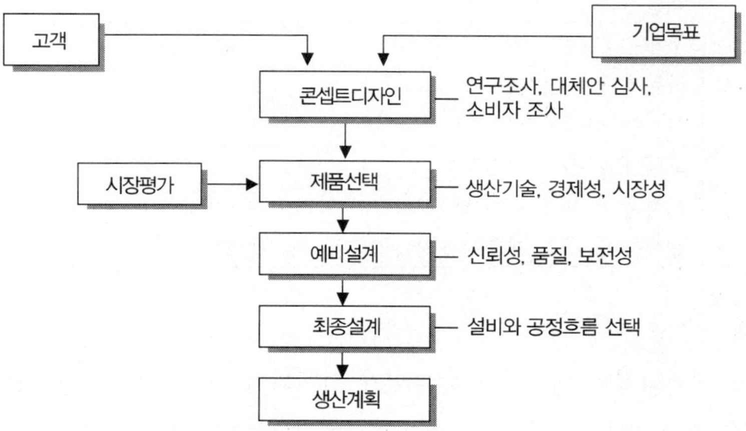

① 콘셉트 디자인

제품 콘셉트를 디자인하기 아이디어를 수집하게 되는데, 이것은 기존의 시장 또는 기술로부터 나온다. 특히 기업 외부의 고객은 제품개발에 많은 도움을 주고 있다. 고객의 요구, 불평, 건의, 제안 같은 것은 귀중한 아이디어 원천이다. 우량기업이 고객에게 귀를 기울이고 있다는 것은 우연한 일이 아니다. 기존 시장을 조사하는 것은 물론이거니와 자사제품을 사용하고 있는 소비자를 방문 조사하는 것도 중요한 일이다.

그리고 기업의 종업원으로부터 나오는 아이디어도 또한 중요한 원천이다. 고객과 접촉하고 있는 영업사원들의 제품 아이디어는 소중하다. 생산과정에서 일하는 근로자의 것도 소중하다. 연구개발부서에서 착상되는 제품 아이디어가 생산이나 영업과 같은 현장부서의 것보다 더 낫다고 보기는 어려울지도 모른다. 그리고 개발되는 과정에 있는 제품에 대하여 공개적이고 자유롭게 제안을 할 수 있다면, 아이디어는 더 많이 수집될 수 있을 것이다. 이것은 우리나라와 같이 폐쇄성이 높은 문화의 기업에서는 실현성이 어려울 수도 있겠다.

② 시장평가와 제품선택

타당성 있는 많은 아이디어가 수집되면, 그중에서 성공할 가능성이 높은 것을 선택하게 된다. 제품을 선택하는 데에는 여러 가지 요인이 감안된다. 예를 들어, 생산기술, 재무, 시장성 등의 요인을 종합적으로 검토한다.

▶**표** 제품선택 기준(예)

요인	선택기준	평가점수
제품기술	제품개발 경험이 있는가?	1 2 3 4 5
	자사 기술로 생산 가능한가?	1 2 3 4 5
	개발기간은 짧은가?	1 2 3 4 5
재무	투자수익률은 높은가?	1 2 3 4 5
	자본투자는 적절한가?	1 2 3 4 5
	원가는 적절한가?	1 2 3 4 5
시장	고객은 기존 고객인가?	1 2 3 4 5
	시장은 성장하는 추세인가?	1 2 3 4 5
	신제품이 기존 제품에 좋은 영향을 미치는가?	1 2 3 4 5

③ 예비설계

앞 단계에서 평가과정을 거쳐서 아이디어가 선택되면, 구체적으로 개념을 현실화시키기 위해서 예비설계의 단계를 거친다. 이 예비단계에서는 여러 가지의 대안을 준비한다. 예를 들어, 에어컨을 생산하는 경우에 모양, 용량, 모터 크기, 환경문제 등을 고려하게 된다. 그리고 제품의 수명, 신뢰성, 보전관리와 같은 품질의 문제를 구체화시킨다. 예비설계는 시험제작에 앞서 이루어지므로 시작설계(試作設計)라고도 한다. 에어컨의 경우에, 예상되는 제품 내구성(수명), 부품의 고장률(신뢰성), 전반적인 수리 및 유지의 용이성(보전성) 등이 예비단계에서 고려된다.

④ 최종설계

최종설계 단계에서는 본격적인 생산에 앞서서 제품원형(prototype)을 만들어 실제로 사용되는 조건하에서 제품의 특성을 시험한다. 그 제품이 공학적인 견지에서 문제가 없는지 여부를 검토하여, 제품과 부품의 명세서 그리고 공정 설계도면을 준비하고 검토한다.

제품개발의 최종단계에서는 제조상의 원가문제에 부딪히게 되는데, 이 문제를 해결하기 위하여 설계 도면과 명세서에서는 부품의 호환성과 단순성이 강조된다. 호환성은 부품의 성능이나 규격이 표준화되어 서로 바꾸어 사용할 수 있는 것을 의미한다. 설계의 단순성은 낮은 제조원가와 용이한 수리보전을 위하여 중요하다. 최종단계에서는 설계에 관련된 활동뿐만이 아니라, 고객의 입장에서 제품을 테스트하게 된다. 최종 소비단계에서 어떤 문제가 일어날까 하는 것에 대비하여야 하기 때문이다.

지금까지 제품 개발에 관하여 순차적으로 설명하였다. 개발 과정에서 근본적인 결함의 문제를 만나면 처음 단계에서부터 재검토하게 되며, 작은 문제를 만나는 경우에는 앞 단계로 가서 다시 검토하는 과정을 거친다. 이제 최종설계가 끝나면, 생산 공정을 설계하게 된다. 사실 제품개발은 쉬운 문제가 아니다. 새로운 아이디어로 제품을 개선하거나 새롭게 만드는 것도 어려운 것이지만, 일단 개발된 제품도 경쟁사에게 시장주도권을 빼앗기는 위험성도 있다. 따라서 제품개발의 문제점으로는 아이디어 부족, 극심한 경쟁, 개발시차에 따르는 위험성, 비용 증대, 실패율 증대 등을 들 수 있다.

우리나라 기업의 제품개발의 문제점은 기술과 원자재 등을 해외에 크게 의존하고 있다는 점이다. 특히 일본 미국 등의 의존은 극심하다. 그리고 제품수명주기상으로 보면, 이미 쇠퇴기로 들어간 것이 많다. 이에 대한 해결책으로는 신제품개발로 이윤이 가장 큰 제품수명주기의 초기 단계를 이용함으로써 판매 성장과 안정을 유지하여야 한다.

2. QFD, TRIZ, 다구찌 활용 제품설계

성공한 기업들이 TRIZ를 활용해 제품을 개발한 흐름을 살펴보면 우선 고객의 소리를 제품의 기능으로 전개하는 데 유용한 기법인 QFD(품질기능전개)를 통해 상품을 기획했다. 이어 TRIZ를 활용해 기술 과제의 해결 콘셉트를 도출해내고, TM(다구찌 방법)을 통해 편차를 없애는 최적의 설계를 했다. 즉 QFD로 고객의 소리를 신제품에 반영하고 TRIZ로 최적화를 하여 TM을 통해 시장에 선보이는 흐름이라 할 수 있다. QFD는 시장 요구를 선점하여 목표를 명확히 하는 데 유용하다. 고장예측이나 재발방지에 대한 사전검토도 충실히 할 수 있고, 중요평가항목에 대한 확인도 철저히 할 수 있다. 하지만 QFD는 '무엇을' 만들면 좋을지는 찾아내는 데는 탁월하지만, '어떻게' 만들지에 대해서는 명확한 답을 주지 못한다. 따라서 TRIZ를 활용하여 제품개발 시 아이디어를 도출해 어떻게 만들 것인가를 찾아낸다. 하지만 TRIZ로 설계한 제품에 대해서 '품질'을 장담할 수 없다. 그렇기 때문에 TM을 통해 아이디어를 평가함으로써 제품 설계에 품질의 개념을 불어넣는 것이다. 이처럼 최근 혁신적 신제품 개발에는 QFD, TRIZ, TM을 활용하고 있음에 주목할 필요가 있다.

3. TRIZ가 주목 받는다

혁신적 신제품 개발 프로세스뿐만 아니라 다양한 기업 활동에서 창조적 아이디어가 기업 생존의 키워드가 된 시점에서 TRIZ에 대한 관심이 높아졌다. 경쟁사와 비교하여 좋은 아이디어를 많이 도출하고 철저하게 생각했는지, 짧은 시간이지만 합리적으로 과제를 검토했는지가 바로 경쟁력의 핵심이 되었기 때문이다. TRIZ는 우연이 아닌 필연적으로 아이디어를 창출하는 데 유용한 기법이다. 아이디어의 양뿐만 아니라 질적인 향상도 이뤄낼 수 있다. 목표에 부합하는 아이디어를 찾게 하고, 방대한 아이디어를 가장 좋은 콘셉트로 정리할 수 있다. 동시에 실현 가능성 높은 아이디어를 도출하게 한다. 또 아이디어 창출의 동기 부여를 높인다. 자사 기술의 강점을 명확히 인식하는 기회가 될 뿐만 아니라 지혜를 결집한 높은 수준의 기술논의를 이끌고, 창조적 통찰력을 지니는 계기가 됨으로써 불가능이란 생각을 줄이게 하는 것이다. TRIZ는 왈러스의 4단계 발상법처럼 철저하고 깊게 생각하는 끈기를 기반으로 하면 훌륭한 아이디어가 발상된다는 것을 모토로 한다. 1단계는 과제에 대해 철저하게 생각하고, 2단계 생각하고 또 생각하다가 지쳐갈 때쯤, 3단계에서 훌륭한 아이디어가 떠오른다는 것이다.

QFD + TRIZ + TM 연계 Road Map

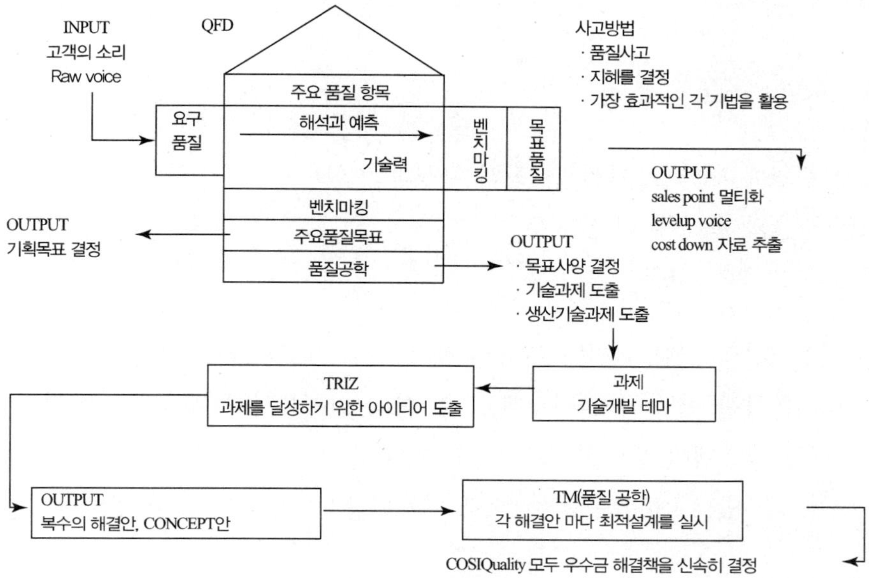

마지막 4단계에서는 발상된 아이디어를 실시할 것인지 검증한다.

이 TRIZ는 ▲ 기술적 차원에서는 콘셉트 창출과 문제의 해결 ▲ 지적재산 차원에서는 특허 출원 ▲ 품질 차원에서는 제일 좋은 품질 실현에 적합한 기법이다.

기업에서 TRIZ 활용을 위해서는 우선 사내 전문가를 양성해 TRIZ 지식을 흡수하고, 기업 활동에서 최강의 콘셉트 도출과 문제해결에 활용한다. 이후 전 조직 차원으로 활용을 확대해 잠재능력을 끌어내고 통찰력을 높이는 기법으로 정착해나가는 것이 요구된다.

부록 E 발명문제 해결을 위한 표준접근법

표준은 3가지로 분류되어 있다.

- 시스템 변경에 대한 표준(물질－장의 구성과 진화)
- 시스템 검출과 측정에 대한 표준
- 표준 적용을 위한 표준

표준은 물질－장의 진화 논리에 따라서 세트로 체계화되었다: 단일 물질－장→복합 물질－장→강화된 물질－장. 이러한 단계들 중 어느 단계에서 물질－장은 상위 시스템(즉, 이중 또는 다중 시스템이 된다.) 또는 미시 수준(즉, 전체 시스템 또는 그 부분이 필요한 기능을 수행할 수 있는 "물질－장" 쌍으로 대체된다.)으로 이동할 수 있다.

1. 클래스 1: 물질-장의 합성

1.1 그룹 1.1 개선과 유용한 자원의 도입

■ 표준 1.1.1

불완전한 물질－장의 효율과 제어능력을 향상시키기 위해서는 없는 요소를 도입하여 물질－장을 완성해야 한다(그림 E1.1).

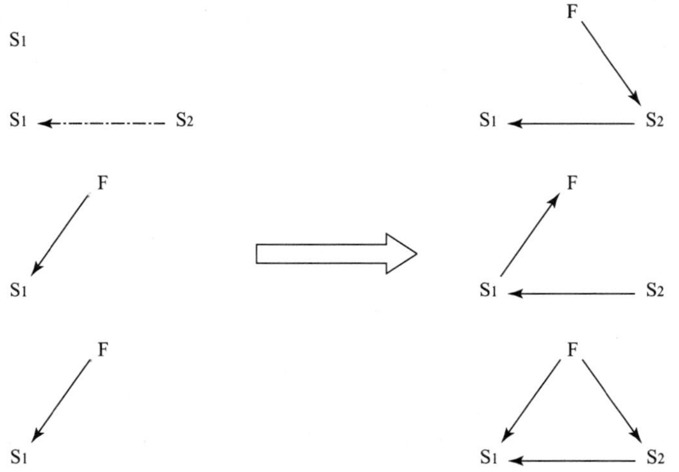

그림 E1.1

▷사례: 금속의 고온 압연은 변형영역에 윤활이 필요하다. 보통, 특수붓과 스프레이로 액체윤활제를 적용한다. 어떤 기술도 변형영역에 윤활제의 균일한 분포를 제공하지 못하고 기름이 주변으로 튀고 많은 기름이 손실된다. 균일한 공급을 위한 비용효율이 높은 방법이 필요하다.

■ 표준 1.1.2

만약 필요에 따라 바꾸기가 어려운 물질-장이 있고, 주어진 물질에 첨가제의 도입이 금지되어 있지 않다면, 문제는 내부 복합 물질-장으로 영구 또는 일시 전이함으로써 해결될 수 있다(그림 E1.2).

여기서 S_1 은 대상, S_2는 도구, S_3은 첨가제이다; 괄호는 내부 화합물의 연결을 나타낸다(외부 화합물 연결은 괄호가 없다).

▷사례: 고점도 액체의 열전달과 질량전달을 향상시키기 위해서, 액체에 기체를 혼합한다.

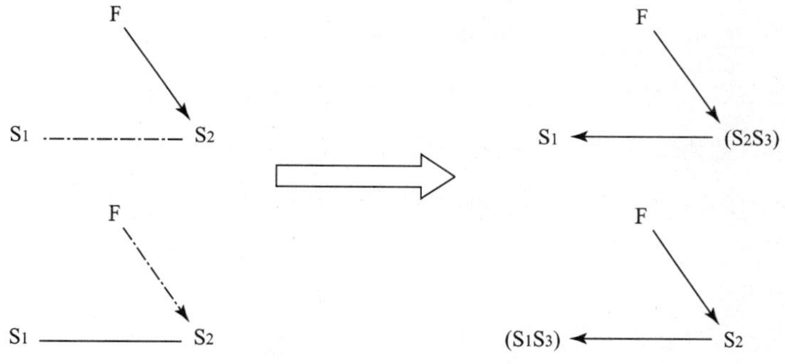

그림 E1.2

■ 표준 1.1.3

만약 필요에 따라 바꾸기가 어려운 물질-장이 있고, 주어진 물질에 첨가제의 도입이 제한된다면, 문제는 외부 복합 물질-장으로 영구 또는 일시 전이함으로써 해결될 수 있다(그림 E1.3).

▷사례: 용접 품질을 향상시키기 위해서 용접 막대를 합금 물질로 코팅한다. 코팅제가 타면서 용접 부분이 합금화되어, 그 강도가 증가한다.

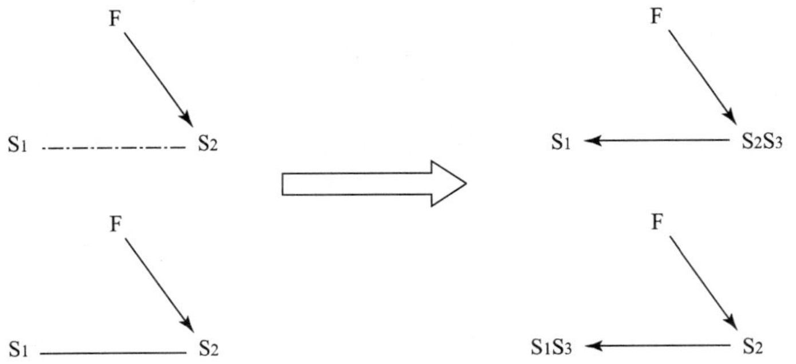

그림 E1.3

■ **표준 1.1.4**

만약 필요에 따라 바꾸기가 어려운 물질-장이 있고, 주어진 물질에 추가 물질의 도입 또는 부착이 제한된다면, 문제는 기존의 주위 매체(환경)를 도입 물질로 사용함으로써 해결될 수 있다(그림 E1.4).

▷사례: 스스로 짐을 부리는 바지선이 댐 건설에 종종 이용된다. 바지선에 자갈과 돌과 같은 짐을 실으면 예인선이 짐을 실은 바지선을 끌어서 필요한 곳까지 이송한 다음 바지선이 스스로 뒤집혀서 짐을 부린다. 무거운 용골과 부력이 모멘트를 일으켜 빈 바지선을 원래위치로 되돌려 준다. 용골이 무거울수록 빠르게 원위치로 뒤집지만 무거운 용골은 바지선의 이송 용량을 줄인다. 이것은 바람직하지 않은 효과이다.

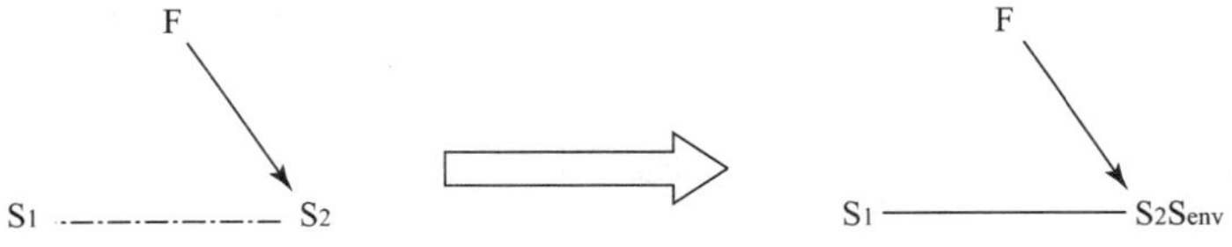

그림 E1.4

■ **표준 1.1.5**

만약 주위 매체가 표준 1.1.4에서처럼 물질-장 구성에 필요한 물질을 포함하고 있지 않다면 주위 매체를 다른 매체로 대체하거나, 매체의 화학적 분해 또는 첨가제의 도입에 의해 이 물질을 얻을 수 있다.

▷사례: 가금류의 예방접종은 질병 조절 프로그램의 핵심 부분이다. 분명하게 개별 병아리들에게 하나하나 백신 주사를 놓는 것은 악몽일 것이다. 마시는 물에 가금류 백신을 풀어 놓음으로써 문제가 해결된다.

■ 표준 1.1.6

만약 최소(최적) 작용이 필요한데, 문제의 제약으로 수행하기 어렵거나 불가능하다면, 매우 강한 작용을 사용하고, 초과분을 제거해야 한다(장의 초과분은 물질로 제거하고, 물질의 초과분은 장으로 제거한다. 그림 E1.5).

▷사례: 부품에 페인트를 얇게 칠하기 위해서, 부품을 페인트 통에 담가서 코팅을 과량으로 한다. 그다음, 부품을 회전시켜 페인트 초과분을 원심력으로 제거한다.

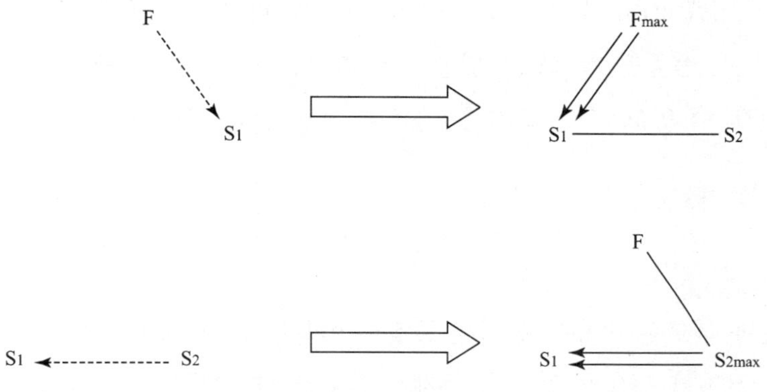

그림 E1.5.

■ 표준 1.1.7

물질에 최대 작용을 적용할 필요가 있지만, 약간의 이유 때문에 그것이 불가능하다면 최대 작용을 첫 번째 물질과 연결된 다른 물질에 적용해야 한다(그림 E1.6).

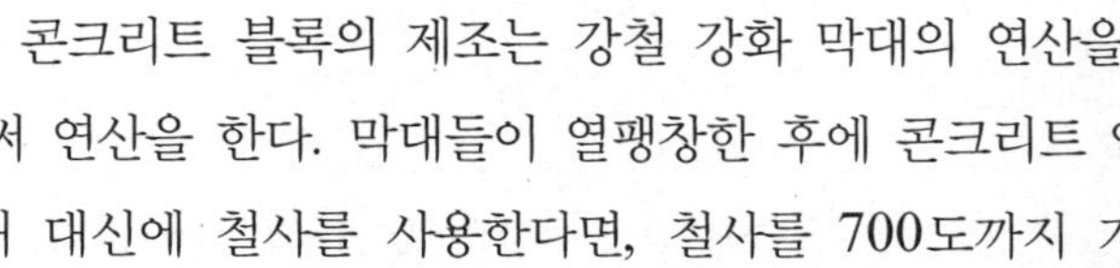

그림 E1.6

▷사례: 응력강화 콘크리트 블록의 제조는 강철 강화 막대의 연산을 필요로 한다. 막대를 가열함으로써 연산을 한다. 막대들이 열팽창한 후에 콘크리트 안에서 고정된다. 그러나 비싼 막대 대신에 철사를 사용한다면, 철사를 700도까지 가열해야 한다. 한편 400도 이상이 되면, 철사는 기계적 특성을 잃기 시작한다. 보조 내열성 막대를 가열하여 팽창시킨 후에, 그것을 철사와 연결하라는 제안이 있다. 냉각 과정에서 보조 막

대가 수축하면서 냉각 상태로 있는 철사를 늘인다.

■ 표준 1.1.8

만약 선택적으로 최대 작용이 필요하다면(예를 들어 어떤 영역에서는 최대 작용, 다른 영역에서는 최소 작용을 유지), 장이 최대 또는 최소 강도를 가져야 한다. 전자의 경우에 최소 장을 받아야 하는 영역을 보호 물질로 가린다. 후자의 경우에 국부적인 장을 일으키는 특별한 물질을 최대 장이 필요한 영역에 도입한다. 그러한 물질을 예를 들어 열적 작용을 위해서 터마이트(termite) 혼합물, 기계적 작용을 위해서 폭발 물질 등이 있다.

▷사례: 약이 든 앰풀을 화염으로 밀봉한다. 화염은 제어하기 어렵다. 강력한 화염은 약을 과열시킬 수 있고, 약한 화염은 유리를 녹일 만큼 충분하지 않을 수 있다.

1.2 그룹 1.2: 해로운 작용의 제거

■ 표준 1.2.1

유용한 작용과 해로운 작용이 동시에 물질-장의 두 물질 사이에 있고, 물질 사이에 직접적인 접촉을 유지할 필요가 없다면, 문제는 외부로부터 제3의 물질을 두 물질 사이에 도입함으로써 해결될 수 있다(이 물질을 비싸지 않고, 공짜여야 한다. 그림 E1.7).

▷사례: 과학실험을 하기 위해 정확하게 0.01 mm 두께로 둥글게 자른 수천 개의 알루미늄 호일로 만든 알루미늄 디스크가 필요하다. 그러나 선반위에서 약하고 얇은 알루미늄디스크를 돌리면 디스크가 구부러지고 모서리 부분이 찢어지는 결과를 초래한다.

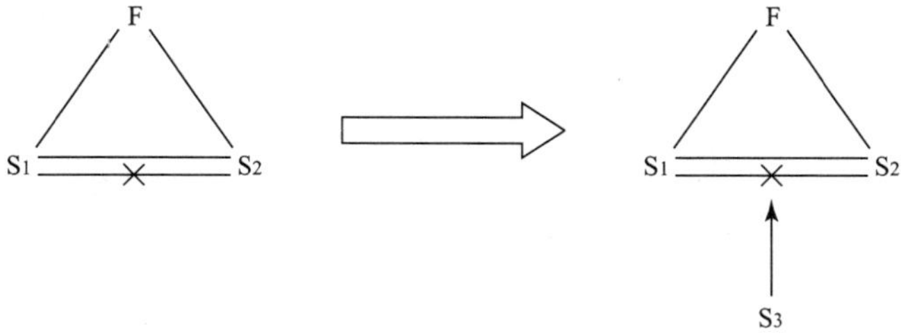

그림 E1.7

■ 표준 1.2.2

유용한 작용과 해로운 작용이 동시에 물질-장의 두 물질 사이에 있고, 물질 사이에 직접적인 접촉을 유지할 필요는 없지만, 외부 물질의 도입이 금지되거나, 바람직하지 않다면, 문제는 원래 물질(S_1, S_2)의 변형물인 제3의 물질을 도입함으로써 해결될 수 있다(그림

E1.8)

▷사례: 벽이 얇은 관에 구멍을 뚫는 것은 관의 벽이 찌그러져서 원하는 구멍을 잘 뚫기 어렵다. 고형체로 관 벽을 지지하면 찌그러짐을 막을 수 있다. 그러나 굴곡이 많은 관에서는 관을 지지하기 위해 관 내부에 고형체를 넣기 어렵다. 관을 구부리기 전에 구멍을 내는 해결책은 관을 구부릴 때 구멍을 일그러뜨릴 수 있기 때문에 적절하지 못하다.

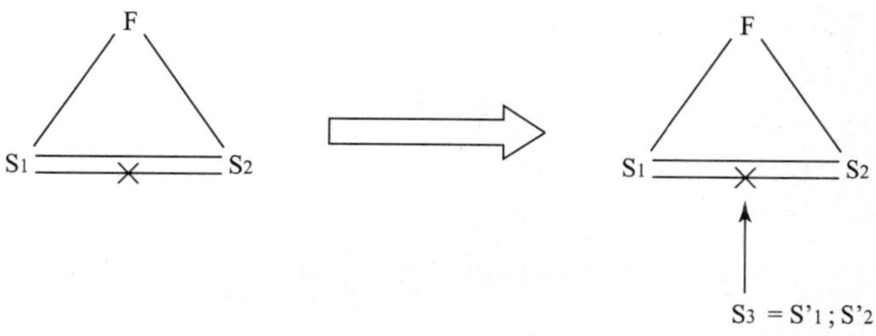

그림 E1.8

■ **표준** 1.2.3

만약 물질에 대한 장의 해로운 작용을 제거할 필요가 있다면, 문제는 장의 해로운 작용을 딴 데로 돌리는 제2의 물질을 도입함으로써 해결될 수 있다(그림 E1.9).

▷사례: 영하의 온도에 노출된 수도관의 파열을 어떻게 예방해야 하나? 관을 가열하거나 관의 벽을 강화하는 것은 일을 매우 복잡하게 하고, 비용을 많이 들게 한다.

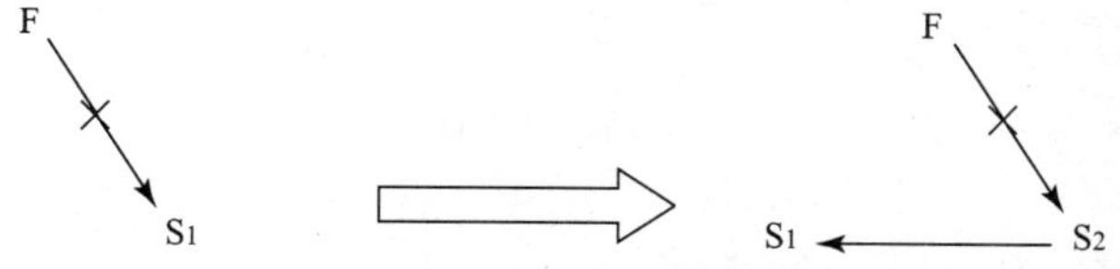

그림 E1.9

■ **표준** 1.2.4

유용한 작용과 해로운 작용이 동시에 물질-장의 두 물질 사이에 있고, 물질 사이에 직접적인 접촉을 유지해야 한다면, 문제는 이중 물질-장으로 전이함으로써 해결될 수 있다. 기존의 장 F_1이 유용한 작용을 제공하는 한편, 새로운 장 F_2가 해로운 작용을 중화(또는 해로운 작용을 제2의 유용한 작용으로 변환)한다(그림 E1.10).

▷사례: 증기터빈은 증기와 물방울의 혼합환경에서 작동한다. 상대적으로 큰 물방울(전

형적으로 직경 50~800마이크로미터)은 빠르게 회전하는 날개와 충돌하여 날개를 부식시킨다.

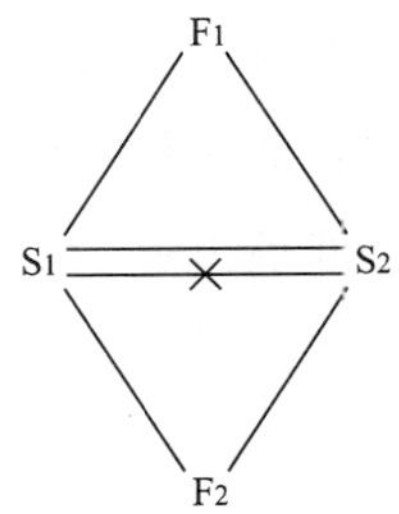

그림 E1.10

■ 표준 1.2.5

만약 자기장을 갖는 물질-장을 깨야 한다면, 문제는 물질을 충격 소자(消磁)시키거나 큐리 온도 이상으로 가열함으로써 물질의 강자성 특성을 "없애는", 물리효과를 사용함으로써 해결될 수 있다(그림 E1.11).

▷사례: 용접 표면에 대한 강자성 분말의 용접 저항은 가끔 용접 전류의 자기장에 의한 분말의 반발 때문에 생긴다. 용접 영역으로 분말을 가져오기 전에 큐리 온도까지 분말을 미리 가열한다는 제안이 있다.

그림 E1.11

2. 클래스 2: 물질-장 시스템의 진화

2.1 그룹 2.1: 복합 물질-장으로 전이

■ 표준 2.1.1

만약 물질-장의 효율을 향상시켜야 한다면, 그것은 물질-장에서 하나의 물질을 독립적으로 제어되는 물질-장으로 변환하여, 사슬 물질-장으로 만듦으로써 얻을 수 있다(그림 E2.1).

▷사례: 망치의 효율을 향상시키는 방법은?

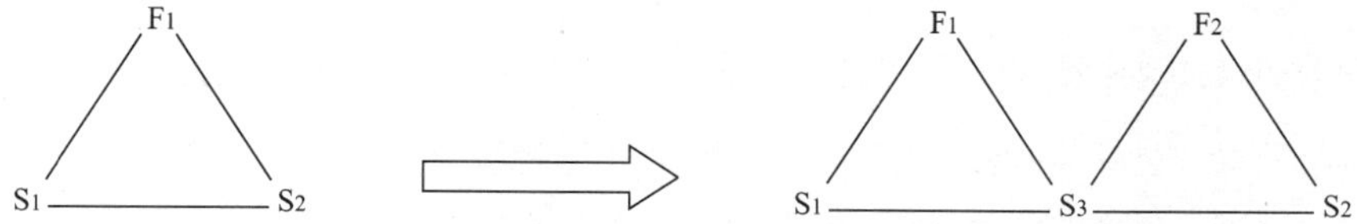

그림 E2.1

■ 표준 2.1.2

만약 물질-장의 제어능력을 향상시켜야 하지만, 이 물질−장 요소들의 교체가 허락되지 않는다면, 문제는 잘 제어할 수 있는 제2의 물질−장의 도입에 의해 이중물질−장을 합성함으로써 해결될 수 있다(그림 E2.2).

▷사례: 쇳물 바가지 밑에 있는 열린 구멍을 통해 용융금속을 주형으로 붙는다. 용융금속의 방출속도는 쇳물 바가지에 있는 금속 높이에 비례한다. 그 높이가 낮을수록 정수압은 낮아지고 용융금속의 흐름이 느려진다. 열린 구멍의 직경을 변경함으로써 방출속도를 조절하는 것은 어려운 일이다.

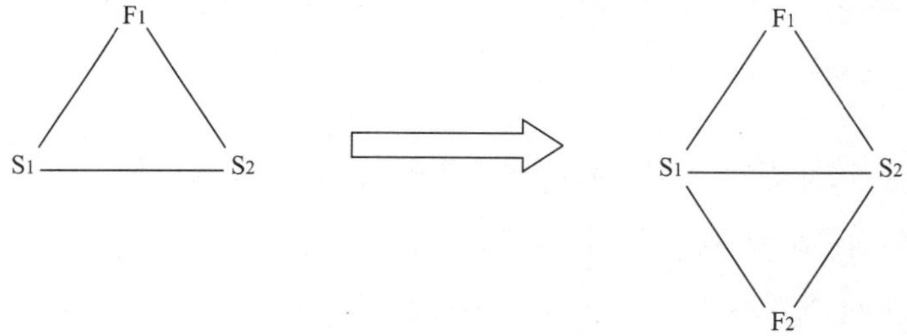

그림 E2.2

2.2 그룹 2.2: 물질-장의 강화

■ 표준 2.2.1

물질-장의 효율은 제어할 수 없거나, 제어가 잘 안 되는 장을 제어가 잘되는 장으로 교체함으로써 향상될 수 있다.

▷사례: 중력장을 기계장으로, 기계장을 전기장 등으로 교체.

■ 표준 2.2.2

물질-장의 효율은 도구 물질(S_2)의 분할도를 올림으로써 향상될 수 있다.

▷사례: 사례 5.16(MIT의 범용 단일 압형도구)(창의성공학의 길잡이: p.165)

■ 표준 2.2.3

물질 분할의 특별한 경우는 고형물질로부터 모세관 또는 다공성 물질로 전이이다. 이 전이는 다음과 같은 진화 라인을 따라 진행한다: 고형물질→하나의 구멍이 있는 고형물질→다중 구멍이 있는 고형물질(구멍 뚫린 물질)→다공성 또는 모세관으로 채워진 물질→규칙성 구조의 모세관 또는 세공(細孔)으로 채워진 물질

▷사례: 회로 기판 위에 전자 부품을 용접할 때, 단자 단락(短絡)의 원인인 땜납 브리지(과도한 땜납)와 같은 용접 결점이 종종 발생하고, 그것을 제거할 필요가 있다. 미국 특허 6,681,980은 과도한 용융 땜납을 빨아들이는 모세관 형태의 홈이 있는 용접 인두 끝을 설명한다.

■ 표준 2.2.4

물질-장의 효율은 시스템의 유연성을 증가시킴으로써 향상될 수 있다. 이것은 시스템 구조를 보다 유연하고 빠르게 변화할 수 있는 구조로 전이한다는 의미이다.

▷사례: 동적 특성의 증가의 법칙을 설명하는 사례들을 볼 것.

■ 표준 2.2.5

물질-장의 효율은 균일한 장을 불균일한 장으로, 또는 무질서한 장을 일시적인 특별한 공간 구조로 전이함으로써 향상될 수 있다(안정된 또는 가변 장. 그림 E2.3).

▷사례: 미국 특허 5,006,266은 개별 입자들을 파동의 마디 또는 배로 유인함으로써 액체 내에 있는 입자상 물질을 분리시키는 초음파의 정상파를 설명한다.

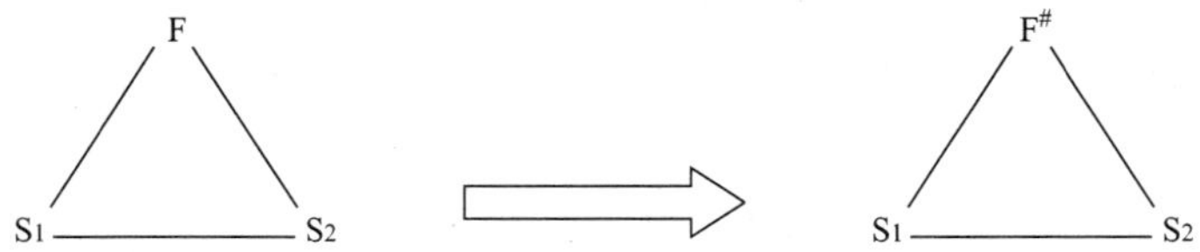

그림 E2.3

■ 표준 2.2.6

물질-장의 효율은 균일한 물질을 공간상 특별한 구조를 갖는 물질로 전이함으로써 향상될 수 있다(안정된 또는 가변 물질. 그림 E2.4).

▷사례: 방염 다공성 블록을 만들기 위해서, 블록 안에 미리 넣은 비단 실을 태움으로써 길이 방향으로 세공을 만든다.

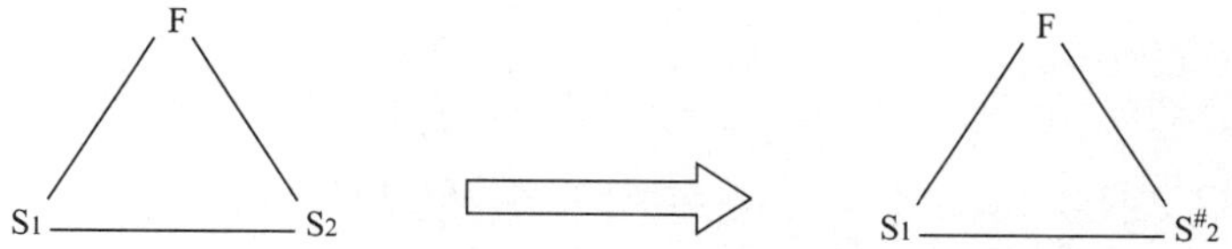

그림 E2.4

2.3 그룹 2.3: 리듬조화

■ **표준** 2.3.1

완전한 물질-장의 효율은 장작용의 진동수를 대상 또는 도구의 진동수와 동조시키거나 동조를 깸으로써 향상될 수 있다.

▷**사례:** 요도(尿道)로부터 돌을 빼내기 위해서, 때때로 고리 달린 실을 요도에 넣고, 실 고리로 돌을 빼낸다. 요도의 연동 운동 진동수와 같은 크기의 맥동을 가하라는 제안이 있다. 이것은 수술상처와 고통을 줄임으로써 여러 모양과 크기의 돌의 제거를 도와준다.

■ **표준** 2.3.2

복합 물질-장의 효율은 장의 진동수를 다른 장의 진동수와 동조시키거나 동조를 깸으로써 향상될 수 있다.

▷**사례:** 이동 자기장과 진동의 조합으로 광석을 처리함으로써 미세한 가루의 자성 광석을 모으는 방법이 있다. 분리 공정의 효율은 진동과 동조시키면서 자기장의 강도를 바꾸면 향상된다.

■ **표준** 2.3.3

변경과 측정과 같은 두 가지 작용이 양립할 수 없다면, 한 작용의 휴지기 동안에 다른 작용을 수행한다(일반적으로 한 작용의 휴지기를 다른 유용한 작용으로 채워야 한다).

▷**사례:** 저항 점(點) 용접의 열 사이클을 자동제어하기 위해서 열전 전위를 측정할 필요가 있다. 용접 중에 높은 펄스 진동수에 대한 제어 정확성은 용접 전류의 펄스 사이의 휴지기 동안에 열전 전압을 측정함으로써 개선된다.

2.4 그룹 2.4: 자성-장(fefields)과 전기-장(efields)

현대 기술 시스템은 자성-장(분산된 강자성 물질과 자기장을 갖는 물질-장)의 적용으로 최대로 강화될 수 있다.

■ 표준 2.4.1

물질-장 시스템의 효율은 강자성 물질과 자기장을 사용해서 향상될 수 있다(그림 E2.5). 이 표준은 미세하게 분할되지 않은 강자성 물질의 적용에 관한 것이다. 이러한 시스템은 자성-장으로 전이 중인 원시 자성-장이라 할 수 있다. 이 표준은 단일 물질-장뿐만 아니라 복합 물질-장에 적용할 수 있다.

▷사례: 자성 물질이 삽입된 망치는 사용하기 전에 못을 집고, 고정시켜 잡고 있을 수 있다.

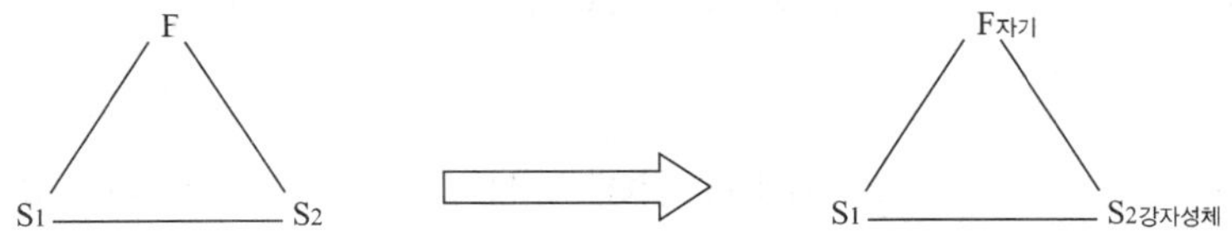

그림 E2.5

■ 표준 2.4.2

물질-장 또는 원시 자성-장의 제어능력은 물질 중 하나를 자성 입자로 대체하거나, 칩, 알갱이, 낱알 같은 강자성 입자를 첨가하고, 자기장 또는 전자기장을 사용함으로써 향상될 수 있다. 자성-장이 되기 전에, 물질-장 시스템은 물질-장 진화 사이클을 반복하지만, 새로운 상위 수준에서 자성-장은 높은 제어능력과 효율을 갖는 특징이 있기 때문에 결국 자성-장이 된다.

▷사례: 치료용 자기 테이프는 전형적으로 플라스틱에 자성 입자를 끼워 넣어서 만든 플라스틱 호일이다. 플라스틱 호일에 외부 자기장을 가하면, 자성 입자들이 배열된다. 이것이 자성 분극영역을 만든다.

■ 표준 2.4.3

자성-장의 효율은 자기유변 유체로 전이함으로써 향상될 수 있다.

▷사례: 사례 5.45(점성유체 클러치)(창의성공학의 길잡이: p 201)

■ 표준 2.4.4

자성-장의 효율은 모세관이나 다공성 구조를 사용함으로써 향상될 수 있다.

▷사례: 다공성 구조를 갖는 분말 금속 부품을 자기유변 유체에 침지시키면, 다양한 장치에서 부품들의 결합력이 향상된다(미국 특허 6,428,860).

■ 표준 2.4.5

만약 자성－장으로 전이해서 제어능력을 향상시킬 필요가 있지만, 강자성 입자로 물질의 교체가 불가능하다면, 물질 중에 하나에 강자성 입자를 첨가하여 내부 또는 외부 복합 자성－장을 구성함으로써 향상될 수 있다(그림 E2.6).

▷사례: 자성 연마 가공에서 철가루로 소결(燒結)된 일반 연마 입자를 전자석과 작업부품 사이에 둔다. 입자와 작업부품 사이에 상대적인 움직임이 있을 때, 연마가 발생한다(Jain, 2002).

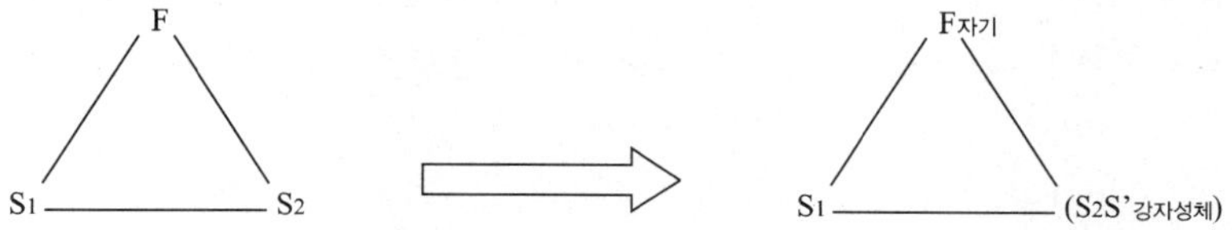

그림 E2.6

■ 표준 2.4.6

만약 제어능력이 물질－장에서 자성－장으로 전이함으로써 향상되어야 하지만, 강자성 입자로 물질의 교체나 물질에 강자성 입자의 추가가 불가능하다면, 강자성 입자를 주위 매체(환경)에 추가해야 한다.

▷사례: 자화된 입자를 함유한 플라스틱 시트(자기 매트)는 여러 환경(작업장, 정비공장 등)에서 도구, 너트, 볼트 그리고 손이 닿는 거리에 있는 다른 부품들을 붙여두기 위해서 사용된다.

■ 표준 2.4.7

자성－장 시스템의 제어능력은 물리효과를 사용함으로써 향상될 수 있다.

▷사례: 측정용 자기 증폭기의 감도를 향상시키기 위해서, 중심 부분의 온도를 중심 재료의 큐리 온도의 0.92-0.99로 유지한다(홉킨스 효과 참고).

■ 표준 2.4.8

자성－장 시스템의 제어능력은 물리효과를 사용함으로써 향상될 수 있다.

▷사례: 속이 빈 물체의 벽두께는 물체 외분에 자기 변환기와 내부에 강자성체를 둠으로써 측정된다. 측정 정밀도를 높이기 위해서, 강자성체를 강자성 입자로 코팅된 팽창할 수 있는 탄성 풍선의 형태로 만든다. 따라서 이 풍선은 측정하려는 물체와 정확하게 같은 형태가 될 수 있다.

■ 표준 2.4.9

자성-장 시스템의 효율은 균일한 구조를 갖는 장을 이질 구조를 갖는 장으로, 또는 무질서한 구조를 갖는 장을 정의된 3차원 구조를 갖는 장(일정 또는 가변. 그림 E2.7)으로 전이함으로써 향상될 수 있다. 특별하게 만약 자성-장(또는 자성-장 부분이 될 수 있는 물질)이 어떤 3차원 구조로 주어져야 한다면, 필요한 물질구조에 해당하는 구조 장에서 그 공정을 수행해야 한다.

▷사례: 강모(剛毛)가 있는 플라스틱 매트를 만들기 위해서, 필요한 강모 형태로 강자성 분만을 용융 플라스틱 매트에 붙는다. 자기장이 분말을 끌어내서 강모를 만든다. 부가적인 이득으로 이 해결책은 강모 형태의 빠른 성장과 변경을 가능하게 한다.

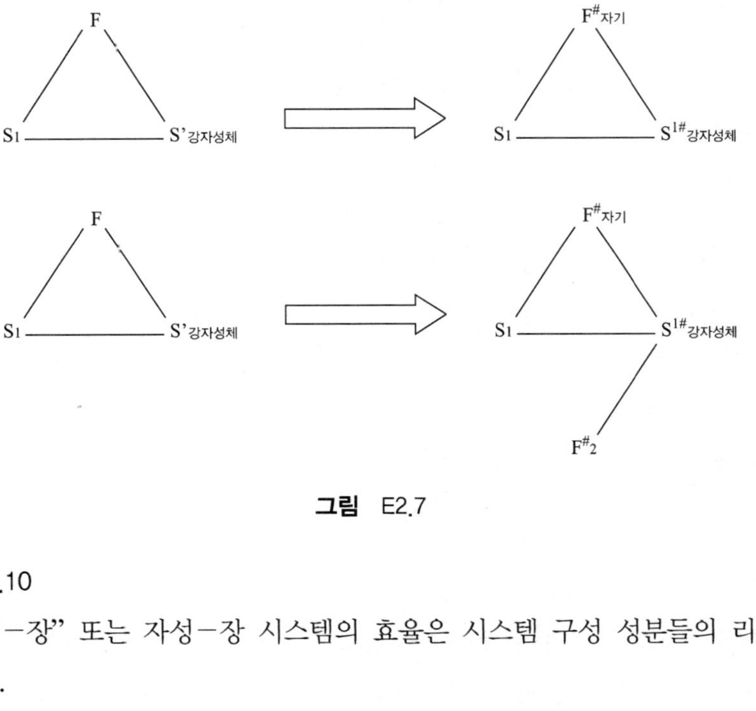

그림 E2.7

■ 표준 2.4.10

"원시 자성-장" 또는 자성-장 시스템의 효율은 시스템 구성 성분들의 리듬조화로 향상될 수 있다.

▷사례: 덩어리 강자성 물질을 이송하기 위해서 "동전 던지기"식의 진동 장치를 사용한다. 이송속도는 이송 방향으로 움직이는 맥동 자기장을 가함으로써 증간된다. 자기 펄스의 기간을 진동하고 있는 재료의 "비행 위상" 기간과 같도록 조절한다.

■ 표준 2.4.11

강자성체의 도입이나 자화를 제공하기 어려울 경우, 직접 전도 또는 유도 전류와 외부 전자기장의 상호작용, 또는 그러한 전류들 사이의 상호작용을 사용해야 한다.

▷**사례:** 비자성 금속 부품의 그립핑(gripping)은 그립핑 장치의 부분인 자석의 장 변형선과 수직 방향으로 부품 몸체에 직류 전류를 통과시킴으로써 이루어진다.

자성－장이 강자성 입자를 도입한 시스템이라면, 전기－장은 강자성 입자 대신에 전류를 도입한 시스템이다. 자성－장과 유사하게 전기－장의 진화는 다음과 같은 일반 라인을 따른다: 단일 전기－장→복합 전기－장→외부 매체를 포함한 전기－장→역동화된 전기－장→구조화된 전기－장→리듬조화의 전기－장.

■ **표준** 2.4.12

자기장을 사용할 수 없다면, 전기유변 유체를 사용할 수 있다.

▷**사례:** 스마트 재료를 볼 것.

3. 클래스 3: 상위 수준 시스템과 미시 수준으로 전이

3.1 그룹 3.1: 이중, 다중 시스템으로 전이

■ **표준** 3.1.1

진화의 어느 단계에서 시스템의 효율은 시스템이 다른 시스템과 결합해서 이중 또는 다중 시스템이 됨으로써 향상될 수 있다.

▷**사례:** 독서용 안경, 총신이 두 개인 사냥총, 반도체 다이오드, 술이 든 캔디, 다색 잉크 펜, 두루마리 우표, 다층 케이크 등.

■ **표준** 3.1.2

합성된 이중, 다중 시스템의 효율은 우선적으로 그러한 시스템 성분들 사이의 연결이 계속해서 진화함으로써 향상될 수 있다.

▷**사례:** 접이식 독서용 안경.

■ **표준** 3.1.3

이중, 다중 시스템의 효율은 시스템 성분들의 다양성이 다음 라인을 따라 증가할 때 향상된다: 동일한 성분들→변형된 특성을 갖는 성분들→다른 성분들→'성분과 반대 성분'의 반대 특성의 조합.

▷**사례:** 사례 5.22 - 5.26(창의성공학의 길잡이: PP 174~177)

■ 표준 3.1.4

이중, 다중 시스템의 효율은 시스템의 융합 과정에서 향상된다. 그 핵심 이유는 보조 부품이 줄기 때문이다; 예, 이중 총신 총은 단지 한 개의 개머리를 갖는다. 완전하게 융합된 이중, 다중 시스템은 다시 단일 시스템이 되고, 진화 사이클이 새로운 수준에서 반복될 것이다.

▷사례: 사례 5.27 - 5.30(창의성공학의 길잡이: PP 178~181)

■ 표준 3.1.5

이중, 다중 시스템의 효율은 시스템과 그 성분들 사이에 모순 특성을 분배함으로써 향상될 수 있다: 전체 시스템은 특성 P를 갖는 반면, 그 성분들은 반대 특성 −P를 갖는 시스템을 사용한다.

▷사례: 전통적인 소형바이스는 규칙적인 모양의 부품을 잡도록 설계되어 있다. 불규칙한 모양의 부품을 잡기 위하여 특별한 집게 부분을 설치해야 한다. 그러한 집게 부분은 보통 제작비용이 많이 든다.

3.2 그룹 3.2: 미시 수준으로 전이

■ 표준 3.2.1

진화의 어느 단계에서 시스템의 효율은 거시 수준에서 미시 수준으로 전이함으로써 향상될 수 있다. 이때 시스템과 그 부분들은 장이 제어하는, 바람직한 작용을 수행할 수 있는 물질로 대체된다.

▷사례: 금속가공 기술의 진화로 이 라인을 설명할 수 있다.

4. 클래스 4: 검출과 측정을 위한 표준

4.1 그룹 4.1: 우회

■ 표준 4.1.1

시스템에 측정이나 검출이 필요한 문제가 있다면, 측정과 검출이 필요 없도록 시스템을 바꾸어야 한다.

▷사례: 문제 3.6(자기조절 인두)(창의성공학의 길잡이: p 84)

■ **표준** 4.1.2

만약 표준 4.1.1을 사용할 수 없다면, 물체와 직접적인 상호작용을 물체의 복사품 또는 사진 이미지와의 상호작용으로 대체하는 것이 바람직하다.

▷**사례**: 다층 스펙트럼 위성 이미지는 작물 평가를 위한 효과적인 도구이다. 이것은 스펙트럼이 근적외선 부분에서 식물의 빛 반사 능력에 근거를 두고 있다. 식물의 적외선 반사율은 식물 생명체의 성장에 따라 증가한다. 위성이 이 반사율을 측정하고, 그것을 식물 생명체의 양과 예상되는 곡물 수확량에 해당하는 디지털 데이터로 변환한다.

■ **표준** 4.1.3

만약 표준 4.1.1과 표준 4.1.2를 사용할 수 없다면, 그 문제를 변화를 연속적으로 검출하는 문제로 변환하는 것이 바람직하다.

어떤 측정이든 정밀도에 한계가 있다. 그래서 만약 무언가 측정을 해야 한다면, "기본 측정 행위"를 두 번의 연속 측정으로 항상 분리할 수 있다.

▷**사례**: 구리 광석을 채광하는 과정에서, 거대한 지하 홀 또는 "방"이 생긴다. 폭발과 다른 이유들 때문에 방의 천장이 일부 지역에서 벗겨지고, 무너진다. 천장의 상태를 감시하고, 우묵한 곳이 생기는지 검출할 필요가 있다. 그러나 천장이 5층 건물 높이이기 때문에 그것이 매우 어렵다. 구리 광석을 채광하기 전에 천장 위쪽에서 수직으로 구멍들을 뚫고, 구멍에 여러 색상의 발광 물질을 삽입하라는 제안이 있다. 만약 일부 위치의 천장에서 지붕 모양의 우묵한 곳이 생긴다면, 발광체가 노출되기 때문에 그것을 쉽게 검출할 수 있다. 우묵한 곳의 깊이는 발광체의 색상으로 판단한다.

4.2 그룹 4.2: 측정 물질-장의 합성

■ **표준** 4.2.1

만약 불완전한 물질-장 요소를 측정하거나 검출하기가 어렵고, 표준 4.1.1을 사용할 수 없다면, 물질-장을 완성하며, 출력 측에 장을 갖게 한다(그림 E4.1).

▷**사례**: 냉장고 배관에 있는 냉매의 누출 여부를 검사하고자 한다. 단순하면서도 비용 대비 효율적이고 신뢰성이 높은 시각적인 검출방법이 필요하다.

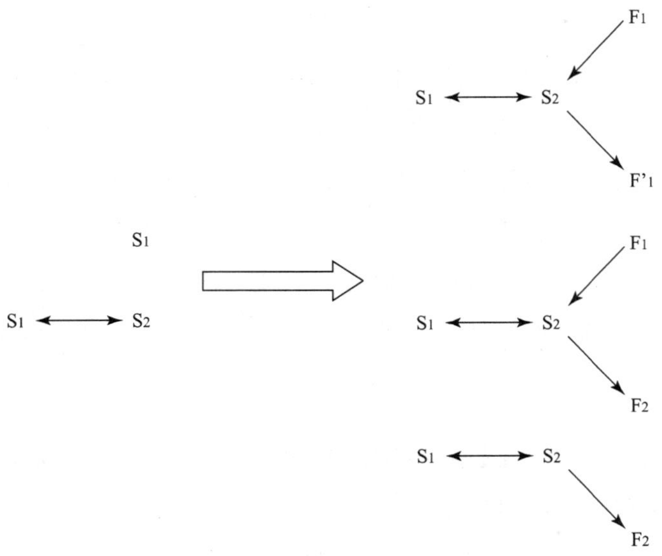

그림 E4.1

■ 표준 4.2.2

만약 시스템이나 그 부분들이 검출 또는 측정하기 어렵다면, 검출이 쉬운 첨가제를 도입함으로써 문제를 내부 또는 외부 복합 물질-장으로 전이한다(그림 E4.2).

▷사례: 부품 사이에 실제 접촉면적은 접촉면 중 하나를 발광체로 페인트칠함으로써 측정된다.

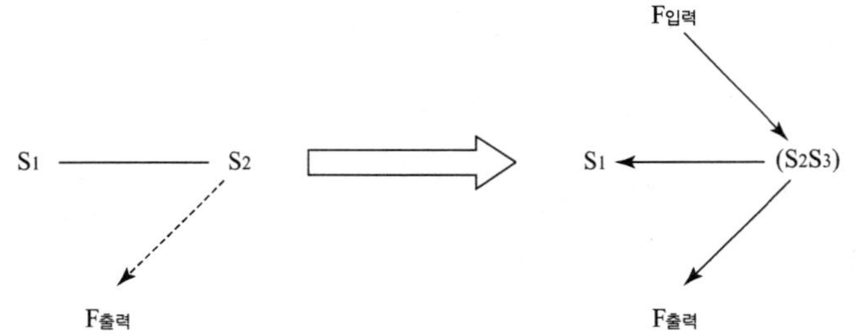

그림 E4.2

■ 표준 4.2.3

만약 검출과 측정 절차가 어떤 순간에 수행하기 어렵고, 쉽게 검출하거나 측정할 수 있는 장을 일으키는 첨가제를 도입할 수 없다면, 첨가제를 외부 매체에 도입해야 한다(그림 E4.3).

▷사례: 내연 엔진의 마모를 감시하기 위해서 "마모된" 금속의 양을 측정할 필요가 있다. 금속 입자들이 윤활유 안에 떠 있다. 윤활유에 발광체를 첨가하라는 제안이 있다:

금속 입자가 발광체의 발광을 막을 것이다.

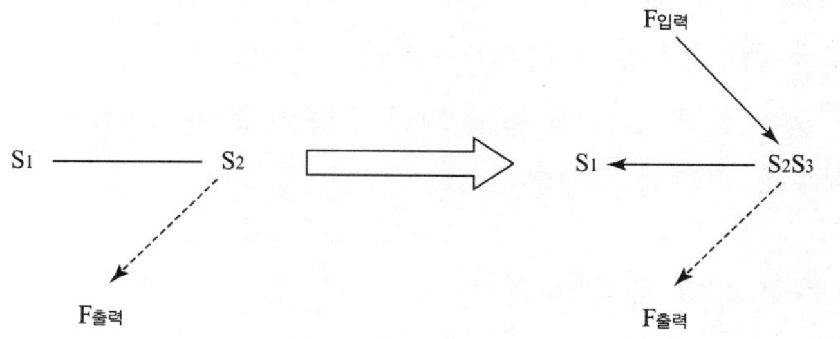

그림 E4.3

■ **표준** 4.2.4

표준 4.2.3에서처럼 외부 매체에 첨가제를 도입할 수 없다면, 물질-장의 물질을 그 구성 요소로 분해하거나, 물질의 응집상태를 바꿈으로써 물질-장의 물질에서 그러한 첨가제를 만들어야 한다. 그러한 첨가제로서 전기분해, 캐비테이션 등이 만드는 기체나 증기 기포가 자주 사용된다.

▷**사례**: 캐비테이션은 관 내에 액체 유속을 측정하는 데 사용된다(만약 첨가제의 도입이 불가능하다면). 작고, 안정된 기포를 인덕턴스 또는 콘덴서 센서의 도움으로 검출한다.

4.3 그룹 4.3: 측정 물질-장의 강화

■ **표준** 4.3.1

물질-장 시스템의 검출과 측정의 효율은 물리효과를 사용함으로써 향상될 수 있다. 어떤 경우에는 기존 물질로 열전쌍을 만들 수 있어서, 시스템에 관한 필요한 정보를 "공짜"로 얻을 수 있다. "정보 장(시그널)"은 유도에 의해서도 얻을 수 있다.

▷**사례**: 문제 3.13(열전쌍에 의한 베어링 온도 측정)(창의성공학의 길잡이: p 96)

■ **표준** 4.3.2

만약 시스템의 어떤 변화를 직접 검출하거나 측정할 수 없고, 장을 시스템에 적용할 수 없다면, 시스템이나 그 부분에서 공명진동을 일으킴으로써 문제를 해결할 수 있다; 진동 주파수의 변화를 기록함으로써 시스템의 변화를 감시할 수 있다.

▷**사례**: 큰 오일 저장소에 있는 오일의 양은 저장소에 강제 진동을 줌으로써 측정된다.

■ 표준 4.3.3

표준 4.3.2를 적용할 수 없다면, 제어하고자 하는 시스템에 연결된 물체(외부 매체)의 자연 진동수 변화를 측정함으로써 시스템 상태를 평가할 수 있다.

▷사례: 시멘트 굽는 노에 있는 용재(溶滓)의 질량은 의사(擬似) 비등 층 위쪽에 있는 기체의 자려 진동의 변화를 측정함으로써 측정된다.

4.4 그룹 4.4: 측정 자성-장으로 전이

■ 표준 4.4.1

자기장이 없는 측정 물질-장은 원시 자성-장으로 전이하는 경향이 있다(그림 E4.4).

▷사례: 미국 특허 6,742,229는 자동차의 안전벨트 시스템에 사용하는 버클 장치를 설명한다. 이 시스템은 홀더에 삽입되는 '혀'가 채워졌는지 어떤지를 감지할 수 있다. 이것은 자석 판의 도움으로 가능한데, '혀'와 판의 위치를 감지하는 자석 센서가 함께 움직인다.

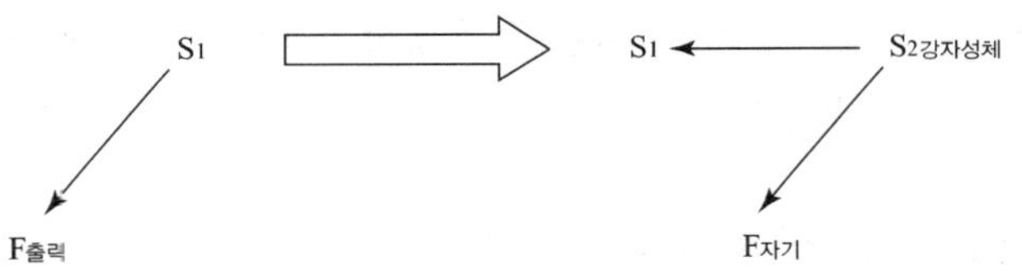

그림 E4.4

■ 표준 4.4.2

원시 자성-장과 물질-장의 검출과 측정의 효율은 물질 중 하나를 강자성 입자로 대체한 다음(또는 강자성 입자를 첨가한 다음) 자기장의 검출이나 측정을 수행함으로써 향상될 수 있다.

▷사례: 고분자 조성에 자성 분말을 첨가함으로써 고분자 조성의 경화(고화) 또는 연화 정도를 비파괴로 평가할 수 있다. 측정 파라미터는 고화/연화 과정에서 고분자 조성의 자기 투과도의 변화이다.

■ 표준 4.4.3

표준 4.4.2를 사용할 수 없다면, 자성-장으로 전이는 물질에 첨가제를 도입하여 복합 자성-장을 만듦으로써 실행된다.

▷사례: 광산에서 압축 액체를 바위에 가함으로써 바위를 수압으로 파괴한다. 압축 액체

를 제어하기 위해서 강자성 분말을 유체에 첨가하고, 유체의 파라미터를 측정한다.

■ 표준 4.4.4

표준 4.4.3을 사용할 수 없다면, 강자성 입자를 외부 매체에 도입해야 한다.

▷사례: 현대 배가 일으키는 물결을 연구하기 위해서 자성 입자를 물에 첨가한다.

■ 표준 4.4.5

자성-장 측정 시스템의 효율을 향상시키기 위해서 큐리 온도를 지나는 전이, 홉킨슨 효과, 바크하우젠 효과와 같은 물리효과를 사용할 수 있다.

▷사례: 미국 특허 4,534,405는 강철 버팀 구조물의 표면을 검사하는 방법을 설명한다. 강철 구조물의 얇은 표면층을 검사하려는 표면만 큐리 온도 이하로 강하게 냉각한다. 강철 중심부의 온도는 그대로 유지된다. 그 직후 냉각된 표면층에서 자기장이 유도되고, 결점이 존재하면 유도장에 장애가 검출된다.

4.5 그룹 4.5: 측정 물질-장의 진화 방향

측정 물질-장의 진화는 전통적인 시스템 전이에 따라 진행하지만, 약간의 특별한 특징이 있다.

■ 표준 4.5.1

진화의 모든 단계에서 측정 시스템의 효율은 이중 또는 다중 시스템으로 전이함으로써 향상될 수 있다.

▷사례: 작은 벌레의 체온을 측정하기 위해 많은 벌레를 유리컵에 넣는다. 그러면 통상의 온도계를 사용할 수 있다.

■ 표준 4.5.2

측정 시스템은 다음 방향으로 진화한다: 기능의 측정→기능의 1차 미분 계수의 측정→기능의 2차 미분 계수의 측정.

▷사례: 진동 측정 기법은 진동 변위의 측정(지진계)으로부터 진동 속도의 측정(속도계)으로, 계속해서 진동 가속도의 측정(가속도계)으로 진화하였다. 현재 대부분의 진동 측정은 가속도계를 사용해서 실시된다.

5. 클래스 5: 표준 적용을 위한 표준

5.1 그룹 5.1: 물질의 도입

■ 표준 5.1.1

시스템에 물질을 도입할 필요가 있지만, 그것이 문제의 상세설명이나 시스템의 성능 조건 때문에 받아들일 수 없다면, 약간의 간접적인 방법을 사용해야 한다.

(1) 물질 대신에 빈 공간을 사용하라.

▷사례: 문제 3.8(투명한 액체 내의 불순물 확인 방법)(창의성공학의 길잡이: P 89)

(2) 물질 대신에 장을 사용하라.

▷사례: 문제 3.11(케이블카의 속도 측정 문제)(창의성공학의 길잡이: PP 92~93)

(3) 내부 첨가제 대신에 외부 첨가제를 사용하라.

▷사례: 속이 빈 세라믹 용기의 벽 두께를 측정하기 위해서 용기를 높은 전기전도성 액체로 채운다. 옴계 한쪽 리드선을 액체에 담그고, 측정하고자 하는 용기의 외부 면에 다른 리드선을 댄다.

(4) 극히 활성이 높은 첨가제를 아주 적게 도입하라.

▷사례: 관을 늘이기 위해 광물성 윤활유를 사용한다. 변형 영역에서 윤활유의 유압을 줄이기 위해서 약 0.2~0.8 중량%의 폴리메탈아크릴레이트를 윤활유에 첨가한다.

(5) 보통의 첨가제를 물체의 필요한 부분에 전략적으로 집중해서 아주 적게 도입하라.

▷사례: 전기전도성 고분자를 만들기 위해서 불연속 섬유 형상의 강자성 입자를 고분자에 도입하고, 높은 전도성을 원하는 방향으로 그것을 배향한다.

(6) 일시적으로 첨가제를 도입하라.

▷사례: 속이 빈 강자성 부품의 자기배향은 부품 안쪽에 강자성 조각을 미리 삽입함으로써 향상된다.

(7) 물체 대신에 첨가물의 삽입이 가능한 대체품(실물 크기의 모형; 모조품)을 사용하라.

▷사례: 단면 형태에 대한 3차원 입체분석의 정확도를 높이기 위해서, 투명 모조품 안에 있는 액체의 수평면을 사용해서 입체의 평단면들을 얻는다. 이때 투명 모조품의

공간 위치와 기울기는 쉽게 바꿀 수 있다.

(8) 화학조성물 형태로 첨가제를 도입하고, 조성물의 분해에 의해 필요한 첨가제를 얻어라.

▷**사례**: 목재는 암모니아로 가소화될 수 있다. 처리과정에서 목재 표면을 가소화하기 위해서 미끄럼 동안에 마찰열로 분해되어, 암모니아를 방출하는 화학조성물로 목재를 침지시킨다.

(9) 주위 매체 또는 물체를 분해시켜서(예를 들어 전기분해에 의해서), 또는 물체 일부분 또는 주위 매체의 응집상태를 바꿈으로써 첨가제를 만들어라.

▷**사례**: 전기방전 가공공정 중에 생기는 찌꺼기의 제거를 강화하기 위해서, 가공 영역 옆에 있는 전극의 전기분해가 기체를 발생한다.

■ 표준 5.1.2

만약 시스템이 바람직한 변화에 반응하지 않고, 도구의 변경과 첨가제의 도입이 불가능하다면, 대상을 서로 상호작용할 수 있는 부분으로 나눈다.

▷**사례**: 광산에서 먼지 에어로졸을 응고시키기 위해서, 먼지의 흐름을 두 부분으로 나눈다. 각 흐름에 반대 하전을 준 다음, 서로 향하도록 하면 먼지의 정전기 응고가 향상된다.

■ 표준 5.1.3

시스템에 도입된 물질은 기능을 수행한 후에 사라지거나, 시스템이나 환경에 이미 존재하는 물질과 같아져야 한다.

▷**사례**: 문제 3.9(순수 산화베릴륨 결정의 제조법)(창의성공학의 길잡이: p 90)

■ 표준 5.1.4

만약 많은 양의 물질을 도입해야 하지만, 그것이 문제의 상세설명에 의해 금지되었거나, 시스템의 성능 조건 때문에 받아들일 수 없다면, 물질 대신에 빈 공간(팽창할 수 있는 구조 또는 거품)을 사용한다.

▷**사례**: 임시 건물로 공기팽창 구조물의 사용

5.2 그룹 5.2: 장의 도입

■ 표준 5.2.1

물질－장에 장을 도입할 필요가 있다면, 먼저 이미 존재하는 장을 사용해야 한다. 시스템을 구성하는 물질이 이러한 장의 원천이다.

▷사례: 로켓 탱크에 액체산소를 채울 때 산소 기체의 기포가 들어가지 않도록 해야 한다.

■ 표준 5.2.2

물질-장에 장을 도입할 필요가 있다면, 먼저 이미 존재하는 장을 사용해야 한다.

▷사례: 1999년 시티즌 시계회사는 체온으로 데워지는 시계 케이스 뒷면과 주위 공기 사이의 온도차로 움직이는 시계를 소개하였다.

■ 표준 5.2.3

물질-장에 장을 도입할 필요가 있고, 표준 5.2.1을 적용할 수 없다면, 시스템이나 환경에 이미 존재하는 물질이 유도하는 장을 사용해야 한다.

▷사례: 시스템 "부품 절삭 도구" 절삭 영역의 온도를 측정하기 위한 열전쌍으로 사용된다("자연 열전쌍").

5.3 그룹 5.3: 상전이

■ 표준 5.3.1

물질의 사용 효율은 다른 물질의 도입 없이 상전이 1에 의해, 즉 기존 물질의 상 상태(phase state)를 바꿈으로써 향상될 수 있다.

▷사례: 광산에서 공기 시스템의 동력은 압축 공기보다는 액화 공기에 의해 공급된다.

■ 표준 5.3.2

"이중" 특성은 상전이 2의 활용에 의해, 즉 작업 조건에 따라 한 상 상태에서 다른 상 상태로 전이할 수 있는 물질을 사용함으로써 실현될 수 있다.

▷사례: 형상기억 합금의 사용(예: 사례 5.17).(창의성공학의 길잡이: P 166)

■ 표준 5.3.3

시스템 효율은 상전이 3의 활용에 의해, 즉 상전이가 수반하는 현상에 의해서 향상될 수 있다.

▷사례: 냉동 상품의 운송장치는 얼음 받침으로 만든 지지 요소를 갖는다. 얼음이 녹기 때문에 마찰이 줄어든다.

■ 표준 5.3.4

시스템의 "이중" 특성은 상전이 4의 활용에 의해, 즉 하나의 상 상태를 두 가지상 상태로 대체함으로써 향상될 수 있다.

▷사례: 캐비아와 같은 민감한 제품에 대한 손질은 제품 덩어리를 깬 다음, 물로 오염을 씻어내는 공정이 있다. 제품에 대한 가능한 손상을 줄이기 위해서 물을 기체로 포화시킨다.

■ 표준 5.3.5

기술 시스템의 효율은 상전이 4의 활용에 의해, 즉 시스템의 부분들 또는 상 사이의 물리적, 화학적 상호작용의 도입으로 향상될 수 있다.

▷사례: 압축기와 열 기계장치에 기체와 가는 고체 입자로 구성된 2상 작동 매체를 사용해서 냉동기의 기체 압축과 가열기의 팽창을 향상시키기 위해서, 고체 입자 물질로서 일반 또는 선택적 흡수 능력이 있는 흡착제를 사용한다.

5.4 그룹 5.4: 물리효과 활용의 특징

■ 표준 5.4.1

물질이 주기적으로 다른 물리적 조건으로 존재해야 한다면, 물체 스스로가 상전이, 이온화/재결합, 분해/결합과 같은 물리적 가역 변형에 따른 전이를 해야 한다.

▷사례: 문제 2.5(창의성공학의 길잡이: P 45)

■ 표준 5.4.2

만약 약한 입력장에 반응하여 강력한 출력장 작용이 필요하다면, 변환기 물질을 임계 조건 가까이로 가져가야 한다. 그러면 약한 신호조차도 강해진다.

▷사례: 봉인 물체의 기밀도 시험을 하기 위해서 액체에 물체를 담그고, 액체 위쪽 압력을 액체 내부 압력보다 낮추면, 기체 기포가 기밀이 깨진 곳에서 나타난다. 시험 민감도를 높이기 위해서 액체를 가열한다.

5.5 그룹 5.5: 물질 입자 얻기

■ 표준 5.5.1

이온과 같은 입자가 문제 해결을 위해 필요하지만, 문제조건 때문에 직접 얻을 수 없다면, 분자와 같은 높은 수준의 물질을 분해해서 필요한 입자를 얻어야 한다.

▷사례: 일부 군사용으로 쓰이는, 예를 들어 적 안쪽 깊숙이에서 군사행동을 하는 특수 부대가 사용하는 전파안테나는 적의 레이더에 걸릴 수 있다. 적의 수신 레이더 신호에 투명한 안테나를 어떻게 만들 수 있을까?

■ 표준 5.5.2

어떤 물질 입자(예: 분자)가 필요하지만, 직접 또는 표준 5.5.1을 사용해서 얻을 수 없다면, 이온과 같은 낮은 수준의 입자들을 늘리거나 결합시켜서 그러한 입자를 만들어야 한다.

▷사례: 나노기술—제품을 개별 원자로 조립(재료의 불균일도의 증가)

■ 표준 5.5.3

표준 5.5.1을 적용하는 가장 간단한 방법은 가장 가까운 상위 "완전한" 또는 "초과"(음이온) 수준을 파괴하는 것이다. 표준 5.5.2를 적용하는 가장 간단한 방법은 가장 가까운 하위 "불완전한" 수준을 완전한 것이 되게 하는 것이다.

▷사례: 화학기상증착(CVD)은 기질에 여러 가지 필름을 증착시키기 위해서 반도체 산업에서 널리 사용된다. CVD 공정에서 코팅제가 반응성 기체로부터 증착된다. 화학물질(분자)이 반응기 내의 높은 온도에서 이온으로 분해되고, 뜨거운 기질 위에 필요한 코팅(다시, 분자)을 형성하기 위해서 재결합된다.

참고문헌

[국내문헌]

- 김대석, 박성균, 창의적 공학설계, GS인터비전, 2010
- 김상수, 창의적인 문제해결과 의사결정, 명경사, 2005
- 김상수, 김영천, 창의적 문제해결과 의사결정, 청람, 2011
- 김욱 역, 인간성과 창조성의 개발, 세경북스, 1997
- 김준, 길종구, 창의력 계발과 창조적 경영, 삼영사, 2004.
- 김호종, 실용 트리즈의 창의성 과학, 두양사, 2007
- 노혜숙 역, 창의성의 즐거움, 더난출판사, 2003
- 문용린 역, 다중지능-인간지능의 새로운 이해-, 김영사, 2001
- 박강 외 4인, 창의 공학, 인피니티북스, 2010
- 박성균 역, 그러자 갑자기 발명가가 나타났다, 인터비젼, 2005
- 박성균 역, 창의성 공학의 길잡이, GS인터비전, 2011
- 박성균 외 2인 공역, 알트슐러의 40가지 발명 원리, GS인터비전, 2012
- 박세훈 역, 생각의 도구, 21세기북스, 2003
- 박수규 역, 결정적 아이디어 101, 비즈니스북스, 2003
- 박재홍, 창조성 경영, 이화여자대학교출판부, 2001
- 백형진, 양준석, 역발상으로 성공한 창의적 마케터들, 두남, 2008
- 박지원 외 4인, 창조적 아이디어 발상 및 전개, 학문사, 2003.
- 손태원, 조직행동과 창의성, 법문사, 2004
- 신건권, 창의성경영의 비밀, 두남, 2004
- 양창삼, 창의성 개발과 기업경영, 석정, 2002
- 오환섭 외 2인 공역, 창의적 공학설계법, GS인터비전, 2009
- 이광수 외 4인 공역, 창의적 공학설계, 휴먼사이언스, 2008
- 이면우 역, 천재 과학자들의 숨겨진 이야기, 사람과책, 2002
- 이순연, 창의력이 세계로 흐른다, 열린아트, 2003
- 이왕호 역, 문제해결력을 기른다, 지식공작소, 2002

• 이인식 외 6인, 자연에서 배우는 청색기술, 김영사, 2013
• 이종신 이영우 공역, TRIZ/USIT, 광문각, 2007
• 장준호 외 5인 공역, 공학설계원리와 실제, 한티미디어, 2009
• 전경원, 창의학, 학문사, 2000
• 전영록, TRIZ를 활용한 창의적 문제해결방법, GS인터비전, 2011
• 정동명, 창의공학설계, 생능, 2008
• 정창덕, CEO 창조경영, 일송미디어, 2002
• 주상윤, 창의적 발상의 원리와 기법, 울산대학교출판부, 2007.
• 최인철, 혁신바보, 가산출판사, 2008
• 홍성민 역, 지두력, 이레, 2008

[국외문헌]

• Altershuller G, The innovation algorithm, Technical Innovation Center, Inc, 2000
• Altershuller G, And suddenly the innovator appeared, Technical Innovation Center, Inc, 2001
• Altershuller G, 40 Principles, Technical Innovation Center, Inc, 2005
• Bukhman I, TRIZ, Technology for innovation, Cubic Creativity Company, 2012
• Cameron G, TRIZICS, Create Space 2010, 2010
• Cross N, Engineering design method: strategies for product design, Wiley, 2008
• Dieter G E & Schmidt I C, Engineering design, McGraw-hill science, 2012
• Fey V & Rivin E, Innovation on demand, Cambridge University Press, 2005
• Gadd k, TRIZ for engineers, Wiley, 2011
• Kwatra S, Salamatov Y, Trimming miniaturization and ideality via convolution technique of TRIZ, Springer, 2012
• Jack H, Engineering design, Planning, and management, Academic Press, 2013
• Orloff M A, Innovation thinking through TRIZ: a practical guide, Springer, 2006
• Orloff M A, Modern TRIZ: a practical course with easy TRIZ technology, Spring, 2012
• Rantanen K, Simplified TRIZ: New problem solving applications for engineers and manufacturing professionals, auerbach publications, 2007
• Runco M A, Creativity: theories and themes: research, development, and practice, Academic Press, 2006
• Savransky S D, Engineering of creativity: introduction to TRIZ methodology of

inventive problem solving, CRC press, 2000

• Silverstein D, Decarlo N, Slocum M, Insourcing innovation -how to achieve competitive excellence using TRIZ-, auerbach publications, 2008
• Straker D & Rawlinson G, How to invent(almost) anything, Amazon Digital Service, Inc., 2011
• Terninko J, Zusman A, Zlotin B, Systematic innovation: an introduction to TRIZ, CRC press, 1998
• Weisberg R W, Creativity: understanding innovation in problem solving, science, innovation, and arts, Wiley, 2006

찾아보기

[ㅁ]

[ㅂ]

[ㅅ]

[ㅇ]

[기타]

현대창의공학

2014년 3월 1일 1판 1쇄 발행
2015년 9월 15일 1판 3쇄 발행

저 자 ◎ 김관형·김진현·김태수·박남섭
박세환·허관도 공저 (가나다 순)

발 행 자 ◎ 조승식

발 행 처 ◎ (주) 도서출판 북스힐
서울시 강북구 한천로 153길 17

등 록 ◎ 제 22-457 호

TEL (02) 994-0071(代)

FAX (02) 994-0073

E-MAIL bookswin@unitel.co.kr
www.bookshill.com

값 20,000원

잘못된 책은 교환해 드립니다.

ISBN 978-89-5526-674-0